JN040475
基礎
Visual Basic 2022
インプレス

はじめに

この本は、Visual Basicというプログラミング言語を使ってプログラミングを学ぼうとするすべての人のために書かれたものです。Windowsのデスクトップアプリケーションを作成しながら少しずつステップアップしていきます。プログラミングがはじめての人にも無理なく理解でき、しっかりとした実力が付くように構成されています。

Visual Basicを利用すると、フォームと呼ばれる「台紙」にコントロールと呼ばれる「部品」をペタペタと貼り付けていく感覚でプログラムがデザインできます。プログラミングには難しいとか大変だというイメージがあるかもしれませんが、Visual Basicはそういったイメージを完全に払拭してくれます。プログラミングって何て楽しいんだ！ と感動する人も多いと思います。

一般的な入門書にはコントロールの使い方や操作方法を少し説明しただけのものも多く見られます。いわば、ガイド付きのツアーに参加したような感じで、気軽に旅を楽しめるというわけです。しかし、それだけで終わりにするのは実にもったいない話です。また、本格的にプログラミングを身に付けようとしている人からは「使い方は分かったけど、自分でプログラミングしようとすると途方に暮れてしまう」という声も耳にします。

実は「その先」がもっと面白いのです。

プログラミングは、仕事に必要だという実用面での重要性もありますが、実は、最高に楽しい知的ゲームでもあるのです。

旅先でのコミュニケーションには、やはり「言語」が欠かせません。まして、現地で仕事に就こうとするなら、簡単な挨拶程度の言語ではなく、きちんと意思を伝えられるだけの単語や文法の知識を身に付けている必要があります。プログラミングもそれと同じです。デザインしたフォームを自由自在に操るには言語の知識が欠かせません。そこで、この本では、Visual Basicの文法や処理のパターンにまで踏み込んで、そのしくみを詳しく解説しました。つまり、「入門」だけで終わるのではなく、その先に進むための「基礎」を身に付けることができます。といっても、何年かかってもなかなか身に付かない外国語と違って、Visual Basicの文法はきわめて簡単です。ほんの数時間から数日もあれば、誰でも基本はマスターできます。しかも、しっかりと学べば10年、いや20年、30年と食べていけるだけの基礎が身につきます。安心して、ぜひとも気楽に、そして、ちょっぴり将来への期待を抱きつつ読み進めていってください。

最後になりましたが、この本を出版する機会を与えてくださった株式会社インプレス、コンピューターテクノロジー編集部の山本陽一部長、いつも笑顔で仕事をバリバリとこなしてくださった編集担当の石橋克隆さん、表紙をはじめ、新たにステキなイラストを描き起こしていただいた芦野公平さん、そのほか本書の出版にお力添えをくださった皆様方に心から感謝いたします。

2022年5月　羽山 博

How to read » 本書の読み方

対象読者

本書は、プログラミングをこれから学びたいと考えている人のための本です。前提知識は特に必要ありません。さらに知識を定着させ、実践的なプログラムに取り組みたいという人にも適した内容になっています。

本書の記載内容

本書は、2019年9月発行の『基礎Visual Basic 2019』をもとに、最新版の「Visual Studio Community 2022」に含まれるVisual Basicの機能に合わせ、加筆修正したものです。

本書で取り扱うアプリケーションは.NET 6に対応したWindowsデスクトップアプリケーションです。Microsoft社が提供する開発環境として、Windowsでは.NET Frameworkが広く使われてきましたが、macOSやLinuxなどの環境も含めた.NETと呼ばれる開発環境に統合されました。そこで、本書では、いち早く.NETに対応し、.NET 6でのWindowsデスクトップアプリケーションを作成する方法を説明します。といっても、.NET Frameworkがなくなるわけではなく、Windowsデスクトップアプリケーションに限って言えば、プログラムの作成方法もほとんど同じです。従来の環境で作成されたプログラムを保守する場合も、新しい環境に合わせてプログラムを作成する場合も、ほとんど違和感を覚えることはないと思います。サンプルプログラムの作成を通して、実用的なプログラミングの基礎を詳しく解説していきます。

> 注意：本書で取り扱う内容はWindowsデスクトップアプリケーションの作り方です。ユニバーサルWindowsプラットフォームアプリは取り扱っていないのでご注意ください。

本書の構成

本書は、全体が3つのPartに分かれており、それぞれのPartにいくつかのChapterがあります。Part1は、いわばガイド付きのツアーです。ここでVisual Studioのひととおりの使い方やプログラミングの流れが分かります。Part2は「その先」にあたるものです。ここでは、文法や処理のパターンなどを詳しく説明し、それらを利用した基本的なサンプルプログラムを作成します。Part3では、より実践的なサンプルプログラムの作成を通して、本格的なプログラミングに取り組みます。

本書の中心となるPart2では、解説の知識をしっかりと身に付けるための確認問題を用意し、さらに、身に付けた知識を実践に移せるように、サンプルプログラムを作り上げていくプロセスを詳しく解説しています。したがって、流れにそって読み進めていけば無理なく着実に力が付けられるはずです。

各章の内容は以下のようになっています。

PART 1

Chapter 1 » Visual Basic プログラミングの準備

プログラミングを学ぶにあたって、Visual Basicでどんなことができるかを見た後、Visual Studio Community 2022のインストール方法を説明します。

Chapter 2 » はじめてのプログラミング

Visual Basic のプログラムがどのような要素から成り立っているかを確認した後、簡単なプログラムを例に、フォームのデザインからプロパティの設定、コードの記述、プログラムの実行という流れを説明します。

PART 2

Chapter 3 » 数値や文字列を取り扱う

プログラムのコードの書き方や、リテラル、変数、定数、代入、演算といった基本的な知識を身に付けます。主に、データの取り扱い方と計算の方法を説明します。

Chapter 4 » 条件によって処理を変える

さまざまな状況に対応できるプログラムを作るために、条件によって処理の流れを変える方法を説明します。条件を組み合わせる方法についても詳しく見ていきます。

Chapter 5 » 処理を繰り返す

同じパターンの処理を何度も実行できるようにするために、一定の回数の繰り返しやデータがなくなるまでの繰り返しなど、繰り返し処理のさまざまな方法を説明します。

Chapter 6 » 配列を利用する

大量のデータを自由自在に処理するために、配列の利用方法を説明します。さらに、繰り返し処理との組み合わせについても詳しく説明し、より高度なプログラムが作成できるようにします。

Chapter 7 » プロシージャを使ってコードをまとめる

さまざまな場面で共通に使われる処理をSubプロシージャやFunctionプロシージャにまとめ、いつでも呼び出せるようにする方法を説明します。

Chapter 8 » クラスを利用する

人やモノをより自然に表せるように、クラスの考え方や定義、継承のしかた、オブジェクトの作成方法などを説明します。クラスを利用すると、プログラムの開発効率や保守性を高めることができます。

Part 3

Chapter 9» ファイルを取り扱う　～Fortuneプログラム

ファイルに保存されたデータを読み出したり、ファイルにデータを書き込むプログラムを作成し、データを効果的に活用できるようにします。

Chapter 10» Excelのファイルを取り扱う　～データ分析プログラム

身近なデータを活用するために、Excelで作成されたデータを読み込み、データ分析を行うプログラムを作成します。これまでに蓄積されたデータをもとに、分析やグラフ作成を自動化できるようにします。なお、旧版で掲載していたデータベースを取り扱うプログラムはWebページから解説とともにダウンロードできるようにしてあります。

Appendix» 確認問題と練習問題の解答

✔ 効果的な学び方

本書の中心となるPart2では、各章とも「プログラミング言語の基礎」→「プログラミングにチャレンジ」という構成になっています。コツコツと順に読み進めていくのが苦手な方や、手を動かしながらプログラミングを身に付けていきたい方は、先に、各章の最後の「プログラミングにチャレンジ」に取り組んでいただくとよいでしょう。そのようにしてサンプルプログラムを作った上で、各章の前半で解説しているプログラミング言語の基礎を後からじっくり確認していくという学び方も効果的です。

✔ 本書の表記

リスト　LIST マークが付いた部分は、Visual Basicのソースコードを表しています。コードの中で、行が長くなり紙面に収まりきらない場合には右端に⇒マークを付け、行が続くことを表します。表示は複数行になっていますが、右端で改行せずにそのまま1行のコードとして続けて入力します。

画面　画面には操作の説明が加えられています。❶❷……などの白抜きの数字が操作の手順、つまり「やるべきこと」を表しています。一方、①②……などの普通の丸数字は操作の結果「こうなります」ということを表しています。

URL　本書に記載されているURLは、執筆時点での情報です。これらのURLは変更される可能性があります。あらかじめご了承ください。

✔ 動作環境

Visual Studio Community 2022を利用してプログラムを作成するためには、以下のようなソフトウェア、ハードウェアが必要です。

サポートされているオペレーティングシステム（64ビット版）

- Windows 10（バージョン1909以降）
- Windows 11（バージョン21H2以降）
- Windows Server 2016
- Windows Server 2019
- Windows Server 2022

ハードウェア要件

- 1.8GHzまたはそれ以上のプロセッサ（クアッドコア以上を推奨）
- 4GB RAM（16GB以上を推奨）
- 850MBのハードディスク空き容量（一般的な利用には20GB以上必要、SSDを推奨）
- WXGA（1366×768）以上のビデオカード

本書の執筆にあたって、サンプルプログラムの作成と動作確認に使用した環境は、次のとおりです。
Windows 11 Pro 64ビット版（Apple iMac 27インチ（2020）+ Paralells仮想環境。メモリ40GBのうち8GBを使用。SSD512GBのうち128GB（可変サイズ）

✔ サンプルプログラムについて

本書のサンプルプログラムや練習問題のプログラムは、ダウンロードしてすぐに試せるようになっています。プログラムの作成前に動作を確認したい場合や、練習問題の答えを確認するためにお使いください（サンプルのプロジェクト名はアイコンで示しています）。コードをそのまま入力するだけでもプログラミングの力は身に付きます。まずは自分でチャレンジしてみてください。プログラムは以下のURLからダウンロードできます。

URL https://book.impress.co.jp/books/1121101112

XMLドキュメントを利用してウェブサービスで提供されているデータを表示するプログラムやWindows Presentation Foundationを利用したアニメーション表示プログラムなど、各種のサンプルプロジェクトも、解説を含め上記のサイトからダウンロードできます。

Content 目次

PART 2 Visual Basic の基礎を身に付ける

PART 3 本格的なプログラミングにチャレンジする

PART 1

はじめての Visual Basic プログラミング

Visual Basicは、はじめてプログラミングに取り組む人にもとても分かりやすいプログラミング言語で、特別な前提知識がなくてもすぐに始められます。とはいえ、行き先を決めずに出かけてもすぐに途方に暮れてしまうでしょう。そのため、ここでは目的地を確認し、出発のための準備をします。
まず、Visual Basicでどのようなプログラムが作成できるのかを知り、Visual Studioと呼ばれる開発環境をインストールする方法を説明します。次に、プログラミングの流れを追いかけ、Visual Basicによるプログラミングの全体像をイメージできるようにします。

PART 1

CHAPTER

1 » Visual Basic プログラミングの準備

この章ではVisual Basicでできることをひととおり眺めて
全体像をざっと確認した後、
Visual Studioをパソコンにインストールし、
プログラミングを体験できる環境を作ります。
本書を読むだけでも十分な知識は得られますが、
実際にサンプルプログラムを作成すれば、
経験として知識が定着します。あわてる必要はありません。
ゆっくりのんびり、そして確実に始めましょう。

これから学ぶこと

- Visual Studio にはどのようなエディションがあるかを知ります
- Visual Basic ではどのようなプログラムが作成できるのかを知ります
- Visual Studio をパソコンにインストールし、プログラミングの準備を整えます

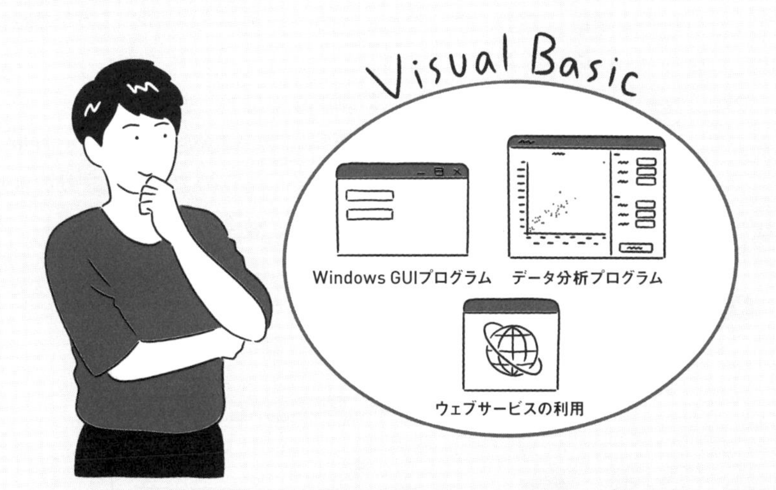

イラスト 1-1 簡単！楽しい！Visual Basic プログラミング

Visual Basic でプログラムを作成するためにはVisual Studio と呼ばれるプログラミング環境を利用します。Visual Studio では、お絵描き感覚でウィンドウのデザインができるだけでなく、CSVファイルやExcelのファイルからデータを読み込んで、分析やグラフ作成を行うプログラムやウェブサービスを利用するプログラムなど、高度なプログラムも作成できます。

Visual Basicでできること

海外などの見知らぬ土地に旅するときに、何の準備もせずいきなり出かける人はまずいないでしょう。あらかじめ地図を見て空港やホテル、観光地などの主要なポイントをざっと確認しておくはずです。この節でも、それと同じようにVisual Basicを使うとどんないいことがあるのか、Visual Basicでどんなプログラムが作れるのかをひととおり眺めてみることにします。いわばVisual Basicの世界を旅する前の「みどころ」案内です。

簡単！ 楽しい！ Visual Basicプログラミング

Visual BasicはWindowsのプログラムを作成するためのプログラミング言語です。その特徴をひとことでいうと「きわめて簡単」です。むしろそんなカタい言葉を使わず「わかりやすさハンパない！」と言いたくなるぐらいの簡単さです。

Visual Basicでは、コード（命令のようなもの）を書かなくても、お絵描き感覚でウィンドウのデザインができます。まったくの初心者でも、ほんの数分でWindowsのグラフィカルユーザーインターフェイス（GUI）を利用したプログラムが作成できてしまうのです。あまりの簡単さ、楽しさに、一瞬にしてVisual Basicのとりこになってしまう人も少なくありません。

イラスト 1-2 Visual Basicではお絵描き感覚でウィンドウをデザインできる

もちろん、Visual Basicのすぐれた点は、簡単だということだけではありません。後ほど紹介しますが、Visual Basicには豊富な機能が備わっており、企業での業務に使える本格的なプログラムも効率よく作成できます。

本格的なプログラムを作成するためには、コードをいくらか書く必要があります。というと、謎の呪文のような命令の羅列を思い浮かべて不安になる人もいるかもしれせんが、そんな心配はご無用です。Visual Basicは初心者用の言語としてコンピューターの普及に大きな役割を果たしたBasic言語の流れをくむもので、文法はとてもシンプルで分かりやすいものとなっています。

しかも、インテリセンスやコードスニペットと呼ばれる機能により、次に入力できる単語が一覧表示されたり、よく使われる構文が自動的に挿入されたりするので、「簡単といっても英語の命令を覚えるのはちょっと……」などという心配もありません。

イラスト 1-3 コードの一部分を入力するだけで続きが表示／入力できる

Visual StudioとVisual Basic

Visual StudioとはWindowsのプログラムを作成するための開発環境です。「環境」というと実感が湧かないかもしれませんが、要するに各種のツール（プログラミングのための道具）を集めたものです。Visual Studioではさまざまなプログラミング言語を使って開発ができますが、Visual Basicはそのためのプログラミング言語の1つです。

イラスト 1-4 Visual Studioはプログラミング環境、Visual Basicはそこでプログラミングをするために使う言語

Visual Studioには、無償で提供されているVisual Studio Communityと、有償で提供されているVisual Studio Professional、Visual Studio Enterpriseの3種類があります（表1-1）。

表1-1 Visual Studioの機能

製品	価格	目的・用途
Community	無償	個人での開発、学習、小規模な業務アプリケーションの開発
Professional	有償	個人での開発、小規模なチームでの業務アプリケーションの開発
Enterprise	有償	大規模な業務アプリケーションの開発、テスト

これらの製品の違いは、同じ車のグレードの違いのようなものです。上位の製品ほど多くの機能が備わっており、当然のことながら値段も高くなります。

どの製品を使うかは利用者の目的次第ですが、本書ではプログラミングを学ぶという目的に合わせ、Visual Studio Communityを使うことにします。これは個人での開発やプログラミングの学習、小規模なアプリケーションの開発を目的として無償で提供されているものですが、その実力をなめてかかることはできません。Visual Studio Communityは、決して「お試し版」程度の機能限定版ではなく、本格的なプログラムを作成するのに十分すぎるほどのフル機能を備えています。

次の項では、本書で取り上げたプログラムを例に、どのようなプログラムが作成できるかひととおり紹介します。それだけでもVisual Studio Communityの実力のほどがうかがえると思います。

Visual Studioの種類による機能の違い

最初から豊富な機能の一覧表を示しても、見慣れないツールの名前が次から次へと出てきて困惑するだけなので、ここではあえて掲載しないことにします。オプションによる機能の違いについては、https://visualstudio.microsoft.com/ja/vs/compare/ を参照してください。

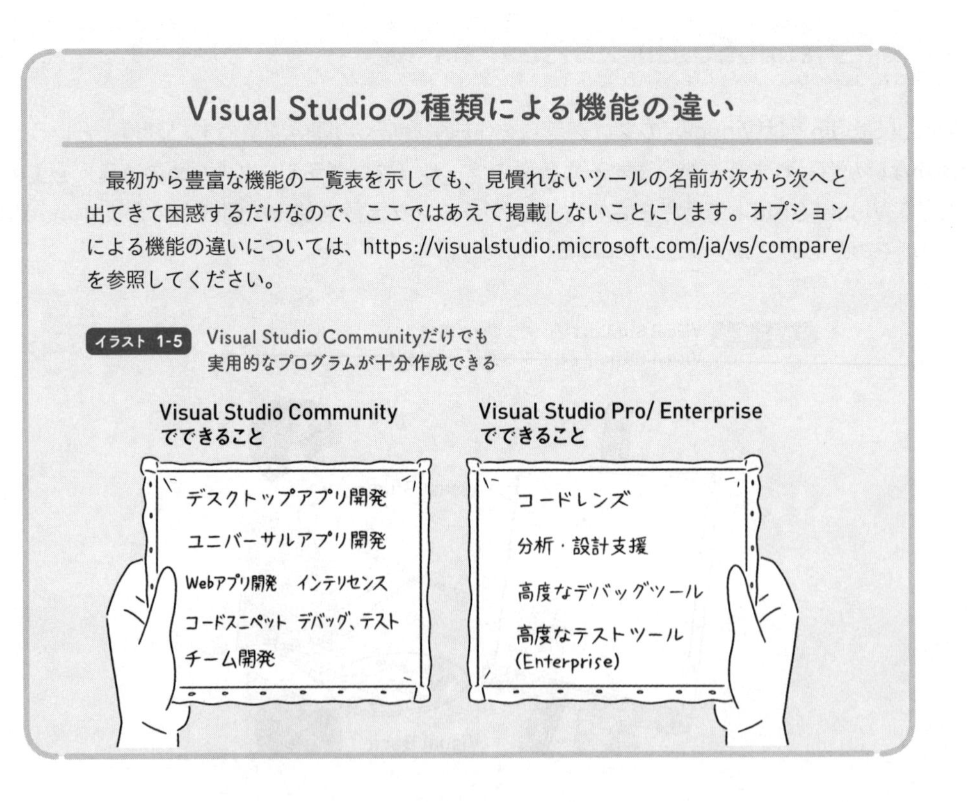

イラスト 1-5 Visual Studio Communityだけでも実用的なプログラムが十分作成できる

本書のプログラムは、すべてVisual Studio Communityで作成したものです。本書の説明もVisual Studio Communityでの操作にそって進めますが、プログラミングの方法については、どのエディションでも基本的に同じです。

なお、これ以降、特に区別の必要がある場合を除いてVisual Studio Communityのことを単にVisual Studioと呼ぶことにします。

Visual Basicで作成できるプログラム

本書ではVisual Studioという開発環境を利用し、Visual Basicというプログラミング言語でプログラムを作成していきます。そこで、Visual Basicでどのようなプログラムが作成できるか、簡単に紹介しておきましょう。以下の内容はあくまでも本書で作成したプログラムの例ですが、これだけでもVisual Basicの豊富な機能を垣間見ることができると思います。しかし、実際にできることはこれだけではありません。本書の内容は砂浜での水遊び的なレベルですが（それだけでも十分に楽しめると思います）、目の前にはさらなる大海が広がっているのです。

細かな用語はあまり気にせず、どんなことができるか、ざっと眺めておいてください。

Windows GUIプログラム

すでに説明したように、Visual Basicを利用すると、Windowsのグラフィカルユーザーインターフェイス（GUI）を利用したプログラムが簡単に作成できます。コンピューター関係の書籍に「簡単」と書かれているもので、本当に簡単であることはまれですが、これは正真正銘の簡単です。お絵描き感覚でウィンドウのデザインができるので、まったくの初心者でも、ほんの数分でWindowsのGUIプログラムが作成できます。

画面 1-1 Visual Basicの基本的な機能を使って作成できるプログラム

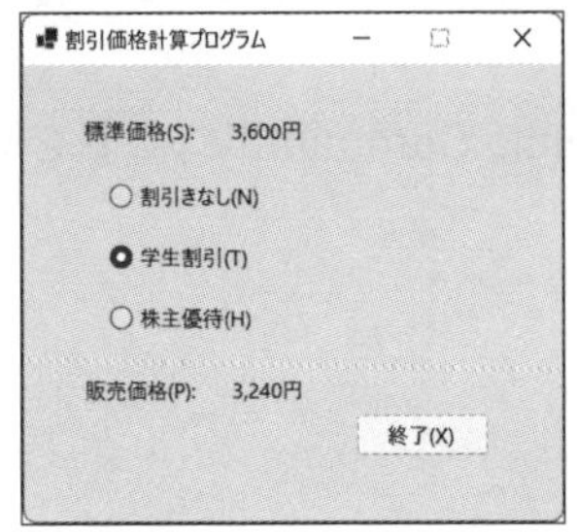

条件により処理を変えるプログラム（割引価格計算：4章）

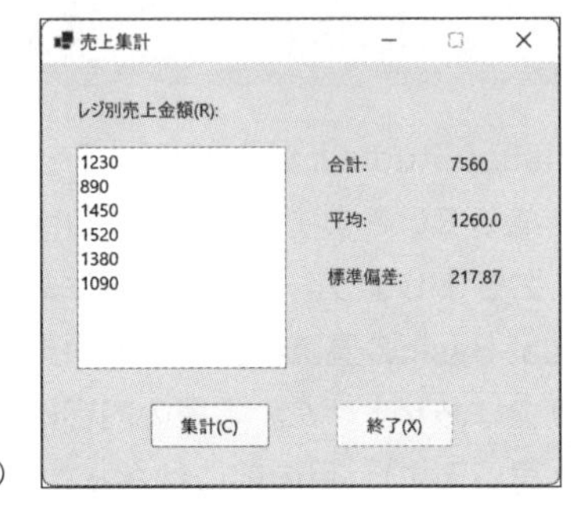

配列と繰り返し処理を利用するプログラム（集計プログラム：5章）

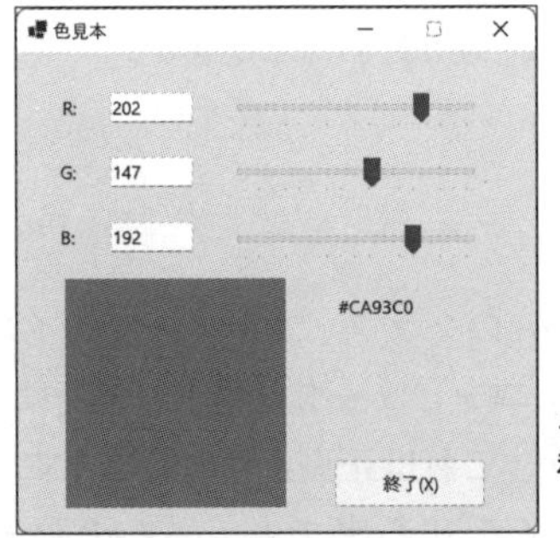

ユーザー定義プロシージャを作成し、利用するプログラム（色見本表示：7章）

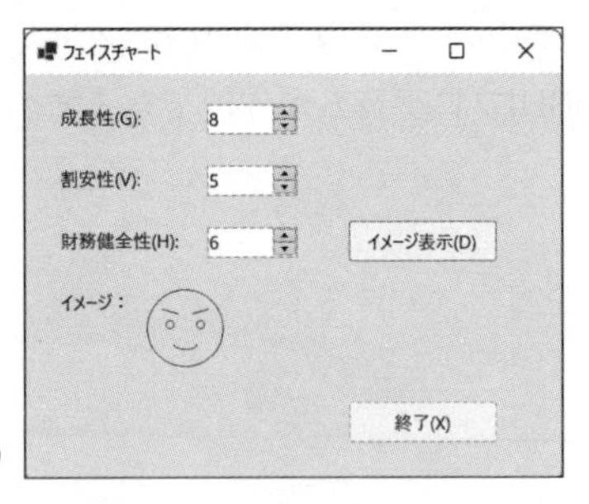

クラスを作成し、利用するプログラム（フェイスチャート：8章）

ウィンドウのデザインはきわめて簡単なので、とりあえず動くプログラムがすぐに作成できます。さらに、さまざまなコントロール（ラベルやボタンなどの部品にあたるもの）や、変数、条件分岐、繰り返し処理、配列、クラスなど、本書で学ぶVisual Basicの機能を利用すれば、より高度で多彩なプログラムも作成できるようになります。

✔ ファイル入出力を利用するプログラム

ファイルに保存されたデータを読み出してウィンドウに表示したり、処理したデータをファイルに書き込んだりするプログラムが作成できます。

画面 1-2 ファイルに保存されているおみくじをランダムに表示するプログラム

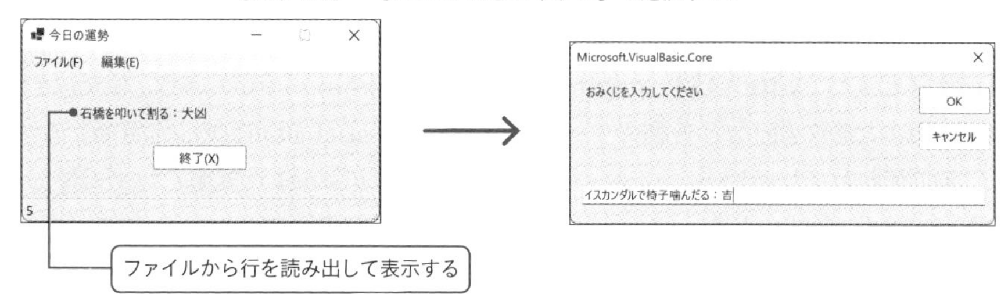

ファイルとのデータのやりとりにはMicrosoft .NETのクラスライブラリが利用できます。クラスライブラリとはプログラムから利用できる部品の集まりのようなものです。もちろん、Microsoft .NETのクラスライブラリはファイル処理以外にもさまざまな目的に利用できます。ちなみに、ウィンドウに表示されているラベルやボタンなどのコントロールもクラスライブラリに含まれる部品の1つです。

✔ Excelのファイルを読み込んでデータ処理やグラフ作成を行うプログラム

NuGetと呼ばれるパッケージ管理システムを利用すれば、公開されているさまざまなソフトウェアパッケージが利用できます。以下のプログラムはClosedXMLと呼ばれるパッケージを利用してExcelのデータを読み込んで分析を行い、System.Windows.Forms.DataVisualizationと呼ばれるパッケージを利用してグラフを描いたものです。

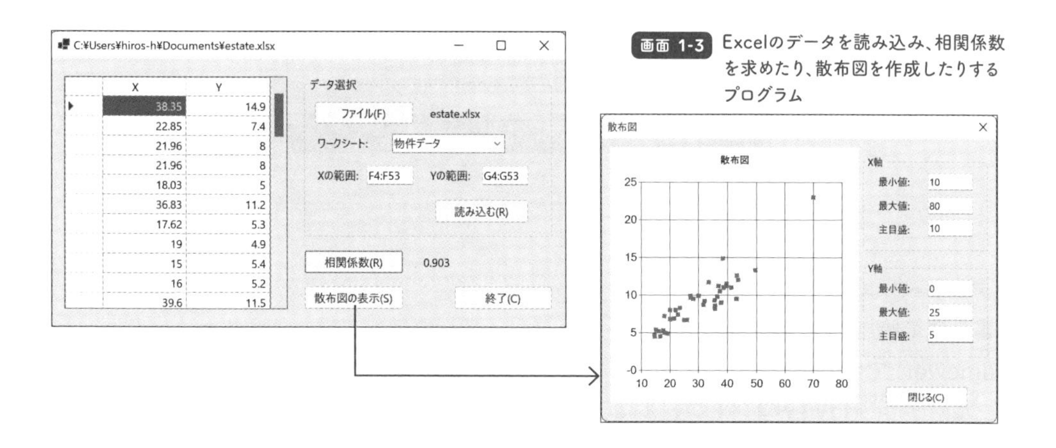

画面 1-3 Excelのデータを読み込み、相関係数を求めたり、散布図を作成したりするプログラム

✔ さらに高度なプログラム

Visual Basicを利用すれば、ウェブサービスやアニメーションなど、高度なプログラムも作成できます。以下の例は基礎の範囲を大きく超えるので、紙面では説明しませんが、ダウンロード用のサンプルプログラムとして、詳しい説明とともに提供しています。Visual Basicでここまで（もっと先にも）行けるんだ！ という展望が得られると思います。ぜひ参考にしてください。

●ウェブサービスを利用するプログラム

インターネットのWorld Wide Web（WWW）で提供されているRSS（RDF Site Summary）などの情報サービスやTwitter API（Application Programming Interface）、Google Maps API、仮想通貨取引のためのAPIなど各種のウェブサービスもVisual Basicから利用できます。これらのサービスで使われているXML（eXtensible Markup Language）形式またはJSON（JavaScript Object Notation）形式のドキュメントから特定のデータを検索するための方法が提供されています。

画面 1-4 気象庁から提供されている新着情報のRSSデータを取得するプログラム

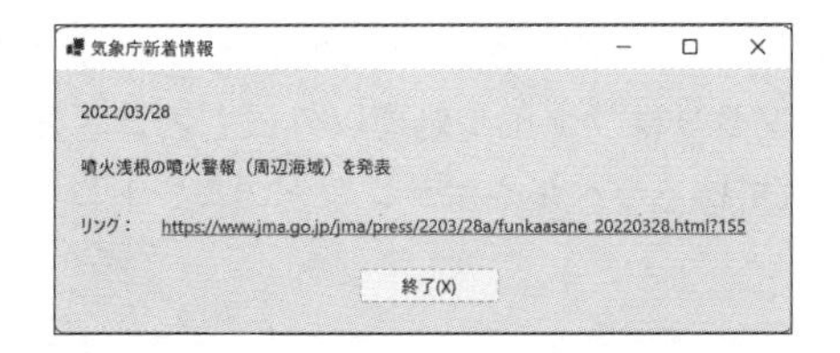

画面 1-5 Twitter APIを利用して公開ツイートを検索するプログラム

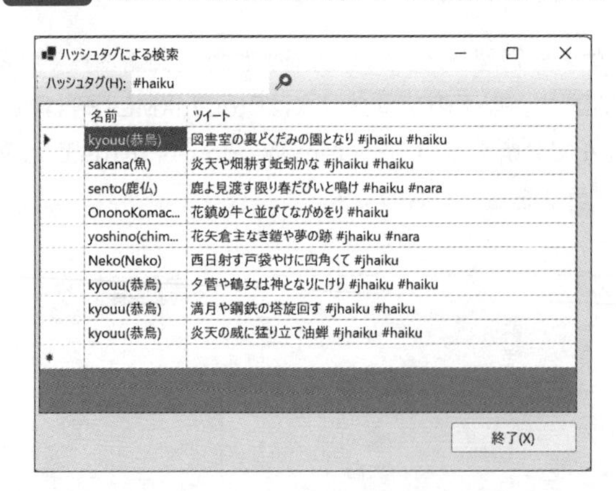

●データベースを利用するプログラム

本書の執筆時点では.NET開発環境で［データソース］ウィンドウが使えません。しかし、.NET Frameworkでは従来どおり、データソースを簡単に指定できます。それにより、TextBoxコントロールやDataGridViewコントロールにデータベースの内容を簡単に表示できます。

画面 1-6 TextBoxやDataGridViewのコントロールを使ってデータベースの内容を表示するプログラム

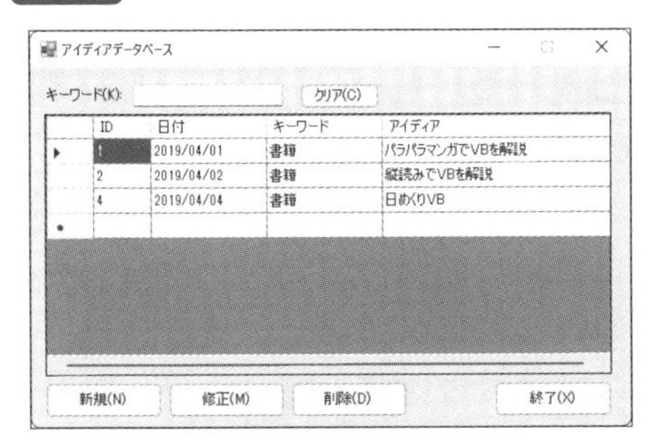

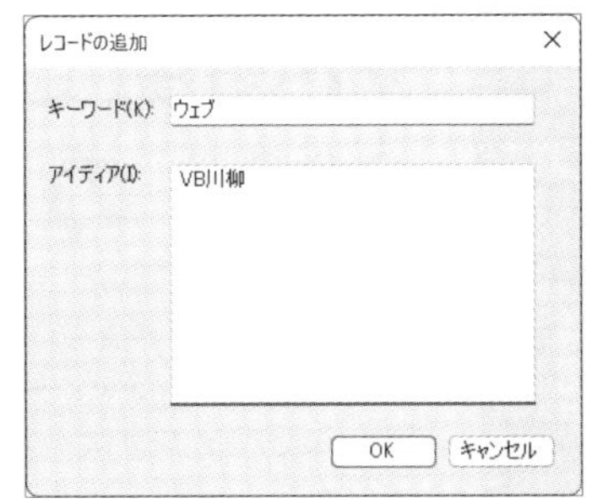

●Windows Presentation Foundationを利用するプログラム

Windows Presentation Foundation（WPF）とは、より魅力的なユーザーインターフェイスを提供するための機能の集まりです。Visual Basicでは、WPFに対応したプログラムを作成し、コントロールに表示効果を設定したり、2Dアニメーションや3Dアニメーションを表示したりすることができます。

画面 1-7 WPFを利用してアニメーションを表示するプログラム

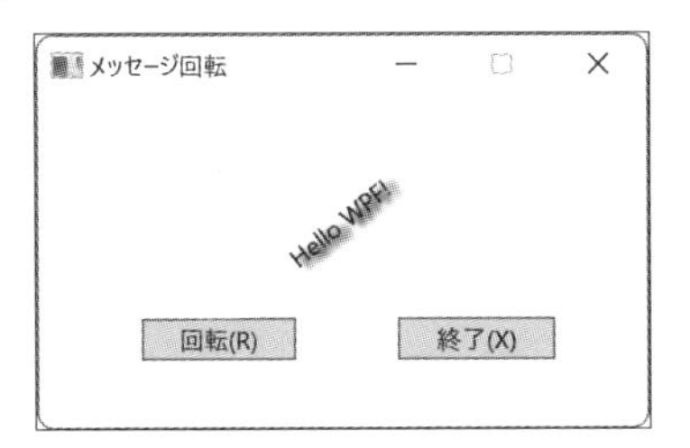

●DLLやユーザーコントロールの作成

複数のプログラムで共通に使う手続き（ひとまとまりの処理）は、DLL（Dynamic Link Library）に入れておくと、ほかのプログラムから簡単に使えるようになります。また、コントロールを自作して、ほかのプログラムから使えるようにすることもできます。

画面 1-8 自作の「いいね」ボタンコントロールを作成し、ほかのプログラムから利用する

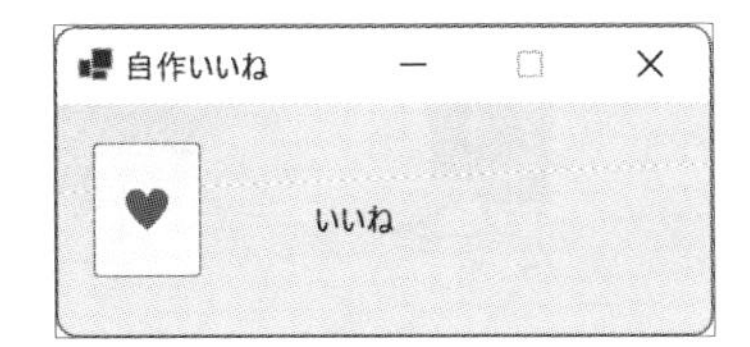

このほか、スケジュール管理システムなどのビジネスプログラム、タイマーを使ったゲームプログラムなど、さまざまなプログラムが作成できます。実際、Visual Basicだけで作られた経理ソフトや給与管理システムなどの業務プログラムもめずらしくはありません。

Visual Studio Community 2022 のインストール

旅に出るには、パスポートや搭乗券、ボストンバッグなどの用意が必要です。それと同じように、プログラミングを始めるためには、準備として、Visual Studioをパソコンにインストールしておく必要があります。Visual Studioをインストールするには、まず、マイクロソフトのウェブサイトにアクセスし、セットアッププログラムをダウンロードします。後の操作は画面の指示に従って進めるだけです。

Visual Studio Community 2022（以下、Visual Studioと略記）はインターネットからダウンロードして、パソコンにインストール※1できるので、本書の解説で取り上げたサンプルプログラムをすぐに試すことができます。本書を読んで理解するだけでも十分な知識は得られますが、それはガイドブックを読んで旅先の情報を得るのと同じようなことです。知識を生きた経験として身に付けるためには、やはり実際に旅に出ることが必要です。ぜひ、サンプルプログラムを作成し、Visual Basicという世界への旅を体験してみてください。得られるのは知識だけではありません。実際にやってみなければ分からない貴重なノウハウも身に付くはずです。わくわくする感じも、読むだけではなかなか得られないものです。

イラスト 1-6 旅行に出るにも準備が必要。Visual Studioを利用するためにもインストールが必要

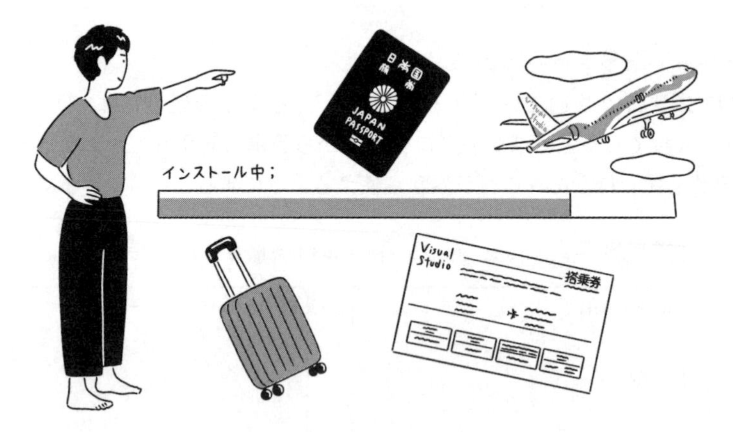

というわけで、さっそくマイクロソフトのウェブサイトにアクセスして、セットアッププログラムをダウンロードし、Visual Studioをインストールして、プログラミングの準備を整えましょう。

※1　インストールとは、入手したプログラムをパソコンで使えるように準備することです。

✓ STEP 1 マイクロソフトのウェブサイトにアクセスする

Microsoft Edgeなどのウェブブラウザーを起動し、https://visualstudio.microsoft.com/ja/vs/にアクセスします。正しく接続されるとVisual Studioのウェブページが表示されます（画面1-9）※2。

画面 1-9 Visual Studioのウェブサイトを表示する

✓ STEP 2 セットアッププログラムをダウンロードする

［Community 2022］をクリックすると、セットアッププログラムがダウンロードされます。Microsoft Edgeの場合、画面の右上にメッセージが表示されるので、その中にある［ファイルを開く］というリンクをクリックすれば、セットアッププログラムが起動します（画面1-10）。Google Chromeの場合は、ダウンロードされたセットアッププログラムの名前が左下に表示されるので、それをクリックすれば、セットアッププログラムが起動します。

※2 インストールの手順は、ご使用の環境によって若干異なる場合があります。また、ウェブサイトのアドレスも変更されることがあるので、サイトが見つからない場合は「Visual Studio Community インストール」などのキーワードで検索するといいでしょう。

画面 1-10 セットアップブログラムのダウンロードが終了した

ブラウザーを閉じてしまった場合は、エクスプローラーで［ダウンロード］フォルダーを開き、そこに保存されているセットアッププログラムを起動してください。

STEP 3 セットアッププログラムを実行する

セットアッププログラムが起動すると、［ユーザーアカウント制御］ダイアログボックスが表示されます。［はい］ボタンをクリックすれば、インストールが開始されます。

画面 1-11 ［ユーザーアカウント制御］ダイアログボックスが表示された

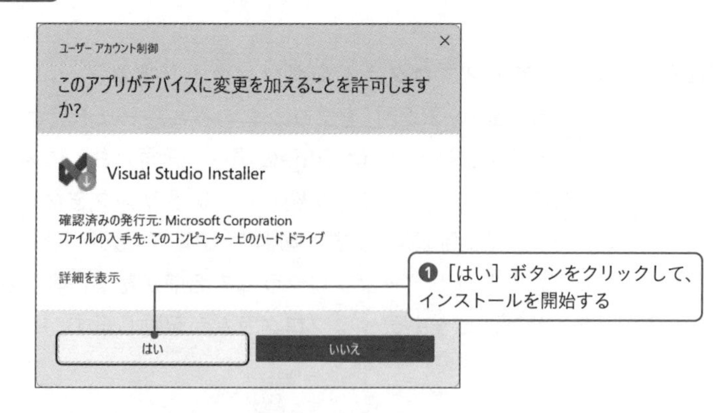

続いて、確認のためのメッセージが表示されるので、［続行］をクリックしてください。

画面 1-12　確認のための
メッセージが表示される

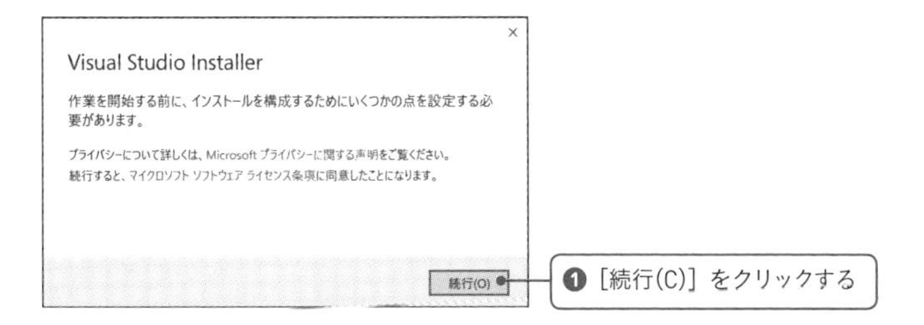

引き続き、インストールするプログラムの種類やインストール先の場所を指定するための画面が表示されます。ここでは、[.NETデスクトップ開発］をクリックして、チェックマークを付け、[インストール］ボタンをクリックします。インストール先の場所は自動的に決められますが、増設のドライブなどにインストールしたいときは画面上部の［インストールの場所］をクリックして、インストール先のフォルダーを選択してください。

画面 1-13　インストールするプログラムの種類を選択する

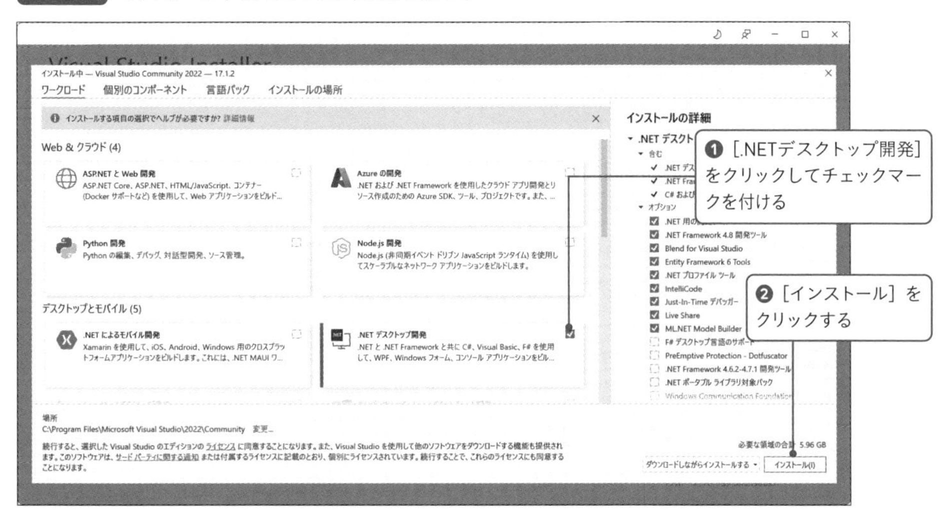

ここからVisual Studioのインストールが始まります。パソコンやネットワークの性能によって異なりますが、インストールの終了までには数分から十数分の時間がかかります。その間、インストールの進行状況が表示されます（画面1-14)。

画面 1-14　インストールの進行状況が表示される

インストールが終了すると、画面1-15のような画面が表示されます。左の画面はMicrosoftアカウントですでにサインインしている場合の画面で、しばらくするとVisual Studioが起動します。Microsoftアカウントでサインインしていない場合には、右の画面が表示されるので、サインインするか、[後で行う。] をクリックすれば、Visual Studioが起動します。なお、この画面の次に配色を選択する画面が表示されることもあります。その場合は、好きな配色を選んでください。

画面 1-15 インストールの終了画面が表示された

いずれの場合でも、上の画面はVisual Studioをはじめて起動するときにだけ表示されるので、これ以降、Visual Studioを起動すると、画面1-16のような画面がすぐに表示されます。

画面 1-16 Visual Studioが起動した

Visual Studioは、これからよく使うことになるので、アイコンをタスクバーにピン留めしておくと便利です。タスクバーにピン留めするには、タスクバーに表示されたアイコンを右クリックして［タスクバーにピン留めする］を選択します。

CHAPTER 1 » まとめ

- ✔ Visual Studio はお絵描き感覚でウィンドウのデザインができる、やさしいプログラミング環境です
- ✔ Visual Studio には、コードの入力を手助けしてくれる便利な機能が備わっています
- ✔ Visual Studio には、本格的な業務プログラムが作成できる豊富な機能も備わっています
- ✔ Visual Studio には、機能の違いにより、いくつかの製品があります
- ✔ Visual Studio 2022 には有償のものと、無償で個人での開発や小規模な業務プログラムの開発に利用できるVisual Studio Community 2022 があります
- ✔ 本書では、Visual Studio Community 2022を使って、Visual Basic のプログラミングを学びます

練習問題

A 次の文章のうち、正しいものには○を、間違っているものには×を記入してください。

- [ ] Visual Basic は初心者用のプログラミング言語なので、本格的な業務プログラムは作成できない
- [ ] Visual Basic では、コードを書かなくてもプログラムが作成できるが、コードを書いて、より高度なプログラムを作成することもできる
- [ ] Visual Basic では、グラフを描画するプログラムも作成できる
- [ ] Visual Basic では、ウェブサービスを利用するプログラムは作成できない

B 以下の空欄を埋めるもっとも適切な用語を選択肢の中から選んでください。

Visual Basic を利用すると、初心者でも簡単にWindows の［ 1 ］を利用したプログラムが作成できます。特別な命令を使わなくても、ウィンドウをお絵描き感覚で［ 2 ］できます。高度な業務プログラムを作成するには、［ 3 ］を記述する必要がありますが、［ 4 ］と呼ばれる機能により、次に入力できる単語が一覧表示されるので、選択肢から適切な単語を選ぶだけでプログラムが作成できます。また、コードスニペットと呼ばれる機能により、よく使われる［ 5 ］を自動的に挿入することもできます。

（A）デザイン
（B）インテリセンス
（C）グラフィカルユーザーインターフェイス
（D）構文
（E）コード

CHAPTER

2 » はじめてのプログラミング

Visual Studio Community 2022のインストールが終わったので、
いよいよプログラミングに取り組みます。
本書を読み進めるにあたって、
前提知識は特に必要ではありませんが、
ある程度の見通しを付けておいたほうが
スムーズに学習が進むのも確かです。
この章では、Visual Basicのプログラムを作成するにあたって、
あらかじめ押さえておきたい最低限のポイントを示した後、
プログラミングという作業の流れを追いかけていきます。

これから学ぶこと

- ✔ Visual Basicのプログラムがどのような要素から成り立っているかを知ります
- ✔ 簡単なプログラムを実際に作ってみて、Visual Basicでのプログラミングの流れを体験します
- ✔ Visual Basicのプログラムでよく使う部品（コントロール）の一覧を確認しておきます

イラスト 2-1　Visual Studioでのプログラミングの流れ

Visual Basicのプログラムを作成するには、まず、フォーム（ウィンドウ）の中にラベルやボタンなどの部品を配置します。これらの部品はコントロールと呼ばれます。次に、コントロールに表示される文字列や色などの性質を指定します。これらの性質はプロパティと呼ばれます。ボタンのクリックなど、コントロールで何かのできごとが起こったときには、イベントハンドラーと呼ばれるコードが自動的に実行されます。Windowsのプログラムを作成するということは、コントロールのプロパティに値を設定したり、イベントハンドラーで何を実行するかを記述したりすることにほかなりません。

Visual Basicでのプログラミング

プログラムとはコンピューターに仕事をさせるための手順書のようなものだとよくいわれます。手順書というと堅苦しく聞こえますが、料理のレシピや旅行の旅程表と同じようなものです。つまり、プログラムとは何をどのような順序でやるかというやり方を書いたものです。ここでは、日常の手順書とVisual Basicのプログラムを対比しながら、プログラミングに必要となる基本的な要素を確認します。

Visual Basicのプログラムとは

レシピや旅程表には決まった書き方があります。例えば、レシピには食材の種類や分量、調理の方法など、料理を作るのに必要ないくつかの要素を書いておく必要があります。それと同じように、Visual Basicのプログラムに必要となる要素もやはりいくつかあります。そこで、Visual Basicで作成されたWindowsの一般的なプログラムを見ながら、何が必要になるかを確認してみましょう。

GUI以外のプログラムも作成できる

Visual Basic を利用して作成されるプログラムの多くはWindows のグラフィカルユーザーインターフェイス（GUI）を利用したプログラムですが、Visual Basic ではウィンドウを表示しないプログラムも作成できます。したがって、必ずしもVisual Basic のプログラム＝Windows のGUI プログラムというわけではありません。

コントロール

画面2-1はWindowsの一般的なプログラムです。このプログラムを見ると、ウィンドウの中に、ラベルやテキストボックス、ボタンといった部品が表示されているのが分かります。したがって、どのような部品を利用するか、それらをどう配置するかを決めることがプログラミングを始めるにあたってまず必要になります。

画面 2-1 Windowsの一般的なプログラムと利用されるコントロール

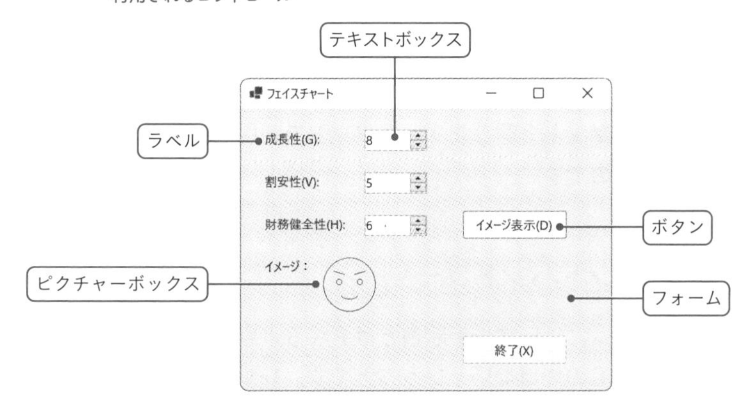

すでにさりげなく登場している言葉ですが、画面2-1に示したようなラベルやボタンなどのプログラム部品のことを**コントロール**と呼びます。この中で、フォームは少し特別です。フォームはウィンドウを表示するために使われるコントロールです。フォーム上にコントロールを配置していけば、プログラムの画面がデザインできます。

言い換えると、台紙の上に部品をペタペタと貼り付けていく感覚で、基本的な画面が簡単に作れるということです。

✔ プロパティ

ラベルやボタンに表示されている文字列はプログラムによっても、目的によっても異なります。文字列だけでなく、フォントや文字の色、背景の塗りつぶし色などさまざまな性質を決めることも必要です。このような、コントロールの性質のことを**プロパティ**と呼びます。

イラスト 2-2 プロパティとは性質や属性のこと

メソッド

コントロールには、性質だけでなくどのような動作ができるかも決められています。例えば、ボタンにはそのボタン自身を非表示にする動作や表示する動作が含まれています。そういった、コントロールの動作のことを**メソッド**と呼びます。メソッドを利用すれば、コントロールにさまざまな動作をさせることができるのです。

イベントとイベントハンドラー

Visual Basicのプログラムには日常の手順書とは異なる点もあります。それは、単に手順を最初から最後まで並べて書いたものではないということです。レシピであれば、食材の種類や分量と、それらを調理する手順が書かれていて、その通りに順を追って進めていけば料理ができます。しかし、Visual Basicのプログラムは「あれをやってこれをやっておしまい」という作業の流れを一直線に書いただけのものではありません。

例えば、画面2-1には2つのボタンがありますが、プログラムを利用する人がどちらのボタンを先にクリックするか分かりません。したがって「このボタンをクリックした後、次のボタンをクリックする」といった順序は決められません。Visual Basicのプログラムでは、発想を逆転させ、「このボタンがクリックされたら○○する」ということを決めておきます。つまり、何らかのできごとに対して、どのような仕事をするかを決めておくのです。

イラスト 2-3

イベントとは「できごと」のこと

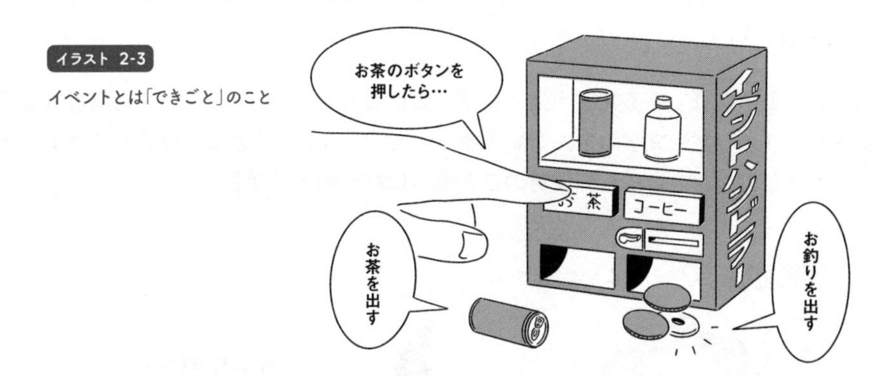

このような「クリックされた」「キーが押された」などのできごとのことを**イベント**と呼びます。当然、コントロールの種類によって、利用できるイベントは異なっています。また、イベントが起こったときに実行する手続きのことを**イベントハンドラー**と呼びます。Visual Basicでは、イベントハンドラーを書いておけば、そのイベントが起こったときに、自動的にイベントハンドラーの内容が実行されます。

イベントハンドラーの内容は、Visual Basicというプログラミング言語の文法に従って書きます。

以上の話を図2-1にまとめておきましょう。プロパティ、メソッド、イベントといった用語も紹介しましたが、プログラミングを進めていくうちに自然に覚えてしまうので、この段階で理解できなかったとしても気にする必要はありません。

図 2-1 Visual Basic のプログラムを作るのに必要なこと

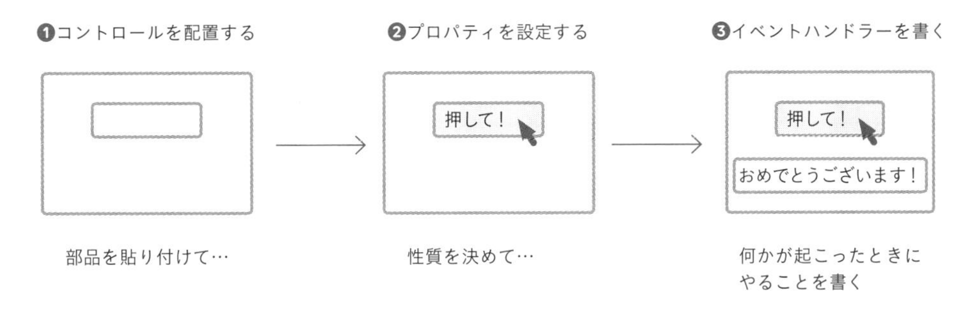

Visual Basicのプログラミングはこの順序に従って進めることになります。

プロジェクトとは

次の節に進んで、実際にプログラミングを体験したいと、うずうずしている人も多いと思いますが、あと1つだけ用語を紹介しておきます。その用語とは**プロジェクト**です。

Visual Studioでは、1つのプログラムに含まれるさまざまな要素をプロジェクトと呼ばれるまとまりで管理しています。料理の話でいえば、紙に書かれた手順だけでなく、実際の食材や調味料、調理器具、盛りつけるためのお皿などをすべて含めたものがプロジェクトです。手順が分かっただけでは料理はできません。これらのすべてが揃って料理が完成します。Visual Studioのプロジェクトもそれと同じです。フォームやコントロール、イベントハンドラーなどのコード、そのほかの設定をすべてひとまとめにしてプロジェクトとして管理しているのです。

イラスト 2-4
プロジェクトとは手順や利用する材料などを含めたもの

プロジェクトには、実行用のプログラムや利用する画像、サウンド、データベースなども含まれますが、詳細についてはプログラムを作りながら見ていくこととしましょう。

プログラムを作成してみよう

この節では、いよいよVisual Studioでのプログラムの作成から実行までの流れを追いかけます。旅行にたとえるとガイド付きのツアーのようなものです。細い路地に入り込みはしませんが、Visual Studioという世界の歩き方がひととおり分かるはずです。プログラミングの道筋を身につけるため、ゆっくり、確実に読み進めていってください。

ここで作成するプログラム

はじめてのプログラミングなので、プログラムの機能よりも、プログラミングの流れを追いかけることを中心に手順を紹介しましょう。したがって、作成するプログラムはできるだけ簡単なものにします。イラスト2-5で完成時のイメージを確認しておきましょう。

イラスト 2-5

プログラムの完成イメージ

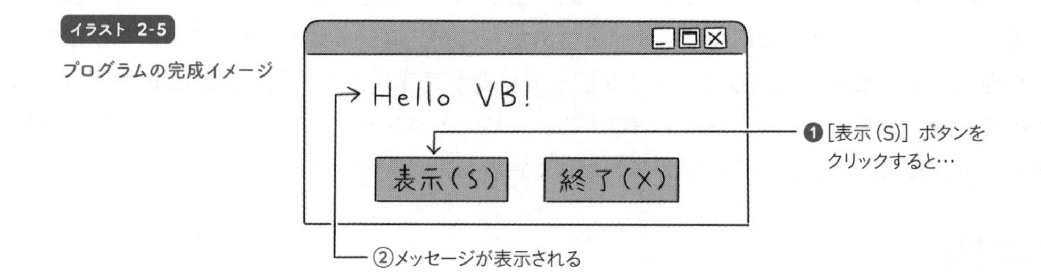

このプログラムでは、[表示 (S)] ボタンをクリックすると「Hello VB!」というメッセージが表示され、[終了 (X)] ボタンをクリックするとプログラムが終了するものとします。

では、Visual Studioを起動して、プログラミングに取り組みましょう。ここから、以下の流れを追いかけます。

- Visual Studioの起動
- プロジェクトの作成
- コントロールの配置
- プロパティの設定
- イベントハンドラーの記述
- プログラムの実行

Visual Studioを起動する

Visual Studioを起動する方法は、ワープロソフトや表計算ソフトなどのプログラムを起動するのとまったく同じです。Windows 10や11では、スタートメニューの一覧から選択して起動します。

画面 2-2 Visual Studioを起動する

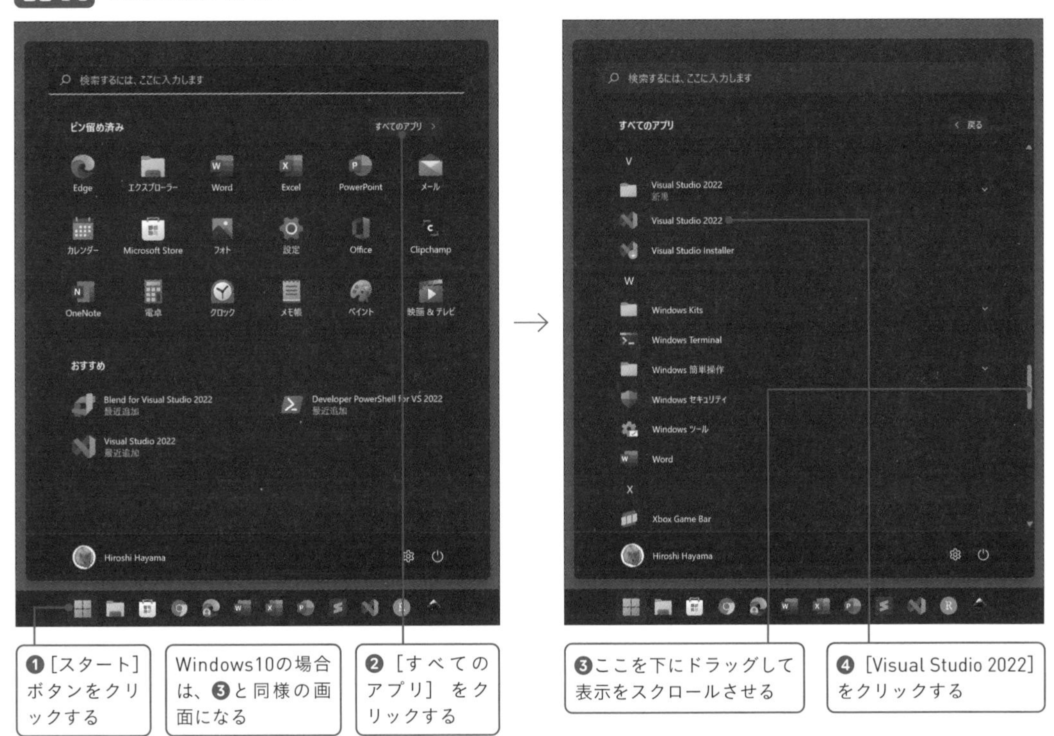

Visual Studioが起動すると、次ページの画面2-3のような初期画面が表示されます。ここからプログラミングがスタートします。なお、Visual Studioをはじめて起動するときには、ユーザーの利用環境が自動的に作成されるので、少し時間がかかります（数秒〜十数秒程度）。

タスクバーにピン留めしておくと素早く起動できる

Visual Studioが起動するとタクスバーにアイコンが表示されます。そのアイコンを右クリックして［タスクバーにピン留めする］を選択すれば、アイコンがタスクバーに常に表示されます。次からはアイコンをクリックするだけでVisual Studioが起動できるようになります。

プロジェクトを新規作成する

Visual Studioでは、プログラムに含まれるフォームやコードをプロジェクトというまとまりで管理しています。したがって、プログラムを作るためには、プロジェクトを新規作成する必要があります。画面2-3で、[新しいプロジェクトの作成] をクリックしてください。

画面 2-3 Visual Studioの初期画面

① [最近開いた項目]：
　最近使ったプロジェクトの一覧※1が表示される。これまでに作成したプロジェクトを簡単に開くことができる
② 作業開始のためのメニュー：
　これまでに作成したプロジェクトを開いたり、新しいプロジェクトを作成したりできる
❸ [新しいプロジェクトの作成] をクリックする

なお、本書では、操作の手順と画面の説明や操作の結果を区別して表す必要のあるときには、白抜きの丸数字（❶、❷…）を操作の手順に付け、通常の丸数字（①、②…）を画面の説明や操作の結果に付けています。

※1　正確には「ソリューション」と呼ばれるものの一覧です。ソリューションとは、関連のあるプロジェクトをまとめたものですが、本書のサンプルでは1つのソリューションに1つのプロジェクトしか含まれないので、とりあえず、違いを気にせずに進めてください。詳細については、P.64のコラムを参照してください。

続いて［新しいプロジェクトの作成］ダイアログボックスが表示されます。このダイアログボックスで、これから作成するプロジェクトの種類を選択し、名前を付けます。ここでは、Visual Basicというプログラミング言語を使ってWindowsフォームアプリケーションを作成するので、［言語］のリストから［Visual Basic］を選択し、一覧から［Windowsフォームアプリ］を選びます（画面2-4）。

画面 2-4 プログラミング言語とプロジェクトの種類を選択する

※【注意】［新しいプロジェクトの作成］ダイアログボックスには、［Windows フォームアプリ］、［Windows フォームアプリケーション（.NET Framework）］というよく似た選択肢が表示されます。本書で使う環境は、前者の［Windows フォームアプリ］です。

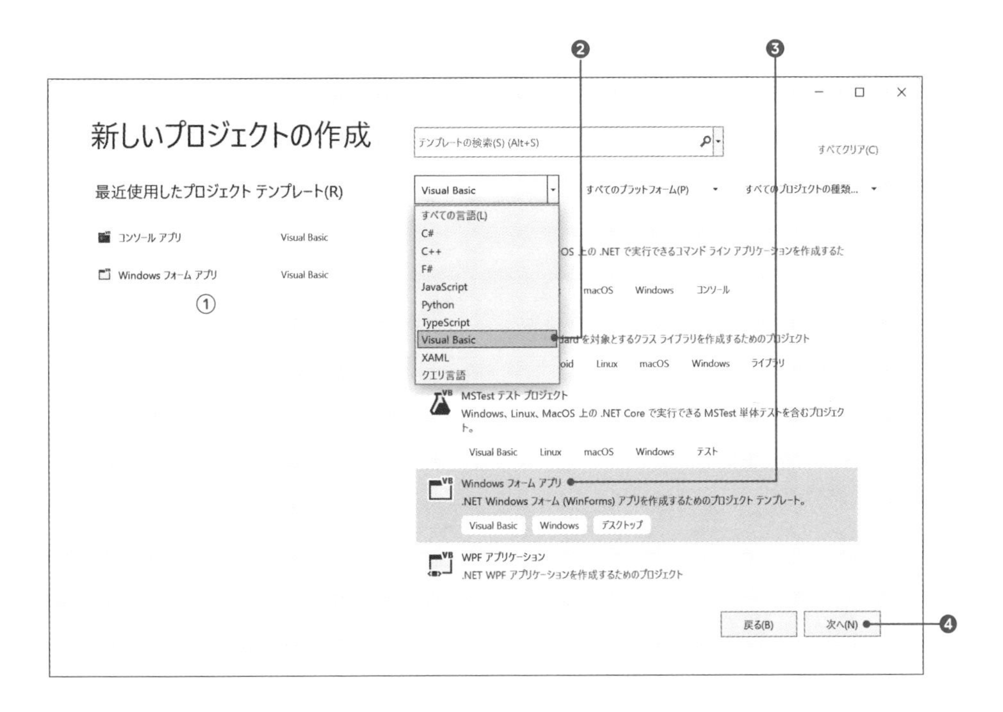

①［最近使用したプロジェクトテンプレート］：
これまでに使ったプログラミング言語とプロジェクトの種類が一覧表示される。ここから［Windowsフォームアプリ Visual Basic］を選択してもよい

❷［言語］のリストから［Visual Basic］を選ぶ

❸ リストを下にスクロールして、［Windowsフォームアプリ］をクリックする

❹［次へ］ボタンをクリックする

［次へ］ボタンをクリックすると、画面2-5のような、プロジェクト名や保存場所を指定するためのダイアログボックスが表示されます。プロジェクトには分かりやすい名前を付けておきましょう。ここでは、メッセージを表示するプログラムを作成するので、ShowMessageという名前にしました。プロジェクトの保存場所は、初期設定の「C:¥Users¥<ユーザー名>¥source¥repos¥」の

ままとしておきましょう。ほかの場所に保存する場合は[▼]ボタンや［...］ボタンをクリックしてフォルダーを選択してください。

画面 2-5 プロジェクト名や保存場所を指定する

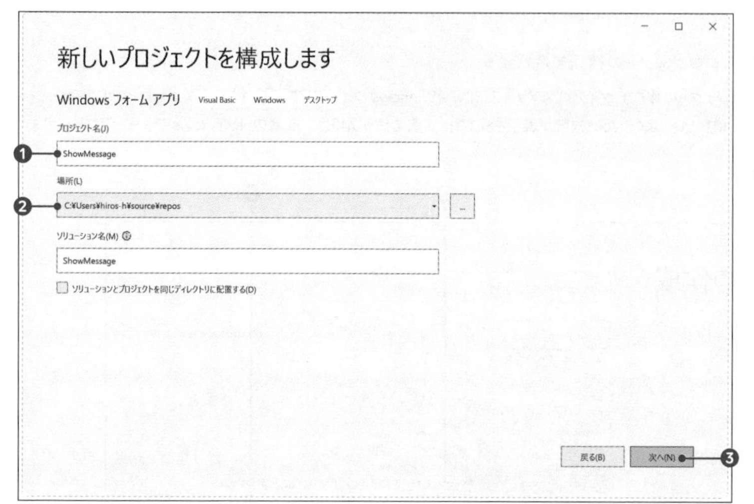

❶ プロジェクト名を入力する
❷ プロジェクトの保存場所（フォルダー）を指定する（ここでは、変更しない）
❸［次へ（N)］ボタンをクリックする

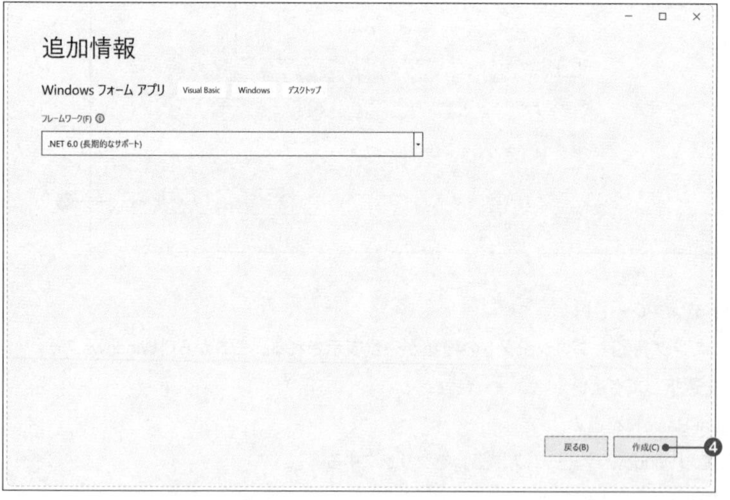

❹［作成（C)］ボタンをクリックする

プロジェクトが作成されると、画面2-6のような画面が表示されます。画面の中央に大きく表示された部分を［フォームデザイナー］と呼びます。その中にはForm1という名前のフォームがあらかじめ用意されています。フォームはプログラムの台紙にあたるようなものでしたね。この後、［フォームデザイナー］を使ってラベルやボタンなどのコントロールをフォームに配置しながらプログラムのウィンドウをデザインしていきます。

［フォームデザイナー］、［ツールボックス］、［ソリューションエクスプローラー］、［プロパティ］ウィンドウといった画面の各部分の名前は、これからよく登場するので、念のため「指さし確認」をして、どれがどれなのかをきちんと見ておくといいでしょう。また、どの部分のことか分からなくなったら、この、画面2-6に戻って確認するといいでしょう※2。

画面 2-6 プロジェクトが作成され、新しいフォームが表示された

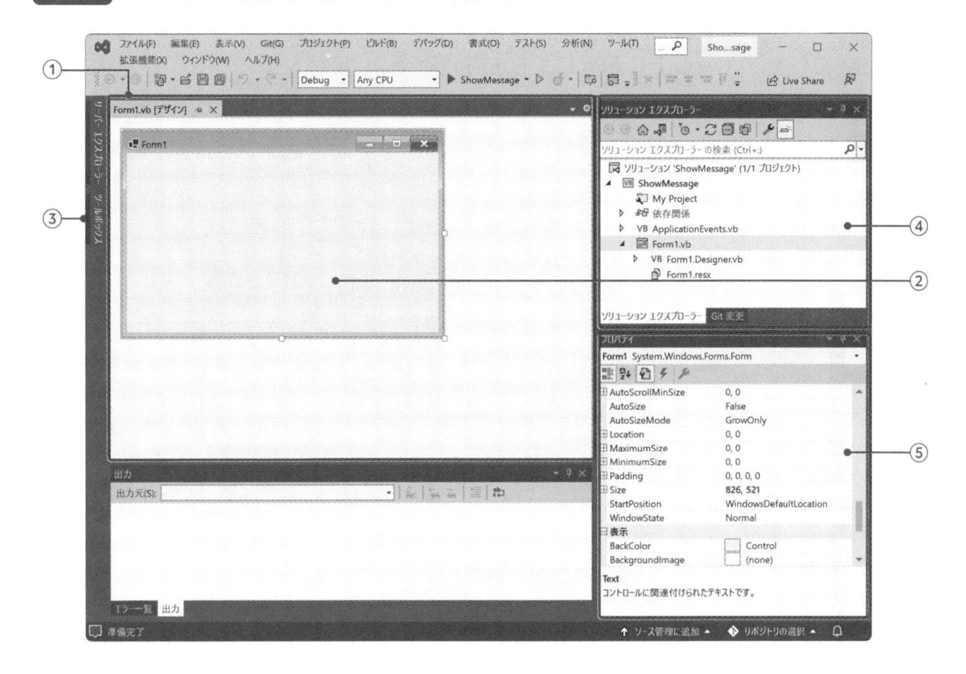

①［フォームデザイナー］：
　ここでプログラムのウィンドウをデザインする

②フォーム：
　プログラムのウィンドウをデザインするための台紙にあたる

③［ツールボックス］タブ：
　フォーム上に配置できるコントロールの一覧。このタブをクリックすると、一覧が表示される

④［ソリューションエクスプローラー］：
　プロジェクトやプロジェクトに含まれるフォームなどが一覧表示される

⑤［プロパティ］ウィンドウ：
　フォームやコントロールの性質や設定を変更するためのウィンドウ

フォーム上に配置するコントロールは、ツールボックスから選択します。またコントロールのプロパティは［プロパティ］ウィンドウで指定します。

※2　本書の執筆時点では表示されているタブを何度か切り替えると［フォームデザイナー］のタブだけが表示され、フォームの表示が消えてしまうことがあります。そのような場合には、タブの右にある［×］をクリックして［フォームデザイナー］をいったん閉じ、メニューから［表示（V）］－［デザイナー（D）］を選択すれば、フォームが表示されるようになります。

フォームをデザインする～コントロールの配置

フォームが表示されたので、コントロールをフォーム上に配置していきましょう。このプログラムはボタンをクリックしたらメッセージを表示するものなので、文字列の表示ができるLabelコントロールと、ボタンとしての働きを持つButtonコントロールを配置します。

［ツールボックス］タブをクリックすると、コントロールの一覧が表示されます。まず、一覧の中にある［Label］をフォーム上に配置しましょう（画面2-7）。

画面 2-7 ［ツールボックス］の一覧から Labelコントロールを選択する

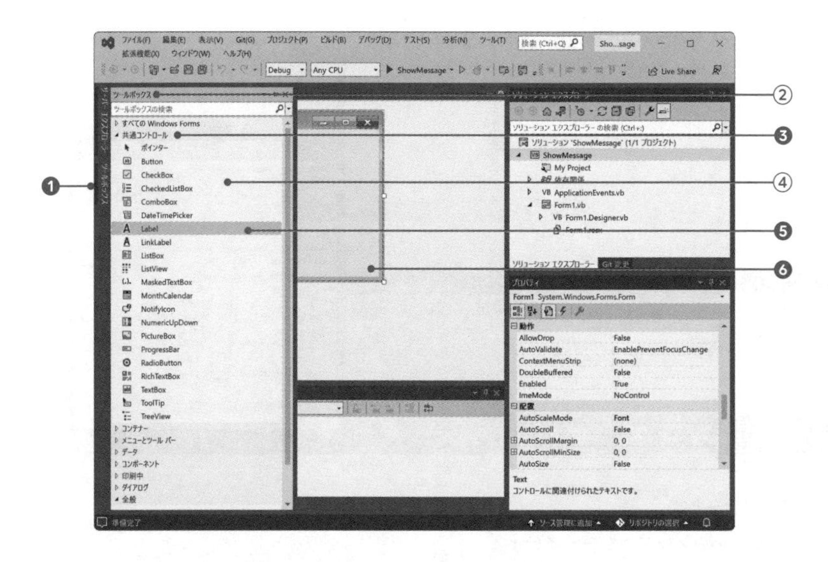

❶［ツールボックス］タブをクリックする
②［ツールボックス］の一覧が表示される
❸［共通コントロール］をクリックする
④一般的に使われるコントロールの一覧が表示される
❺［Label］をクリックする
❻フォーム上をクリックする

選択したコントロールをフォーム上に配置するには、フォームをクリックするだけで構いません。フォーム上をドラッグすれば、コントロールの位置やサイズを変えて配置することもできます。

［ツールボックス］の背後にフォームが隠れて、フォームがクリックできないときには、もう一度［ツールボックス］タブをクリックするか、［フォームデザイナー］の空白の部分をクリックし、［ツールボックス］を非表示にしてからフォーム上をクリックするといいでしょう。

フォーム上に配置したコントロールは、ドラッグ操作で位置を変えたり、サイズを変えたりすることができます（画面2-8）。

画面 2-8 Labelコントロールを配置し、
ドラッグして位置を変える

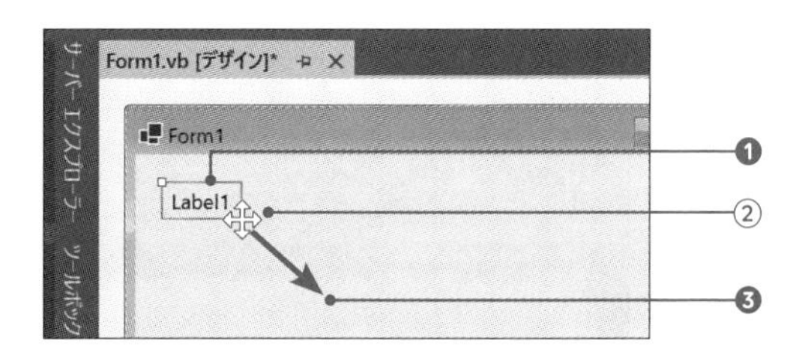

❶ Labelコントロールにマウスポインターを合わせる
② マウスポインターが4方向の矢印の形に変わる
❸ ドラッグするとLabelコントロールが移動できる

Labelコントロールのサイズを変更するには

Labelコントロールのサイズは、表示される文字列の長さによって自動的に決められます。自由にサイズを変更したいときにはLabelコントロールのAutoSizeプロパティをFalseに設定します。

コントロールを配置すると、ツールボックスは自動的に非表示になります。しかし、ツールボックスを常に表示しておいたほうが使いやすい場合もあるでしょう。そのような場合は、[ツールボックス] というタイトルの右にある画鋲のアイコンをクリックしてみてください。ツールボックスが表示されたままになり、ツールボックスの背後にフォームが隠されることもなくなります（画面2-9）。

画面 2-9 ツールボックスを常に表示する

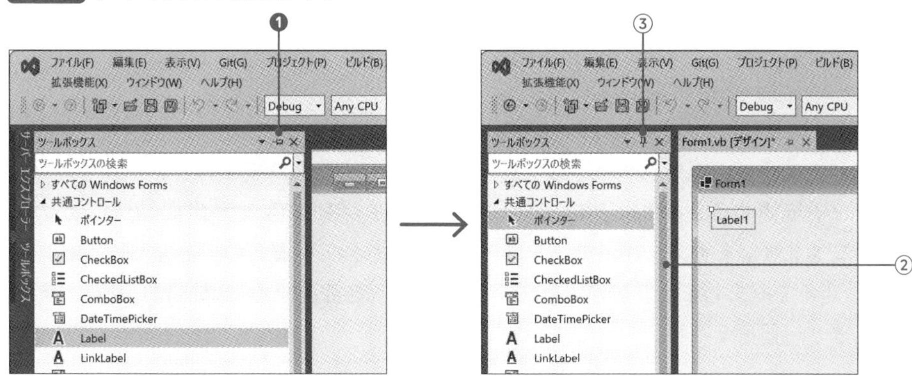

❶ 画鋲のアイコン（ ）をクリックする
② ツールボックスが表示されたままになる
③ 画鋲のアイコンが縦向き（ ）になっている

では、同じようにして、Buttonコントロールを2つ配置してみましょう。ドラッグして位置やサイズも整え、画面2-10のようにしてください。また、フォームのサイズも変更しておいてください。

画面 2-10 必要なコントロールをすべて配置した

以上で、基本的なデザインができあがりました。次にフォームやコントロールの細かな設定を変えていきましょう。

ツールボックスのタブが消えてしまったら

画鋲のアイコンを使えばツールボックスを常に表示するかどうかを切り替えられますが、間違って×をクリックしてしまうと、[ツールボックス] タブそのものが消えてしまいます。そのような場合は、メニューバーから [表示 (V)] - [ツールボックス (X)] を選択してください。[ツールボックス] タブが表示されるようになります。

プロパティを設定する

すでに触れたように、プロパティとは性質とか属性といった意味です。フォームやコントロールのプロパティを変更することによって、表示されている文字列や色、サイズ、そのほかの設定を変えることができます。まず、Buttonコントロールに表示されているテキストを「Button1」から「表示 (S)」に変えてみましょう。表示されているテキストを変更するには、Textプロパティに文字列を設定します (画面2-11)。

画面 2-11 プロパティを設定する

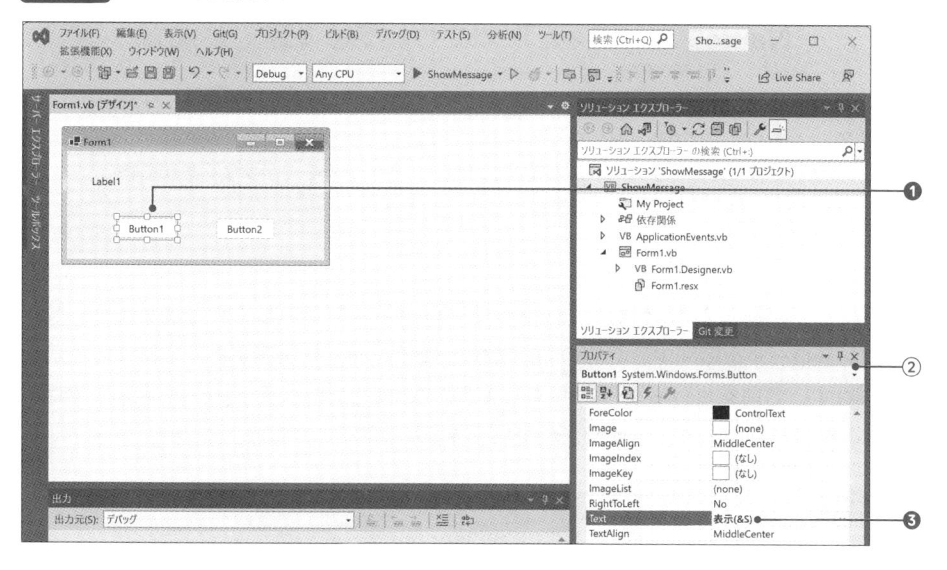

❶ Buttonコントロールをクリックして選択する
② 選択されているコントロールの名前がドロップダウンリストに表示される
❸［プロパティ］ウィンドウのTextの欄をクリックし、「表示（&S)」と入力する

コントロールを選択するときには、コントロールをダブルクリックしないように注意してください。もし、間違ってダブルクリックしてしまうと、自動的にイベントハンドラーが追加され、コードウィンドウが表示されますが、とりあえずはそのまま放置しておいて構いません。[Form1.vb［デザイン]］タブをクリックすれば元のフォームデザイナーの画面に戻ります。なお、イベントハンドラーの詳細については、P.52で説明します。

このように、プロパティを変更するには、対象となるフォームやコントロールをクリックし、［プロパティ］ウィンドウで値を指定するだけです。［プロパティ］ウィンドウの一覧は項目の分類によって並べられていますが、アルファベット順に表示することもできます。

画面 2-12 プロパティの並べ替え

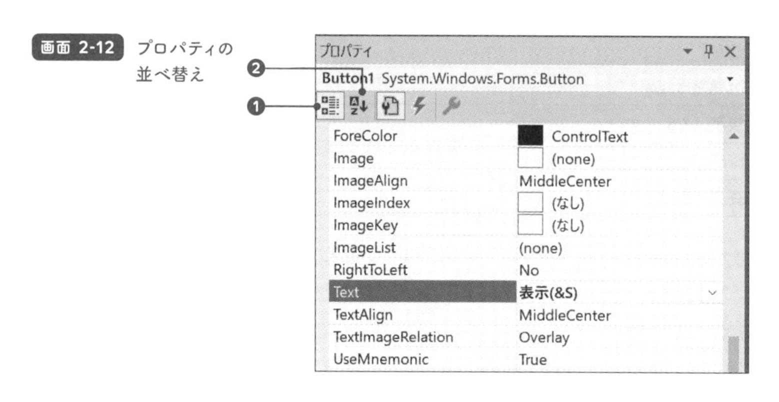

❶［項目別］ボタンをクリックすると、プロパティが分類されて表示される
❷［アルファベット順］ボタンをクリックするとプロパティがアルファベット順に表示される

Nameプロパティと Textプロパティの違いに注意

Nameプロパティはコントロールの名前そのものですが、Textプロパティはあくまでコントロールに表示される単なる文字列です。プログラミングにまだ慣れていない人の中には、NameプロパティとTextプロパティを混同する人が少なくありません。最初のうちは違いを意識しておくようにしましょう。

同じようにして、画面2-13と表2-1に従ってプロパティを変更しておきましょう。Nameプロパティはコントロールを識別するための名前です。後でコードを記述するときにこの名前を使うので、分かりやすい名前を付けるようにしましょう。なお、[プロパティ] ウィンドウでは、Nameプロパティの欄は「(Name)」と表示されています。

画面 2-13 フォームのデザイン（完成例）

表2-1 プロパティの設定一覧

コントロール	プロパティ	このプログラムでの設定値	目的・用途
Form	Name	Form1	変更しない※3
	FormBorderStyle	FixedSingle	フォームの境界線をサイズ変更のできない一重の枠にする
	MaximizeBox	False	最大化ボタンを表示しない
	Text	メッセージ表示	タイトルバーに表示される文字列
Label	Name	lblMessage	
	Text	（なし）	
Button	Name	btnMessage	
	Text	表示（&S）	
Button	Name	btnExit	
	Text	終了（&X）	

最初は、Labelコントロールには何も表示されないようにしておきたいのでTextプロパティの文字列を削除しておきます。プロパティウィンドウの [Text] の欄を選択し、Deleteキーを押せば、設定内容が削除できます。文字列を削除すると、Labelコントロールに何も表示されなくなるので、フォーム上から消えたように見えますが、コントロールそのものが削除されたわけではありません。

※3 本書の執筆時点では、Form の Name プロパティを変更すると、実行用プログラムを作成する段階でエラーとなります（エラーを修正する方法はありますが、設定ファイルを直接書き換える必要があるので、おすすめはしません）。本来は分かりやすい名前を付けたいところですが、本書では Form1 のままとしておきます。

表示されていないコントロールを選択するには

見えなくなっているコントロールを選択するには、コントロールのあった位置を囲むようにドラッグします。コントロールの位置が分からない場合は、[プロパティ]ウィンドウの上のほうにあるドロップダウンリストをクリックして、一覧の中から選択します。いずれの方法でも、選択されたコントロールが点線の枠で表示されます。

ところで、ButtonコントロールのTextプロパティに「&S」や「&X」のような文字列が指定されているのが気になっている人もいるかと思います。フォーム上のコントロールを見ると、「&」に続けて書かれた英字1文字にアンダーラインが表示されていることも分かります（画面2-13）。このような、「&」に続けて書いた文字は**アクセスキー**と呼ばれ、キーボードを使ってボタンなどを操作するときに使われます。例えば、Textプロパティに「表示（&S）」を指定したButtonコントロールであれば、アクセスキーは「S」となります。プログラムの実行時にはAlt+Sキーを押すことにより、このボタンが選択できます。

「&」やアクセスキーの文字は半角で入力する

「&」は半角で入力する必要があります。アクセスキーには任意の文字を指定できますが、日本語の文字を指定しても実行時に選択できないので、半角の英数字を指定するのが普通です。

以上でフォームのデザインは終わりです。ちょっと先走ってしまうことになりますが、試しにプログラムを実行してみましょう。ツールバーにある［ShowMessage］ボタン（▶）をクリックしてみてください。プログラムが実行され、これまでにデザインしたウィンドウが表示されます（画面2-14）。

画面 2-14　プログラムを実行する

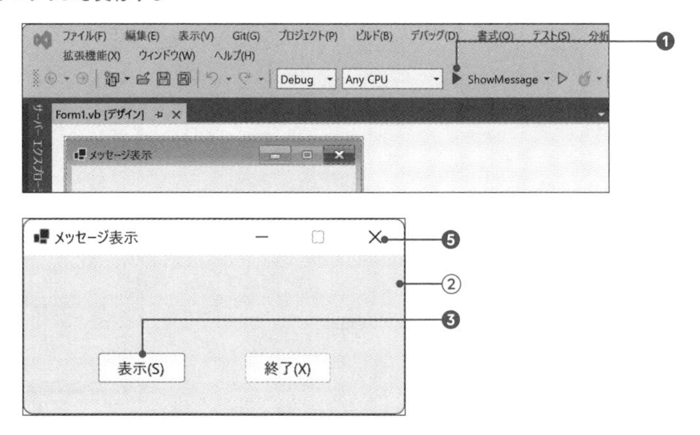

❶ [ShowMessage] ボタンをクリックする（ボタンにはプロジェクトの名前が表示されている）
② プログラムが起動した
❸ [表示（S)] ボタンをクリックする
④ 何も起こらない
❺ ウィンドウ右上の［閉じる］ボタン（ ✕ ）をクリックしてプログラムを終了させる

この段階では、ウィンドウがそのまま表示されるだけです。例えば、[表示（S)] ボタンをクリックしても、何も表示されません。また、[終了（X)] ボタンをクリックしても何も起こりません。というのも、ここではButtonコントロールを配置してプロパティを設定しただけで、これらのボタンをクリックしたときに何をするか決めていないからです。プログラムの「動き」を決めるにはコードを記述する必要があります。

次は、コードを記述して動きのあるプログラムにします。実行したプログラムのタイトルバー右上にある［閉じる］ボタンをクリックするか、Visual Studioのツールバーにある［デバッグの停止］ボタン（ ■ ）をクリックして、プログラムをいったん終了させておいてください。

✔ コードを書く～イベントハンドラーの作成

プログラムがどのように動くのかを指示するためにはコードを書く必要があります。このプログラムでやりたいことは次の2つです。

- [表示（S)] ボタンをクリックしたら、ラベルにメッセージを表示したい
- [終了（X)] ボタンをクリックしたら、プログラムを終了させたい

では、メッセージを表示するところから見ていきます。まず、[フォームデザイナー] に表示されたフォーム上の [表示（S)] ボタンをクリックして選択します。次に [プロパティ] ウィンドウの上にある [イベント] ボタンをクリックすれば、[表示（S)]ボタンで起こりうるイベント（できごと）が一覧表示されます。

イベント一覧の中に [Click] があるので、その欄の右にShowMessageと入力しましょう（画面2-15)。

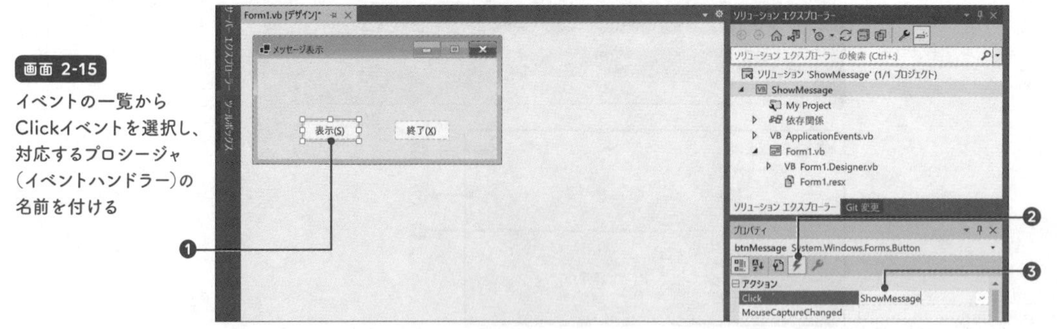

画面 2-15
イベントの一覧からClickイベントを選択し、対応するプロシージャ（イベントハンドラー）の名前を付ける

❶［表示（S）］ボタンをクリックして選択する
❷［イベント］ボタンをクリックする
❸［Click］の右に「ShowMessage」と入力する

コントロールをダブルクリックすると

画面2-15でボタンをダブルクリックするだけでもイベントハンドラーが作成され、画面2-16のようなコードウィンドウが表示されます。ただし、その場合「Private Sub」の後に入力されるプロシージャ名は「コントロール名_Click」となります。Subの後のプロシージャ名を「ShowMessage」に書き換えると、画面2-16と同じになります。なお、間違って作成してしまったイベントハンドラーを削除したい場合は、「Private Sub」から「End Sub」までを削除してください。

イベント一覧の［Click］は「クリックされた」というできごとを表します。つまり、この操作は、［表示（S）］ボタンがクリックされたときに実行される**プロシージャ**（手続き）を作る、ということです。ここでは、プロシージャ名を「ShowMessage」としましたが、分かりやすいものであれば、別の名前を付けても構いません。

ShowMessageと入力して Enter キーを押すと、画面2-16のようなコードウィンドウが表示されます。

画面 2-16　コードウィンドウが表示された

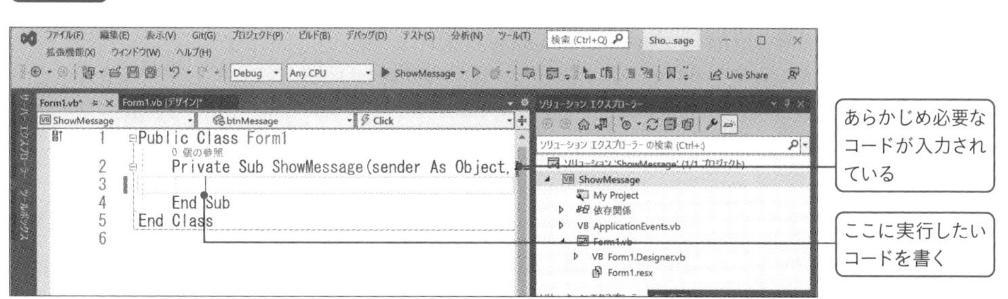
あらかじめ必要なコードが入力されている
ここに実行したいコードを書く
Public Class Form1
Private Sub ShowMessage(sender As Object,
End Sub
End Class

コードウィンドウにはあらかじめコードが入力されています。その部分を抜き出してみると、LIST 2-1のようになります。

LIST 2-1　作成されたイベントハンドラー

```
Public Class Form1
    Private Sub ShowMessage(sender As Object, e As EventArgs) ⇒
Handles btnMessage.Click

    End Sub
End Class
```

本書では、長いコードが1行に収まらないときには⇒を付けて行が続くことを表します。紙面上では複数行になっていますが、実際には改行せずに入力します。

いきなり謎の英単語がたくさん登場して目が回りそうですが、まずは、ポイントだけ押さえておきましょう。画面2-14で指定したShowMessageがイベントハンドラーのプロシージャ名で、Handlesの後に書かれているのが「どのコントロールのどのイベントが起こったときに実行するか」ということです。btnMessage.Clickとあるので「btnMessageという名前のコントロールがクリックされたとき」という意味になります（図2-2）。

図 2-2 イベントハンドラーの書き方

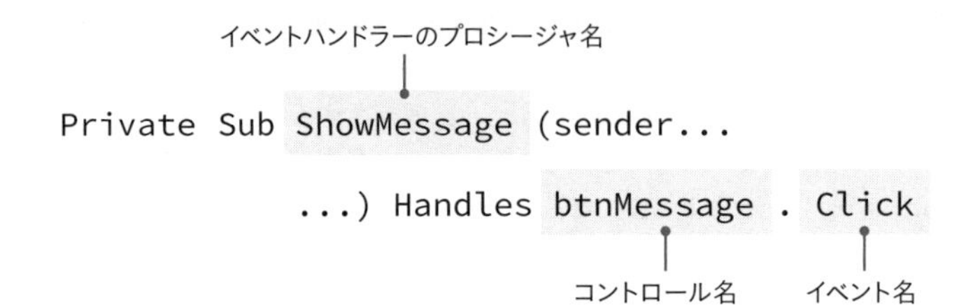

このように、何かのイベントが起こったときに実行されるプロシージャを**イベントハンドラー**と呼びます。したがって、ShowMessageプロシージャはbtnMessageコントロールのClickイベントハンドラーである、ということになります。

コントロール名の表し方について

これ以降「btnMessageという名前のButtonコントロール」のことを単に「btnMessageコントロール」と表記し、ほかのコントロールについても同様に表します。例えば、「lblMessageという名前のLabelコントロール」は「lblMessageコントロール」と表記します。

あらかじめ入力されているコードにはほかにもいろいろと謎がありますが、いまの時点ではあまり気にせず、自分のやりたいことだけを書きましょう。やりたいこととは、

- lblMessageコントロールにメッセージを表示する

ということでしたね。これを、もう少しプログラミング的な言葉で表すと、

- lblMessageコントロールのTextプロパティにメッセージの文字列を代入する

ということになります。LIST 2-1のPrivate SubとEnd Subの間にコードを書いて、以下のようにしてみましょう。入力すべきコードはたったの1行です（LIST 2-2）。

LIST 2-2 メッセージを表示するためのコード

```
    Private Sub ShowMessage(sender As Object, e As EventArgs)⇒
Handles btnMessage.Click
        lblMessage.Text = "Hello VB!"
    End Sub
```

自分で入力するのはこの行だけでよい

コードを見ると、コントロールのプロパティを「コントロール名.プロパティ名」のように「.」(ピリオド)で区切って表すことに気が付きます。このコードは、lblMessageコントロールのTextプロパティに"Hello VB!"という文字列を代入するという意味になります(図2-3)。「=」が代入を表す演算子ですが、ここでは「入れる」という意味だと思っておいてもらって構いません。なお、代入については3.3節で詳しく見ていきます。

図 2-3 プロパティに値を設定する方法

```
lblMessage . Text = "Hello VB!"
```

コントロール名　プロパティ名　プロパティに設定する値

プロパティの値は、フォームのデザイン時に[プロパティ]ウィンドウで設定するだけでなく、このようにしてプログラムの実行時にコードで設定できるのです。Textプロパティの値が変更されると、表示される文字列がその時点で変わります。

コード全体を見て、もう一度プログラムの動きを確認しておきましょう。これまでの流れをまとめると「btnMessageコントロールをクリックしたら、ShowMessageイベントハンドラーが実行され、lblMessageコントロールのTextプロパティに"Hello VB!"という文字列が代入される」ということが分かります(図2-4)。

図 2-4 プログラムの動作

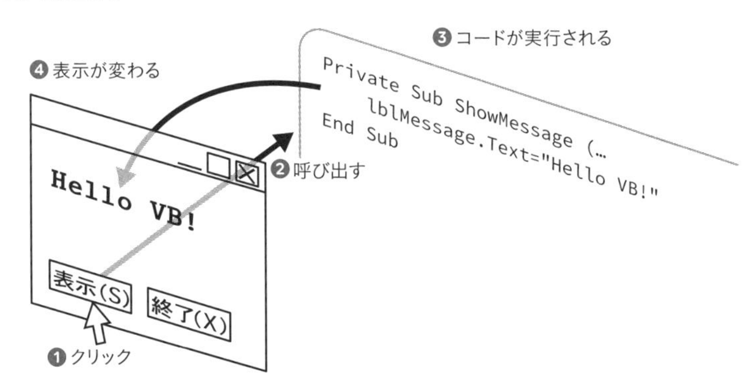

これで、ボタンをクリックしたら、ラベルにメッセージが表示されるようになったわけです。

✔ コードを簡単に入力する

実際にコードを入力してみると、コードを1文字1文字入力しなくても、候補を選ぶだけで簡単に入力できることが分かります。LIST 2-2のコードであれば、コードウィンドウで、lblまで入力した時点で、「lblMessage」というコントロール名がポップアップ表示されます（画面2-17）。

画面 2-17 単語の一部を入力するだけで候補が表示される

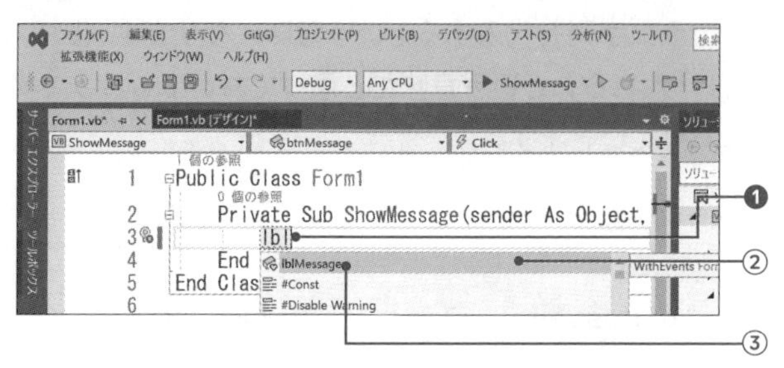

❶「lbl」まで入力する

② 候補が表示される

③ lblMessageが選択された状態になっている

この時点で「.」(ピリオド）を入力すると「lblMessage.」までが自動的に入力されます。さらに、続けて入力できる単語（プロパティやメソッド）の一覧も表示されます（画面2-18)。

画面 2-18 コントロール名の後に「.」を入力すると、プロパティやメソッドの一覧が表示される

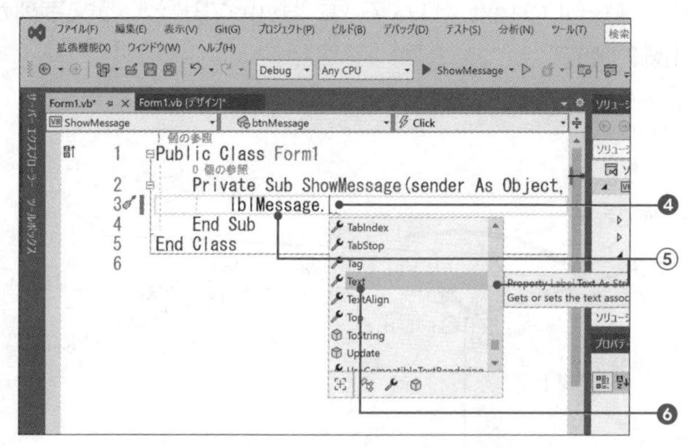

❹「.」(ピリオド）と入力する

⑤「lblMessage.」までが自動的に入力され、次に入力できる単語の候補が表示される

❻ スクロールバーをドラッグして項目をクリックするか、方向キーを使って「Text」が選択された状態にする

一覧からプロパティ名を選び、Tabキーを押すか、そのまま続けて次のコードを入力すれば、そのプロパティ名が自動的に入力されます。例えば、Textプロパティが選択された状態で、「=」と入力すると、「Text」が自動的に入力され、さらに「=」の次に入力できる候補が表示されます（画面2-19）。

画面 2-19 プロパティ名が入力され、次に入力できる単語の候補も表示される

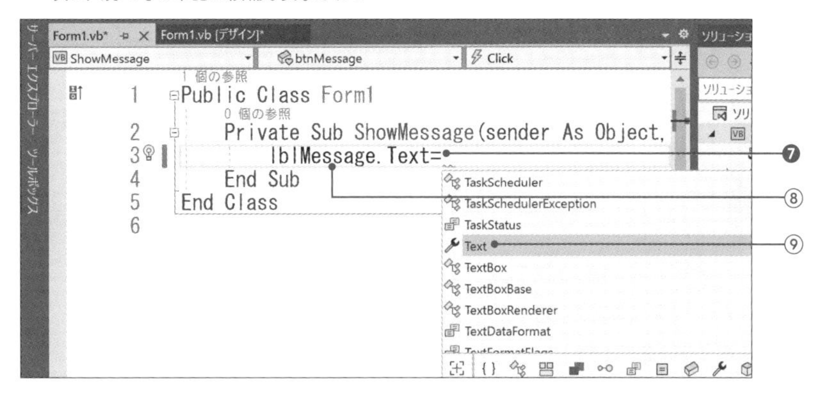

❼「=」（イコール）を入力する
⑧「lblMessage.Text =」と入力される
⑨ 代入できる値の候補がさらに表示される

入力できる候補が多いと選択しづらいかもしれませんが、次に入力したい単語の先頭数文字が分かっていれば、候補が絞り込めるので、選択がかなり楽になります。この場合なら、「lblMessage.Te」まで入力すれば、「Te」で始まる単語だけが一覧に表示されます。

あとは、続けてコードを入力し、「lblMessage.Text = "Hello VB!"」というコードを完成させるだけです。

なお、このような、入力できる候補を一覧表示してくれる機能は、Visual Studioの**インテリセンス**に含まれる機能の1つです。

✔ メソッドを利用する

では、これまでの復習を兼ねて、[終了（X)］ボタンについてもイベントハンドラーを書いておきましょう。[Form1.vb［デザイン]］タブをクリックすれば、デザイナーウィンドウが表示できます。

［終了（X)］ボタンを選択し、[プロパティ］ウィンドウで、[Click］イベントの欄にプロシージャ名（イベントハンドラー名）を入力しましょう。ここではExitProcと入力します。つまり、btnExitコントロールのClickイベントハンドラーをExitProcという名前にしたわけです。

画面 2-20 ［終了(X)］ボタンのClickイベントハンドラーを作成する

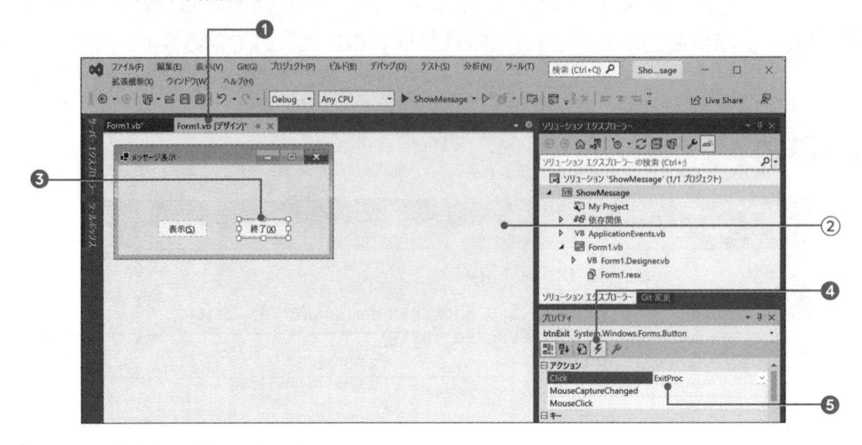

❶［Form1.vb［デザイン］］タブをクリックする

② フォームデザイナーが表示される

❸［終了（X)］ボタンをクリックする

❹［プロパティ］ウィンドウの［イベント］ボタンをクリックする

❺［Click］の欄に「ExitProc」と入力する

コードウィンドウが表示されたら、LIST 2-3のように入力しましょう。太字の部分が入力すべきコードです。

LIST 2-3 プログラムを終了させるためのコード

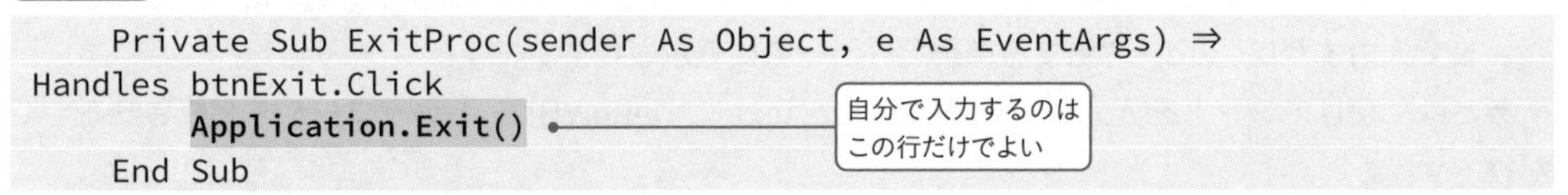

```
    Private Sub ExitProc(sender As Object, e As EventArgs) ⇒
Handles btnExit.Click
        Application.Exit()
    End Sub
```


このコードでは、ApplicationとExit（）が「.」(ピリオド）で区切られて書かれています。Applicationというのは、このプログラムそのものを表すオブジェクトです。その後のExitは「終了する」という動作を表す**メソッド**です。メソッドには後ろに（）を付ける必要があります（図2-5)。

図 2-5 メソッドの書き方

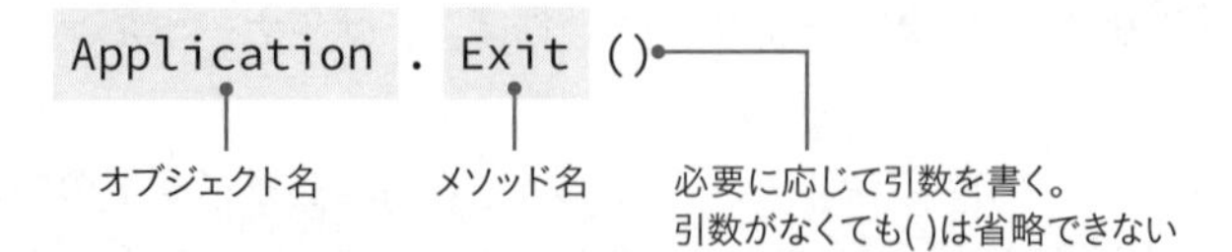

多くのメソッドでは、()の中に**引数**と呼ばれるデータが指定できるようになっています。引数は「ひきすう」と読みます。引数はメソッドの動作のために使われるデータですが、詳細については

Chapter 7で詳しく説明します。Exitメソッドのように、引数を必要としない場合でも（）は省略できません。

()は自動的に付加される

実際には（）を入力しなくても、インテリセンスの機能により、自動的に（）が付加されます。

フォームデザイナーやコードウィンドウを表示するには

フォームデザイナーやコードウィンドウのタブが表示されていない場合は、ソリューションエクスプローラーからフォームデザイナーやコードウィンドウが表示できます。フォームのファイル名を右クリックし、メニューから［デザイナーの表示（D)］や［コードの表示（C)］を選択します。(画面2-21)。

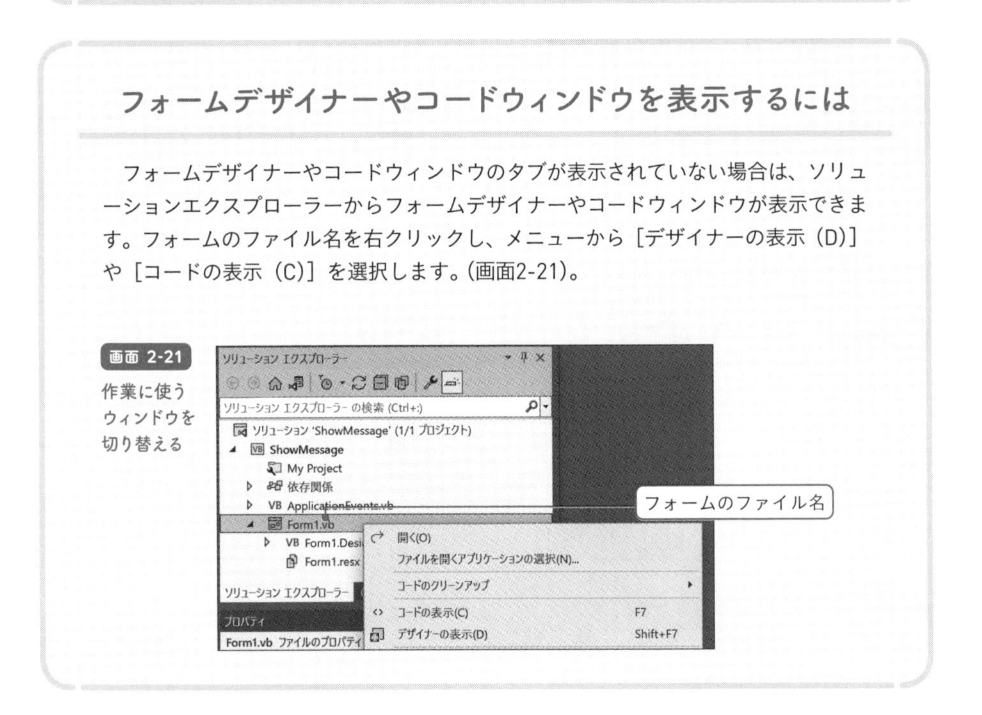

画面 2-21
作業に使うウィンドウを切り替える

オブジェクトについてはChapter 8で改めて説明しますが、さまざまな機能を持った部品のことだと考えておいてください。……というと、コントロールとどう違うのかと疑問に思う人も多いでしょう。実は、コントロールもオブジェクトの一種です。とりあえずは、イラスト2-6のように理解しておくといいでしょう。

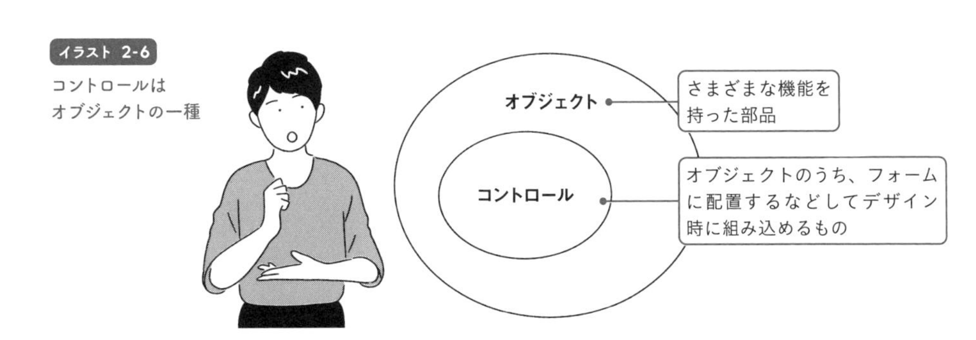

イラスト 2-6
コントロールはオブジェクトの一種

コントロールの多くはLabelやButtonなどのように、ユーザーインターフェイス部品として使われます。しかし、Applicationオブジェクトはユーザーインターフェイスを提供する部品ではありません。直接には見えない部品ですが、さまざまな機能を持っています。自動車の部品にもハンドルやメーターのように目に見えるもの、直接操作できるものがありますが、一方でエンジンの中のバルブ（弁）や変速機のギアのように目に見えないところで使われる部品もあります。それと同じことです。

✔ プログラムを実行する

コードがすべて入力できたら、プログラムを実行してみましょう。ツールバーにある[ShowMessage] ボタン（ ▶ ）をクリックしてみてください。プログラムが実行され、ウィンドウが表示されたら［表示（S)］ボタンをクリックしてメッセージを表示してみましょう。画面2-22のようにメッセージが表示されれば完成です。[終了（X)］ボタンをクリックし、プログラムが終了することも確認しておいてください。

画面 2-22 ［表示(S)］ボタンをクリックし、メッセージを表示する

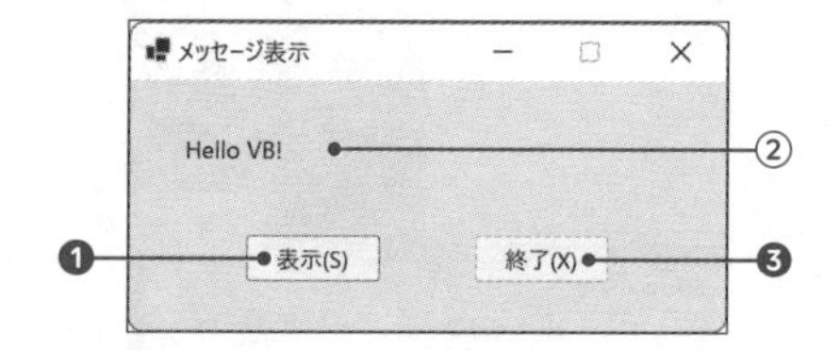

❶［表示（S)］ボタンをクリックする
② メッセージが表示される
❸［終了（X)］ボタンをクリックする
④ プログラムが終了する

プログラムを実行すると、プロジェクトは自動的に保存されます。プログラムを実行せずに変更内容を保存しておきたいときは、メニューバーから［ファイル（F)］－［すべて保存（L)］を選択してください。内容が変更されているときには、フォームデザイナーやコードウィンドウのタブに「*」が表示されています（画面2-23)。

Visual Studioのウィンドウの右上にある［閉じる］ボタン（ × ）をクリックすれば、Visual Studioの開発環境も終了します。

画面 2-23 プロジェクトを保存する

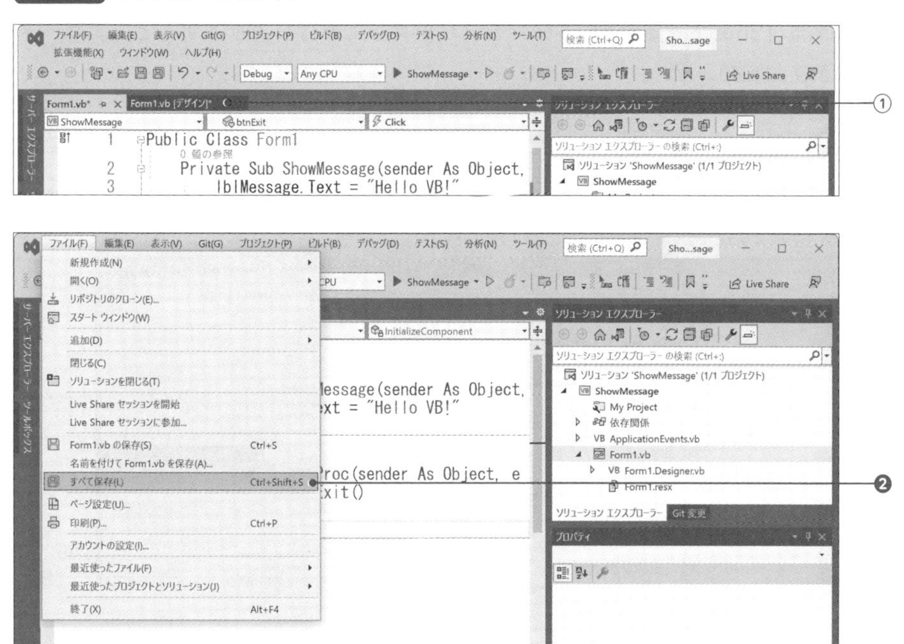

①変更がある場合は「*」が表示されている
❷[ファイル (F)] – [すべて保存 (L)] を選択する

プログラムのエラーに対処する

Visual Studioでは、コードを入力するときに単語の候補が表示されるので、単語のつづりを間違う可能性はずいぶんと少なくなっています。しかし、もし間違いがあれば、問題のある単語の下に波線が表示されます（画面2-24）。

画面 2-24 単語のつづりを間違った

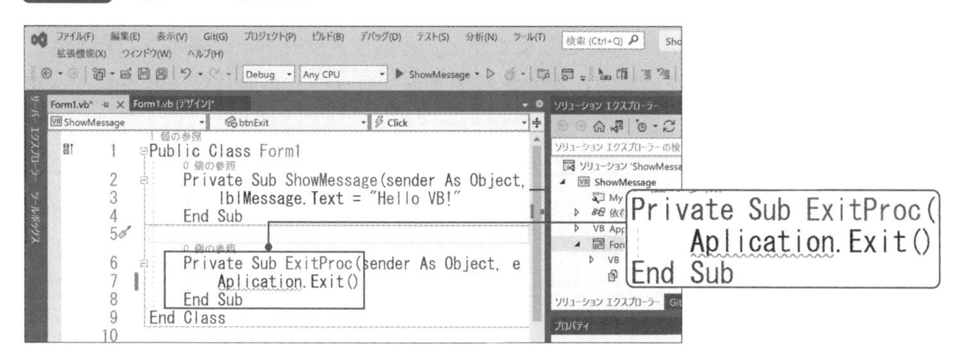

このプログラムではコードが数行しかないので、間違いにも気付きやすいですが、間違いに気付かずに、そのまま［ShowMessage］ボタンをクリックして実行しようとすると、エラーメッセージが表示されます（画面2-25）。

画面 2-25 コードのつづりや文法のエラーがあると
ビルドエラーが発生する

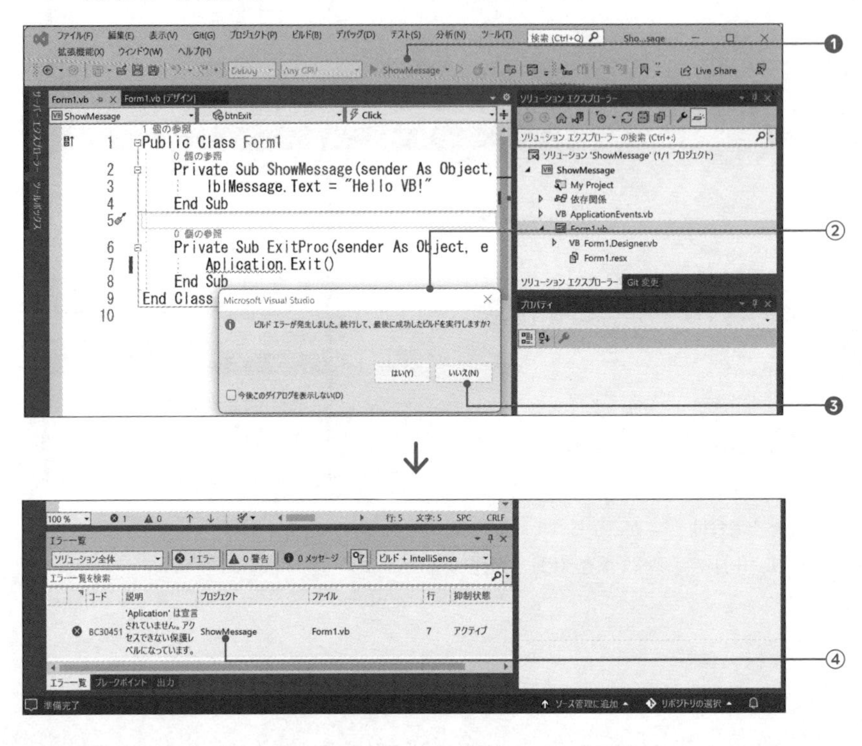

❶［ShowMessage］ボタンをクリックする

②「ビルドエラーが発生しました」というメッセージが表示される

❸［いいえ（N）］をクリックする

④エラーメッセージが表示される

プログラムにエラーがあると、当然プログラムは実行できません。「ビルドエラーが発生しました。続行して、最後に成功したビルドを実行しますか？」というメッセージが表示されたときに［はい(Y)］をクリックすると、以前に間違いなく実行できたプログラムがあればそれをもう一度実行することになります。

［いいえ（N）］をクリックすれば、［エラー一覧］にエラーメッセージが表示されます。一覧表示されたエラーメッセージをダブルクリックすると、カーソルがそのエラーのある行に移動するので、つづりの間違いなどは簡単に修正できます。修正できたら、もう一度実行してみましょう。なお、ビルドとは、私たちが作ったプログラム（ソースプログラム）を機械語に翻訳し、実行用プログラムを作成することです。

エラーは自動的に訂正できる

エラーのある行の前には電球のようなアイコンが表示されています。このアイコンをクリックすると訂正の方法が一覧表示されます。ただし、かなりプログラミングに慣れていないと、どれを選んでいいのか分からない場合も多く、かえって混乱することもあります。今の段階では不用意に項目を選択しないほうが無難です。

画面 2-26 左端のアイコンをクリックすれば訂正の方法が表示される

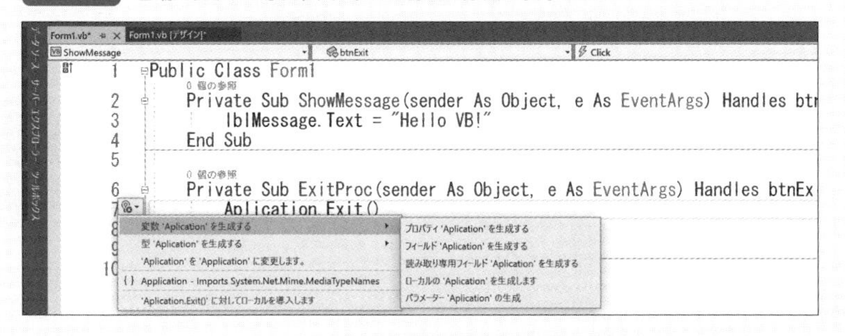

実行用プログラムのある場所

最後に1つ補足です。[ShowMessage] ボタンをクリックすると、デバッグモードで上の枠のプログラムが実行されます。デバッグとはプログラムのエラーを発見し、修正するという意味です。デバッグモードでは、実行用のプログラムは、プロジェクトを保存したフォルダーの下にあるbinフォルダーの下のDebugフォルダー（の下のnet6.0-windowsフォルダー）に作成されます。このプログラムではShowMessage.exeという名前のファイルが実行用のプログラムです。エクスプローラーの標準設定では、ファイル名の拡張子（.exe）が表示されないことに注意してください（画面2-27）。

画面 2-27 実行用のプログラムは Debugフォルダーの中にある

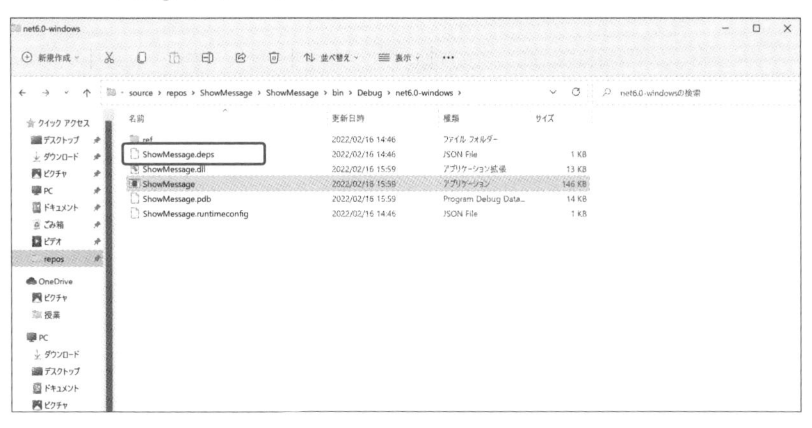

ここに作られた実行用プログラムはあくまでもテスト用に使うプログラムです。プログラムが最終的に完成し、配布できるようになったときには［ShowMessage］ボタンの左にある［ソリューション構成］リストの［Debug］を［Release］に変更して、メニューから［ビルド］－［ソリューションのビルド］を選択します。すると、binフォルダーの下のReleaseフォルダーの下のnet6.0-windowsフォルダーに配布用のプログラムが作成されます。なお、配布用のプログラムをそのまま実行するには、［ShowMessage］ボタンの右にある［デバッグなしで開始］ボタン（▷）をクリックします。

プロジェクトが保存されている場所は？

画面2-27をよく見れば分かりますが、プロジェクトに含まれるすべてのファイルは、通常、［<ユーザー名>］-［source］-［repos］の下の<ソリューション名>フォルダーに保存されています。なお、ソリューションとは複数のプロジェクトをまとめたものです。下のColumnを参照してください。

ソリューションとは

Visual Basicのプログラムはプロジェクトというまとまりで管理されています。さらに、関連のあるいくつかのプロジェクトは、ソリューションと呼ばれるまとまりで管理されています。つまり、ソリューションには複数のプロジェクトを含めることができるというわけです。

イラスト 2-7
ソリューションは複数のプロジェクトを含んだもの

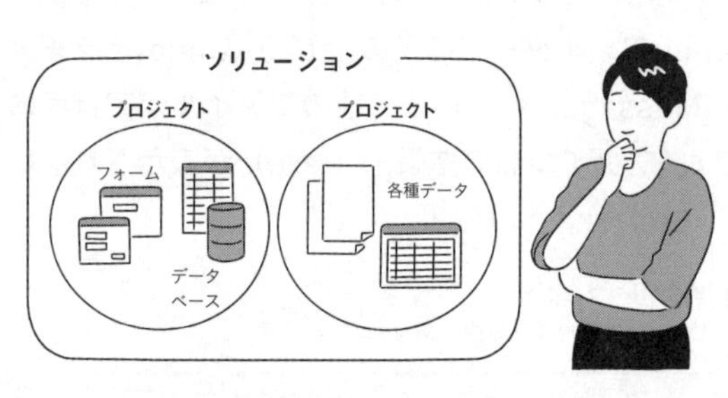

ワープロソフトや表計算ソフトでは、エクスプローラーに表示された文書やブックのアイコンをダブルクリックすれば、プログラムが起動され、データが読み込まれます。Visual Studioでも、同じ方法でプロジェクトを開くことができます。エクスプローラーに表示されたソリューションのアイコンをダブルクリックすれば、Visual Studioが起動するとともにソリューションに含まれるプロジェクトが読み込まれます。1つのソリューションに複数のプロジェクトがある場合には、すべてのプロジェクトが読み込まれます。ソリューションの拡張子は「.sln」です。

なお、新しいプロジェクトを作成すると、そのプロジェクトを含むソリューションも自動的に作成されます。本書で取り扱うサンプルプログラムはすべて、1つのソリューションに1つのプロジェクトが含まれたものになっています。

よく使うコントロール

Chapter 3からは本格的にVisual Basicのプログラミングに取り組んでいきます。それに先だってよく使われるコントロールを紹介しておきましょう。料理でいえば、利用できる食材の一覧です。美味しい料理を作るためには上手に食材を組み合わせ、素材を生かすような調理法が必要です。プログラミングという調理法を学ぶにあたって、コントロールという食材の性質や働きを確認しておきましょう。

よく使うコントロールの一覧

Visual Basicには数多くのコントロールが標準で用意されています。それらのうち、一般的なプログラムでよく使われるものを表2-2にまとめておきました。利用できるコントロールにどのようなものがあるかを知りたいときには以下の表を参照してください。

表2-2 よく使われるコントロールの一覧（*は本書で取り扱っているもの）

共通コントロール：一般的なプログラムでよく使われるコントロール		
アイコン	コントロール名	説明
*	Button	［OK］や［キャンセル］などの一般的なボタン
*	CheckBox	チェックマークを付けたり、外したりしてオンやオフの状態を選択できるコントロール
	CheckedListBox	各項目にCheckBoxを表示できるListBox
	ComboBox	ドロップダウンリストから項目を選択したり、テキストを入力したりできるコントロール
*	DateTimePicker	日付や時刻を入力したり、カレンダーから選択したりできるようにしたコントロール
*	Label	見出しなどの文字列を表示するためのコントロール
	LinkLabel	ハイパーリンクを表示するためのコントロール
*	ListBox	項目をリストに一覧表示し、選択できるようにしたコントロール
	ListView	項目の一覧をリスト形式、大きなアイコンの形式、小さなアイコンの形式、詳細な形式などで表示できるコントロール
	MaskedTextBox	有効な値が入力されたかどうかをチェックできるTextBox
	MonthCalendar	カレンダーから日付を選択できるようにしたコントロール

表2-2 よく使われるコントロールの一覧（続き、*は本書で取り扱っているもの）

共通コントロール：一般的なプログラムでよく使われるコントロール			
	アイコン	コントロール名	説明
		NotifyIcon	通知領域にアイコンを表示するためのコントロール
*		NumericUpDown	数値を入力したり、［▲］ボタンや［▼］ボタンで数値を増減させたりできるコントロール
*		PictureBox	画像を表示するためのコントロール
		ProgressBar	処理の進行状況などをアニメーション表示できるコントロール
*		RadioButton	複数の選択肢から1つのオプションを選択するために使われるコントロール
		RichTextBox	書式付きのテキストを入力したり表示したりできるコントロール
*		TextBox	テキストを入力したり表示したりできるコントロール
		ToolTip	ツールチップ（ポップヒント）を表示するためのコントロール
		TreeView	項目をツリー上の階層構造に整理して表示するためのコントロール

上記のコントロール以外にも、プログラムをより使いやすくするコントロールや、より高度な機能を提供するコントロールもたくさんあります。いわば、料理の味を引き立たせるためのスパイスや高級食材といった感じのものです。これらについては表2-3にまとめておきます。

表2-3 さまざまな機能を持ったコントロールの一覧（*は本書で取り扱っているもの）

コンテナー：ほかのコントロールをまとめて配置するためのコントロール			
	アイコン	コントロール名	説明
		FlowLayoutPanel	コントロールを左から右、上から下に並べて配置するときに使うPanelコントロール
*		GroupBox	複数のコントロールをグループ化して表示するためのコントロール。グループにタイトルや枠が付けられる
		Panel	複数のコントロールをグループ化して表示するためのコントロール
		SplitContainer	左右または上下に分割できるパネル。境界をドラッグして表示領域の割合を変えることができる
		TabControl	タブごとにコントロールをグループ化して表示するためのコントロール
		TableLayoutPanel	行と列からなるグリッドに分割されたパネル。境界をドラッグして表示領域の割合を変えることができる

メニューとツールバー：メニューやツールバーを表示するためのコントロール

アイコン	コントロール名	説明
	ContextMenuStrip	コンテキストメニューを表示するためのコントロール
*	MenuStrip	メニューを表示するためのコントロール
*	StatusStrip	ステータスバーを表示するためのコントロール
	ToolStrip	ツールバーを表示するためのコントロール
	ToolStripContainer	上下左右にツールバーやメニューを配置でき、中央にさまざまなコントロールを配置できるコントロール

データ：データベースを取り扱うためのコントロール

アイコン	コントロール名	説明
	BindingSource	BindingNavigatorなどのコントロールとDataSetなどのデータソースを結びつけるためのコントロール
*	DataGridView	行と列からなるグリッドにデータを表示したり、データベースのデータを表示するためのコントロール

ダイアログ：ダイアログボックスを表示するためのコントロール

アイコン	コントロール名	説明
	ColorDialog	［色の設定］ダイアログボックスを表示するためのコントロール
	FolderBrowserDialog	［フォルダーの参照］ダイアログボックスを表示するためのコントロール
	FontDialog	［フォント］ダイアログボックスを表示するためのコントロール
	OpenFileDialog	［開く］ダイアログボックスを表示するためのコントロール
	SaveFileDialog	［名前を付けて保存］ダイアログボックスを表示するためのコントロール

印刷：印刷の準備や実行のためのコントロール

アイコン	コントロール名	説明
	PageSetupDialog	［ページ設定］ダイアログボックスを表示するためのコントロール
	PrintDialog	［印刷］ダイアログボックスを表示するためのコントロール
	PrintDocument	印刷方法などを指定し、プリンターに印刷内容を送信するために使われるコントロール
	PrintPreviewControl	印刷プレビューのイメージを表示するためのコントロール
	PrintPreviewDialog	［印刷プレビュー］ダイアログボックスを表示するためのコントロール

その他		
アイコン	コントロール名	説明
	HScrollBar	水平スクロールバーを表示するためのコントロール
	VScrollBar	垂直スクロールバーを表示するためのコントロール
	ImageList	複数の画像を保持しておき、画像を表示できるコントロールで利用できるようにするためのコントロール
	DomainUpDown	文字列を入力したり、[▲] ボタンや [▼] ボタンでリストから文字列を選択したりできるコントロール
	Timer	一定時間ごとにイベントを発生させ、処理を実行するためのコントロール
*	TrackBar	トラックバーを表示するためのコントロール。トラックバーの「つまみ」をドラッグすることによって値を変更できる
	FileSystemWatcher	ファイルの作成や変更を通知するコントロール
	ErrorProvider	指定したコントロールで発生したエラーを表示するためのコントロール
	HelpProvider	指定したコントロールのヘルプを表示するためのコントロール
	Process	ほかのプログラムを起動したり終了したりできるようにするためのコントロール
	PropertyGrid	フォーム上にプロパティウィンドウを表示し、指定したコントロールのプロパティが設定できるようにするためのコントロール

ツールボックスにはこれらのコントロールが表に示したような分類に従って表示されます。ただし、[すべてのWindows Forms] の下には分類に関係なくほとんどすべてのコントロールがアルファベット順に表示されています。表の最後にある「その他」はここで示したツールボックスの分類に入っていないコントロールのうちよく使われるものを一覧にしたものです。

なお、[ポインター] はコントロールではなく、そのときに選択しているコントロールの選択状態を解除し、通常のマウスポインターに戻すためのアイコンです。

CHAPTER 2 » まとめ

- Visual Studioではプロジェクトというまとまりで
  プログラムを管理しています

- Visual StudioでWindowsのプログラムを作成するには、
  まず、フォームにコントロールを配置します

- コントロールの性質はプロパティと呼ばれ、
  フォームのデザイン時に変更できます

- コントロールの動作はメソッドと呼ばれます。
  メソッドを呼び出すにはコードを書く必要があります

- コントロールがクリックされるなど、
  何かが起こったときにはイベントハンドラーと呼ばれる手続きが
  自動的に呼び出されます

- イベントハンドラーにコードを書いておけば、
  コントロールで何かが起こったときに、プロパティを変更したり、
  メソッドを呼び出したりできます

練習問題

A Visual Basicで使われる用語と、その正しい説明を線で結んでください。

(あ)コントロール ・		・(A)クリックされたなどの何らかの「できごと」
(い)プロジェクト ・		・(B)プログラムのフォームやコードをまとめて管理するもの
(う)メソッド ・		・(C)文字列や色などの性質のこと
(え)プロパティ ・		・(D)ウィンドウに表示されるボタンやラベルなどの部品
(お)イベント ・		・(E)表示する、非表示にするなどのさまざまな動作のこと

B (1) 以下のコードの説明を埋めるもっとも適切な用語を選んでください。

```
①    Private Sub ShowMessage(sender As Object, e As EventArgs)⇒
  Handles btnMessage.Click
②        lblMessage.Text = "Hello VB!"
③    End Sub
```

このコードはbtnMessageという[ア]のClick[イ]が起こったときに実行される[ウ]です。処理の内容はlblMessageという[ア]のText[エ]に文字列を代入し、その文字列を表示するというものです。"Hello VB!"という文字列がText[オ]です。

(a)イベントハンドラー
(b)プロパティ
(c)イベント
(d)コントロール
(e)プロパティに設定する値

(2) 上のコードのうち、プログラムを作る人がコードウィンドウで記述しなければいけないのはどの行でしょう。
正しいものに○を、間違っているものに×を記入してください。

- □ ①〜③すべて
- □ ②だけ
- □ ②と③
- □ ③だけ
- □ どの行も記述しなくてよい

C 2.2節で作成したプロジェクトを開き、別のメッセージを表示するように ShowMessageイベントハンドラーを書き換えてみてください。
メッセージの内容は好きな言葉で構いません。

PART 2

Visual Basicの基礎を身に付ける

Part 1ではVisual Basicでプログラムを作成する手順を学びました。Part 2では、Visual Basicのプログラミング言語としての基礎を学びます。単にさまざまなコントロールの使い方を知るのではなく、変数や定数、条件分岐、繰り返し処理、配列、プロシージャ、クラスなどをどのように記述するかをしっかりと理解することに重点を置きます。
プログラムを作るためのルールを身に付けることは、プログラミングを自由自在に進めるための基本です。一歩ずつ確実に見ていきましょう。

PART 2

CHAPTER

3 » 数値や文字列を取り扱う

この章では、コードの書き方についての
基本的なルールを確認した後、変数や演算といった
プログラミングの基本を見ていきます。
便利なコントロールがたくさん用意されているといっても、
それらを並べただけでは目的に合ったプログラムとしては
動きません。コントロールをいかに組み合わせ、連動させ、
目的の結果を得るかが重要です。
そのための基礎を身に付ける最初のステップです。

これから学ぶこと

- ✔ Visual Basicではどのようなキーワードが使われるかを学びます
- ✔ Visual Basicのコードを書くための基本的なルールを学びます
- ✔ 変数や定数の使い方を学びます
- ✔ 代入や演算の方法を学びます
- ✔ この章で学んだことがらを利用してプログラムを作成します

時間変換 プログラム

時間(H)：4　分(M)：30

小数表示の時間(D)：4.5

変換(V)　終了(X)

イラスト 3-1 時間を変換するプログラム

この章ではコードの基本的な書き方を学び、変数や演算を利用したプログラムを作ります。時給を計算する場合には、時と分で表された時間を小数に変換すると便利です。例えば、4時間30分を4.5時間のように表せば、単純な掛け算で給与が求められます。作成するのは単純なプログラムですが、プログラミングの基礎を身に付ける最初のステップです。すべてはここから始まります。

コードの書き方

Visual BasicではLabelコントロールやTextBoxコントロール、Buttonコントロールなどの部品を使ってウィンドウのデザインができます。しかし、本格的なプログラムを作成するには、コードの書き方の基本を身に付けておく必要があります。ここでは、コードの中に出てくるいくつかの要素を紹介します。物語に出てくる登場人物の紹介といった程度の気分で、気楽に読み進めてください。プログラミングを始めたくてうずうずしている人は、先に3.4節の「プログラミングにチャレンジ」に取り組んでもらっても構いません。

キーワード

Chapter 2では、プログラミングの手順を見ていく中で、最後に以下のようなコードを書きました。実際に記述した内容は1行だけですが、あらかじめ入力されているコードも含めてざっと見渡してみるといろいろなことに気が付くと思います（LIST 3-1）。

LIST 3-1 Chapter 2で作成したイベントハンドラー

```
Public Class Form1
    Private Sub ShowMessage(sender As Object, e As EventArgs)⇒
Handles btnMessage.Click
        lblMessage.Text = "Hello VB!"
    End Sub
End Class
```

自分で入力したのはこの1行だけ

コードウィンドウの表示を見ると、いくつかの単語が異なる色で表示されています。例えば、Public、Class、Private、Sub、Asなどは青い色で表示されています。これらの青い色の文字で表示されている単語はキーワードと呼ばれるもので、使い方の決まった単語です。キーワードには決められた働きがあるので、その働きに合わせた使い方をする必要があります。例えば、キーワードを次の節で説明する変数や定数の名前として使うことはできません。

コードのフォントや色をカスタマイズするには

メニューバーから［ツール（T）］－［オプション（O）...］を選択し、［オプション］ダイアログボックスを表示します。続いて、ダイアログボックスの左のリストから［環境］－［フォントおよび色］を選択すれば、フォントや表示色の設定画面が表示されます。

よく使われるキーワードには以下のようなものがあります。しかし、ここですべてを覚える必要はありません。これらのキーワードの働きを理解し、使いこなせるようになることはプログラミングを身に付けるうえできわめて重要なことですが、プログラミングを学ぶうちに自然に覚えてしまうので、ざっと目を通しておくだけで十分です。

```
And      As       Boolean  Byte     Call     Case     Catch
Class    Const    Continue Date     Default  Dim      Do
Double   Each     Else     ElseIf   End      EndIf    Error
Event    Exit     False    For      Function Get      Handles
If       Imports  In       Integer  Is       Long     Loop
Me       Mod      New      Next     Not      Nothing  Object
Of       On       Option   Or       Private  Property Public
Return   Select   Short    Single   Static   Step     Stop
String   Sub      Then     Throw    To       True     Try
Wend     When     While    With
```

これらのキーワードはすべて半角文字で入力することに注意してください。全角文字で入力しても自動的に半角に変換されるので神経質になる必要はありませんが、プログラムのコードは、コメントや文字列以外は半角英数字で入力するのが基本です。

LIST 3-1のコードを見ると、ほかにも、単語の区切りに半角スペースが使われていること、「.」（ピリオド）で区切られた単語があること、()で囲まれた単語があること、SubとEnd Sub、ClassとEnd Classが対になっていることなどに気が付くと思います。しかし、一度にたくさんのことを詰め込んでも身に付きません。Chapter 4以降で少しずつ見ていくことにしましょう。

演算子

プログラムの中では、さまざまな計算をします。足し算、引き算、掛け算、割り算といった数値の計算のほか、大小の比較をしたり、複数の文字列をつないだりすることもあります。このような広い意味での計算のことを**演算**と呼びます。演算を行うためには、以下のような記号や単語を使って式を記述します。これらの、演算に使う記号や単語のことを**演算子**と呼びます。

- 算術演算子　^ * / ¥ Mod + -
- 代入演算子　= ^= *= /= ¥= += -= &=

- 比較演算子　< <= > >= = <>
- 連結演算子　& +
- 論理演算子　And Not Or Xor AndAlso OrElse

演算子の使い方については、3.3節で詳しく見ます。なお、論理演算子については4.2節で詳しく説明することとします。

リテラル

リテラルという言葉にはあまりなじみがないかもしれませんが、日本語にすると「文字通りの」といった意味で、Visual Basicでは、決まった値のことをいいます。例えば、123という数値や"Hello VB!"という文字列がリテラルと呼ばれます。つまり、リテラルとは値そのもののことです。表3-1にリテラルの例を示します。

表3-1 リテラルの例

リテラル	意味	備考
True	Trueというブール値	Boolean型。Boolean（ブール値）はTrueまたはFalseのいずれかの値
123	123という数値	Integer型。半角で入力する
3.14	3.14という数値	Double型。半角で入力する
"Hello VB!"	「Hello VB!」という文字列	String型。""の中では全角文字も使える
"123"	「123」という文字列	String型。数値ではなく、文字の並びと見なされる

表3-1の例を見て気付くかもしれませんが、123とそのまま数字を書くと数値と見なされ、"123"のように二重引用符で囲むと文字列と見なされます。数値は足し算や掛け算などの計算に使えますが、文字列は数学的な計算には基本的には使えません。

文字列の内容には全角文字が使えますが、二重引用符は半角で入力します。数値を表す場合は半角文字を使います。数値に全角文字は使えません。

二重引用符などの囲み文字で囲んだり、末尾に型文字と呼ばれる文字を付けることによってリテラルのデータ型を明示的に表すこともできます（表3-2）。

表3-2 リテラルのデータ型を明示的に指定する

データ型	表記方法	例	意味
文字列型（String）	"文字列"	"Hello VB!"	Hello VB!という文字列
日付型（Date）	#日付#	#3/14/2022#	2022年3月14日という日付
文字型（Char）	"文字"C	"A"C	Aという1文字
10進型（Decimal）	Dまたは@	1234.56D	1234.56という10進数
短整数型（Short）	Sまたは!	100S	100という短整数
整数型（Integer）	Iまたは%	65536%	65536という整数
長整数型（Long）	Lまたは&	3000000000L	3000000000という長整数
単精度浮動小数点型（Single）	F	3.14F	3.14という単精度浮動小数点数
倍精度浮動小数点型（Double）	Rまたは#	3.14#	3.14という倍精度浮動小数点数

浮動小数点数とは小数部のある数値を近似値で表したものです。浮動小数点数にも整数にもいくつかの型がありますが、特に何も指定しない場合、小数点付きの数値リテラルは倍精度浮動小数点型と見なされ、整数のリテラルは整数型と見なされます。これらのデータ型についての詳細は、次の節で説明します。

整数は&Hを先頭に付けると16進数と見なされ、&O（オー）を先頭に付けると8進数と見なされます。例えば、&H1Aは16進数の1Aを表し、&O32は8進数の32を表します。10進数、16進数、8進数の対応は以下のとおりです（表3-3）。

表3-3 10進数、16進数、8進数の対応表

10進数	16進数	8進数
0	0	0
1	1	1
2	2	2
3	3	3
4	4	4
5	5	5
6	6	6
7	7	7
8	8	10
9	9	11
10	A	12

10進数	16進数	8進数
11	B	13
12	C	14
13	D	15
14	E	16
15	F	17
16	10	20
17	11	21
18	12	22
19	13	23
20	14	24
21	15	25

10進数	16進数	8進数
22	16	26
23	17	27
24	18	30
25	19	31
26	1A	32
27	1B	33
28	1C	34
29	1D	35
30	1E	36
31	1F	37

✔ コメント

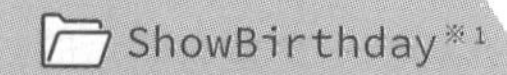
ShowBirthday※1

Visual Basicでは、「'」(単一引用符) から行末まではコメントと見なされます。コメントはプログラムの実行には何も影響を与えないので、コードの説明などを書いておくことができます。コメントには半角文字、全角文字のいずれも使えます (LIST 3-2)。

LIST 3-2 コードにコメントを書いた例

```
    Private Sub ShowBirthday(sender As Object, e As EventArgs) ⇒
Handles btnShow.Click
        ' メッセージボックスに日付を表示します
        MessageBox.Show(#3/14/2022#)        ' #で囲むと日付型のリテラル
    End Sub
```

適度にコメントを入れておくと、コードが読みやすくなります。自分で書いたコードでも、時間が経てば何をするためのコードであるか忘れてしまいがちです。また、ほかの人が仕事を引き継いでこのコードを利用するかもしれません。仕事の効率という観点からも必要に応じてコメントを入れておくようにしましょう。

メッセージボックスを表示するには

MessageBoxクラスのShowメソッドを利用すると、メッセージボックスを表示できます。例えば、LIST 3-2のイベントハンドラーが実行されると、以下のようなメッセージボックスが表示されます。

画面 3-1 メッセージボックスの例

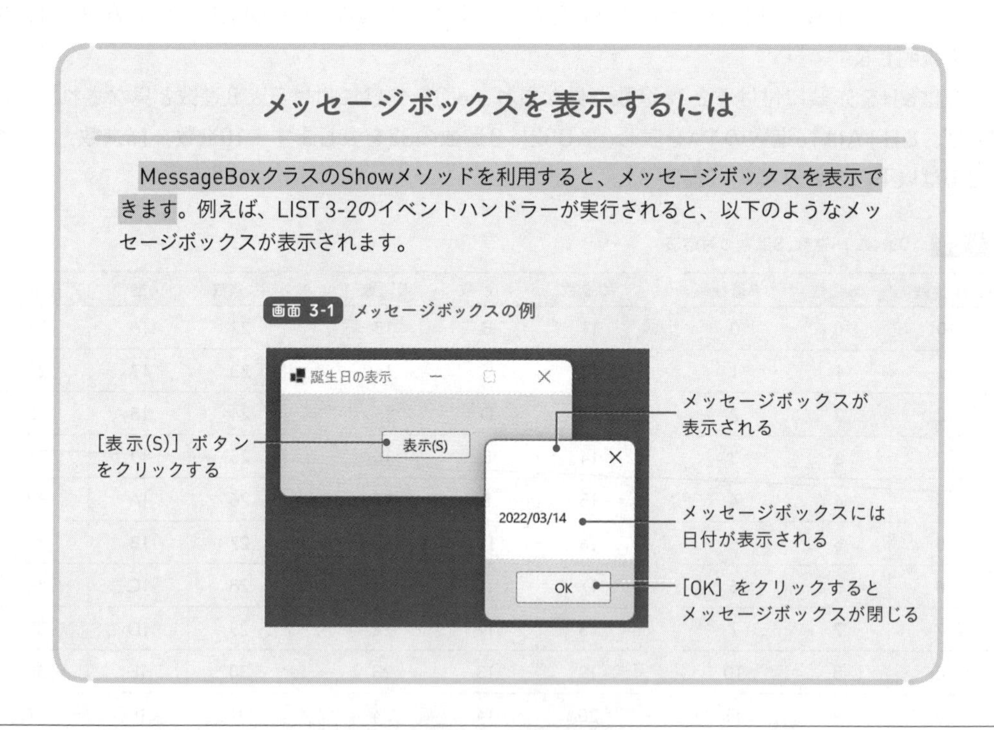
誕生日の表示
表示(S)
[表示(S)] ボタンをクリックする
メッセージボックスが表示される
2022/03/14
メッセージボックスには日付が表示される
OK
[OK] をクリックするとメッセージボックスが閉じる

※1 本書では、コンソロールアプリケーションは取り扱いませんが、ちょっとした動作確認のためだけであれば、フォームをデザインする必要のない分、コンソールアプリケーションのほうが簡単です。そこで、動作確認用のShowBirthdayプロジェクトに対応するコンソールアプリケーションも用意しておきました。コンソロールアプリケーションは「ShowBitrhdayC」のように、名前の後に「C」を付けたフォルダーに保存してあります。コンソロールアプリケーションの作成方法や実行方法については、サンプルプログラムに添付した文書を参照してください。

✔ ステートメントを複数行に書く

Visual Basicの各行のコードは**ステートメント**とも呼ばれます。ステートメントは 演算子や「,」の後であれば改行できます。また、「(」の後や「)」の前でも改行できます。ただし、スペースで区切られている単語の間で改行したいときには、普通、行が次に続くことを表すため、スペースと「_」(アンダースコア) を行末に入れておく必要があります。もちろん、単語の途中で改行することはできません。

以下の例では、「Object,」の後ろには「_」を入れても、そのまま改行しても構いませんが、「As」の後や「Handles」の後で改行するにはスペースと「_」が必要です (LIST 3-3)。

LIST 3-3 「_」(アンダースコア)を使って長い行を複数行に分ける

```
Private Sub ShowBirthday(sender As Object, _
                        e As EventArgs) Handles btnShow.Click
    ' メッセージボックスに日付を表示します
    MessageBox.Show(#3/14/2022#)       ' #で囲むと日付型のリテラル
End Sub
```

ただし、本書では、どこまでを1行で記述するかが分かるように、LIST 3-2のようにできるだけ行を分割せずに⇒を使って行が続いていることを表します (実際のコードに⇒は含まれません)。

長い行を折り返して表示するには

メニューバーから [ツール (T)] ー [オプション (O) ...] を選択し、[オプション] ダイアログボックスを表示します。続いて、ダイアログボックスの左のリストから[テキストエディター] ー [Basic] を選択すれば、設定画面に [テキストを折り返す (W)] というチェックボックスが表示されます (画面3-2)。この項目をクリックしてチェックマークを付けておけば、コードウィンドウの右端で長い行が折り返して表示されます。また、その下の [右端の折り返しの記号を表示 (S)] にチェックマークを付けておけば、コードが折り返されたことが分かるように、右端に記号が表示されます (画面3-3)。

画面 3-2

長い行を折り返して表示するための設定

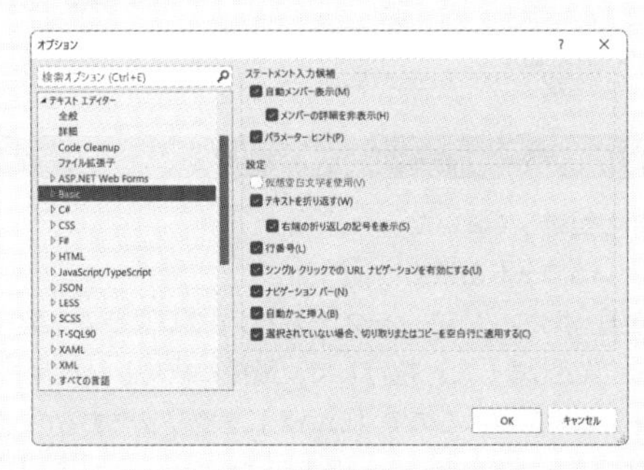

画面 3-3 コードの折り返し記号

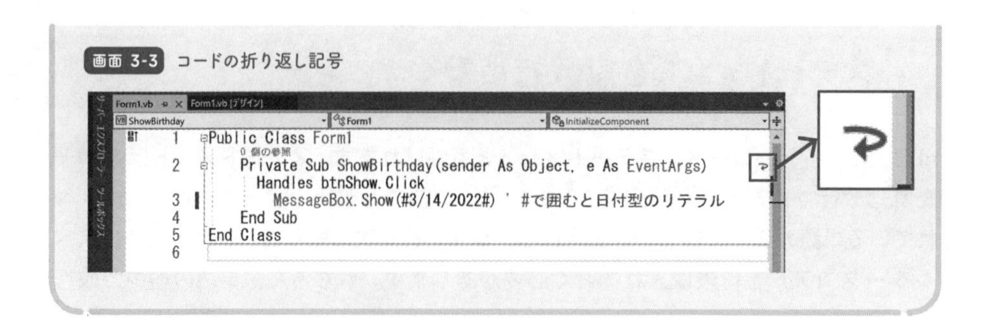

データ型を厳密に取り扱うには

OptionStrictTest

Visual Basicの標準的な設定では、データ型が異なっていても計算ができるように、データ型が自動的に変換されるようになっています。例えば、100 + "123"という式では、"123"が数値に変換できるので223という結果が求められます。ただし、100 + "123x"の"123x"は数値に変換できないので、エラーとなります。

データ型が自動的に変換されるのは一見便利なように思えますが、実際には思わぬ誤作動のもとになる危険があります。しかも原因が分かりにくく、修正に時間がかかることがあるので、十分な注意が必要です。そのため、"123"をあくまでも文字列と見なし、100 + "123"をエラーとするなど、データ型をできるだけ厳密に取り扱うように設定しておくこともできます。データ型を厳密に扱うには、コードウィンドウの先頭にOption Strict Onと記述しておきます（画面3-4）。

画面 3-4 データ型を厳密に取り扱う

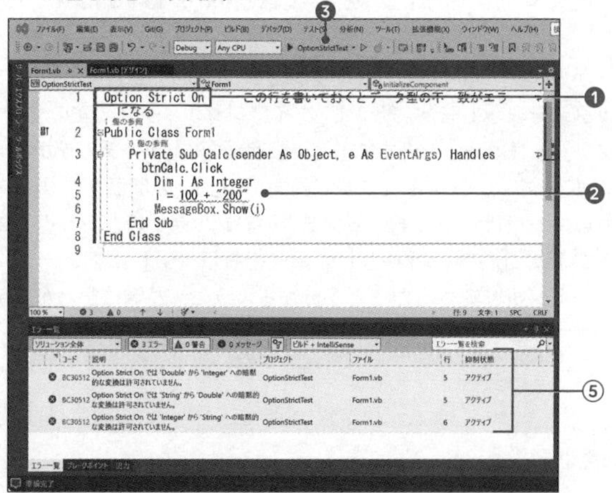

❶ Option Strict Onと記述しておいた

❷ i = 100 + "200"というコードを書く

❸ ［OptionStrictTest］ボタン（▶）をクリックしてプログラムを実行

❹「ビルドエラーが発生しました。続行して、最後に成功したビルドを実行しますか？」というメッセージが表示されるので［いいえ］をクリックする

⑤ データ型が変換できないというエラーが表示された

プロジェクト全体でデータ型を厳密に取り扱うようにするには、プロジェクトのプロパティを表示し、Option Strictの設定をオンにしておきます（画面3-5）。このように設定しておくと、コードウィンドウでOption Strict Onを記述する必要はありません。

画面 3-5

プロジェクトのプロパティでデータ型を厳密に取り扱うように設定する

❶ ［プロジェクト(P)］ – ［<プロジェクト名>のプロパティ(P)...］

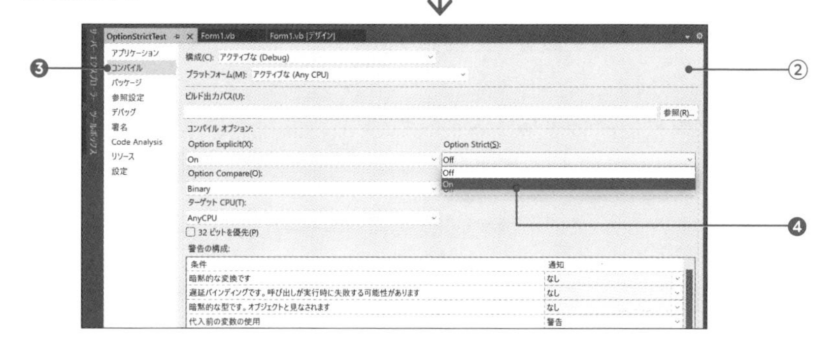

❶［プロジェクト（P)］ – ［<プロジェクト名>のプロパティ（P）...］を選択する
② プロジェクトのプロパティを設定するためのウィンドウが表示される
❸［コンパイル］タブをクリックする
❹［Option Strict（S）:］をクリックし、［On］を選択する

確認問題

❶ 左側の言葉の説明として適切なものを右側から選んで線で結んでください。

(あ)演算子 ・　　・(A)二重引用符で囲んで表した文字の並び

(い)リテラル ・　　・(B)プログラムの流れを変えるための単語

(う)キーワード ・　　・(C)四則演算などの計算や文字列の連結に使われる記号や単語

(え)文字列 ・　　・(D)プログラムの中で使われるさまざまな働きを持った単語

・(E)数値や文字列そのもの

❷ 以下のリテラルのデータ型を答えてください。

1234　＿＿＿＿＿＿

"こんにちはVB"　＿＿＿＿＿＿

3.14　＿＿＿＿＿＿

"1.4142"　＿＿＿＿＿＿

❸ 以下の文章のうち正しいものには○を、
間違っているものには×を記入してください。

☐ 引用符で囲んだ文字列リテラルの内容やコメントの文字列には全角文字が使える

☐ 123xのように数値に文字を含めても123のような数値と見なされる

☐ コードは行の途中で自由に改行できる

☐ コメントの中にはキーワードと同じ文字列を含め、何を書いてもよい

変数と定数

本格的なプログラムを作るには、さまざまなデータを取り扱う必要があります。前節では、リテラルと呼ばれる決まった値のデータの書き方を説明しましたが、プログラムの中で使われるデータはいつも決まった値というわけではありません。例えば、売上金額は商品がどれだけ売れたかによって変わります。また、預金残高はいくら預けていくら引き出したかによって値が変わります。そのようなデータを表すためには変数を使います。ここでは変数の書き方や使い方と、リテラルを使いやすくするための定数について学びます。

変数を利用する

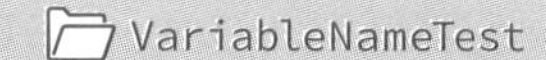

変数とは、データを入れるための箱のようなものだとよくいわれます。もちろんただの箱とは違うところもありますが、最初のうちはそのような理解で十分です。プログラムに仕事をさせるということは、変数という作業用の箱を用意して、そこにデータを入れたり、そこからデータを取り出したりしながら、目的の結果を得ることだと考えていいでしょう。

イラスト 3-2
変数には値を入れたり、値を取り出したりできる

プログラムを作成するときには、どのような変数を利用するかをあらかじめ書いておく必要があります。そのようなコードを書くことを変数の宣言といいます。

日常の作業でもきちんと仕事をするためには、ただ「箱」を用意するだけでなく、その箱に名前を付けておきます。また、何を入れるかによって利用する箱を変える必要もあります。それと同じように、Visual Basicでも、変数を宣言するときには変数の名前と変数のデータ型を書きます。以下の例が変数の宣言例です（LIST 3-4）。

LIST 3-4 さまざまなデータ型の変数を宣言する

```
Dim i As Integer                 ← 整数型の変数iを宣言
Dim Weight As Double             ← 倍精度浮動小数点型の変数Weightを宣言
Dim ClientName As String         ← 文字列型の変数ClientNameを宣言
```

これらの例からある程度想像できると思いますが、変数の基本的な宣言方法は、以下のようになります（図3-1）。

図 3-1 変数の宣言方法

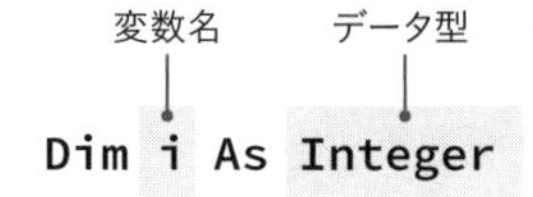

最初のDimが「これから変数を宣言しますよ」という意味のキーワードです。Asは日本語でいえば「〜として」です。したがって、最初の宣言は、
「iという名前の変数を、整数（Integer）として用意しておきますよ」
という意味になります。LIST3-4の2番目の宣言は、小数点以下のある数値を取り扱うための変数の宣言です。データ型としては、精度の違いによりDoubleまたはSingleを指定します。精度に関する詳細についてはP.88〜89を参照してください。3番目の文字列型の変数については説明不要でしょう。実は、整数型や浮動小数点型と文字列型には、大きな違いがあるのですが、それについては後のお楽しみとしましょう（P.89）。

変数にDimというキーワードを使う理由

Dimというのは Dimension（配列）の略です。変数の宣言にDimというキーワードを使うことに違和感を覚える人もいるかもしれません。実は、初期のBasicでは、特に変数は宣言しなくても使えました（現在でも、宣言しなくても変数が使えるように設定できます）。しかし、配列を利用するときには宣言が必要でした。変数の宣言にDimを使うのは、配列の宣言に使ったDimが、変数の宣言にも使われたためだといわれています。

変数名には、その変数をどのような目的で使うかがよく分かるような名前を付けておいてください。さきほどの例でいえば、Weightは何かの重さであるということが分かりますし、ClientNameは顧客の名前であることが分かります。ただし、変数名に使える文字には以下のような制限があります。

- 変数名には、英字、数字、日本語文字、「_」（アンダースコア）が使える
- 変数名は数字で始まっていてはいけない
- 途中に空白文字を入れてはいけない

例えば、以下のような名前は変数名として使えます。

```
Counter        Sum2020        売上金額        Student_Number
```

しかし、以下のような名前は変数名としては使えません。

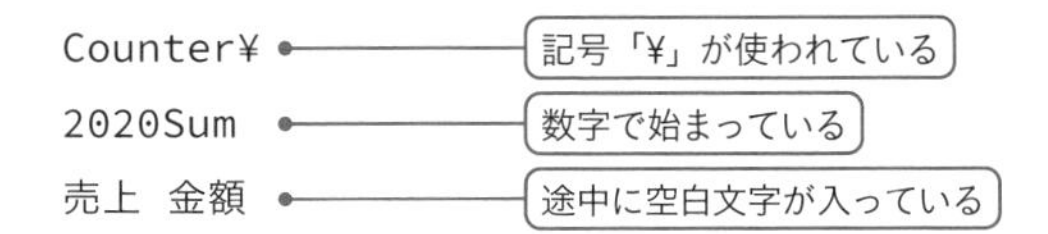

といっても、それほど神経質になる必要はありません。使えない文字を利用して変数を宣言しようとすると、エラーメッセージが表示されるのですぐに分かります（画面3-6）。

画面 3-6

変数名として使えない文字を使った

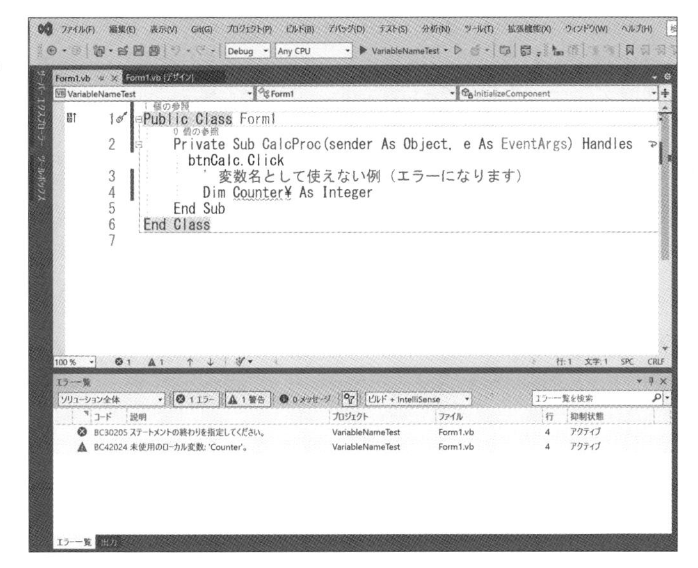

Column 変数名の付け方

変数は、変数名に使える文字を使って宣言するというのは当然のことですが、分かりやすい名前を付けるということについてはさまざまな考え方があります。とりわけ、議論の的になるのがハンガリアン記法と呼ばれる命名法です。ハンガリアン記法はマイクロソフトでExcelなどを開発していたチャールズ・シモニーが考案した命名法で、変数名の前に変数の用途やデータ型を表す文字列（プレフィックス）を付けるというものです。例えば、文字列であることが分かるようにstrを付け、strClientNameにするというのがそれにあたります。当初は、変数の種類が分かりやすいなどの理由で歓迎されていましたが、現在では、「プレフィックスの付け方に明確な基準がなくかえって混乱のもととなる」「多くのプログラミング言語でデータ型のチェックが厳密に行われるので、データ型を変数名に含めるのは無駄である」といった理由からあまり推奨されていません。

実は、ハンガリアン記法にはアプリケーションハンガリアンと呼ばれる方法とシステムハンガリアンと呼ばれる方法があります。アプリケーションハンガリアンは変数のデータ型ではなく、変数の意味や目的が分かるようなプレフィックスを付ける方法です。例えば、相対位置（Relative Position）を表すためにrpを付け、rpTargetのように書くのがこの方法です。このようにすれば、この変数が何らかの基準から見た位置であるということが分かり、間違って絶対位置で計算してしまうことがなくなります。コントロール名にlblMessageのような名前を付け、Labelコントロールであるということが分かるようにするのも、どちらかというとデータ型の区別よりは意味や目的に重点を置いた考え方といえるでしょう。

一方のシステムハンガリアンはデータ型を表すものです。例えば、strClientNameという書き方はシステムハンガリアンにあたります。実は、ハンガリアン記法に対する批判はほとんどがこのシステムハンガリアンに対するものです。

Visual Basicでは、標準の設定（Option StrictがOffの状態）ではデータ型のチェックが厳密に行われず、自動的にデータ型が変換されるので、システムハンガリアンを使ってデータ型を変数名に含めることにもある程度の利点は認められます。しかし前節のコラム「データ型を厳密に取り扱うには」でも解説したように、データ型のチェックを厳密にしておけば、システムハンガリアンに頼らず、思わぬミス（多くの場合見つけるのが難しいミス）を防ぐことができます。

本書でもシステムハンガリアンはできるだけ避けるようにします。一方、コントロール名などには、目的が分かるようなプレフィックスを付けることにします。なお、企業や部署ごとに詳細な命名基準を決めている場合には、その方法にそって変数名を付けるようにしてください。

✔ 何を変数として宣言するのか

宣言の書き方は分かっても、プログラミングがはじめてという人には、何を変数にすればいいのか分からないという人が多いようです。多くのプログラミング入門書はその疑問や悩みに答えてくれていません。しかし、原則は意外に簡単です。例えば、4時間30分のような「時」と「分」を4.5時間のような小数に変換するプログラムを考えてみましょう。

まず「時」と「分」が必要……と考えがちですが、それは間違いです。最初に考えるべきものは結果として欲しいものです。この例でいえば、結果として欲しいものは小数で表された時間ですから、それをまず変数として宣言します。小数点以下の値があるので、Double型とすればいいでしょう。変数名をWorkingTimeとすれば、以下のように宣言できます。

```
Dim WorkingTime As Double
```

結果として欲しいものが分かれば、次にその結果を得るために必要なものを洗い出します。この例なら、「時」と「分」です。いずれも整数なので、以下のように宣言しましょう。

```
Dim WorkingHour As Integer
Dim WorkingMinute As Integer
```

必要な変数を洗い出す手順を図にしてみると、図3-2のようになります。入力とはプログラムに与えるデータのことです。処理はプログラムの働きですね。そして、出力とはプログラムから出てくる結果です。

図 3-2 まず出力を考え、次に入力を考える

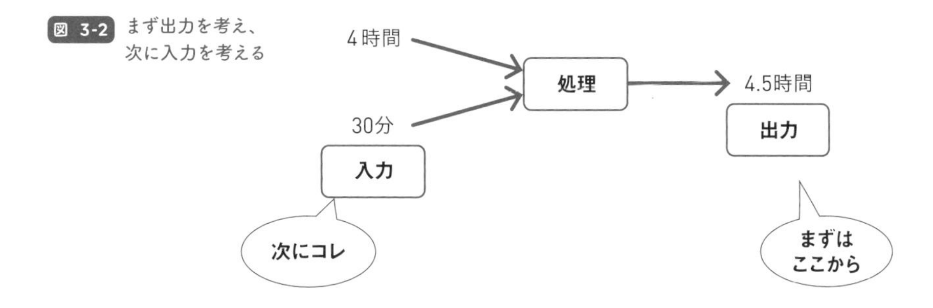

プログラムの動作は「入力→処理→出力」のように流れるので、ともすれば入力や処理を先に考えがちです。しかし、重要なのは、出力を先に考えるということです。そして出力を得るために必要な入力は何かということを考えます。どんな処理をするかは最後に考えます。

少しばかり先走りになりますが、Visual Basicのフォームも含めた処理の全体像を示すと図3-3のようになります。

図 3-3 時間を小数に変換するプログラムの流れ

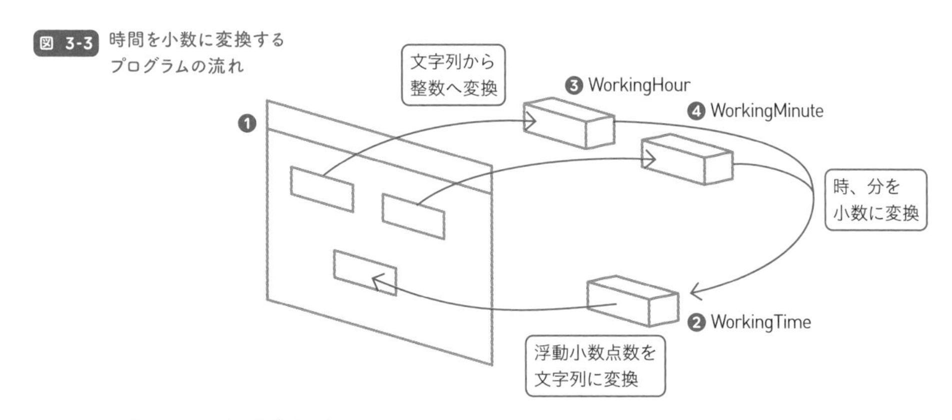

❶ フォームをデザインする

❷ 結果として求めたい値を入れる変数を用意する

❸❹ 結果を求めるのに利用できる値を入れる変数を用意する

❶のフォームのデザインはChapter 2の知識でできます。フォームのデザイン時にもやはり結果として欲しいものを先に考える必要があります。❷〜❹はここで学んだ変数の宣言です。変数の宣言も結果として欲しいものから考えます。

残る作業は枠で囲んで記した処理を記述するだけです。プログラムの処理では、変数に値を入れたり、変数の値を利用したりします。しかし、あせらずにゆっくりと進めましょう。処理については3.4節で説明するので、ここでは、変数の宣言がプログラムの骨格をはっきりさせるための第一歩だということを理解しておけば十分です。

では、変数についてもう少し詳しく見ておきましょう。といっても、ここからの話はかなり細かくなるので、はじめての方や先を急ぐ方は次の節まで読み飛ばしてもらっても構いません。ただし、値型の変数と参照型の変数については、少しだけ気にしておいてください。

変数を利用するか、プロパティに直接代入するか

この例では、コントロールのプロパティだけを使い、変数を使わずにプログラムを作ってしまうこともできます。しかし、最初のうちは前ページで説明したような手順にそって、変数を用意し、ステップをきちんと押さえながらプログラムを作ったほうがいいでしょう。また、プログラムが複雑になってくると、コントロールのプロパティをそのまま使うよりも、いったん変数に値を入れておいたほうが、コードが分かりやすくなります。このように、ビュー（表示されているもの：図3-3の❶にあたる）とコンテンツ（内容：図3-3の❷～❹にあたる）を分けることはプログラミングだけでなくウェブデザインなどでも重要な考え方です。なお、複雑な作業をする場合には、途中の結果を入れておくための作業用の変数が必要になることもあります。

✔ 変数のデータ型

変数のデータ型のうち、よく使われるものを表3-4にまとめておきました。変数に代入したいデータの内容に合わせて、適切な型を指定して宣言しましょう。

表3-4 よく使われるデータ型と変数の宣言例

データ型	Asの後に書くキーワード	記憶できる値	例
ブール型	Boolean	TrueかFalseのいずれかの値	Dim AFlag As Boolean
バイト型	Byte	0から255までの整数	Dim CategoryID As Byte
文字列型	String	0～2^{31}（約20億）個までのUnicode文字	Dim MemberName As String
日付型	Date	西暦1年1月1日午前0:00:00～ 9999年12月31日午後11:59:59までの日付と時刻	Dim Birthday As Date
文字型	Char	1文字（0～65535までの文字コード）	Dim InitialChar As Char
10進型	Decimal	小数点なしであれば 0～±79,228,162,514,264,337,593,543,950,335 小数点以下28桁までの数値であれば 0～±7.9228162514264337593543950335	Dim AccountData As Decimal
短整数型	Short	小数部のない数値（-32,768～32,767）	Dim StudentId As Short
整数型	Integer	小数部のない数値（-2,147,483,648～2,147,483,647）	Dim TrialCount As Integer
長整数型	Long	小数部のない数値 （-9,223,372,036,854,775,808～9,223,372,036,854,775,807）	Dim DiskSize As Long

データ型	Asの後に書くキーワード	記憶できる値	例
単精度浮動小数点型	Single	小数点のある数値の近似値 負は-3.4028235×10^{38}～-1.401298×10^{-45} 正は1.401298×10^{-45}～3.4028235×10^{38}	Dim SmallData As Single
倍精度浮動小数点型	Double	小数点のある数値の近似値 負は-1.79769313486231570×10^{308}～-4.94065645841246544×10^{-324} 正は4.94065645841246544×10^{-324}～1.79769313486231570×10^{308}	Dim Weight As Double

✔ 変数を初期化する

変数の宣言の後に「=」と値を書くと、変数に初期値が設定できます。

(例)Dim HitPoint As Integer = 100 ― 整数型の変数HitPointを宣言し、初期値として100を入れておく

データ型の指定を省略すると?

Visual Basicの標準的な設定では、「As データ型」を省略すると、初期値のデータ型に従って変数のデータ型が自動的に決められます。初期値を設定していない場合はObject型と見なされます。「As データ型」を省略できないようにするには、コードの先頭にOption Strict Onと記述しておくか、プロジェクトのオプションでOption StrictをOnに設定しておきます。設定の方法については前節のコラム「データ型を厳密に取り扱うには」を参照してください。

✔ 値型の変数と参照型の変数

変数には、値型の変数と参照型の変数があります。表3-4に示した変数のうち、IntegerやDoubleなどは値型の変数で、Stringだけが参照型の変数です。

値型の変数とは、まさにデータを入れる箱のようなもので、その変数に値が記憶されます。例えば、

```
Dim HitPoint As Integer = 100
```

と宣言すると、HitPointという名前の整数型の「箱」が作られ、そこに100という値が初期値として入れられます。イメージとしては図3-4のような感じです。

図 3-4 値型の変数を利用する

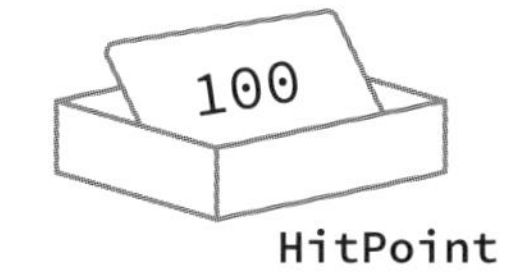

一方の参照型の変数には、値そのものは入れられません。参照型の変数には、値がどこにあるかという情報が入れられます。つまり、参照型の変数は「箱」ではなく、「宝の地図」のようなものです。例えば、

```
Dim ClientName As String
```

と宣言すると、ClientNameという名前で白紙の「宝の地図」が作られます。宝の地図にはまだ何も書き込まれていないので、お宝（＝文字列）がどこにあるか分かりません。図3-5のようなイメージで理解しておくといいでしょう。

図 3-5 参照型の変数のイメージ

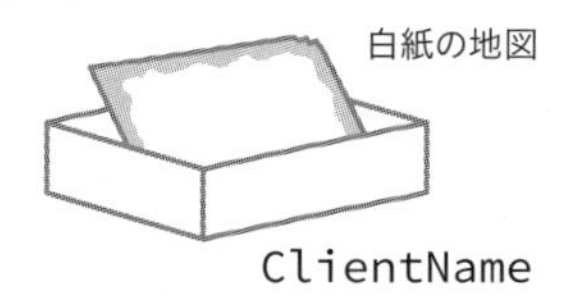
白紙の地図
ClientName

ClientNameを宣言するだけでなく、初期値も設定してみましょう。

```
Dim ClientName As String = "春日由貴"
```

このように書くと、ClientNameに「春日由貴」という文字列が入れられるのではなく、文字列そのものはメモリ内の別の場所に記憶され、ClientNameという変数には、その文字列がどこにあるかということだけが記憶されます。イメージとしては図3-6のような感じです。

図 3-6 参照型の変数を利用する

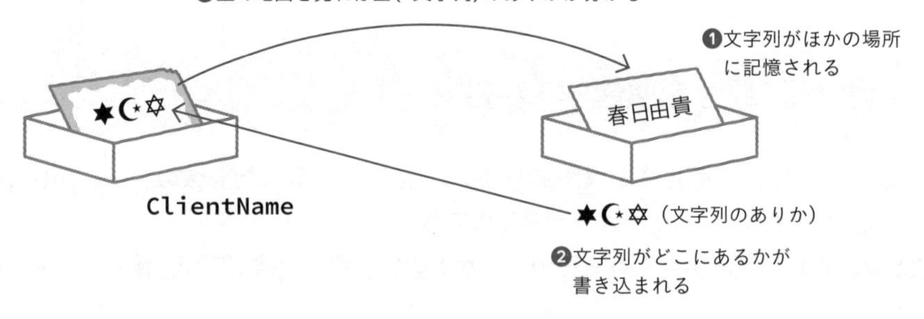
❸宝の地図を見れば宝(=文字列)のありかが分かる
❶文字列がほかの場所に記憶される
春日由貴
ClientName
(文字列のありか)
❷文字列がどこにあるかが書き込まれる

値型と参照型の区別は、代入を実行する場合やプロシージャの引数を指定する場合、クラスを利用する場合に重要になってきます（7.4節、8.2節で詳しい説明をします）。

変数に初期値を設定していない場合は？

Integer型の変数に初期値を設定していない場合は0が既定値として入れられています。しかし、必要に応じて初期値はきちんと設定しておくようにしましょう。たと

え初期値が0の場合でも、初期値が設定されていることが分かるように記述しておくべきです。なお、String型の変数に初期値を設定していない場合はNothingという特別な値（何も参照していないということを表す値）が入れられています。図3-5の白紙の地図のようなイメージで理解しておくといいでしょう。

変数のスコープ

ScopeTest

変数には有効範囲があります。変数の有効範囲のことをスコープと呼びます。スコープとは視野という意味です。つまり、変数がどの範囲で使えるかということです。例えば、Sub ... End Subの中で宣言された変数はその範囲の中でのみ有効です。LIST 3-5の例では、フォームにButtonコントロールを2つ配置し、それぞれのClickイベントハンドラーでxという変数の値をメッセージボックスに表示します。

しばらくVisual Basicの文法の話が続いたので、このあたりでおさらいも兼ねてプロジェクトを作成し、試してみるのもいいでしょう。ダウンロード用のサンプルプログラムでコードを確認して、実行してみるだけでも構いません。ただし、❻の行はエラーとなるので、実行する前に行の先頭に'を付けてコメント行にしておいてください。

LIST 3-5 モジュールレベル変数とプロシージャレベル変数

```
Public Class Form1
    Dim x As String = "外側のx"   ❶このxはForm1の中で有効
    Private Sub ShowString1(sender As Object, e As EventArgs) ⇒
Handles Button1.Click
        Dim x As String = "内側のx"   ❷このxはShowString1プロシージャの中でのみ有効

        Dim y As String = "内側のy"   ❸このyはShowString1プロシージャの中でのみ有効
        Debug.WriteLine(x)   ❹この結果は「内側のx」となる
    End Sub

    Private Sub ShowString2(sender As Object, e As EventArgs) ⇒
Handles Button2.Click
        Debug.WriteLine(x)   ❺このxはForm1で宣言されたもの。したがって結果は「外側のx」

        Debug.WriteLine(y)   ❻このyはShowString1プロシージャの中で宣言されたものなので、ここでは使えない(エラーとなる)
    End Sub
End Class
```

実際には、同じ名前の変数を別のスコープで使うのは避けたほうがいいのですが、ここでは、スコープの違いを理解するためにあえて同じ名前を付けてみました。コードを見ると、Form1の中にプロシージャが2つあることが分かります。また、変数xや変数yはプロシージャの外で宣言されていたり、プロシージャの中で宣言されていたりすることも分かります。実行結果を画面3-7で確認してみてください。

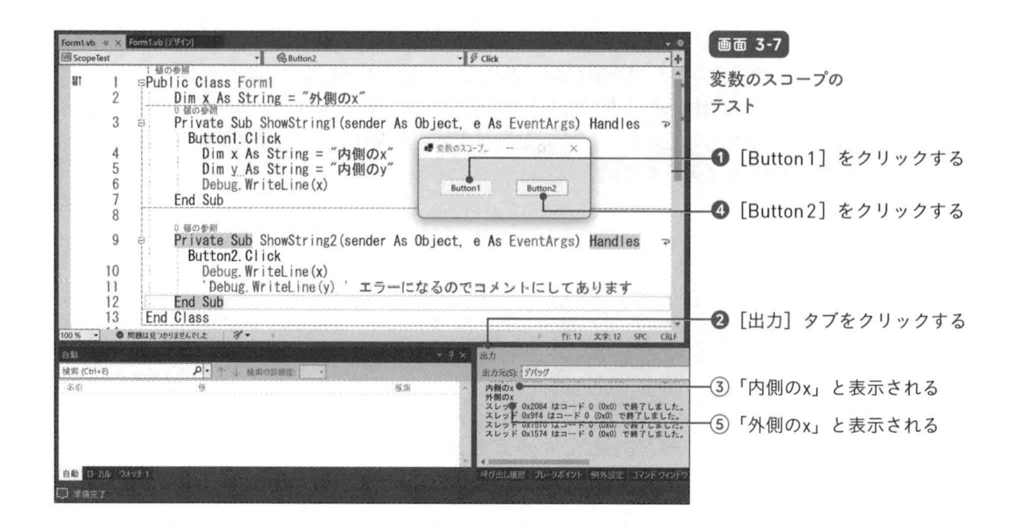

画面 3-7
変数のスコープのテスト

プロシージャとはひとまとまりの手続きのことです。プロシージャのうち、Subで始まりEnd Subで終わるものは特にSubプロシージャと呼ばれます。Subの前に付いているPrivateというキーワードについては、P.94で説明していますが、プロシージャでの指定についてはP.247で説明します。とりあえず、後の楽しみにとっておきましょう。

プロシージャの中にあるDebug.WriteLineは、コードウィンドウの下にある出力ウィンドウに結果を表示するためのメソッドで、変数の値などをテスト用に表示するのによく使われます。

出力ウィンドウが表示されないときは

出力ウィンドウが表示されないときには、［デバッグ（D）］－［ウィンドウ（W）］－［出力（O）］を選択してください。設定によっては、出力ウィンドウではなくイミディエイトウィンドウに結果が表示されることもあります。この設定を変更するには、［オプション］ダイアログボックスでの左側のリストから［デバッグ］－［全般］を選択し、右側の一覧で［出力ウィンドウの文字をすべてイミディエイトウィンドウにリダイレクトする］チェックボックスのオン／オフを切り替えます。

LIST 3-5の❶で宣言されているxという変数を見てください。宣言はForm1の内側にあり、プロシージャの外側にあります。このような場合、変数はForm1というフォームの中で有効になり、Form1に含まれるどのプロシージャからも使えるものとなります。このようにフォームやクラスなどの中で使われる変数のことを**モジュールレベル変数**と呼びます。モジュールレベル変数は、そのモジュールの中であればどこでも使えます。

一方、❷と❸では、ShowString1プロシージャの中で変数を宣言しています。この場合の変数xはモジュールレベル変数のxとは別のものとして扱われ、ShowString1プロシージャの中でのみ有効となります。変数yもこのプロシージャの中でだけ有効です。このように、プロシージャの中でだけ有効な変数のことを**プロシージャレベル変数**と呼びます。

❹に書かれているxはプロシージャレベル変数のxなので、Button1をクリックしたときに出力ウィンドウに表示される結果は"内側のx"となります。

ShowString1プロシージャで、モジュールレベル変数のxを利用したいときには、Me.xと記述します。Meは現在のクラス（この場合はForm1）を表すキーワードです。

次にShowString2プロシージャを見てみましょう。❺では、モジュールレベルの変数xをそのまま使っています。したがって結果は"外側のx"となります。❻でも変数yの値を使っていますが、yはShowString2プロシージャの中でも、Form1でも宣言されていません。yはShowString1プロシージャの中で宣言されたものなので、その範囲外であるShowString2プロシージャでは使えません。[ScopeTest] ボタン（▶）をクリックして、プログラムを実行しようとすると、ここでビルドエラーとなってしまいます。

LIST 3-5のコードを単純化して図に表すと図3-7のようになります。ここでもう一度、変数のスコープを確認しておきましょう。

図 3-7 さまざまなスコープで変数を宣言する

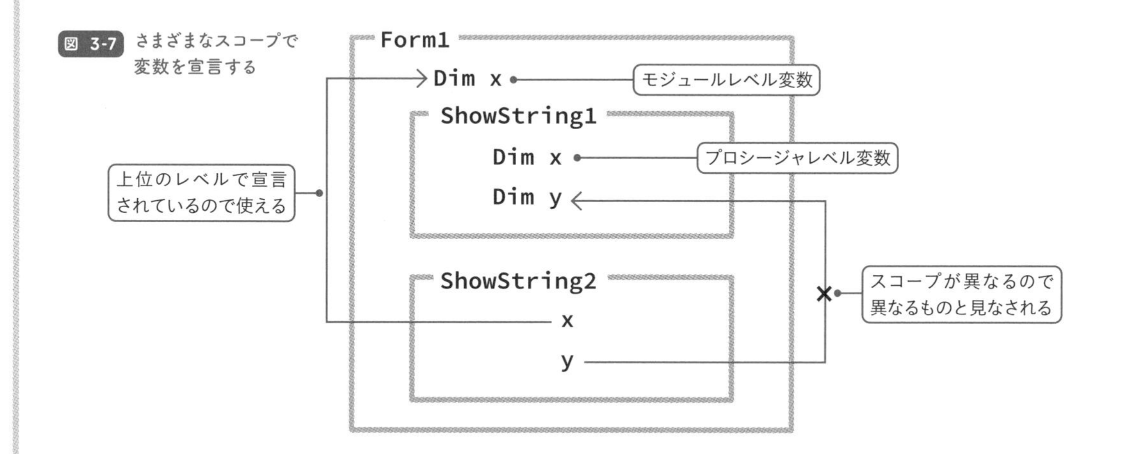

また、IfステートメントやForステートメントのブロック内で宣言された変数は、そのブロック内でだけ有効です。IfステートメントについてはChapter 4で、ForステートメントについてはChapter 5で詳しく解説するので、コードの例だけを示しておきましょう（LIST 3-6）。

LIST 3-6 さまざまなデータ型の変数を宣言する

```
If i > 100 Then
    Dim z As String = "Level Up!"    ← Ifステートメントの中で変数zを宣言
End If
Debug.WriteLine(z)    ← Ifステートメントの外では変数zは使えない(エラーとなる)
```

変数が目的の場所以外で使われると、プログラムのミスなどによって、思わぬところで値が変更されてしまう危険があります。したがって、必要なところでのみ変数が使えるように、スコープはできるだけ狭くしておきましょう。

変数のアクセスレベル

AccessLevelTest

モジュールレベルの変数では、Dimの代わりにPublicやPrivateを指定することにより、モジュールの外からその変数を利用できるかどうかを指定できます。Publicを指定するとモジュールの外から変数を利用できるようになり、Privateを指定するとモジュールの中でのみ変数が利用できるようになります。

例えば、プログラムにForm1とForm2という2つのフォームがあった場合、LIST 3-7のようにPublicを指定して変数を宣言すると、Form2からForm1の変数MaxSeatCountが利用できます。

LIST 3-7 ほかのフォームで宣言されている変数を利用する

```
(Form1のコードウィンドウの内容)
Public Class Form1
    Public MaxSeatCount As Integer = 200   ← ❶Form1でPublicを指定して変数MaxSeatCountを宣言

    Private Sub ShowForm2(sender As Object, e As EventArgs) ⇒
Handles btnShowForm2.Click
        Form2.Show()   ← ❷Showメソッドを使ってForm2を表示
    End Sub
End Class

(Form2のコードウィンドウの内容)
Public Class Form2
    Private Sub ShowValue(sender As Object, e As EventArgs) ⇒
Handles btnShowValue.Click
        Debug.WriteLine(Form1.MaxSeatCount)   ← ❸Form1のMaxSeatCountの値を出力。結果は200
    End Sub
End Class
```

プロジェクトにフォームを追加するには、メニューから［プロジェクト］－［フォームの追加(Windowsフォーム)］を選択し、ファイル名を付けて［追加］ボタンをクリックします。Form1にbtnShowForm2というボタンを配置し、追加したForm2にbtnShowValueというボタンを配置すれば、LIST3-7のコードが入力できます。

このプログラムを実行するとForm1が表示されます。Form1に表示されたbtnShowForm2ボタンをクリックするとForm2が表示されます。Form2にはbtnShowValueボタンが表示されているので、それをクリックすると、Form1で宣言した変数MaxSeatCountの値が表示されます。

ほかのフォームで宣言されているPublic変数を利用するには、❸のように「フォーム名.変数名」と書きます。

しかしながら、❶でPublicの代わりにPrivateやDimを指定すると、Form2からはForm1の変数MaxSeatCountが利用できなくなります。したがって、そこでビルドエラーになってしまいます。図3-8でPublicとPrivateの違いを確認しておきましょう。

図 3-8 Public変数とPrivate変数

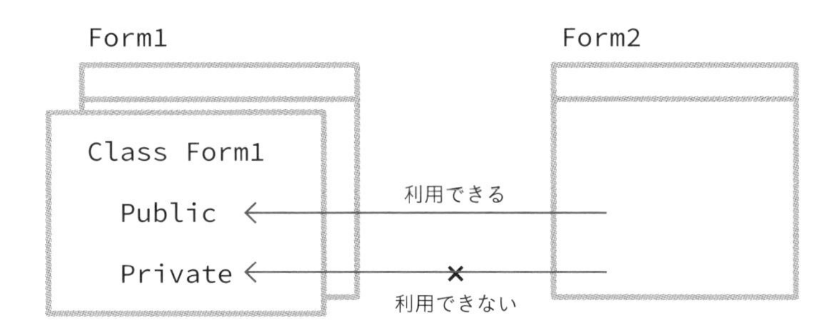

変数がほかの場所で使われ、値が変更されてしまうと、思わぬエラーを起こす可能性があります。アクセスレベルについてもできるだけ範囲を狭めるようにし、どうしてもPublicにする必要のある場合を除いて、Privateで宣言しておくようにしましょう。なお、Dimを指定した場合は、Privateが指定されたものと見なされますが、アクセスレベルが明確に分かるようにPrivateと明記するようにしましょう。

Debug.WriteLine、Debug.Print、Console.WriteLineの違い

Debug.WriteLineメソッドの代わりにDebug.Printメソッドを使っても同じ結果が得られます。ただし、WriteLineメソッドでは指定されたさまざまなデータを自動的に文字列に変換して出力してくれますが、Debug.Printメソッドに指定できるのは文字列型のデータのみです。したがって、Option StrictがOnの場合は、データ型の変換が必要です。LIST 3-7の場合であれば、❸のコードは

```
Debug.Print(Form1.MaxSeatCount.ToString())
```

とする必要があります。

なお、コンソールアプリケーションでは、Console.WriteLineメソッドを使ってコマンドプロンプトの画面に結果を表示します（本書で取り扱うデスクトップアプリケーションでは、Console.WriteLineメソッドでは結果が表示されません）。Debug.WriteLineメソッドやDebug.Printメソッドは実行結果を表示するためのメソッドではなく、プログラムの動きをチェックするために使うものなので、デスクトップアプリケーションでもコンソールアプリケーションでも出力ウィンドウに結果が表示されます。

定数を利用する

定数とは、リテラルに分かりやすい名前を付けたものです。Constステートメントを使うと定数が宣言できます。変数には自由に値を入れることができますが、定数では宣言時に指定した値を後で変更することはできません。例えば、性別を表すときに、男性ならば0、女性ならば1という値を使いたいときには、LIST 3-8のように定数を宣言しておくと便利です。

LIST 3-8 男性と女性を表す定数を宣言する

```
Const MALE As Integer = 0
Const FEMALE As Integer = 1
```

このように宣言すると、プログラムの中で男性を表したいとき、0という値の代わりにMALEという名前が使えます。0のような数値だと意味がまったく分かりませんが、MALEと書けば性別を表す値であり、男性であるということがすぐに分かります。定数の宣言のしかたは以下のとおりです（図3-9）。

図 3-9 定数を宣言する方法

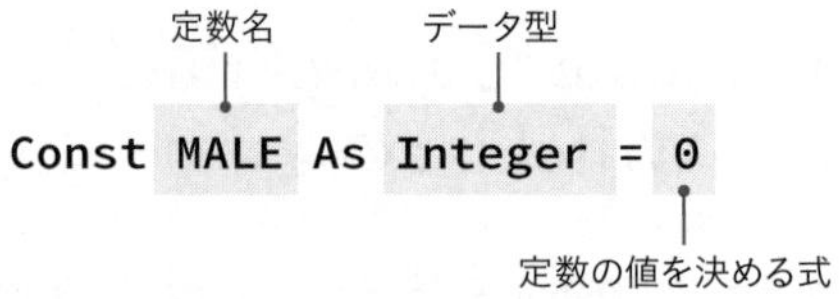

変数と定数の違いは、値が変更できるかできないかです。定数に設定した値は後から変更することはできません。

定数の名前の付け方は、変数の場合と同じです。ただし、それが定数だと分かるように大文字で書くことが多いようです。もちろん、誤解がないことが確実な場合は小文字で書かれることもあります。

確認問題

1 次の単語のうち、変数名として使えるものには○を、使えないものには×を記入してください。

- □ Person
- □ Kiso!VB
- □ first_day_of_the_week
- □ 2ndDay
- □ Sub
- □ 総合計

2 以下の空欄に適切なキーワードを入れて、変数の宣言を完成させてください。

```
Dim Counter As [    ]…… 整数型の変数Counterを宣言する
Dim Depth As [    ]   …… 倍精度浮動小数点型の変数Depthを宣言する
[    ] STUDENT As Boolean = True
                      …… STUDENTという名前のブール型定数を宣言し、その
                         値をTrueとする
[    ] GrandTotal As [    ]
                      …… 整数型のプライベート変数GrandTotalを宣言する
```

3 以下の文章のうち、正しいものには○を、間違っているものには×を記入してください。

- □ 変数を宣言すればプログラムの中のどの場所でも自由にその変数が使える
- □ 変数の宣言に続けて「= 値」と書くと変数に初期値を設定しておくことができる
- □ Publicキーワードを使って変数を宣言すると、ほかのフォームからでもその変数が利用できる
- □ 定数の名前は必ず大文字で書く
- □ 定数としてリテラルに名前を付けても、後からその値を変えることができる

代入と演算

前節では変数の宣言方法について見てきました。ここからは変数やリテラルを使ってさまざまな計算をする方法を見ていきましょう。計算といっても四則演算だけでなく、代入や文字列の連結、比較なども含めた広い意味での計算なので、これらをまとめて演算と呼びます。そして演算のために使うキーワードを演算子と呼びます。

代入とは

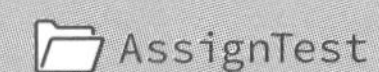

代入とは、変数にデータを入れることで、「=」という演算子を使って表します。まずは例を見てみましょう。変数の型が分かるように変数の宣言から示しておきます（LIST 3-9）。

LIST 3-9 さまざまな変数に値を代入する

```
(例1)
Dim Counter As Integer          ' 整数型の変数Counterを宣言
Counter = 0                     ' Counterに0を代入

(例2)
Dim Height As Double            ' 倍精度浮動小数点型の変数Heightを宣言
Height = 1.72                   ' Heightに1.72を代入

(例3)
Dim GroupName As String         ' 文字列型の変数GroupNameを宣言
GroupName = "営業グループ"      ' GroupNameに"営業グループ"という文字列を代入
```

代入の一般的な書き方は以下のようになります（図3-10）。

図 3-10 代入のステートメントの書き方

変数名　　代入する値を決める式

```
Height = 1.72
```

「=」は等しいという意味ではなく、右辺の値を左辺に入れるという意味です。実は、代入には単純にデータを箱に入れるのとは違う面があります。「代入」という言葉が示すように、これまで変数に入っていたデータの「代わりに」新しいデータを「入れる」ということです。したがって、次のような代入もできます（LIST 3-10）。

LIST 3-10 これまでに入っていた値の代わりに別の値を入れる

```
Dim Counter As Integer = 1  ' 整数型の変数Counterを宣言し、初期値1を代入
Counter = 2  ' Counterに2を代入
```

この例の2行目ではCounterに2を代入します。それまではCounterに1が入っていましたが、その代わりに2を入れるというわけです。したがって、Counterの新しい値は2になります。

代入の右辺にはリテラルだけでなく変数を書くこともできます。例えば、CounterにInitialNumberという変数の値を代入する場合は、以下のようなステートメントとなります。

```
Counter = InitialNumber
```

次のような式も書けます。変数の値を増やすときのお決まりのパターンです（LIST 3-11）。

LIST 3-11 変数の値を1増やす

```
Counter = 2
Counter = Counter + 1       ' Counterの値を1増やす
```

この例も2行目に注目してください。ここではCounterの値に1加えた値をCounterに代入します。それまでCounterに入っていた2という値に1を加えた値を、元の値の代わりにCounterに入れるというわけです。したがって、Counterの値は3になります（図3-11）。

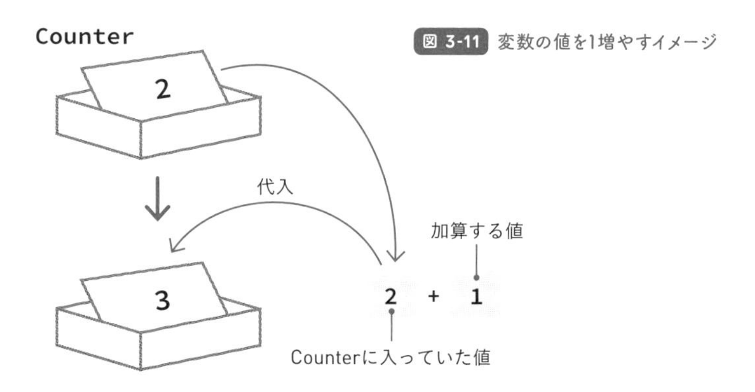

図 3-11 変数の値を1増やすイメージ

変数の値を増やす演算には「+=」という演算子も使えます。次のように「+=」の後に増やしたい値を書くだけです。この書き方のほうが変数の値を増やしていることがよく分かります。

```
Counter += 1
```

なお、LIST3-11のような書き方をすると、「=」の下に点線のアンダーラインが表示されます。このアンダーラインにマウスポインターを合わせると「複合代入を使用」というメッセージが表示されます。[考えられる修正内容を表示する］をクリックし、[複合代入を使用］をクリックすると、「+=」を使った書き方に自動的に修正されます。

変数のデータ型と代入の注意点

代入は変数に値を入れるだけなので簡単なことのように見えますが、いくつか注意点があります。それらの注意点をまとめておきましょう。

変数のデータ型と代入できるデータの種類

最初の注意点は、変数の型によって代入できるデータの種類に制限があるということです。例えば、Integer型の変数に文字列を代入することはできません。これも例を見てみましょう。以下のように書くとエラーとなります。

```
Dim Counter As Integer
Counter = "第1回"     ' エラーとなる例
```

Visual Basicの標準の設定（Option StrictがOffの状態）では、データの内容が解釈され、可能な限り代入先に合わせてデータ型が変換されます。したがって、文字列が数値として解釈できる場合は自動的に数値に変換されて代入されます。以下の例でCounterがInteger型であれば"123"という文字列が123という整数に変換されて代入されます。

```
Counter = "123"       ' データ型が自動的に変換される例
```

このような、自動的なデータ型の変換は便利なように思えますが、すでに触れたように思わぬ落とし穴になることも多いので、十分に注意する必要があります。例えば、txtStartNumberという名前のTextBoxコントロールがあるとします。このTextプロパティの値（これはString型です）をCounterに代入する場合を考えてみましょう。図で表すと図3-12のような感じです。

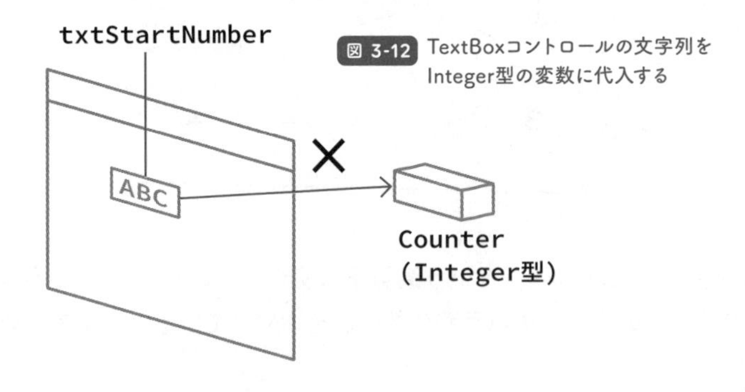

図 3-12 TextBoxコントロールの文字列をInteger型の変数に代入する

この場合だと、次のようなコードを書けばよさそうです。

```
Counter = txtStartNumber.Text
```

しかし、操作を間違ってtxtStartNumberコントロールに数値と解釈できない文字列を入力してしまったらどうでしょう。プログラムはエラーとなり、実行を停止してしまいます。このような場合には入力したデータが適切であるかどうかチェックしておく必要があります。具体的な対処法は4.2節で説明します。

✔ 代入の精度

PrecisionTest

次は、Single型やDouble型の値をInteger型の変数に代入する場合の注意です。Integer型の変数には整数しか入れられないので、浮動小数点数を代入すると小数点以下が銀行型丸め（P.102参照）という方法で四捨五入されてしまいます。次の例ではAgeという変数はInteger型です。したがって、21.5という値を代入しようとしても、小数点以下が四捨五入された22が代入されることになります（LIST 3-12）。

LIST 3-12 作成されたイベントハンドラー

```
Dim Age As Integer
Age = 21.5
Debug.WriteLine(Age)
```

結果は22と表示される

つまり、精度（表現できる値の範囲）の小さい変数に、精度の大きな値を代入すると、代入先に合わせて精度が小さくなるように自動的に変換されるというわけです。その場合には代入しようとする値によってはエラーとなったり、情報が失われる可能性があることに注意してください。

Option StrictがOnの場合には、Age = 21.5という代入ステートメントはデータ型が一致しないのでエラーになります。エラーにならないようにするにはAge = CInt（21.5）のように明示的に型変換をする必要があります。CIntは文字列や浮動小数点数の整数化に使われる関数です。なお、CIntの代わりに、Convert.Int32を使って、Convert.Int32（21.5）と書くこともできます。

逆に、Single型やDouble型の変数に整数を代入しようすると、浮動小数点数に変換されて代入されます。精度の大きな変数に精度の小さな値を代入するときには、自動的に精度が大きくされるというわけです。このように、代入によって精度が下がらない場合は、Option StrictがOnでもエラーにはなりません。以下の例では、HeightというDouble型の変数に172という整数を代入していますが、この場合は倍精度浮動小数点数に変換された値が代入されます。出力ウィンドウには172とだけしか表示されませんが、正しく変換されています（LIST 3-13）。

LIST 3-13 Double型の変数に整数を代入する

```
Dim Height As Double
Height = 172
Debug.WriteLine(Height)
```

結果は172と表示される

整数型への代入では銀行型丸めと呼ばれる四捨五入が行われる

整数型の変数に浮動小数点数を代入したりCInt関数を使って文字列や浮動小数点数を整数化するとき、小数点以下は銀行型丸めと呼ばれる特殊な四捨五入の方法が使われます。銀行型丸めでは、0.5を四捨五入した結果がいちばん近い偶数になるように切り上げ、または切り下げが行われます。例えば、0.5に近い偶数は0なので、CInt(0.5)では切り下げが行われ、結果は0となります。一方1.5に近い偶数は2なので、CInt(1.5)では切り上げが行われ、結果は2となります。

通常の四捨五入や切り上げ、切り下げをするには

数値の丸めにはいくつかの方法があります。ここではMathクラスのRoundメソッドを使って四捨五入や切り上げ、切り下げをする方法を紹介しましょう。Roundメソッドでは、銀行型の丸めも通常の四捨五入もできます。21.5だと同じ結果になるので、22.5で試してみましょう。

```
Age = Math.Round(22.5, MidpointRounding.ToEven)
Age = Math.Round(22.5, MidpointRounding.AwayFromZero)
```

銀行型の丸め。結果は22
通常の丸め。結果は23

四捨五入したい数値の後に、カンマで区切ってMidpointRounding.ToEvenを指定するか、カンマも含めて省略すると銀行型の丸めになります。一方、MidpointRounding.AwayFromZeroを指定すると通常の四捨五入になります。

Roundメソッドでは、四捨五入の桁位置も指定できます。例えば、小数点以下第2位が求められるように四捨五入するには

```
Pi = Math.Round(3.1415, 2, MidpointRounding.AwayFromZero)
```

のように、求めたい桁位置（この場合は2）を数値の後に指定します。

なお、切り上げにはMath.Ceilingメソッドを使い、切り下げにはMath.FloorメソッドやInt関数を使います。例えば、Math.Ceiling(3.14)は4になり、Math.Floor(3.14)やInt（3.14）は3になります※2。

✔ 参照型の変数への代入

StringTest

Integer型の変数やDouble型の変数への代入は、箱にデータを入れるというイメージでとらえることができますが、String型など参照型の変数への代入はしくみが異なっています。

String型の変数には文字列そのものではなく参照が入っています。したがって、LIST 3-14のように代入すると、参照が代入されます。

※2　負の数を指定したときに注意が必要です。正確には、Math.Ceiling は指定した値以上の最小の整数を返します。したがって、Math.Ceiling（-3.14）は -3 です。一方、Math.Floor や Int は指定した値以下の最大の整数を返します。したがって、Math.Floor（-3.14）や Int（-3.14）は -4 となります。

LIST 3-14 String型の変数に代入する

```
Dim ClientName As String = "春日由貴"   ← "春日由貴"という文字列の参照をClientNameに代入
Dim OwnerName As String
OwnerName = ClientName                  ← ClientNameの参照をOwnerNameに代入
```


コードを見ると、値型の変数の場合とさほど変わらないように見えます。しかし、しくみを図で表してみると、その違いが分かるはずです（図3-13）。

図 3-13 参照を代入する

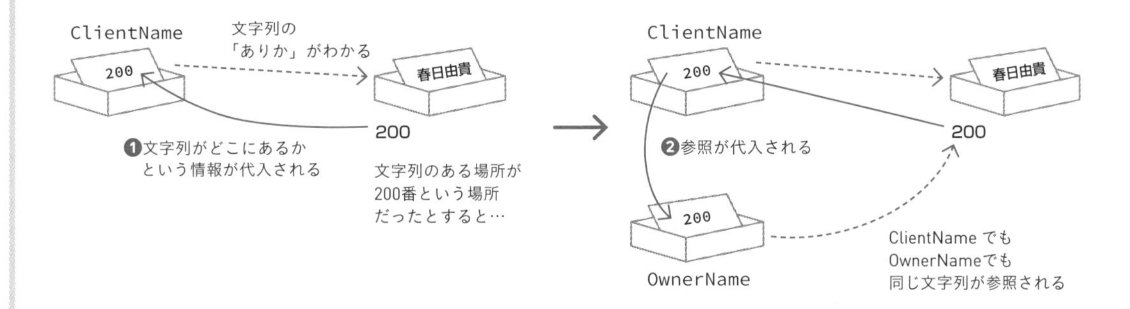

図の中に書かれている200というのは文字列のある場所を表します。この数字には特に意味はありません。仮に200番という場所だとして考えてみましょう、というだけの意味です。❶では文字列が作られ、その参照（200という値と考えるといいですね）がClientNameに代入されます。実線の矢印はデータの流れを表しますが、点線の矢印は参照の方向を表していることに注意してください。つまり、点線の矢印はClientNameを見れば、記憶されている文字列にたどり着けるという矢印です。❷では参照をOwnerNameに代入しているので、OwnerNameを見ても記憶されている文字列にたどり着けるということが分かります。したがって、

```
Debug.WriteLine(ClientName)
```

でも

```
Debug.WriteLine(OwnerName)
```

でも、「春日由貴」という文字列が出力ウィンドウに表示されます。

✔ 文字列の変更

文字列の取り扱いにはさらに注意点があります。String型の変数で参照される文字列は内容を変更することができません。といっても代入ができないという意味ではありません。以下のコードを見てください（LIST 3-15）。

LIST 3-15 別の文字列を代入する

```
Dim ClientName As String = "春日由貴"
ClientName = "松岡歩"
```

この場合、元の文字列が「春日由貴」から「松岡歩」に変更されたわけではなく、「松岡歩」という文字列が新しく作成され、その参照が文字列型の変数ClientNameに代入されるのです（図3-14）。なお、元の文字列は、必要がなければ破棄されます。

図 3-14 新しく作成された文字列の参照が代入される

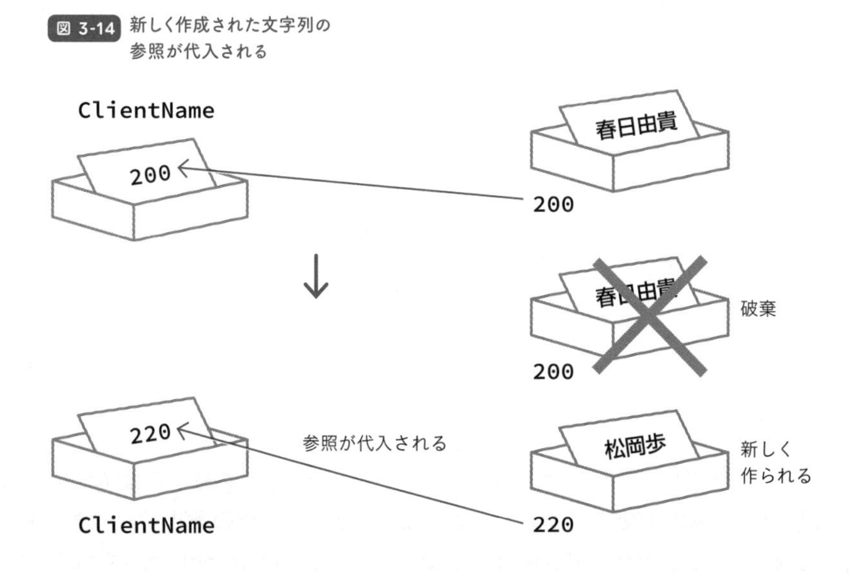

さらに、以下のコードを見てください（LIST 3-16）。

LIST 3-16 参照を代入した後、別の文字列を代入する

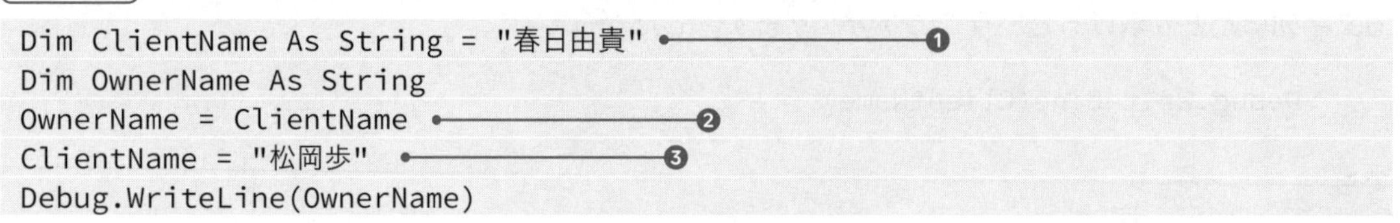

```
Dim ClientName As String = "春日由貴" ――❶
Dim OwnerName As String
OwnerName = ClientName ――❷
ClientName = "松岡歩" ――❸
Debug.WriteLine(OwnerName)
```

このコードで出力ウィンドウに表示されるOwnerNameはどちらの名前でしょう。少し考えてみてください。「春日由貴」でしょうか「松岡歩」でしょうか。答えは「春日由貴」です。図3-15でしくみを確認してみましょう。

OwnerNameとClientNameが同じ文字列を参照しているので、ClientNameに文字列（松岡歩）を代入すると、OwnerNameも新しい文字列になると考えてしまいそうです。図3-15の左側がそれを表したものですが、実際にはこうはなりません。文字列を代入すると、これまでの文字列とは別の場所に、新たに記憶されるので、右側のようになります。OwnerNameは元の文字列を参照したままですが、ClientNameは新しく作成された文字列を参照するようになります。

図 3-15 文字列の取り扱いで注意すべき処理

× 元の文字列が変更されるとすると…（正しくない例）

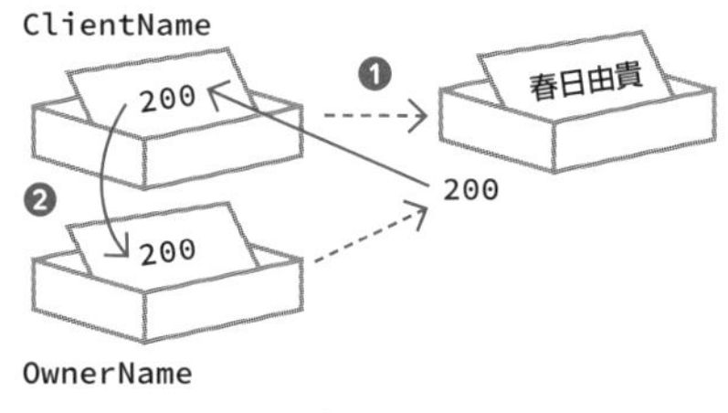

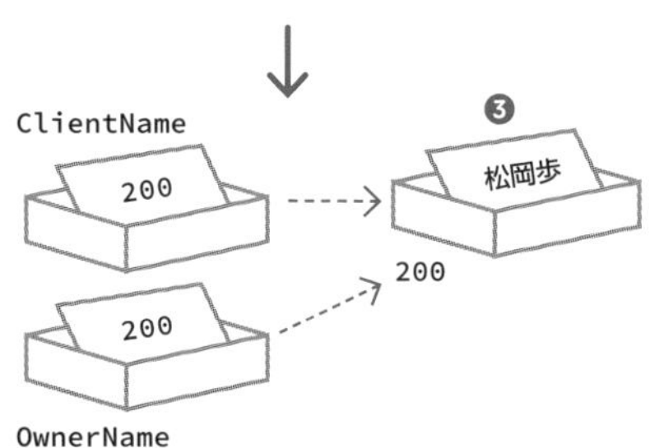

ClientNameが参照する文字列を変更するとOwnerNameも変わる

○ 新しい文字列が作られるとすると…（正しい例）

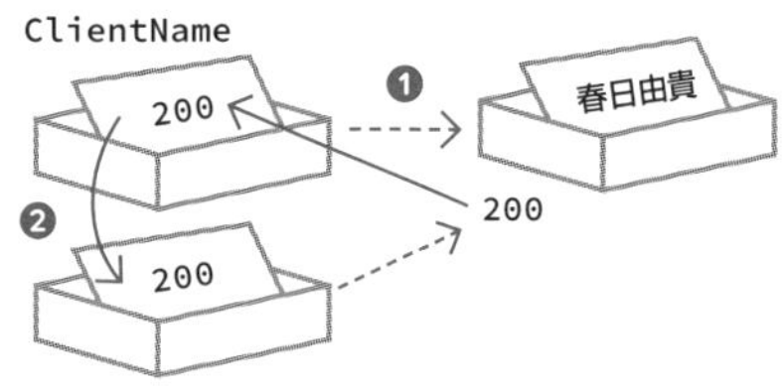

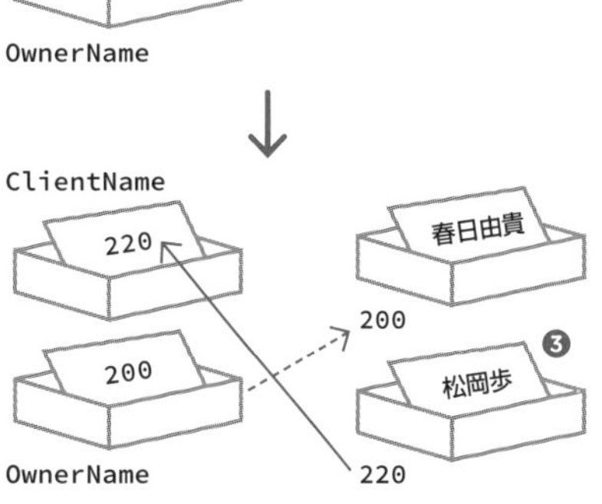

ClientNameに新しく作成された文字列の参照が代入される。OwnerNameはそのまま

このことからも、String型の変数に文字列を代入すると、これまでの文字列が置き換えられるのではなく、新しい文字列が作られ、その参照が変数に代入されるということが分かります。

StringBuilderクラスの場合

String型の変数と似たものにStringBuilderクラスがあります。StringBuilderクラスのオブジェクトの場合、文字列の内容を直接変更することができます。したがって、StringBuilderクラスを使った場合は図3-15の左側のような動作になります。なお、クラスとオブジェクトについてはChapter 8で詳しく解説します。

いかがでしょう。かなり込み入った話になりましたが、この段階では十分に理解できなくても心配には及びません。実は、この話は、経験のあるプログラマーでも、完全に理解するには時間がかかる話です。しかし、必ず「ああ、そういうことだったのか」と腑に落ちる日が来るので、あまり気にせず少しずつ慣れていくようにしましょう。

さまざまな演算

CalcTest

代入以外の演算も見ていきましょう。まずは、よく使われる四則演算と文字列連結の例から見てみます。すでに足し算（加算）のための「+」演算子は出てきています。引き算（減算）には「-」演算子を、掛け算（乗算）には「*」演算子を、割り算（除算）には「/」演算子を使います。また、べき乗には「^」演算子を使います。文字列の連結には「&」演算子を使います（LIST 3-17）。

LIST 3-17 さまざまな演算の例

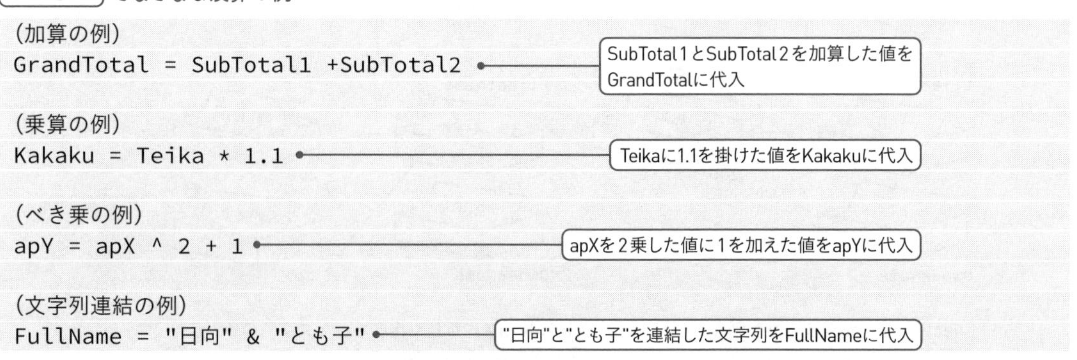

```
（加算の例）
GrandTotal = SubTotal1 +SubTotal2

（乗算の例）
Kakaku = Teika * 1.1

（べき乗の例）
apY = apX ^ 2 + 1

（文字列連結の例）
FullName = "日向" & "とも子"
```

SubTotal1とSubTotal2を加算した値をGrandTotalに代入
Teikaに1.1を掛けた値をKakakuに代入
apXを2乗した値に1を加えた値をapYに代入
"日向"と"とも子"を連結した文字列をFullNameに代入

なお、Visual Basicでは「/」演算子を使って0で除算すると、結果は無限大（∞）となります。ただし、整数の除算を行う「¥」演算子（P.109）を使って0で除算するとエラーになります。

乗算・除算が優先

四則演算のための演算子は、数学の式と同じように乗算や除算が加算、減算よりも優先されます（図3-16）。

図 3-16 乗算や除算は加算や減算よりも優先される

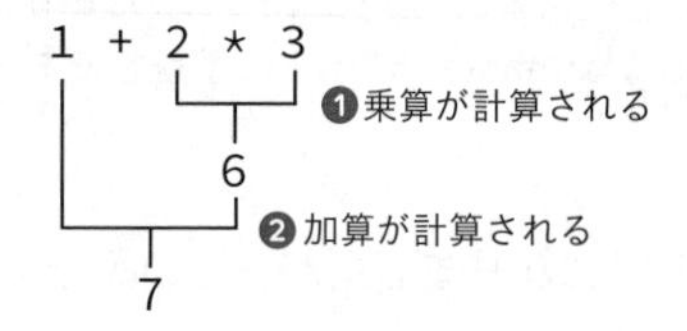
1 + 2 * 3
❶乗算が計算される
6
❷加算が計算される
7

したがって、

```
z = 1 + 2 * 3
```

なら、zには7が代入されます。

()が優先

数学の式と同じように () で囲めば、その中の式が先に計算されます(図3-17)。

図 3-17 かっこで囲んだ演算が優先される

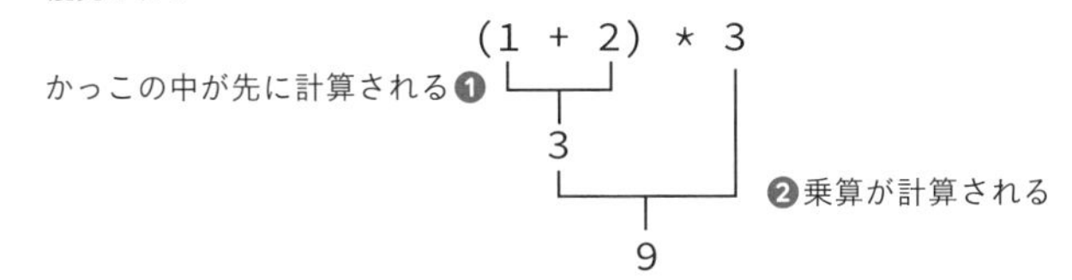

したがって、

```
z = (1 + 2) * 3
```

なら、zには9が代入されます。

べき乗は乗算・除算よりも優先

べき乗は乗算や除算よりも優先されます(図3-18)。

図 3-18 べき乗は乗算や除算よりも優先される

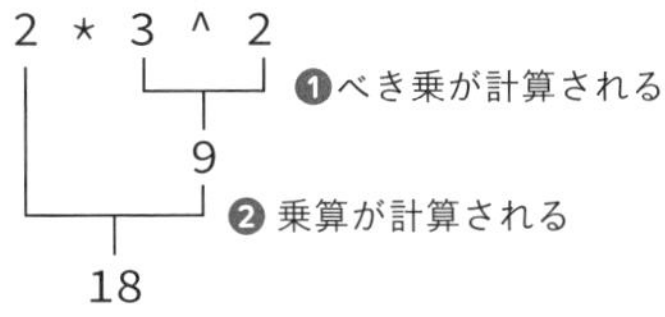

```
2 * 3 ^ 2
```

❶べき乗が計算される
9
❷ 乗算が計算される
18

したがって、

```
w = 2 * 3 ^ 2
```

なら、wには18が代入されます。なお、2*3を先に計算したいときには、() で囲んで

```
w = (2 * 3) ^ 2
```

とするといいでしょう。この場合は6^2つまり36がwに代入されます。

演算子の優先順位

よく使われる演算子には表3-5のようなものがあります。1つのステートメントに複数の演算子がある場合、優先順位の高いものから先に演算が行われます。優先順位が同じである場合は左から右へと演算が行われます。

表3-5 よく使われる演算子と演算の優先順位

優先順位	演算子	意味	例
高	^	べき乗を求める。m^nでmのn乗	y = x ^ 2
↑	+、-	単項演算子。数値の符号を表す	- x
	*、/	乗算、除算	Rate = Data / Total
	¥	整数除算	n = 4 ¥ 3
	Mod	剰余（除算の余りを求める）	w = CurrentDay Mod 7
	+、-	加算、減算	z = x + y - 2
	&	文字列を連結する	Message = "Hello" & " " & "VB 2022!"
	<、<=、=、>=、>、<>	値の大小を比較する。=は等しい、<>は等しくないを表す	Flag = a <= 10
	Not	論理否定	Flag = Not (a > 10)
	And	論理積	Flag = (a>10) And (b>10)
	Or	論理和	Flag = (a>10) Or (b>10)
↓ 低	=	値を変数やプロパティに代入する	Data = 100 Label1.Text = "Hello VB 2022!"

このほかにもさまざまな演算子がありますが、ほぼ数学での計算の方法と同じです。ただ、少し見慣れないのは表の下のほうにある比較演算子や論理演算子でしょう。比較演算子では、大小関係が成り立てばTrue、成り立たなければFalseという結果が返されます。表3-5の例として示した

Flag = a <= 10

であれば、aが10以下ならTrueとなり、そうでなければFalseとなります。そのいずれかの値がFlagに代入されます。この式の=は比較演算子ではなく、代入演算子です。ただし、この式がIfステートメントなどの条件として書かれている場合は、＝は「等しい」という意味の比較演算子になります。詳細についてはChapter 4で改めて説明します。

浮動小数点数の比較には要注意　CompareTest

浮動小数点数はあくまで近似値なので、比較演算子を使って比較すると、日常の感覚とは異なる結果になることがあります。例えば、0.1*3と0.3は等しくなりません。0.1は浮動小数点数では0.1よりごくわずかに大きな値になっているなど、誤差が含まれているからです。このような問題を回避するためには、誤差が許容できる範囲を決めておき、四捨五入によって微小な差を無視するようにします。例えば、Math.Roundメソッドを使って小数点以下第2位までを求めるようにすれば期待した結果が得られます。

```
Debug.WriteLine(0.1 * 3 = 0.3)
Debug.WriteLine(Math.Round(0.1 * 3, 2) = Math.Round(0.3, 2))
```

Falseと表示される　Trueと表示される

論理演算子のANDは、両方がTrueのときTrueとなり、ORはどちらか一方がTrueのときにTrue

となります。NOTはTrueとFalseを反転させます。したがって、例として示した

```
Flag = (a>10) AND (b>10)
```

では、a>10が成り立ち、かつ、b>10が成り立っているときに、FlagにTrueが代入されます。どちらか1つでも成り立たないときにはFlagにはFalseが代入されます。

演算の精度

DivideTest

Visual Basicでは、できるだけ精度が落ちないように演算が行われます。例えば、整数と整数を加算すると結果は整数となりますが、整数と倍精度浮動小数点数を加算すると、結果は倍精度浮動小数点数になります。ただし、整数を整数で割ると、倍精度浮動小数点数として結果が求められることに注意してください。整数同士の演算でも、例えば3/4のような演算をする場合、結果が小数になることがあるからです。CやJavaといったほかのプログラミング言語では、整数同士の演算は整数で実行され、小数点以下が切り捨てられるので、経験のある人には違和感があるかもしれませんが、注意が必要です。LIST 3-18の例を見てください。

LIST 3-18 整数同士の除算で注意すべき点

```
Dim x As Double
x = 3 / 4
```

3/4の結果は0.75。0.75がxに代入される

```
Dim x As Integer
x = 3 / 4
```

3/4の結果は0.75。ただし、xはInteger型なので、0.75の小数点以下が銀行型丸めにより四捨五入され、1がxに代入される

ただし、Option StrictがOnの場合はLIST 3-18の下の例はエラーとなります。その場合はx=CInt（3/4）とします。なお、「¥」演算子を使って割り算をすると小数点以下が切り下げられ、結果が整数で求められます。この例も見ておきましょう（LIST 3-19）。

LIST 3-19 除算の結果を整数で求める「¥」演算子を使う

```
Dim x As Integer
x = 3 ¥ 4
```

3¥4の結果は0.75の小数点以下を切り下げた0となる。0がxに代入される

Modという演算子も比較的よく使います。Modは余りを求める演算子です。例えば、7を3で割ると、2余り1です。したがって、Mod演算子を使って余りを求めると結果は1となります（LIST 3-20）。

LIST 3-20 Mod演算子を使って剰余を求める

```
Dim w As Integer
w = 7 Mod 3
```

7を3で割った余りは1。1がwに代入される

演算子の一覧表にはまだまだ見慣れないものがありますが、ここでは基本的なものだけにとどめ、プログラミングの学習を進めていきながら必要に応じて覚えていくこととしましょう。

確認問題

**❶ 以下の文章のうち正しいものには○を、
間違っているものには×を記入してください。**

- ☐ 代入とはそれまでの変数に入っていた値の代わりに新しい値を入れることである
- ☐ 代入時には自動的にデータ型が変換されるので、Integer型の変数にはどんな文字列でも代入できる
- ☐ 整数同士の演算は必ず整数の結果が得られる
- ☐ 優先順位の低い演算を先に実行したいときには（）で囲むとよい
- ☐ String型の変数に文字列を代入すると、文字列そのものが変数に代入される

**❷ 次の演算を実行したとき、変数xにはどのような値が入るでしょうか。
Option StrictはOffであるものとします。**

(1)
```
Dim x As Integer
x = 1 + 2 * 3
```
(2)
```
Dim x As Integer
x = 3.14 * 3 ^ 2
```
(3)
```
Dim x As Double
x = 10 / 4
```
(4)
```
Dim x As String
x = "123" & "456"
```
(5)
```
Dim x As Boolean
x = (1>2)
```

❸ 以下の文章で示された変数の宣言と演算を行うコードを書いてください。

(1) 整数型の変数WeekNumberを宣言し、初期値として0を代入する
(2) 変数WeekNumberに変数CurrentDayを7で割った値を代入する
(3) 変数StartOffsetの値に CurrentDayを7で割った余りを加算して、
変数DayOfWeekに代入する

プログラミングにチャレンジ

この章では変数や演算などについて学びました。ここではそれらを利用したプログラムを作ります。これまでに学んだ知識はどれも重要なものばかりですが、まだ断片的な知識でしかありません。そこで、1つのプログラム全体を作っていく中で、それらの知識がどのように使われるかを実践的に見ていこうというわけです。作成するプログラムは時間の単位を変換するプログラムです。

時間を変換するプログラム

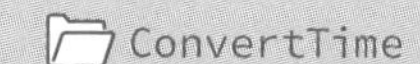

私たちが時間を数えるときには4時間30分のように「時」と「分」を使うのが普通です。しかし、時給を計算するときには、それを4.5時間のように小数で表すほうが便利です。例えば時給が1080円なら、1080×4.5という掛け算をするだけで給与が求められます。そこで、時と分を使って表された時間を小数に変換して表示するようなプログラムを作ってみたいと思います。どのようなプログラムになるか、フォームのイメージをつかんでおきましょう。

イラスト 3-3

プログラムの実行例

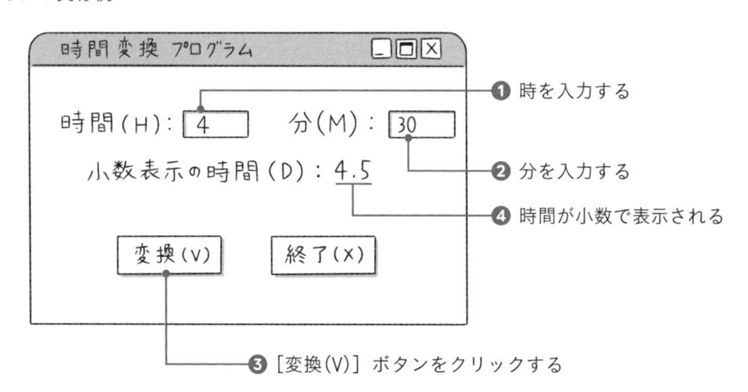

見てのとおり、時間を換算するだけのシンプルなプログラムです。表示されている内容にも謎めいたものは何もありません。では、さっそくフォームのデザインから取りかかりましょう。

✔ フォームのデザイン

プログラムの作成を始めたばかりなので、不慣れな人も多いでしょう。そこで、これまでのおさらいを兼ねて、新しいプロジェクトを作成するところから始めてみましょう。Visual Studioを起動し、画面3-8の手順で新しいプロジェクトを作成し、プロジェクト名を入力しましょう。プロジェクト名はConvertTimeとします。すでにVisual Studioを起動していて、ほかのプロジェクトが表示されている場合は、[ファイル（F）] - [新規作成（N）] - [プロジェクト（P）...] を選択すれば、画面3-8の②の表示になります。

画面 3-8 新しいプロジェクトを作成する

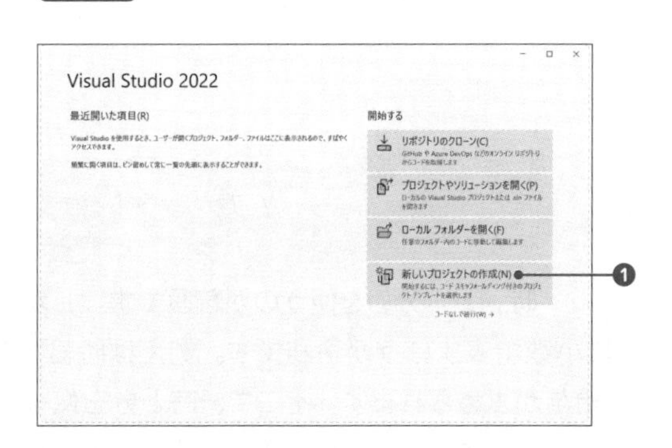

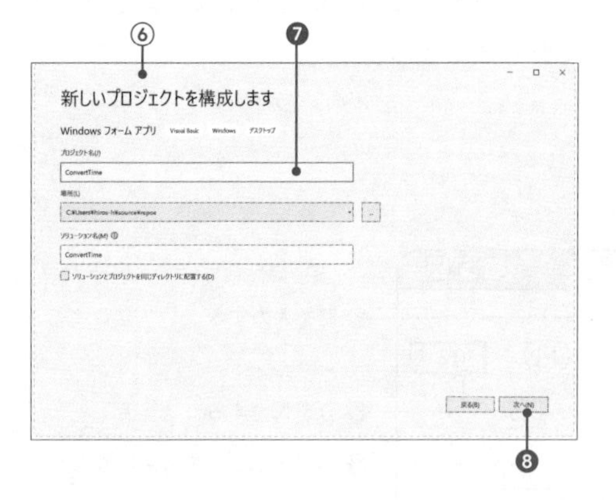

❶ 初期画面で［新しいプロジェクトの作成］をクリックする
② ［新しいプロジェクトの作成］ダイアログボックスが表示される
❸ ［言語］のリストから［Visual Basic］を選択する
❹ ［Windowsフォームアプリ］を選択する
❺ ［次へ（N）］をクリックする
⑥ ［新しいプロジェクトを構成します］ダイアログボックスが表示される
❼ プロジェクト名を入力する。ここでは「ConvertTime」とする
❽ ［次へ（N）］をクリックする
⑨ ［追加情報］ダイアログボックスが表示される
❿ ［作成（C）］をクリックする

プロジェクトが作成されると、白紙のフォームが表示されます。そのフォーム上にコントロールを配置していきます。このプログラムで利用するのはLabelコントロールが4つ、TextBoxコントロールが2つ、Buttonコントロールが2つです。ツールボックスから必要なコントロールを選択し、フォームをクリックしてコントロールを配置していってください。画面3-9に示した画面を参考にしてコントロールの位置やサイズを整え、表3-6の内容に従って、利用するコントロールのプロパティを設定してください。

画面 3-9 フォームのデザイン

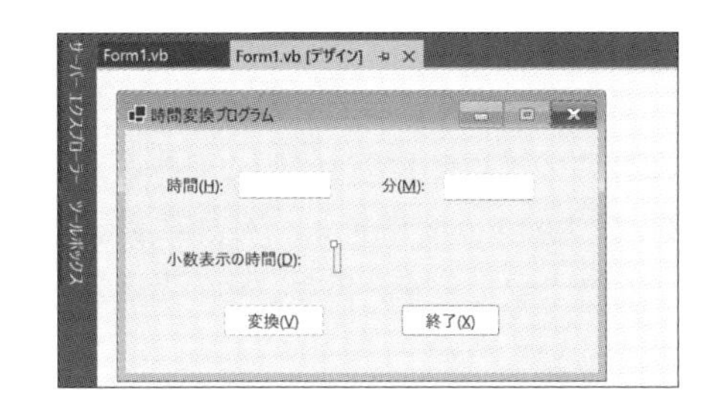

表3-6 このプログラムで使うコントロールのプロパティ一覧

コントロール	プロパティ	このプログラムでの設定値	備考
Form	Name	Form1	
	FormBorderStyle	FixedSingle	フォームの境界線をサイズ変更のできない一重の枠にする
	MaximizeBox	False	最大化ボタンを表示しない
	AcceptButton	btnConvert	Enter キーを押したときに選択されるボタンはbtnConvert
	CancelButton	btnExit	Esc キーを押したときに選択されるボタンはbtnExit
	Text	時間変換プログラム	
Label	Name	Label1	見出しとして使う
	Text	時間(&H):	
Label	Name	Label2	見出しとして使う
	Text	分(&M):	
Label	Name	Label3	見出しとして使う
	Text	小数表示の時間(&D)	
Label	Name	lblTime	ここに小数単位の時間を表示する
	Text	（なし）	
TextBox	Name	txtHour	ここに「時」を入力する
	Text	（なし）	
TextBox	Name	txtMinute	ここに「分」を入力する
	Text	（なし）	
Button	Name	btnConvert	計算を実行するためのボタン
	Text	変換(&V)	
Button	Name	btnExit	プログラムを終了させるためのボタン
	Text	終了(&C)	

フォームのAcceptButtonプロパティやCancelButtonプロパティを指定するときには、フォーム上に配置されたボタンの名前が選択できます。したがって、Buttonコントロールを配置してからこれらのプロパティを設定してください。なお、ButtonコントロールのNameプロパティを変更すると、AcceptButtonプロパティやCancelButtonプロパティに設定されている名前も自動的に変わります。

タブオーダーの設定

フォームのデザインができたら、すぐにコードの記述に移りたいところですが、その前にこのプログラムを使いやすくするための設定を1つ付け加えておきましょう。それはタブオーダーの設定です。プログラムの実行時にTabキーを押すと、入力できるコントロールが順に変わりますが、この順序のことをタブオーダーといいます。また、そのとき入力できるコントロールのことをフォーカスのあるコントロールといいます。

設定方法は簡単です。Visual Studioのメニューから［表示（V)］－［タブオーダー（B)］を選択し、フォーム上のコントロールをタブオーダーの順にクリックしていくだけです。最初はコントロールを配置した順に番号が表示されていますが、コントロールをクリックすると、その順にタブオーダーの番号が0、1、2……と変わります。左から右、上から下へと自然な操作ができるような順序でコントロールをクリックし、タブオーダーを設定しておいてください（画面3-10)。

画面 3-10 タブオーダーを設定する

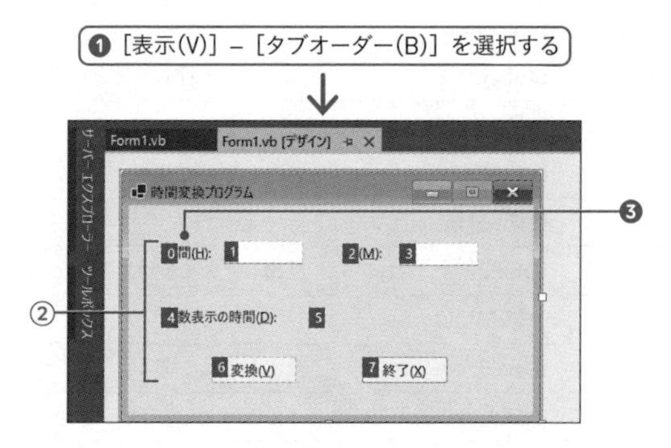

❶［表示（V)］－［タブオーダー（B)］を選択する
② タブオーダーの番号が表示される
❸ タブオーダーを設定したい順にコントロールをクリックしていく
❹ Escキーを押すとタブオーダーの設定が終わり、元の画面に戻る

ここでは、Labelコントロールにもタブオーダーを設定していることに注意してください。Labelコントロールは入力には使われませんが、アクセスキー（P.51参照）を押すと、その次にタブオーダーのあるコントロールにフォーカス（入力や選択などの操作ができる状態）が移るようになっているからです。例えば、Alt+Hキーを押すと、［時間（H）:］の次にタブオーダーのある

txtHourコントロールにフォーカスが移ります。このように、タブオーダーを適切に設定しておけば、マウスだけでなくキーボードで操作するときにもプログラムが使いやすくなります。

イベントハンドラーの記述

準備が整ったので、コードを書いていきましょう。このプログラムでは［変換（V)］ボタンをクリックしたときに、時間の変換を実行します。したがって［変換（V)］ボタンのClickイベントハンドラーをまず作成します。イベントハンドラーの作成方法もChapter 2で見ましたが、おさらいを兼ねて画面3-11で手順を見ておきましょう。

画面 3-11 イベントハンドラーを追加する

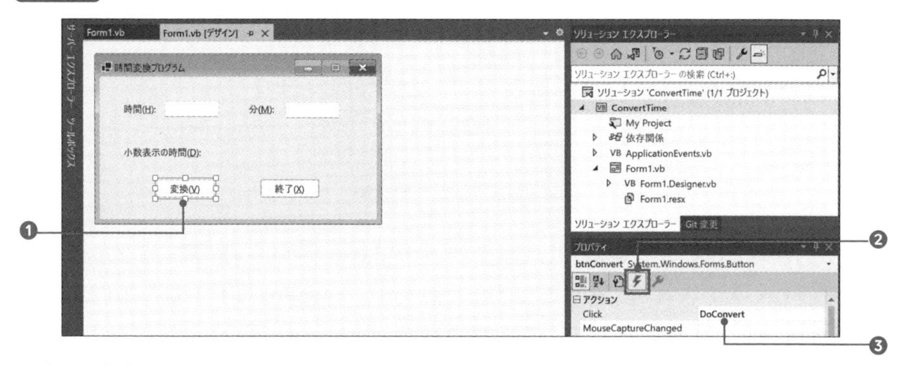

❶［変換（V)］ボタンをクリックして選択する
❷プロパティウィンドウの［イベント］ボタン（⚡）をクリックする
❸［Click］の欄にイベントハンドラーの名前を入力する

イベントハンドラーはDoConvertという名前にします。画面3-11の❸でDoConvertと入力して Enter キーを押すと、以下のコードがあらかじめ入力されたコードウィンドウが表示されます。

```
    Private Sub DoConvert(sender As Object, e As EventArgs) ⇒
Handles btnConvert.Click

    End Sub
```

このSub ... End Subの間にコードを書いていきましょう。

コードを書くときにはまず変数の宣言から始めます。3.2節でも説明したように、まず、結果として欲しいものを最初に変数として表します。このプログラムでは小数で表された時間を求めたいので、以下のようにDouble型の変数を宣言すればいいでしょう。

```
Dim WorkingTime As Double   ' 小数で表された時間
```

次に宣言するのは、結果を求めるために利用できる変数です。まず、このプログラムでは時と分を利用します。これらは整数型で構いません。3.2節では変数を1つずつ宣言していましたが、以下のように「,」(カンマ) で区切れば一度に宣言できます。

```
Dim WorkingHour, WorkingMinute As Integer
```

この後は、TextBoxコントロールに入力されたデータを変数に入れ、計算を実行した後、計算の結果をLabelコントロールに表示します。3.2節では変数に注目して全体像を見ましたが、ここでは処理に注目して見ておきましょう（図3-19）。

図 3-19 処理のイメージ

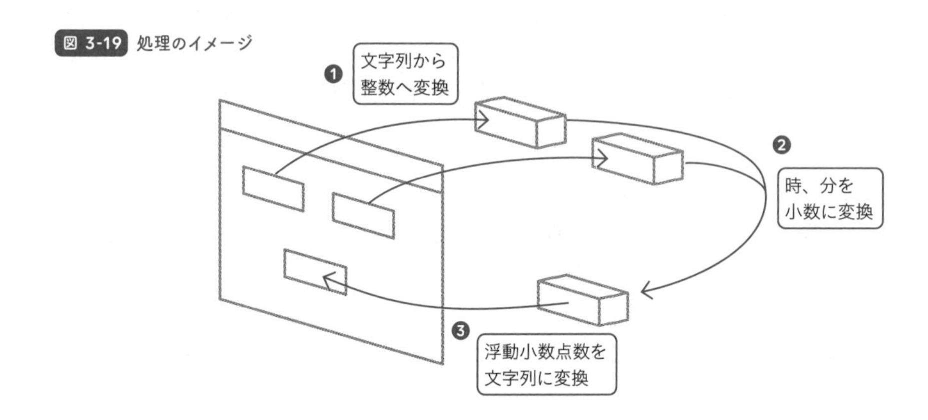

本来なら、入力されたデータが数値として正しいものであるかといったチェックが必要なのですが、とりあえず正しく入力されたものとして書いてみます。TextBoxコントロールに入力されたデータはTextプロパティで参照できます。TextプロパティはString型なので、CInt関数を使ってInteger型に変換してからWorkingHourやWorkingMinuteに代入しましょう。

```
WorkingHour = CInt(txtHour.Text)       ┐
WorkingMinute = CInt(txtMinute.Text)   ┘── 図の❶
```

txtHourやtxtMinuteに数値と見なせる文字列が入力されていれば、WorkingHourやWorkingMinuteに整数の時間や分が代入されます。

続いて、WorkingHourとWorkingMinuteを使って小数で表した時間を計算します。60分が1時間なので、分を60で割れば小数部分が求められます。例えば、30分は30/60=0.5時間です。したがって、以下のようなステートメントが書けます。

```
WorkingTime = WorkingHour + WorkingMinute / 60  ●── 図の❷
```

最後に、求められた時間を表示します。これはWorkingTimeの値をlblTimeコントロールのTextプロパティに代入するだけです。WorkingTimeはDouble型の数値なので、ToStringメソッドを使って文字列に変換し、lblTime.Textに代入します。

```
lblTime.Text = WorkingTime.ToString()  ●── 図の❸
```

これで、小数で表された時間がフォーム上のlblTimeコントロールに表示されるようになりました。

データ型を自動的に変換したいときは

Option StrictがOffであれば、データ型が自動的に変換されるので、以下に示す左側のコードは右側のように書くこともできます。

```
WorkingHour = CInt(txtHour.Text) ←→ WorkingHour = txtHour.Text
lblTime.Text = WorkingTime.ToString()←→lblTime.Text = WorkingTime
```

以上でコードの主要な部分はできあがりです。プログラムを終了させるためのイベントハンドラー（btnExitのClickイベントハンドラー）と合わせて、全体を示しておきましょう（LIST 3-21）。

LIST 3-21 時間を変換するプログラムのコード全体

```
    Private Sub DoConvert(sender As Object, e As EventArgs) ⇒
Handles btnConvert.Click
        Dim WorkingTime As Double
        Dim WorkingHour, WorkingMinute As Integer
        ' 入力された時間と分を数値に変換する
        WorkingHour = CInt(txtHour.Text)
        WorkingMinute = CInt(txtMinute.Text)
        ' 時間の計算をする
        WorkingTime = WorkingHour + WorkingMinute / 60
        ' 時間を表示する
        lblTime.Text = WorkingTime.ToString()
    End Sub

    Private Sub ExitProc(sender As Object, e As EventArgs) ⇒
Handles btnExit.Click
        Application.Exit()
    End Sub
```

プログラミングに少し慣れてくると、変数を一切使わずにこのプログラムが作成できることに気付く人もいるでしょう。実際、DoConvertプロシージャは以下の1行だけでも同じように動作します。

```
lblTime.Text = (CInt(txtHour.Text) + CInt(txtMinute.Text) / ⇒
60).ToString()
```

しかし、時間や分の計算がより複雑になってくると、これだけではプログラムが分かりにくくなり、かえって冗長になることもあります。やはり、何を結果として求めたいのか、そのために何が使えるのかをきちんと洗い出して、変数として宣言しておくほうが確実です。

また、このプログラムでは入力された文字列が数値と見なせるかどうかのチェックをしていません。したがって、[時（H）:] や［分（M）:］に数値と見なせない文字列を入れて［変換（V)］ボタンをクリックするとエラーになってしまいます。対処法については4.2節で説明しますが、このような問題に対処するためにも、変数を用意しておく必要があります。

✔ プログラムを実行する

コードがすべて入力できたら、ツールバーに表示されている［ConvertTime］ボタン（ ▶ ）をクリックして、プログラムを実行します。画面3-12のような画面が表示され、時間の変換ができれば完成です。

画面 3-12 時間を変換するプログラムを実行する

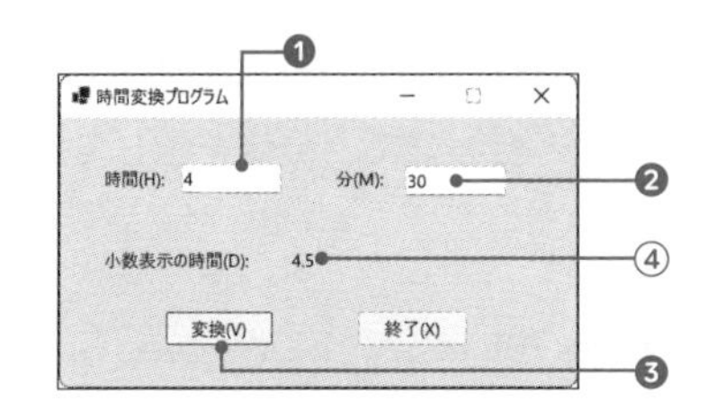

❶ 時を入力する

❷ 分を入力する

❸［変換（V)］ボタンをクリックする

④ 時間が小数で表示される

入力した文字列が数値に変換できない場合は［変換（V)］ボタンをクリックしたときにエラーとなり、画面3-13のようなメッセージが表示されます。その場合は、ツールバーの［デバッグの停止］ボタン（ ■ ）をクリックしてプログラムを終了させてください。

画面 3-13 例外の発生

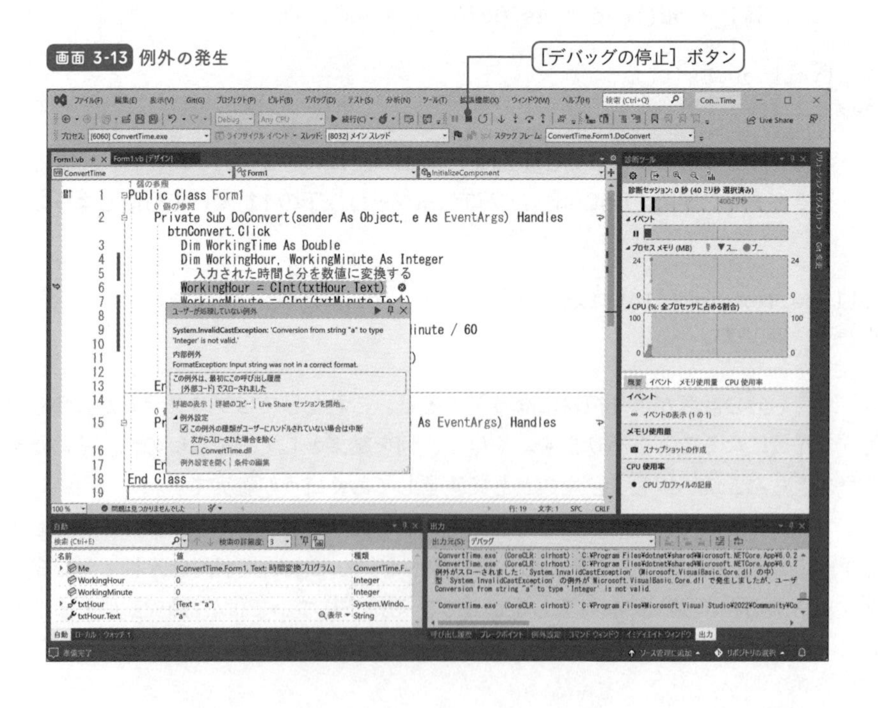

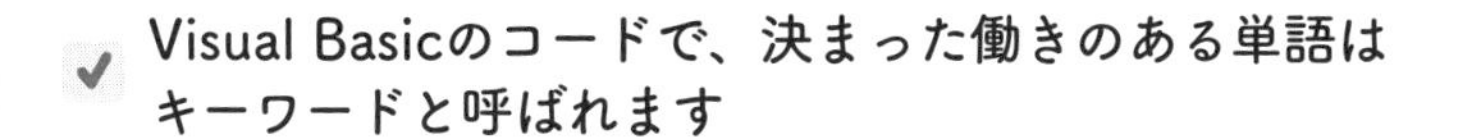

- Visual Basicのコードで、決まった働きのある単語は
キーワードと呼ばれます
- コードに含まれる「'」(単一引用符)から行末まではコメントと見なされ、
プログラムの実行には影響を与えません
- 変数には値型の変数と参照型の変数があります。
値型では、データが変数にそのまま入れられます。
参照型では、データがどこにあるかという情報が変数に入れられます
- 変数を利用するためには、あらかじめDimステートメントを使って、
変数を宣言しておく必要があります
- 変数にはスコープがあり、どの範囲で使えるかが決まっています
- 変数にはアクセスレベルがあります。Dimの代わりに
Privateを指定するとモジュールの中でだけ使う変数になり、
Publicを指定するとモジュールの外からでも使える変数になります
- ある決まった値をそのまま表したものをリテラルと呼びます
- 定数を利用すると、リテラルに名前を付けることができます
- 代入や四則演算、文字列の連結など、広い意味での計算のことを
演算と呼び、演算に使われる記号や単語のことを演算子と呼びます
- 演算子には優先順位があります。
式を()で囲むとその中の演算を優先させることができます
- 数値と見なせる文字列や浮動小数点数を整数に変換するには
CInt関数を使います
- 数値を文字列に変換するにはToStringメソッドを使います

練習問題

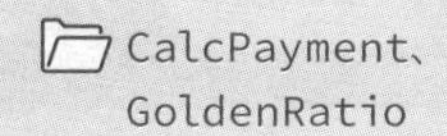

A サンプルプログラムを拡張し、支給額を計算できるプログラムを作成してください。プロジェクト名はCalcPaymentとし、時給はTextBoxコントロールに入力するものとします。
支給額は「時給×小数で表した時間」で求められます。
なお、支給額は小数点以下を切り上げるものとします。

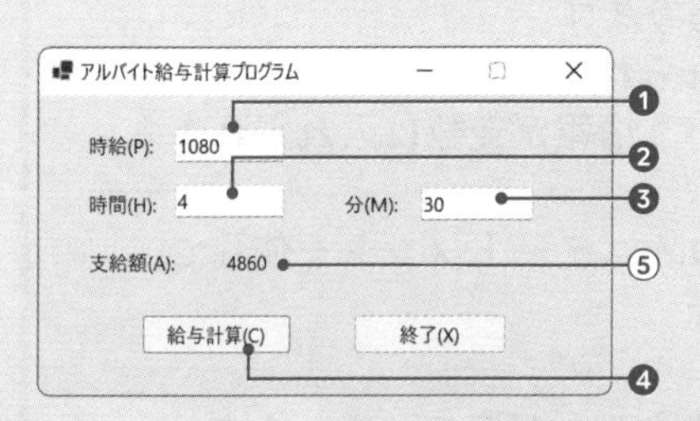

❶ 時給を入力する
❷ 就業時間の時を入力する
❸ 就業時間の分を入力する
❹ ［給与計算(C)］ボタンをクリックする
⑤ 支給額が表示される

B 新しいプロジェクトを作成し、指定された値を黄金比に分割するプログラムを作成してみてください。
黄金比とは、もっとも美しいとされる比率で、$1 : \frac{1+\sqrt{5}}{2}$ で表されます。
プロジェクト名などは自由につけてください。

1　　$\frac{1+\sqrt{5}}{2}$

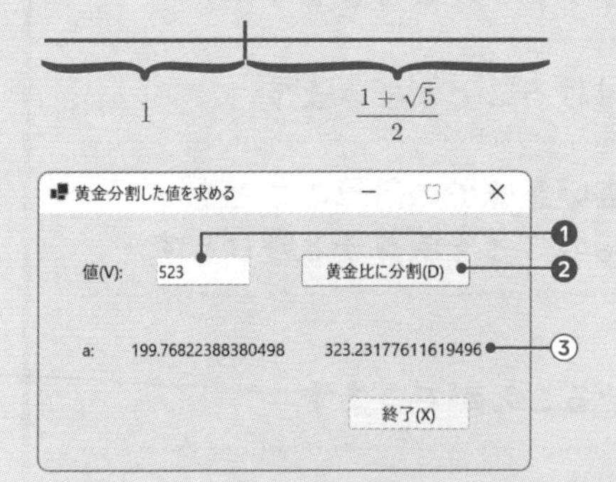

❶ 値を入力する
❷ ［黄金比に分割(D)］ボタンをクリックする
③ 値を黄金比に分割した結果が表示される

PART 2

CHAPTER

4 » 条件によって処理を変える

日常生活で人がさまざまな判断をするのと同じように、
プログラムでも「～ならば～する」という判断ができます。
コンピューターは融通が利かないとよくいわれますが、
何が何でも決まった処理しかしないというわけではありません。
条件分岐を利用すれば、条件によって実行するステートメントを
変えることができるのです。
さまざまな状況に対応できる使いやすいプログラムを作るためには
条件分岐が欠かせません。

これから学ぶこと

- ✔ Ifステートメントの使い方を学び、実行するステートメントを条件によって変えられるようにします

- ✔ Ifステートメントを組み合わせて使う方法を学び、さまざまな条件によって異なるステートメントを実行できるようにします

- ✔ Select ... Caseステートメントの使い方を学び、式の値によって異なるステートメントを実行できるようにします

- ✔ この章で学んだことがらを利用してプログラムを作成します

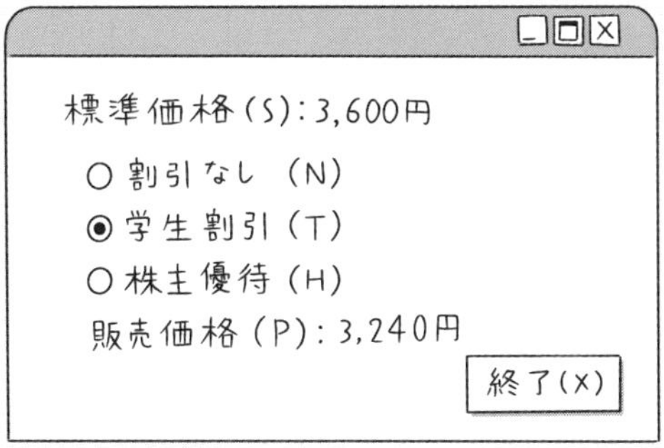

標準価格(S):3,600円
○ 割引なし (N)
◉ 学生割引 (T)
○ 株主優待 (H)
販売価格 (P):3,240円
終了(X)

イラスト 4-1 割引価格を求めるプログラム

この章では条件によって異なるステートメントを実行する方法を学び、判断のできるプログラムを作ります。例えば、学生であれば定価の1割引の価格を販売価格とし、株主であれば1割5分引の価格を販売価格とするというような、割引価格を求めるプログラムの作成を目標にします。

条件分岐の考え方

私たちは日常生活の中で状況に合わせてさまざまな判断をしています。降水確率が50％以上であれば傘を持って出かける、財布の中に1,000円以上あれば喫茶店でコーヒーを飲む、距離が1キロ未満であればバスに乗らずに歩く……などなど枚挙にいとまがありません。

日常生活で人がさまざまな判断をするのと同じように、プログラムでも条件によって異なるコードが実行できます。ここでは、そういった条件分岐の方法を見ていきます。

コンピューターは人間のように気を利かせたり、不十分な情報からでも適当に判断することができない※1ので、プログラムでの条件分岐では、「雨が降りそうだったら傘を持って出かける」というようなあいまいな判断はできません。「雨が降りそう」だけでは明確な基準が示されていないからです。つまり、「降水確率が50％以上か」のようにYESかNOで明確に答えられる条件を指定する必要があります（図4-1）。

図 4-1 YESかNOで明確に答えられる条件を指定する

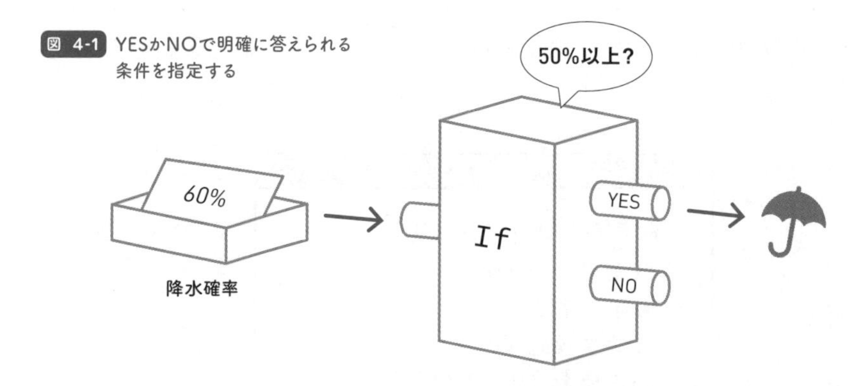

別の例でもう少し詳しく考えてみましょう。例えば、3,600円の商品があり、学生割引が適用できるものとします。割引率を10％とすると、学生であるか学生でないかによって、価格の計算方法を変える必要があります。学生であるか学生でないかはYESかNOで答えられるので、条件による計算方法の違いは以下のような考え方で書けばいいということになります。

```
もし身分が学生であれば
  販売価格 = 標準価格 * 0.9
そうでなければ
  販売価格 = 標準価格
```

※1 AI（人工知能）では、「適当な判断」がある程度可能ですが、それは機械が勝手に判断しているのではなく、多くのデータに対して数学的なモデルを当てはめて判断するプログラムが使われているからです。やはり明確な基準は必要です。

このように、日常の言葉を使ってプログラムの処理を表したものを**擬似コード**と呼ぶことがあります。実際には「もし」や「そうでなければ」の代わりに「If」や「Else」といった英単語を使って簡潔に書きます。

また、**フローチャート**（流れ図）を使って処理の流れを視覚的に分かりやすく表すこともあります。図4-2がフローチャートの例です。

図 4-2 フローチャートの例

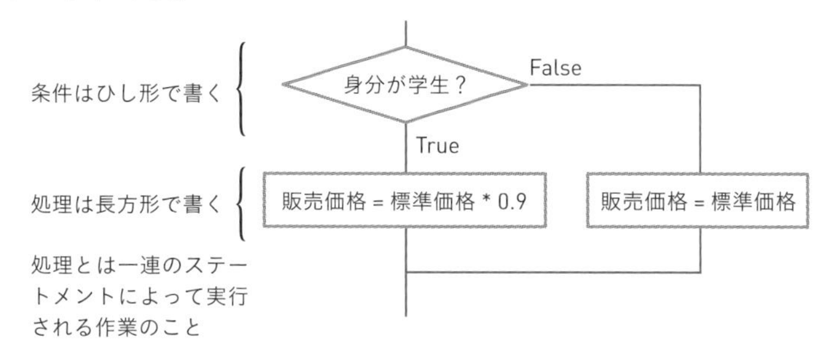

フローチャートでは、条件をひし形で表し、処理を長方形の箱で表します。処理の流れは線で示され、原則として上から下へ、左から右へと進みます。条件を示すひし形からは線が2本出ていることに注意してください。ここで処理が分岐します。つまり、条件によって、どちらか一方が実行されることになります。

擬似コードとフローチャート

本書では、日常の言葉に近い書き方の擬似コードとフローチャートの両方を必要に応じて掲載し、処理の内容や流れが分かるようにします。

ところで、これまでは日常の言葉を使って、条件に指定できるのは「YESかNOで答えられること」と解説してきましたが、Visual Basicをはじめとするプログラミング言語では、True（真）かFalse（偽）かによって条件を判定します。Trueは条件として指定した式が成り立つこと、Falseは式が成り立たないことと考えるといいでしょう。したがって、厳密には「学生であれば」は「身分が学生であるということがTrueであれば」と考える必要があります。

図4-2のフローチャートでは、条件がTrueの場合、処理の流れは下方向に進みます。条件がFalseの場合、処理の流れは右方向に進みます。したがって、身分が学生であるという条件が成り立つときには、標準価格の10%引の価格（つまり標準価格に0.9を掛けた値）が販売価格になります。しかし、身分が学生であるという条件が成り立たないときには標準価格がそのまま販売価格になるわけです。

条件分岐の考え方についてはだいたい理解できたでしょうか。実際にはより複雑な条件判断が必要になることがありますが、次の節でコードの書き方を確認し、分岐のさまざまなパターンについて見ていくこととしましょう。なお、今すぐプログラミングを体験してみたい人は先に4.5節の「プログラミングにチャレンジ」に取り組んでいただいても構いません。その後、最初に戻ってじっくりと解説を読み進めていってください。また、これ以降の章も同じように読み進めていただいて構いません。

確認問題

❶ 以下の文章のうち正しいものには○を、間違っているものには×を記入してください。

- □ コンピューターは人間の直感にあたるような機能を持っているので、あいまいな状況でも適切に判断ができる
- □ 条件によって異なる処理をすることは人間にのみ可能であって、コンピューターにはできない
- □ プログラムで条件分岐を行うには、YESかNO（TrueかFalse）が決められる明確な基準が必要である
- □ 処理の流れを表すフローチャートで、条件分岐は長方形の箱で表される

Ifステートメントを利用する

条件分岐を利用したプログラムを作成するには、どのような条件のときに何を実行するか、あらかじめ明確にしておく必要があります。そのうえで、Visual Basicの文法に従って、Ifステートメントを使った条件分岐のコードを書いていきます。簡単な例から少しずつ複雑なものへと進めていきます。急がず確実に理解を深めていってください。

条件が満たされたときに処理を実行する If … Then … ステートメント

IfTest1

簡単な例から始めます。まず、65歳以上の人は会費を2割引にするという例を考えてみましょう。割引率を求めるための処理を日本語の擬似コードで表すと以下のようになります。

```
もし年齢が65以上であれば　割引率に0.2を代入する
```

条件分岐は**Ifステートメント**を使って書きます。「もし」にあたるキーワードがIfで、「であれば」にあたるキーワードがThenです。年齢がAgeという変数に入っていて、割引率をDiscountRateという変数に入れるのであれば、以下のようなコードが書けます。

```
If Age >= 65 Then DiscountRate = 0.2
```

Ageの値が65以上であれば、DiscountRateに0.2を代入する

条件はAge >= 65です。そして、条件を満たしたときにはDiscountRate = 0.2が実行されます。この程度であれば、コードを見るだけでだいたいの意味は想像できるでしょう。しかし、自分でコードを書くためには書き方や意味を正確に知っておく必要があります。図4-3で書き方を確認した後、ポイントを確認しておきましょう。

図 4-3 Ifステートメントの書き方(If … Then …ステートメント)

Ifの後には条件を表す式を書き、Thenの後にその条件が満たされたとき（式の値がTrueのとき）に実行するステートメントを書きます。条件が満たされないときには、何もせずに次のコードに進みます。ステートメントは、あまりなじみのない言葉かもしれませんが「文」といった意味です。

この書き方では、Ifから始まるコードをすべて1行で書かなくてはならないことに注意してください。したがって、複雑なステートメントを書くのには、この書き方は向いていません。もう少し柔軟性のある書き方については後で説明します。

コードスニペットを利用して自動的にコードを入力する

「If 条件」まで入力し[Enter]キーを押して改行すると、コードスニペットの働きにより自動的に「Then」と「End If」が入力され、P.130の複数行形式のIfステートメントになります。

Ifステートメントの意味についてもう少し考えてみましょう。図4-3では、Ifの後に条件を書くと記されていますが、正確に言うと、Ifの後にはTrue（真）かFalse（偽）の値が求められる式を書きます。条件を表すために使う比較演算子や論理演算子については、すでにP.108の表3-5で触れていますが、数学の大小比較とほぼ同様の書き方です。例えば、「If Age >= 65 Then」の正確な意味は「Ageが65以上であるという式がTrueであれば」ということになります。

したがって、以下のような書き方もできます。

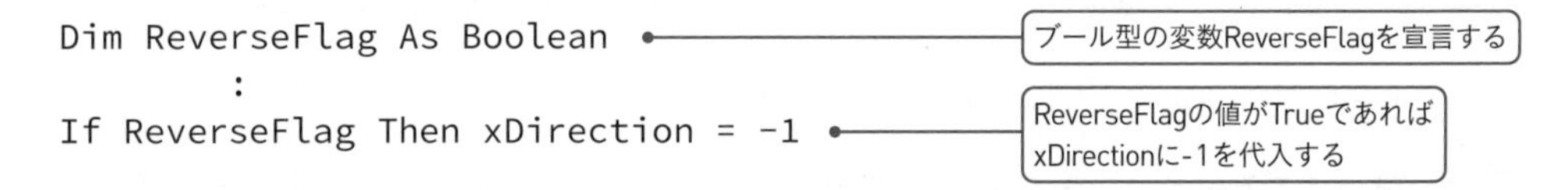

```
Dim ReverseFlag As Boolean
      :
If ReverseFlag Then xDirection = -1
```

ブール型の変数ReverseFlagを宣言する
ReverseFlagの値がTrueであれば
xDirectionに-1を代入する

一見しただけでは条件が書かれていないように見えますが、ReverseFlagはブール型の変数なので、値はTrueかFalseに決まります。したがって、上のコードは文法的に正しいステートメントです。なお、この例は、左右に移動する物体があって、状況に応じて移動方向が変わるような場合に利用できるコードです。ReverseFlagの値がTrueになると、移動方向を表す変数xDirectionの値が-1になるので、その値を移動量に掛けてやれば逆方向（負の向き）に移動するというわけです。

条件に数値を指定すると？

Visual Basicでは0がFalseと見なされ、0以外の数値はTrueと見なされます。したがって、あまり意味はありませんが、If 1 Then …というステートメントを書くこともできます。その場合、式は常にTrueとなるので、Then以下が必ず実行されます。

条件が満たされないときの処理も書く If ... Then ... Elseステートメント

IfTest1

次に、条件が満たされないときにも何らかの処理を実行する例を見てみましょう。最近はあまり見かけませんが、スマートフォンなどの料金プランの中には、料金が一定の限度を超えたら定額にするというものがありました。そのような場合、擬似コードは以下のようになります。

料金が限度額を超えたら、料金に限度額を代入する。そうでなければ加算された料金を代入する

「そうでなければ」にあたるキーワードは「Else」です。料金を表す変数をChargeとし、限度額をLIMITという定数とすれば、コードは以下のようになります。Workは料金を計算するための作業用の変数です。

```
Work = Charge + Count
If Work > LIMIT Then Charge = LIMIT Else Charge = Work
```

これまでの料金に、新たに利用した金額を加えた値を作業用の変数Workに代入する

Workの値がLIMITより大きければ、ChargeにLIMITの値を代入する。そうでなければ、ChargeにWorkの値を代入

図4-4で書き方を確認しておきましょう。この書き方でもステートメントをすべて1行に書く必要があります。

Else以下を省略すると、図4-3の書き方と同じになります。

図 4-4 Ifステートメントの書き方(If ... Then ... Else ...ステートメント)

条件

条件を満たしたときに実行されるステートメント

条件を満たさないときに実行されるステートメント

```
If Work > LIMIT Then Charge = LIMIT Else Charge = Work
```

複数のステートメントを1行で書くには

複数のステートメントを書きたい場合には、ステートメントを1行にまとめるための区切り記号「:」を使って以下の例のようにします。

```
If x <= 0 Then x = 0: dirLeft = True Else x -= 1
```

普通は、次の項で説明する複数行の形式でIfステートメントを書いたほうが、コードが見やすくなりますが、短いステートメントの場合、複数行に書くよりも「:」を使って1行にまとめたほうが見やすくなることがあります。

ここで示したIfステートメントの例は、スマートフォンの料金のほか、ゲームなどで主人公が壁のところまで移動したらそれ以上動けないようにする処理など、ある値を増やしていっても一定の限界を超えないようにするような場合に活用できるパターンです。なお、このような場合、Ifステートメントを使わず、小さい値を求めるためのMath.Minメソッドを使って、

```
Charge = Math.Min(LIMIT, Work)
```

と書くこともできます。LIMITとWorkの小さいほうが求められるので、Chargeの値はLIMITを超えることはありません。

より複雑な条件分岐にも対応する If ... Then ... Else ... End Ifステートメント

IfTest2, ConvertTime2

これまで見てきたIfステートメントの書き方では、条件が満たされたときや条件が満たされないときに実行できるステートメントは1つだけでした。しかし、実際にプログラムを作るときには、Ifの中で複数のステートメントを実行したいこともよくあります。そのような場合は、Ifの最後をEnd Ifで閉じ、Thenの範囲やElseの範囲を明確にします。これまで見てきた例を複数行の形式で書き直してみましょう（LIST 4-1）。

LIST 4-1 複数行形式のIfステートメント

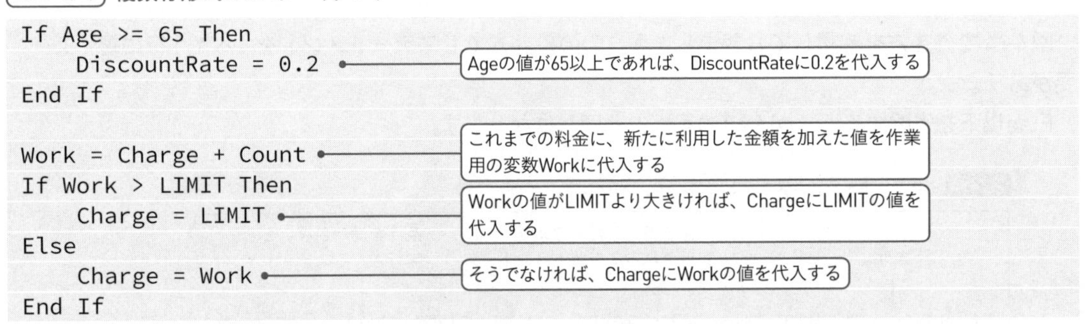

```
If Age >= 65 Then
    DiscountRate = 0.2
End If

Work = Charge + Count
If Work > LIMIT Then
    Charge = LIMIT
Else
    Charge = Work
End If
```

Ageの値が65以上であれば、DiscountRateに0.2を代入する
これまでの料金に、新たに利用した金額を加えた値を作業用の変数Workに代入する
Workの値がLIMITより大きければ、ChargeにLIMITの値を代入する
そうでなければ、ChargeにWorkの値を代入する

処理内容は前項で見たものと同じで、Then以下のステートメントやElse以下のステートメントも1行しか書いていませんが、こちらのほうがずいぶんと見やすいはずです。ごく簡単なIfステートメントであれば前項の書き方でも構いませんが、一般にはこちらの書き方のほうがいいでしょう（図4-5）。

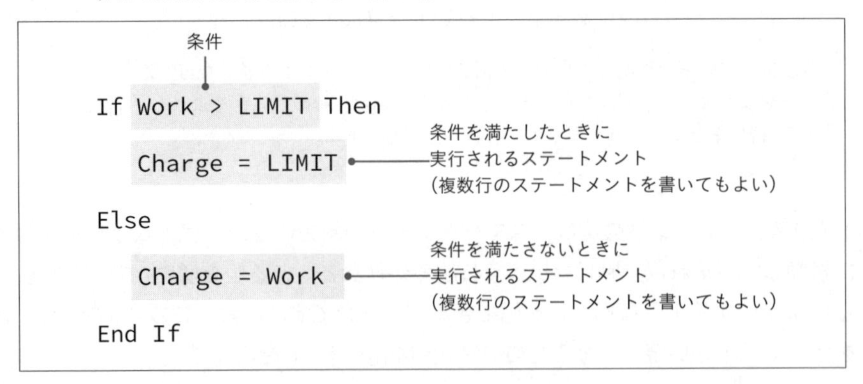
条件
If Work > LIMIT Then
Charge = LIMIT
条件を満たしたときに
実行されるステートメント
（複数行のステートメントを書いてもよい）
Else
Charge = Work
条件を満たさないときに
実行されるステートメント
（複数行のステートメントを書いてもよい）
End If

図 4-5 Ifステートメントの書き方（If ... Then ... Else ... End Ifステートメント）

このように書くと、条件を満たしたときに実行されるステートメントの範囲と、条件を満たしていないときに実行されるステートメントの範囲がはっきりと区別できます。

もちろん、「実行されるステートメント」の箇所には、複数のステートメントを書くことができます。そういった例も含めていくつかの実用的な例を見ておきましょう。まず、文字列の長さを調べる例です（LIST 4-2）。

LIST 4-2 文字列の長さが8文字未満ならメッセージを表示する

```
If UserName.Length() < 8 Then          ' UserNameという文字列の長さが8文字未満なら
    MessageBox.Show("8文字以上入力してください")   ' メッセージを表示する
End If
```

この例では、UserNameはString型の変数とします。String型の変数では、長さを求めるためのLengthというメソッドが使えます。つまり、変数名.Length（）と書くことにより、文字列の長さが求められます。

では、別の例も見てみましょう。TextBoxコントロールに入力された文字列が整数に変換できなかったら、メッセージを表示し、もう一度そのTextBoxコントロールに入力できるようにする例です（LIST 4-3）。この例は「分」が整数に変換できる文字列かどうかというチェックのみなので、実際に動くプログラムにするためには「時」のチェックも必要です。Chapter 3のConvertTimeプロジェクトに、そういったチェックを付け加えたプロジェクトをConvertTime2という名前で用意しておきました。ぜひ、ダウンロードしてコードと動作を確認してみてください。

LIST 4-3 TextBoxコントロールに整数と見なせる数字が入力されていないときに再入力できるようにする

```
If Integer.TryParse(txtMinute.Text, WorkingMinute) = False Then
    MessageBox.Show("数値が入力されていません")   ' メッセージを表示する
    txtMinute.Focus()          ' txtMinuteにフォーカスを移動する
    txtMinute.SelectAll()      ' txtMinuteのテキスト全体を選択する
    Exit Sub                   ' プロシージャを抜ける
Else
    WorkingTime = WorkingHour + WorkingMinute / 60
End If
```

Integer.TryParseは、文字列を整数に変換するためのメソッドです。CInt関数と似ていますが、Integer.TryParseメソッドでは小数を表す文字列を指定すると変換ができません。CInt関数では小数を表す文字列を指定すると、その小数を四捨五入した整数が求められます（P.102、P.116参照）。また、Integer.TryParseメソッドでは文字列が整数に変換できない場合には、Falseが結果として返されますが、CInt関数では例外が発生します（例外についてはChapter 9を参照）。

Integer.TryParseメソッドの書き方は次のとおりです（図4-6）。

図 4-6 Integer.TryParseメソッドの書き方

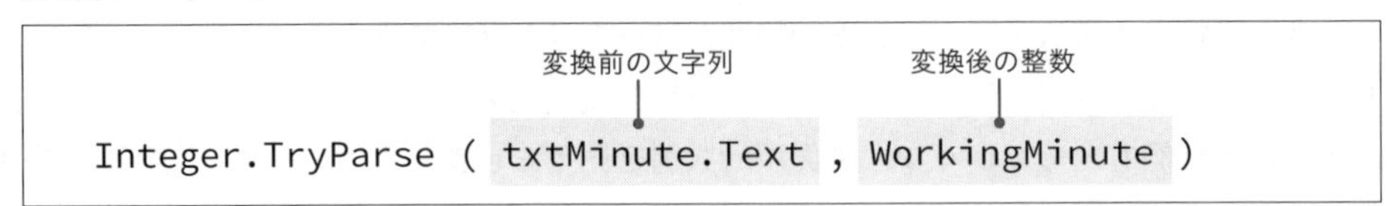

文字列が整数であると解釈できる場合には、整数型の変数に変換結果が入れられます。正しく整数に変換できた場合にはこのメソッドの結果はTrueとなり、整数に変換できない場合には、結果がFalseとなります（図4-7）。

図 4-7 Integer.TryParseメソッドの動作

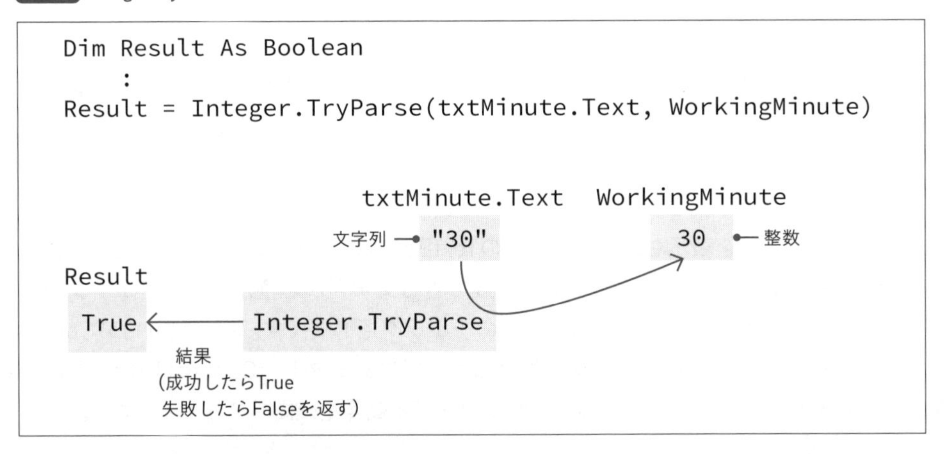

関数やメソッドの結果が何らかの値になることを、関数やメソッドが値を返すといいます。返された値は変数に代入したり、Ifステートメントの条件判断に使うことができます。

TextBoxコントロールのFocusメソッドは、そのコントロールを入力できる状態にするためのメソッドです。なお、コントロールが入力できる状態にあることをフォーカスがあるといい、入力できるコントロールを変更することをフォーカスを移動するといいます。また、SelectAllメソッドは、TextBoxコントロールに入力されているすべての文字列を選択された状態にするメソッドです。

複数の条件を組み合わせる

これまでのIfステートメントには条件が１つしかありませんでしたが、複数の条件について調べなくてはならない場合もあります。例えば、コレステロール値が110以上250以下であれば、標準の範囲であるものとするとか、学科試験の成績が90点以上、かつ、実技試験の成績が80点以上で合格とするとか、成績の評価が「S」または「A」であれば給付金の対象となる、などさまざまな例があるはずです。**And演算子**や**Or演算子**を利用すると、複数の条件を組み合わせることができます。順に見ていきましょう。

✔ And演算子

And演算子は論理積を求めるための演算子で、Andの前後に書いた式が両方ともTrueであれば結果がTrueになります。簡単にいえば、2つの条件の両方が成立するときだけ、全体の条件が成立することになります。1つでも条件が成立しないと、全体の条件は成立しません。LIST 4-4は、コレステロール値が標準値の範囲内に入っているかどうかを調べる例です。コレステロール値はCholという変数に入っているものとし、この値が110以上、250以下であれば「標準値の範囲内です」をMessageに代入し、そうでなければ「標準値の範囲外です」をMessageに代入します。

LIST 4-4 変数の値が一定の範囲に入っているかどうかを調べる例

```
If Chol >= 110 And Chol <= 250 Then
    Message = "標準値の範囲内です"
Else
    Message = "標準値の範囲外です"
End If
```

（1行目の注釈）Cholの値が110以上であり、かつ、Cholの値が250以下であれば

Cholの値が110以上、250以下というのは、日常の感覚では以下のように書きたくなります。しかし、この書き方では必ずしも正しく動作しないので注意が必要です。

```
If 110 <= Chol <= 250 Then
```

（注釈）正しい結果が得られない書き方

例えば、Cholの値が300の場合を考えてみましょう。まず

```
110 <= Chol
```

（注釈）110 <= 300は成り立つので、この結果はTrue

が実行されるので、この値はTrueになります。この結果と250を比較して

```
True <= 250
```

（注釈）True(-1) <= 250は成り立つので、この結果もTrue

が実行されますが、これもTrueになります。なぜなら、整数型の変数に代入したり、整数と比較したりするときにはTrueは-1と見なされるからです※2。とすると、Cholの値が300であるにもかかわらず、110以上、250以下の範囲に入っていることになってしまい、正しい結果が得られません。

したがって、変数の値がある範囲に入っているかどうかを調べたいときには、LIST 4-4に示したように「下限値以上であり、かつ上限値以下である」というような式を書く必要があります。なお、Option StrictをOnにしていると、データ型の違いが厳密にチェックされるので、正しく動作しない場合の書き方ではエラーになります。

別の例を見てみましょう。複数の変数を使った条件を組み合わせることもできます。LIST 4-5は、筆記試験の成績と実技試験の成績がいずれも基準値を満たしていれば合格とする例です。筆記試験の成績はWrittenに、実技試験の成績はPracticalに入っているものとします。Writtenが90以上であり、かつPracticalが80以上である場合のみ合格とします。

※2　True を整数として扱うと -1 になり、False を整数として扱うと 0 になります。一方、整数を真偽値として扱うときには 0 以外が True、0 が False として扱われます（P.128 を参照してください）。

LIST 4-5 複数の変数がすべて基準値以上であるかを調べる例

```
If Written >= 90 And Practical >= 80 Then
    Judge = "合格"
Else
    Judge = "不合格"
End If
```

Writtenの値が90以上であり、かつ、Practicalの値が80以上であれば

Or演算子

IfTest4

Or演算子は論理和を求める演算子で、Orの前後に書いた式のどちらかがTrueであれば結果がTrueになります。こちらは、いずれか1つの条件が成立すれば、全体の条件が成立することになります。もちろん、両方の条件が成立していても構いません。例を見てみましょう。成績の評価が「S」または「A」であれば給付金の対象であることを表示してみます。成績の評価がGradeという変数に入っているものとすれば、LIST 4-6のように書けます。

LIST 4-6 変数の値がいずれか1つに一致するかどうかを調べる例

```
If Grade = "S" Or Grade = "A" Then
    Message = "給付金の対象となります"
Else
    Message = "給付金の対象となりません"
End If
```

Gradeの値が"S"であるか、または、Gradeの値が"A"であれば

念のため、複数の変数を使った条件の例についても見ておきましょう。第1回の試験の成績と第2回の試験の成績のいずれかが基準値を満たしていれば合格とする例です。第1回の成績はFirstScoreに、第2回の成績はSecondScoreに入っているものとします。第1回の合格基準を90点以上とし、第2回の合格基準を80点以上とすればLIST 4-7のように書けます。もちろん、両方の成績が基準点以上であっても合格です。

LIST 4-7 複数の変数のいずれかが基準値以上であるかを調べる例

```
If FirstScore >= 90 Or SecondScore >= 80 Then
    Grade = "合格"
Else
    Grade = "不合格"
End If
```

FirstScoreの値が90以上であるか、または、SecondScoreの値が80以上であれば

AndAlso演算子とOrElse演算子

IfTest5

And演算子やOr演算子に似た演算子に**AndAlso演算子**と**OrElse演算子**があります。これらは、見た目の動作としてはAnd演算子やOr演算子と同じですが、処理効率のいい演算子です。それぞれ詳しく見てみましょう。

AndAlso演算子

AndAlso演算子では、前に指定した式がFalseなら後ろの式を評価せずに（調べずに）、結果としてそのままFalseを返します。And条件の場合、両方の式がTrueである場合にだけ結果がTrueになるので、最初の式がFalseであればその時点で結果がFalseであることは明らかだからです。And演算子は両方の式を評価しますが、AndAlso演算子は不必要な式の評価はしないというわけです。LIST 4-8はAnd演算子のところで見た例と同じ処理を、AndAlso演算子を使って書いたものです。

LIST 4-8 AndAlso演算子の利用例

```
If Written >= 90 AndAlso Practical >= 80 Then
   Judge = "合格"
Else
   Judge = "不合格"
End If
```

この例では、Writtenが90未満であればその時点でFalseだと分かるので、後のPractical >=80は調べる必要がありません。その場合は、すぐにElseの後のステートメントを実行します。

OrElse演算子

一方のOrElse演算子では、前に指定した式がTrueなら後ろの式を評価せずに、結果としてそのままTrueを返します。Or条件の場合、いずれかの式がTrueであれば、結果がTrueになるので、最初の式がTrueであればその時点で結果がTrueであることは明らかだからです。Or演算子は両方の式を評価しますが、OrElse演算子は不必要な式の評価はしないというわけです。LIST 4-9はOr演算子のところで見た例と同じ処理を、OrElse演算子を使って書いたものです。

LIST 4-9 OrElse演算子の利用例

```
If Grade = "S" OrElse Grade = "A" Then
    Message = "給付金の対象となります"
Else
    Message = "給付金の対象となりません"
End If
```

この例では、Gradeが「S」であればその時点でTrueだと分かるので、後のGrade = "A"は調べる必要がありません。その場合はすぐにThenの後のステートメントを実行します。

AndAlso演算子やOrElse演算子でなければできないこと

IfTest6

AndAlso演算子やOrElse演算子は、後ろの式が前の式に依存するような場合に便利です。例えば、以下のコードでは、objという変数がrbOptionというRadioButtonコントロールであり、かつCheckedプロパティがTrueであるとき、メッセージを表示します。

```
If obj Is rbOption And obj.Checked Then
    MessageBox.Show("ラジオボタンがチェックされています")
End If
```

Is演算子は、変数が同じオブジェクトを参照しているかを調べる演算子です。要するにobjがrbOptionというコントロールであるかどうかを調べています（オブジェクトを参照する変数については8.2節で詳しく説明します。とりあえずはこう考えておいてください）。

この場合、もしobjがrbOptionでなく、CheckedプロパティのないLabelコントロールなどを参照していると、Andの後ろのobj.Checkedという部分が実行時にエラーとなってしまいます。And演算子を使った場合は、両方の式を調べるので、objがrbOptionであるかどうかにかかわらず、obj.CheckedがTrueであるかどうかも調べられてしまうからです。Trueかどうか以前に、LabelコントロールにはそもそもCheckedプロパティがないわけですから、当然エラーになるわけです。

しかし、以下のようにAndの代わりにAndAlsoを使えば、obj Is rbOptionという式がTrueであるときだけobj.CheckedがTrueであるかどうかが調べられます（obj Is rbOptionがFalseであれば、その時点でFalseとなるのでobj.Checkedを調べることはありません）。したがって、objが参照しているコントロールがLabelコントロールなどであっても実行時にエラーとならず、正しく条件分岐ができます。

```
If obj Is rbOption AndAlso obj.Checked Then
    MessageBox.Show("ラジオボタンがチェックされています")
End If
```

確認問題

1 以下の文章のうち正しいものには○を、間違っているものには×を記入してください。

- [ ] Ifステートメントの条件にあたる部分には、結果がTrueかFalseになる式を書く
- [ ] Ifステートメントの中に、区切り記号「:」を使わず複数のステートメントを書きたいときには、最後にEnd Ifを書く
- [ ] Ifステートメントには必ずElseキーワードを書く必要がある
- [ ] Or演算子を使うと、少なくとも一方の条件を満たすときに処理を実行するIfステートメントが書ける

2 説明に従って以下の空欄を埋め、Ifステートメントを完成させてください。

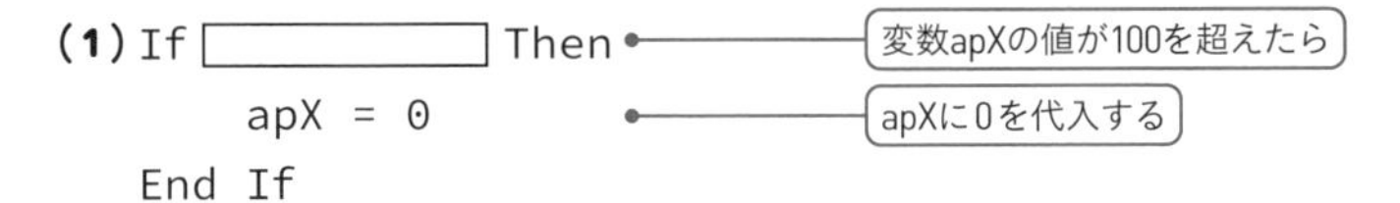

(1)

```
If [      ] Then         ← 変数apXの値が100を超えたら
    apX = 0              ← apXに0を代入する
End If
```

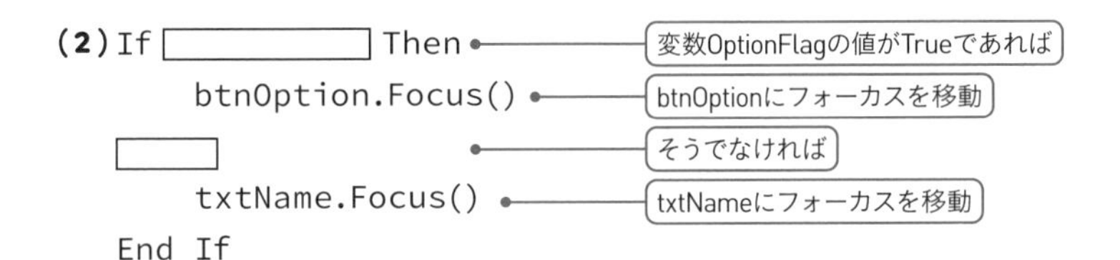

(2)

```
If [      ] Then               ← 変数OptionFlagの値がTrueであれば
    btnOption.Focus()          ← btnOptionにフォーカスを移動
[    ]                         ← そうでなければ
    txtName.Focus()            ← txtNameにフォーカスを移動
End If
```

(3)

```
If Confirm = "Y" [  ] NeedConfirm = False Then
                 ← Confirmの値が"Y"であるか、NeedConfirmの値がFalseであれば
    lblOrder.Text = "注文処理を実行しました"
End If           ← lblOrderに「注文処理を実行しました」と表示
```

Ifステートメントによる多分岐

前節では、簡単な例から条件を組み合わせて指定する例までを見ましたが、基本的には、条件が満たされた場合と条件が満たされない場合の2つに分岐するだけでした。しかし、現実にはより複雑に分岐することがあります。この節では、Ifステートメントの中にさらにIfステートメントがあるような場合について見ていきます。

Ifステートメントを入れ子にする

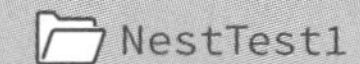
NestTest1

Ifステートメントを組み合わせると、これまでに見たような2分岐の処理だけでなく、多くの場合分けがある多分岐の処理を書くこともできます。具体例で見てみましょう。あらかじめ決められたランクと購入金額により会員の種別を決めるような処理を想像してみてください。

まず、会員のランクが「A」であるかそうでないかによって、どの会員になれるかが決まるものとします。会員ランクが「A」の場合、購入金額が10,000円以上であればプレミアム会員になれますが、そうでなければゴールド会員となります。会員ランクが「A」でない場合、購入金額が20,000円以上であればゴールド会員になれますが、そうでなければ通常会員となります。日本語の擬似コードでこの処理を書いてみましょう。

```
もし　会員のランクが「A」であれば
    もし、購入金額が10,000円以上であれば
        プレミアム会員とする
    そうでなければ
        ゴールド会員とする
そうでなければ
    もし、購入金額が20,000円以上であれば
        ゴールド会員とする
    そうでなければ
        通常会員とする
```

ちょっと見ただけでは、何がどうなっているのか分からない人もいるでしょう。最初は会員のランクが「A」であるかどうかで分岐します。その次は購入金額がいくらであるかで分岐します。分かれ道の先にまた分かれ道があるようなイメージを思い浮かべるといいでしょう。フローチャートにすると、流れが理解しやすくなります（図4-8）。

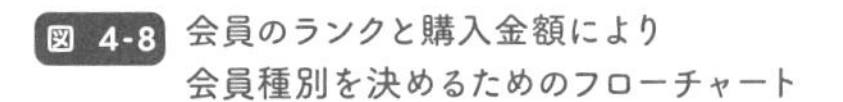

図 4-8 会員のランクと購入金額により会員種別を決めるためのフローチャート

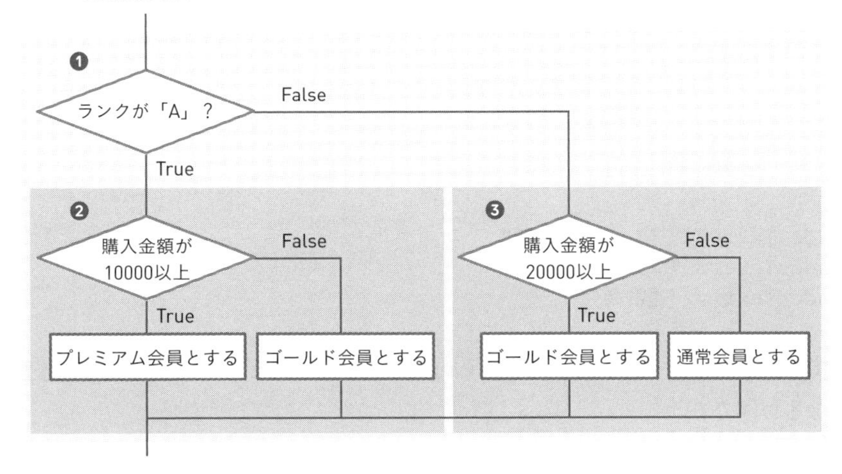

❶ ランクによる条件分岐

❷ ランクが「A」のときの購入金額による条件分岐

❸ ランクが「A」でないときの購入金額による条件分岐

フローチャートのひし形1つがIfステートメント1つにあたるので、それをそのまま表現するだけでコードが書けます。会員のランクがCustomerRankという変数に入れられており、購入金額がSalesという変数に入れられているものとしましょう。会員の種別はlblGradeというLabelコントロールに表示するものとします。すると、コードはLIST 4-10のようになります。まずはコードをざっと眺めておいてください。その後、詳しい説明をします。

LIST 4-10 会員のランクと購入金額により会員種別を決めるコードをIfステートメントの入れ子で書く

```
If CustomerRank = "A" Then          ← CustomerRankが"A"であれば
    If Sales >= 10000 Then          ← Salesが10000以上であれば
        lblGrade.Text = "プレミアム会員"
    Else                            ← そうでなければ(Salesが10000以上でなければ)
        lblGrade.Text = "ゴールド会員"
    End If
Else                                ← そうでなければ(CustomerRankが"A"でなければ)
    If Sales >= 20000 Then          ← Salesが20000以上であれば
        lblGrade.Text = "ゴールド会員"
    Else                            ← そうでなければ(Salesが20000以上でなければ)
        lblGrade.Text = "通常会員"
    End If
End If
```

If ... Then ... Else ... End Ifの書き方はこれまでと同じですが、Thenの後やElseの後に、さらにIfステートメントが書かれています。このように、Ifステートメントの中にさらにIfステートメントを書くことを**入れ子**とか**ネスト**と呼びます。

では、入れ子になった複雑な条件を表す方法を見ていきましょう。といっても、いきなり条件を考えるのではなく、結果として何が欲しいかを最初に洗い出しておきます。ここで欲しいものは会員の種別です。もっと具体的にいうと、

```
lblGrade.Text = "プレミアム会員"
lblGrade.Text = "ゴールド会員"
lblGrade.Text = "通常会員"
```

のいずれかを実行したいということです。これらのコードを条件によってどう振り分けるか、というのが課題となるわけです。

順に考えていきましょう。どんなに複雑な入れ子でも、上位のレベルから順に考えていくのが鉄則です。この例では、まずCustomerRankが"A"であるか、そうでないかによって異なる処理をします。まだ細かな処理について考える必要はありません。フローチャートの❶にあたる部分からおおまかに考えましょう。図にすると図4-9のようになります。簡単な2分岐なのでこれまでの知識で十分理解できるはずです。

図 4-9 上位のレベルの分岐から考える（フローチャートの❶の部分）

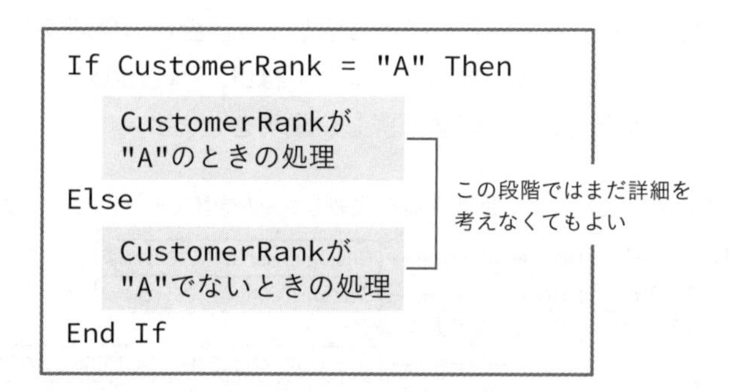
If CustomerRank = "A" Then
CustomerRankが
"A"のときの処理
Else
CustomerRankが
"A"でないときの処理
End If
この段階ではまだ詳細を
考えなくてもよい

次に、CustomerRankが"A"であるときの処理の中身を考えます。これはフローチャートの❷にあたる部分です。上位のレベルも下位のレベルも考える必要はありません。このレベルだけを考えます。Salesの値によってプレミアム会員にするかゴールド会員にするかという条件分岐であることが分かります（図4-10）。

図 4-10 条件が満たされたときの処理を詳しく考える
（フローチャートの❷の部分）

```
If CustomerRank = "A" Then
    CustomerRankが
    "A"のときの処理
Else
    CustomerRankが
    "A"でないときの処理
End If
```

```
If Sales >= 10000 Then
    lblGrade.Text="プレミアム会員"
Else
    lblGrade.Text="ゴールド会員"
End If
```

CustomerRankが"A"でないときの処理の中身も同じように考えることができます。これはフローチャートの❸にあたる部分です（図4-11）。

図 4-11 条件が満たされないときの処理を詳しく考える
（フローチャートの❸の部分）

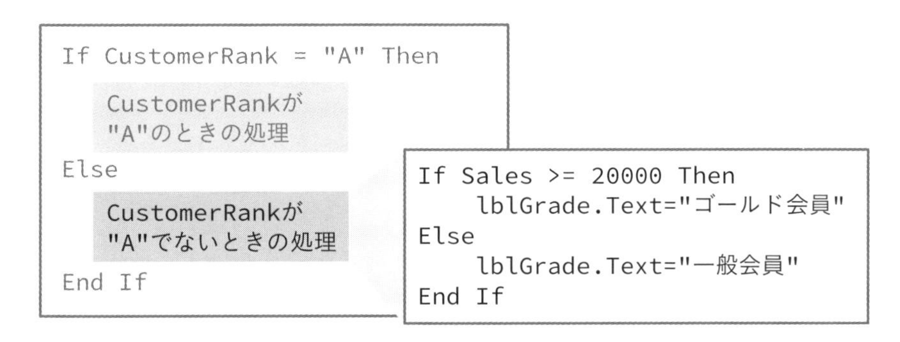
If CustomerRank = "A" Then
CustomerRankが
"A"のときの処理
Else
CustomerRankが
"A"でないときの処理
End If
If Sales >= 20000 Then
lblGrade.Text="ゴールド会員"
Else
lblGrade.Text="一般会員"
End If

上位のレベルの処理を洗い出した後、続いて下位のレベルの処理をすべて洗い出せば、あとはそれらをすべて組み合わせて書くだけです。図4-10と図4-11を、最初の図4-9に埋め込んでやれば、Ifステートメントの入れ子が完成していることに気付くと思います。また、得られる会員種別にも漏れがなく、条件によってきちんと結果が求められることも分かります。

ElseIfを利用した多分岐

NestTest2

条件が満たされないときに、さらに条件分岐していく場合には**ElseIf**というキーワードを使って簡潔に多分岐のステートメントを書くことができます。例えば、得点が60点未満のときは評価を「不可」とし、60点以上70点未満のときは評価を「可」、70点以上80点未満のときは「良」、80点以上のときは「優」とする例を考えてみましょう。この場合も、結果として欲しいものを最初に洗い出しておきます。結果は「不可」「可」「良」「優」のいずれかで、それ以外はありません。

問題は、これらを条件によってどう振り分ければいいかということです。日本語で書いた擬似コードは以下のようになります。

```
もし　得点が60点未満であれば
    評価を不可とする
そうでなければ
    もし　得点が70点未満であれば
        評価を可とする
    そうでなければ
        もし　得点が80点未満であれば
            評価を良とする
        そうでなければ
            評価を優とする
```

このように「〜以上〜未満」という条件がいくつもあり、それらの条件によって複数の場合分けをするときには、端から順に考えていくと分かりやすくなります。最初は60未満について考え、次にそうでない場合のうち70未満について考え、次にそうでない場合のうち80未満について考える……という具合です。「であれば」や「そうでなければ」の次の行を字下げして書くのが分かりやすくするためのコツです。

この例についてもフローチャートで処理の流れを見ておきましょう（図4-12）。

図 4-12 多分岐のフローチャート

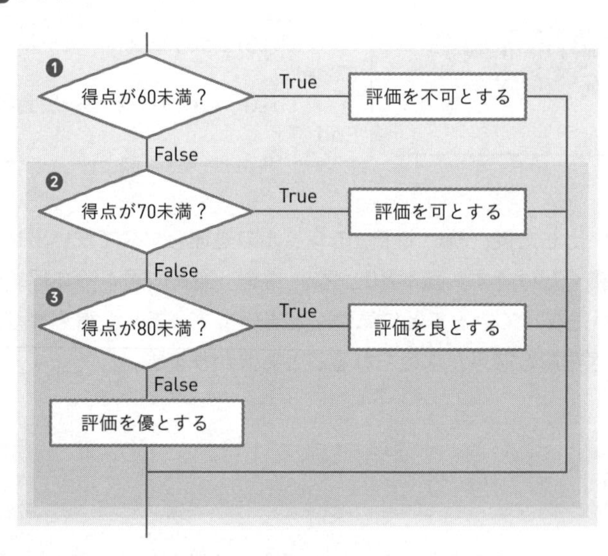

❶得点が60点未満であるかどうかによる条件分岐

❷得点が70点未満であるかどうかによる条件分岐

❸得点が80点未満であるかどうかによる条件分岐

このフローチャートは、これまでのフローチャートとTrueとFalseの向きが異なることに注意してください。これまでと同じようにTrueを下方向に、Falseを横方向に書くこともできますが、横長になってしまうので向きを変えて多分岐であることがよく分かるようにしただけのことです。

このように表しても、ひし形1つがIfステートメント1つにあたります。得点がScoreという変数に入れられており、評価をGradeという変数に入れるのであれば、コードはLIST 4-11のようになります。これについてもコードをざっと眺めておいてください。後で考え方を詳しく説明します。

LIST 4-11 得点により何段階かの評価を決めるコードをElseIfによる多分岐で書く

```
If Score < 60 Then          ← Scoreが60未満であれば
  Grade = "不可"
ElseIf Score < 70 Then      ← そうではなく(Scoreが60以上であり)、Scoreが70未満であれば
  Grade = "可"
ElseIf Score < 80 Then      ← そうではなく(Scoreが70以上であり)、Scoreが80未満であれば
  Grade = "良"
Else                        ← そうでなければ(Scoreが80以上であれば)
  Grade = "優"
End If
```

では、このようなコードを確実に書くための考え方を説明しましょう。すでに少し触れましたが、基本は「端から考える」です(図4-13)。まず、得点が60点未満の場合と、そうでない場合に分けます。得点が60点未満の場合は評価を「不可」とします。そうでない場合は「可」「良」「優」のいずれかになりますが、ここではまだ考えません。それが図4-14の❶の部分です。

次に、「そうでない場合(得点が60点以上の場合)」のことを考えます。これは図4-14の❷の部分です。得点が70点未満の場合は評価を「可」とします。そうでない場合は「良」「優」のいずれかになりますが、やはりまだ考えません。

最後に、「そうでない場合(今度は得点が70点以上の場合)」を考えます。これが図4-14の❸の部分です。すると、得点が80点未満の場合は評価が「良」であり、そうでない場合は評価が「優」となることが分かります。これですべての場合が洗い出されました。

図 4-13 端から考える。
「そうでない場合」についてもまた端から考える

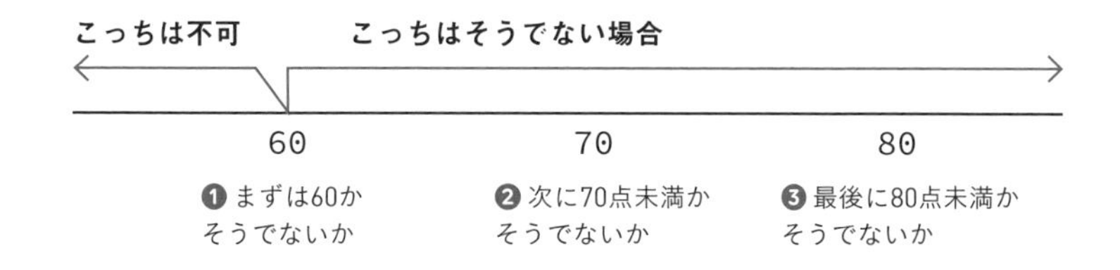

こっちは不可
こっちはそうでない場合
60
70
80
❶ まずは60か
そうでないか
❷ 次に70点未満か
そうでないか
❸ 最後に80点未満か
そうでないか

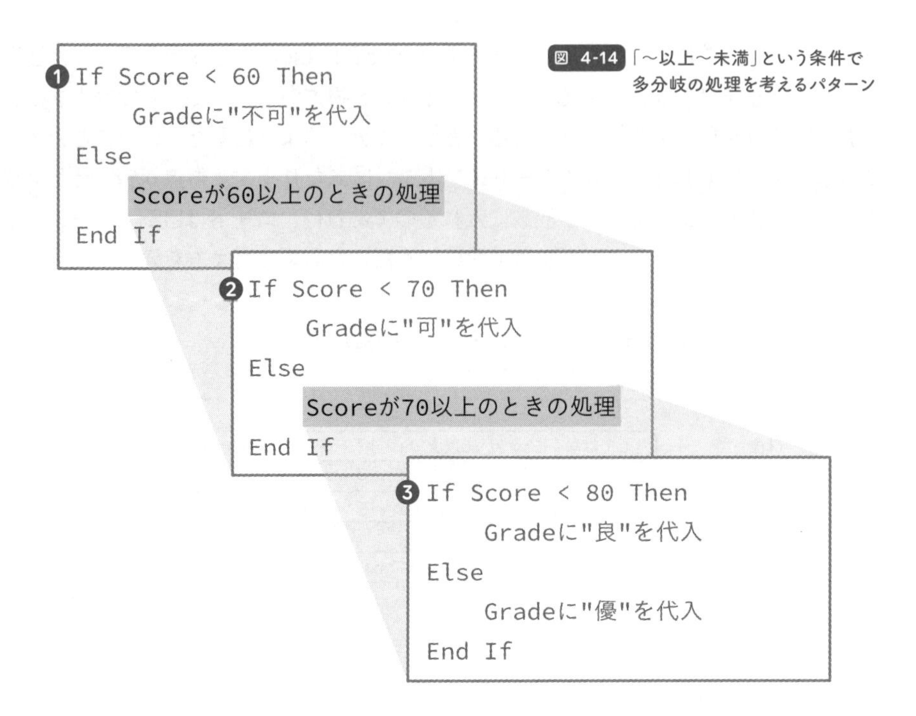

図 4-14 「〜以上〜未満」という条件で多分岐の処理を考えるパターン

❶ 得点が60点未満であるかどうかを考える。60以上のときはまだ考えない
❷ 得点が70点未満であるかどうかを考える。70以上のときはまだ考えない
❸ 得点が80点未満であるかどうかを考える

この図をそのままコードにすると、以下のようになります。最初に書いた擬似コードともほぼ同じです。

```
If Score < 60 Then
    Grade = "不可"
Else
    If Score < 70 Then
        Grade = "可"
    Else
        If Score < 80 Then
            Grade = "良"
        Else
            Grade = "優"
        End If
    End If
End If
```

このコードのElse IfはElseIfという1つのキーワードにできます。また、最後のEnd Ifは1つにまとめられます。そうすれば、図4-15の右側のような簡潔なコードにできます。

図 4-15 ElseIfを使って多分岐のIfステートメントを簡潔に書く

```
If Score < 60 Then
    Grade ="不可"
Else
    If Score < 70 Then
        Grade = "可"
    Else
        If Score < 80 Then
            Grade = "良"
        Else
            Grade = "優"
        End If
    End If
End If
```

```
If Score < 60 Then
    Grade ="不可"
ElseIf Score < 70 Then
    Grade = "可"
ElseIf Score < 80 Then
    Grade = "良"
Else
    Grade = "優"
End If
```

ElseとIfの間にはスペースが入らないことに注意してください。ただし、実際に入力するときには途中にスペースを入れてElse Ifと入力しても、自動的に1つの単語に訂正されます。書き方をまとめると、次のようになります（図4-16）。

図 4-16 多分岐のIfステートメントの書き方

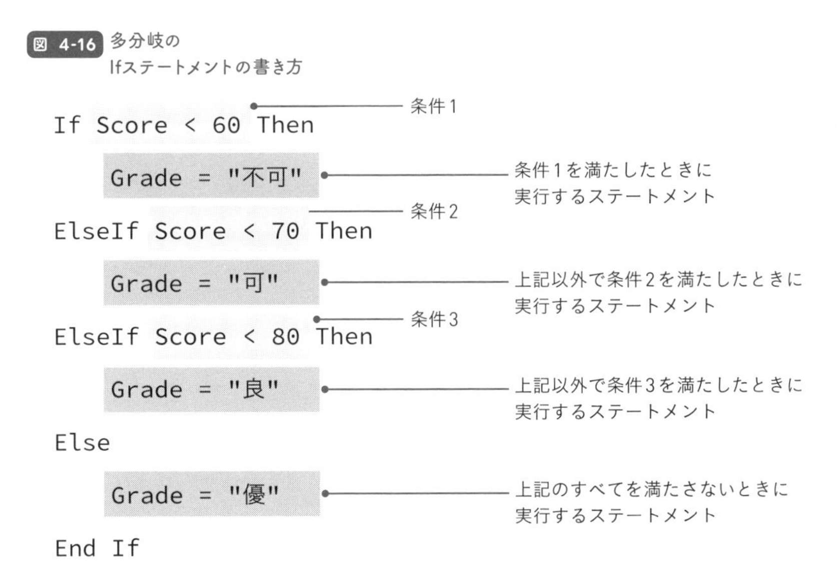
If Score < 60 Then
条件1
Grade = "不可"
条件1を満たしたときに実行するステートメント
ElseIf Score < 70 Then
条件2
Grade = "可"
上記以外で条件2を満たしたときに実行するステートメント
ElseIf Score < 80 Then
条件3
Grade = "良"
上記以外で条件3を満たしたときに実行するステートメント
Else
Grade = "優"
上記のすべてを満たさないときに実行するステートメント
End If

実用的には、これまでのように順を追って考えなくても、1つのパターンとして覚えておいても構わないでしょう。実際、条件1が満たされたときには最初のステートメントを実行し、それ以外の場合で条件2が満たされたときには次のステートメントを実行し、……という具合に書いていけば間違いありません。

条件分岐はさまざまな表し方がある

どんな場合でも、条件の指定方法には何通りかの方法があります。例えば「65歳以上」というのは「65歳未満ではない」というのと同じことです。「○○という条件にあてはまっている場合で、△△という条件にあてはまる場合」も入れ子で表したり、And演算子やAndAlso演算子を使って表したりできます。例えば、LIST 4-10の例も、以下のように表せます。

```
If CustomerRank = "A" AndAlso Sales >= 10000 Then
    lblGrade.Text = "プレミアム会員"
ElseIf CustomerRank = "A" OrElse Sales >= 20000 Then
    lblGrade.Text = "ゴールド会員"
Else
    lblGrade.Text = "通常会員"
End If
```

行数は少なくて済みますが、これでは条件が複雑になりすぎて何を判定しているのかが分かりにくくなります。実際には、入れ子にしたほうが分かりやすい場合も、And演算子やOr演算子を使ったほうが分かりやすい場合もあり、いちがいにどちらがいいとはいえませんが、できるだけ人間が読んでもスッキリと分かる書き方にしてください。条件が分かりにくいと、本来あてはまるべき条件にあてはまらない値が出てくるなど、思わぬエラーのもととなるからです。後でプログラムを修正する必要が生じた場合にも、条件が分かりにくいと作業の効率が落ちてしまいます。分かりやすいコードを書くには、この節で説明したように、上位のレベルから考えるのが基本です。

確認問題

1 説明に従って以下の空欄を埋め、Ifステートメントを完成させてください。

(1) ウェストのサイズによって、S、M、L、LLを決める

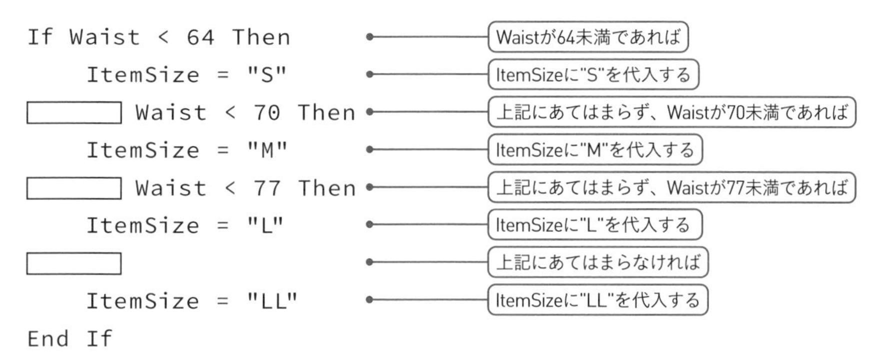

If Waist < 64 Then
Waistが64未満であれば
ItemSize = "S"
ItemSizeに"S"を代入する
Waist < 70 Then
上記にあてはまらず、Waistが70未満であれば
ItemSize = "M"
ItemSizeに"M"を代入する
Waist < 77 Then
上記にあてはまらず、Waistが77未満であれば
ItemSize = "L"
ItemSizeに"L"を代入する
上記にあてはまらなければ
ItemSize = "LL"
ItemSizeに"LL"を代入する
End If

(2) TextBoxコントロールに整数と見なせる数字が入力されているかどうかを調べる

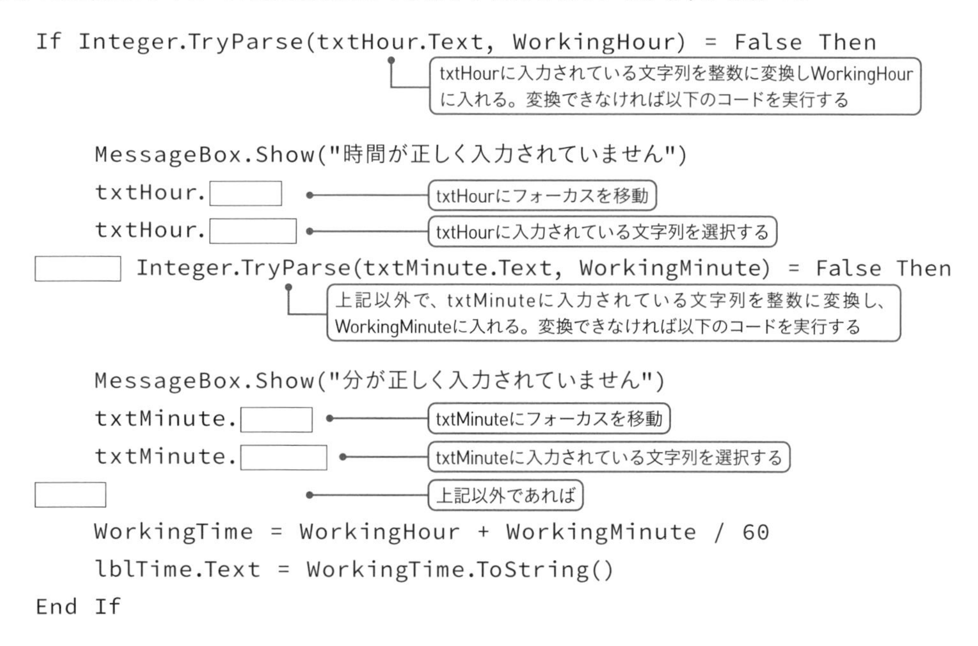

If Integer.TryParse(txtHour.Text, WorkingHour) = False Then
txtHourに入力されている文字列を整数に変換しWorkingHourに入れる。変換できなければ以下のコードを実行する
MessageBox.Show("時間が正しく入力されていません")
txtHour.
txtHourにフォーカスを移動
txtHour.
txtHourに入力されている文字列を選択する
Integer.TryParse(txtMinute.Text, WorkingMinute) = False Then
上記以外で、txtMinuteに入力されている文字列を整数に変換し、WorkingMinuteに入れる。変換できなければ以下のコードを実行する
MessageBox.Show("分が正しく入力されていません")
txtMinute.
txtMinuteにフォーカスを移動
txtMinute.
txtMinuteに入力されている文字列を選択する
上記以外であれば
WorkingTime = WorkingHour + WorkingMinute / 60
lblTime.Text = WorkingTime.ToString()
End If

2 上記の(2)で、時間が24以上になったり、分が60以上になった場合にもエラーメッセージを表示するコードを追加してみてください。

Select Caseステートメントによる多分岐

1つの式や変数の値によって何通りかの異なる処理をしたい場合には、Select Caseステートメントを使った多分岐が便利です。例えば、指定された日付が何月であるかによって実行する処理を変えたり、いくつかの（例えば1番から4番までの）選択肢のどれを選んだかによって実行する処理を変えたりするときに使えます。値の範囲や大小比較もできます。

多分岐を簡潔に書く

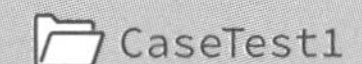

Select Caseステートメントを使うと、式や変数の値による多分岐の処理が簡単に書けます。そのような例を見てみましょう。例えば、日本では1月は「睦月」、2月は「如月」……のように月に和名が付けられています。つまり、月を表す数値を指定すれば、それに対応する文字列が求められるわけです。

図 4-17 月の数をもとに月の和名を求める処理のイメージ

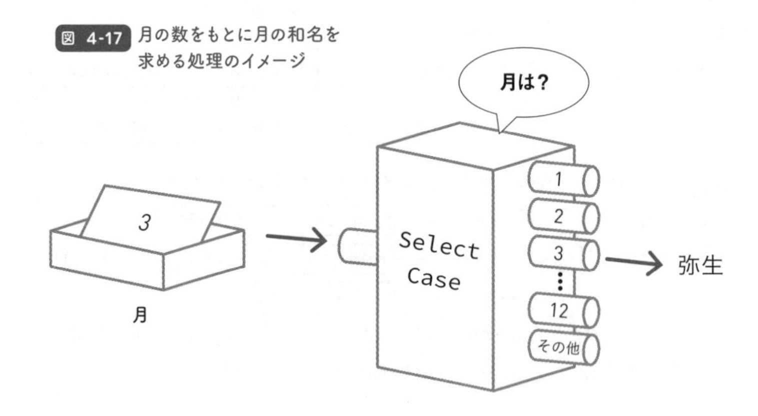

処理そのものは簡単なので、擬似コードやフローチャートを描くまでもないでしょう。月を表す数値がMonthNumberという変数に入れられており、求めたい月の和名をMonthNameという変数に入れるものとして、さっそくコードを書いてみましょう（LIST 4-12）。

LIST 4-12 月を表す数値をもとに、月の和名を求める

```
MonthNumber = Today.Month
Select Case MonthNumber ← MonthNumberの値によって処理を振り分ける
    Case 1 ← 1の場合
        MonthName = "睦月"
    Case 2 ← 2の場合 ⋮ (これ以降も同様)
        MonthName = "如月"
    Case 3
        MonthName = "弥生"
    Case 4
        MonthName = "卯月"
    Case 5
        MonthName = "皐月"
    Case 6
        MonthName = "水無月"
    Case 7
        MonthName = "文月"
    Case 8
        MonthName = "葉月"
    Case 9
        MonthName = "長月"
    Case 10
        MonthName = "神無月"
    Case 11
        MonthName = "霜月"
    Case 12
        MonthName = "師走"
    Case Else ← 上記のいずれにもあてはまらない場合
        MonthName = "不明"
End Select
```

最初の行は、今日の日付から月の値を求めるためのコードです。Todayは現在の日時を表すDate型の値を返し、さらにMonthプロパティは月の値を整数として返します。これで、今日の月がMonthNumberに代入されます。理詰めで表現するとけっこう難しくなりますが、要するにToday.Monthと書けば月の値が求められるというわけです。

続く、Select Caseが多分岐のためのステートメントです。Select Caseの後には値を調べたい式を書きます。この例では、月を表す数値を調べるので、MonthNumberという変数を書いています。その後に、それぞれの場合によって実行する処理を書きます。

場合分けはCaseの後に書いた式の値と一致するかどうかで決められます。値が一致すればそこに書かれているステートメントを実行し、それ以外のステートメントは実行されません。どの値にも一致しない場合はCase Elseの後に書かれているステートメントを実行します。最後にEnd Selectを書いて終わりです。書き方をまとめておきましょう（図4-18）。

図 4-18 Select Caseステートメントの書き方

```
Select Case MonthNumber          ← テストする式
    Case 1                       ← 式1
        MonthName = "睦月"       ← テストする式の値が式1の値と一致したときに実行されるステートメント
    Case 2
        MonthName = "如月"
            :
    Case Else                    ← 上記の式のいずれにもあてはまらない場合
        MonthName = "不明"       ← Case Elseの場合に実行されるステートメント
End Select
```

ここでは、それぞれの場合に実行するステートメントを1つずつしか書いていませんが、複数のステートメントを書くこともできます。さらに、Caseの後の式には複数の値を書いたり、値の範囲を書いたりすることもできます。便利な使い方ができるので、いくつかのパターンを見ておきましょう。

複数の値と一致させる例

CaseTest2

Caseの後には、複数の値を「,」(カンマ) で区切って書くこともできます。その場合、それらの値のいずれかに一致すれば、Caseの後のステートメントが実行されます。色の名前をもとに、ウェブページなどで使われるカラーコードを求める例で見てみましょう。例えば、「red」という色の名前から「#FF0000」というカラーコードを求めます。「cyan」と「aqua」はいずれも同じ色で、カラーコードは「#00FFFF」です。また「magenta」と「fuchsia」も同じ色で、カラーコードは「#FF00FF」です。色の名前がColorNameという変数に入っており、求めたいカラーコードをColorCodeという変数に入れるのであれば、LIST 4-13のようなコードが書けます。

LIST 4-13 色の名前からカラーコードを求める

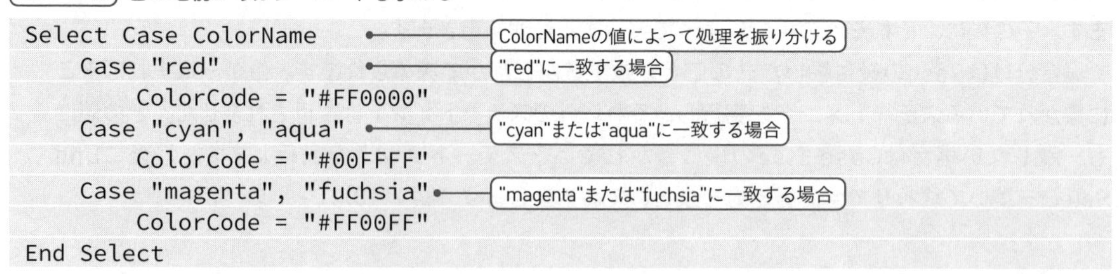
```
Select Case ColorName
    Case "red"
        ColorCode = "#FF0000"
    Case "cyan", "aqua"
        ColorCode = "#00FFFF"
    Case "magenta", "fuchsia"
        ColorCode = "#FF00FF"
End Select
```
ColorNameの値によって処理を振り分ける
"red"に一致する場合
"cyan"または"aqua"に一致する場合
"magenta"または"fuchsia"に一致する場合

この例では、Case Else以下が書かれていないので、どの値にも一致しない場合は何もせずに次に進みます。

値の範囲を指定する例

CaseTest3, CaseTest4

Caseの後には値の範囲も指定できます。書き方は以下の2通りです。

```
式1 To 式2
Is 比較演算子 式
```

式1の値から式2の値まで
式の値より小さい、より大きいなど

例えば、年度を3か月ごとに、第1四半期、第2四半期、第3四半期、第4四半期と4つに分けることがあります。年度が4月から始まるとすると、4月から6月が第1四半期となります。月をもとに、その月が第何四半期であるかを求めるコードを書いてみましょう。月がMonthNumberという変数に入っており、第何四半期であるかをTermNumberという変数に入れるのであればLIST 4-14のようなコードになります。

LIST 4-14 月を表す数値をもとに第何四半期かを求める

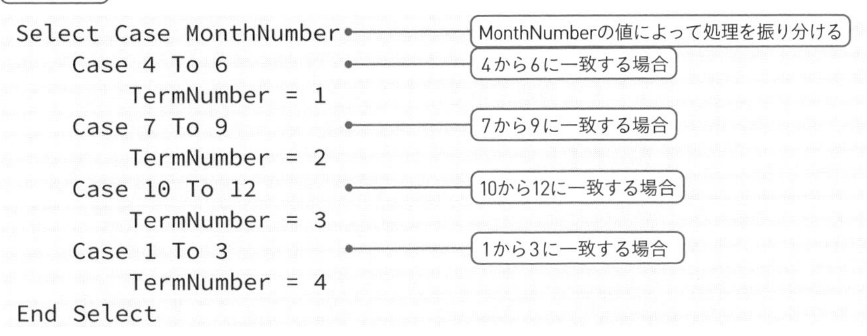

```
Select Case MonthNumber
    Case 4 To 6
        TermNumber = 1
    Case 7 To 9
        TermNumber = 2
    Case 10 To 12
        TermNumber = 3
    Case 1 To 3
        TermNumber = 4
End Select
```

MonthNumberの値によって処理を振り分ける
4から6に一致する場合
7から9に一致する場合
10から12に一致する場合
1から3に一致する場合

比較演算子を使う方法も見ておきましょう。Ifステートメントを使って書いた成績評価のコードも、Select Caseステートメントを使えば簡潔に書けます。得点がScoreという変数に入っており、評価をGradeという変数に入れるものとします（LIST 4-15）。

LIST 4-15 得点をもとに成績の評価を求める

```
Select Case Score
    Case Is < 60
        Grade = "不可"
    Case Is < 70
        Grade = "可"
    Case Is < 80
        Grade = "良"
    Case Else
        Grade = "優"
End Select
```

Scoreの値によって処理を振り分ける
60未満の場合
70未満の場合
80未満の場合
上記以外の場合

Isの後で使える比較演算子は、「<」「<=」「=」「>=」「>」です。さらに「,」(カンマ)で区切って複数の式を書くこともできます。ただし、以下のような書き方には注意が必要です。

```
Case Is >= 60, Is < 70
```

この書き方では、60以上70未満の範囲を表すことはできません。「,」で区切って複数の式を書くと「または(Or)」の意味になるので、ここでの指定は60以上または70未満という意味になります。したがって、すべての値が一致することになってしまいます。しかし、「かつ(And)」を表そうとして

```
Case Is >=60 And Is < 70
```

のように書いてもうまくいきません。これは文法的に正しくないのでエラーとなってしまいます。
Scoreが整数の場合、

```
Case 60 To 69
```

と書けば、60以上70未満が表せます。

確認問題

❶ 以下の文章のうち正しいものには○を、間違っているものには×を記入してください。

- [ ] Select Caseステートメントを使えば、多分岐の処理が簡潔に記述できる
- [ ] Select Caseの後には複数の式を書くことができ、それらの式がCaseの後に書かれた1つの値に一致するかどうかを調べられる
- [ ] Select Caseの後には式を1つ書くことができ、その式がCaseの後に書かれたいくつかの値に一致するか、あるいは一定の範囲に入っているかどうかを調べられる
- [ ] Caseの後に「,」（カンマ）で区切って複数の式を書くと「または」の意味になる

❷ 説明に従って以下の空欄を埋め、Select Caseステートメントを完成させてください。

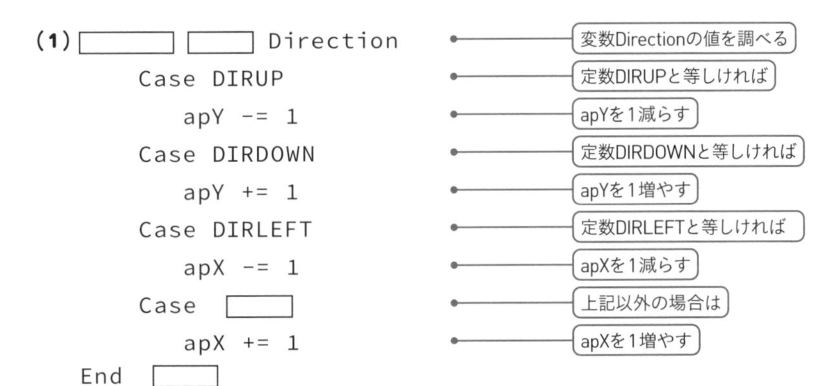

(1) [　　] [　　] Direction
Case DIRUP
apY -= 1
Case DIRDOWN
apY += 1
Case DIRLEFT
apX -= 1
Case [　　]
apX += 1
End [　　]
変数Directionの値を調べる
定数DIRUPと等しければ
apYを1減らす
定数DIRDOWNと等しければ
apYを1増やす
定数DIRLEFTと等しければ
apXを1減らす
上記以外の場合は
apXを1増やす

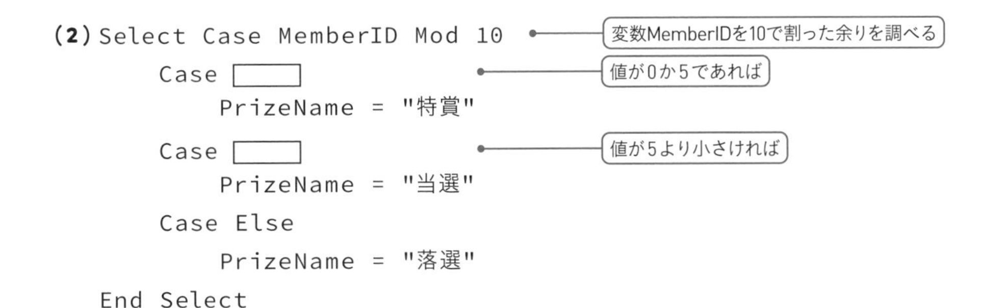

(2) Select Case MemberID Mod 10
Case [　　]
PrizeName = "特賞"
Case [　　]
PrizeName = "当選"
Case Else
PrizeName = "落選"
End Select
変数MemberIDを10で割った余りを調べる
値が0か5であれば
値が5より小さければ

プログラミングにチャレンジ

4.1節から4.4節までで条件分岐についての基本的な知識を紹介したので、実践に移りましょう。ここでは標準価格から割引価格を求めるプログラムを作ります。割引価格は学生であるか株主であるかによって変わるものとします。プログラムの完成イメージをラフスケッチするところから始めましょう。プロジェクトの作成手順についてはもはや細かく説明する必要はないと思いますが、不安がある人はP.42以降を見直してから進めるといいでしょう。

割引価格を計算するプログラム

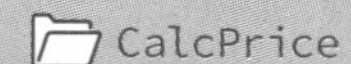

多くの商品やサービスで、学生や会員などの条件による割引価格が適用されています。ここでも割引価格を求めるプログラムを作成してみます。標準価格は3,600円に決まっているものとして、学生であれば1割引、株主であれば1.5割引の割引価格を求めることとします。どの割引を適用するかはRadioButtonコントロールで選択できるようにします。プログラムの完成イメージはイラスト4-2のような感じです。

イラスト 4-2

割引価格計算プログラムの完成イメージ

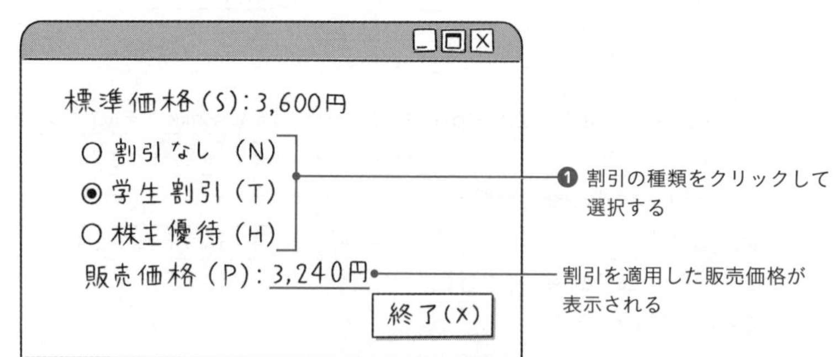

完成イメージが確認できたら、Windowsフォームアプリケーションの新しいプロジェクトを作成しておいてください。プロジェクト名はCalcPriceとします。続いて、フォームをデザインします。

フォームのデザイン

画面4-1にならってフォームにコントロールを配置していきましょう。設定すべきプロパティは表4-1にまとめておきました。

画面 4-1 フォームのデザイン

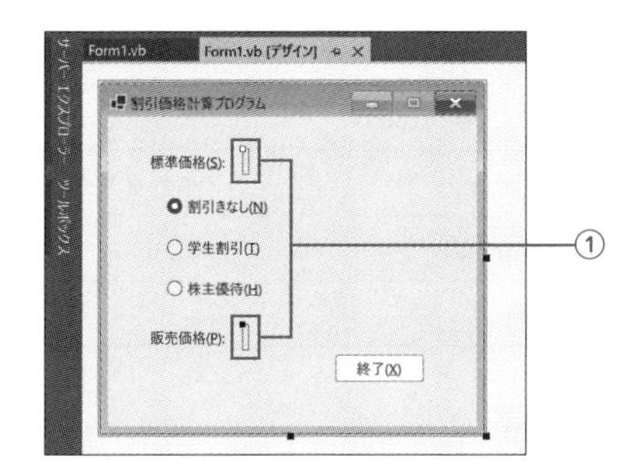

① Textプロパティに文字列を設定していないので内容は表示されていないが、標準価格と販売価格を表示するためのLabelコントロールを配置する

表4-1 このプログラムで使うコントロールのプロパティ一覧

コントロール	プロパティ	このプログラムでの設定値	備考
Form	Name	Form1	
	FormBorderStyle	FixedSingle	フォームの境界線をサイズ変更のできない一重の枠にする
	MaximizeBox	False	最大化ボタンを表示しない
	CancelButton	btnExit	Escキーを押したときに選択されるボタンはbtnExit
	Text	割引価格計算プログラム	
Label	Name	Label1	
	Text	標準価格(&S):	
Label	Name	Label2	
	Text	販売価格(&P):	
Label	Name	lblStandardPrice	標準価格を表示するために使う
	Text	（なし）	
Label	Name	lblSalesPrice	販売価格を表示するために使う
	Text	（なし）	
RadioButton	Name	rbNone	
	Text	割引なし(&N)	
	Checked	True	このボタンを選択された状態にする

表4-1 （続き）

コントロール	プロパティ	このプログラムでの設定値	備考
RadioButton	Name	rbStudent	学生割引を適用したいときに選択する
	Text	学生割引(&T)	
	Checked	False	このボタンを選択された状態にしない
RadioButton	Name	rbHolder	株主優待を適用したいときに選択する
	Text	株主優待(&H)	
	Checked	False	このボタンを選択された状態にしない
Button	Name	btnExit	
	Text	終了(&X)	

RadioButtonコントロールとコンテナー RadioButtonTest

RadioButtonコントロールは本章ではじめて使うコントロールです。イベントハンドラーを書く前にRadioButtonコントロールの使い方を見ておきましょう。

RadioButtonコントロールは複数のコントロールでひとまとまりのグループになっていて、その中の1つだけが選択できるようになっています。例えば、RadioButtonコントロールをフォームに配置したとき、1つのRadioButtonコントロールをクリックしてチェックされた状態にすると、ほかのRadioButtonコントロールのチェック状態は解除されます。この場合はフォームに配置されたRadioButtonコントロールが1つのグループとして取り扱われていることになります。

では、図4-19のように、4つのRadioButtonコントロールを2つのグループに分けたいときにはどうすればいいでしょうか。

図 4-19
RadioButtonコントロールを複数のグループに分けたい場合

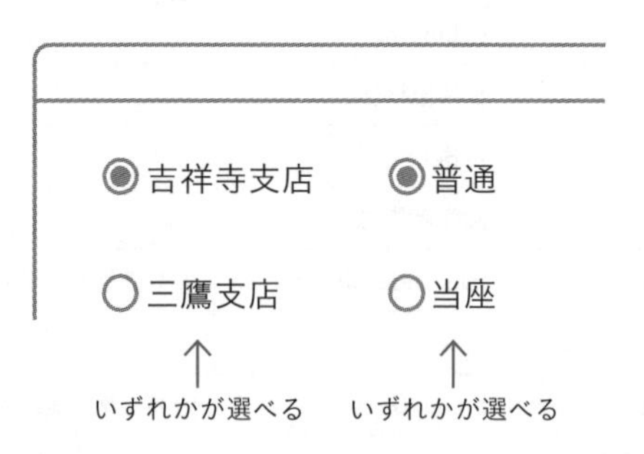

このままだと、フォーム上に配置した4つのRadioButtonコントロールが1つのグループになり、どれか1つだけしか選択できないようになってしまいます。例えば、[普通] にチェックされている状態のとき、[吉祥寺支店] をクリックすると、[普通] のチェックが外れてしまいます。

複数のグループに分けるには、ツールボックスの [コンテナー] の一覧にある**GroupBoxコントロール**や**Panelコントロール**をフォームに配置し、その中にRadioButtonコントロールを配置します（画面4-2）。

画面 4-2 GroupBoxコントロールの中に
RadioButtonコントロールを配置する

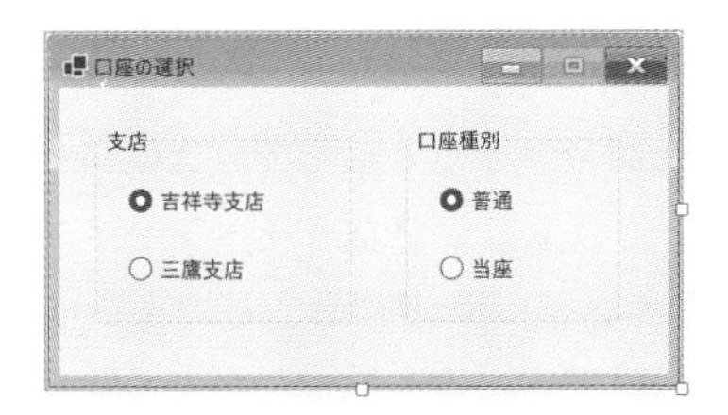

これでグループが2つできました。それぞれのグループでRadioButtonコントロールが選択できるようになっています。左側のグループでの選択は右側のグループの選択には影響を及ぼしません。また、右側のグループでの選択も左側のグループの選択には影響を及ぼしません。このように、グループ化のために使われるGroupBoxコントロールやPanelコントロールのことを**コンテナー**と呼びます。フォームもコンテナーの1つです。イメージとしては図4-20のような感じです。

図 4-20 コンテナーのイメージ

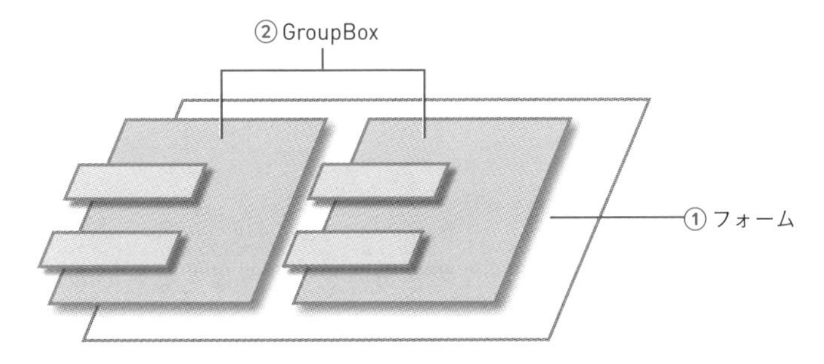

① フォームはGroupBoxコントロールのコンテナーとなっている
② GroupBoxコントロールはRadioButtonコントロールのコンテナーとなっている

RadioButtonコントロールのチェック状態を手動で設定するには

RadioButtonコントロールのAutoCheckプロパティをFalseに設定すると、ほかのRadioButtonコントロールをチェックしても、自動的にチェックが外されることがなくなります。この機能はRadioButtonコントロールをグループから外すためではなく、正しいRadioButtonコントロールがチェックされたかどうかを調べ、手動でチェック状態を変えるために使われます。例えば、P.165のコラムに記したような、同じ処理が複数回実行されてしまうのを防ぎたいときに、Clickイベントハンドラーを使って自分でチェック状態を変えたり、必要な処理を記述したりします。そのような場合に使います。

イベントハンドラーの記述

RadioButtonコントロールの使い方が分かったところで、次はコードの記述です。コードの中心となるのはイベントハンドラーです。しかし、いきなりイベントハンドラーを書き始めるのは無理なので、図4-21でおおまかな処理のイメージを確認し、どのような変数が必要になるかをあらかじめ洗い出しておきましょう。それだけでずいぶん見通しがよくなります。

図 4-21 このプログラムでの処理のイメージ

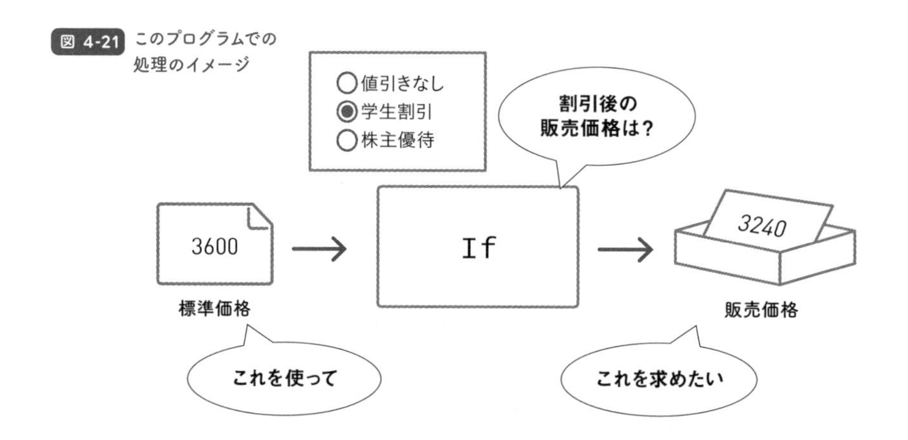

RadioButtonを使ったり、条件によって場合分けをしたりはするものの、結局のところ求めたいものは販売価格です。したがって、販売価格を表す変数をまず宣言しておく必要があります。販売価格は極端に大きな数値にはならないのでInteger型を使いましょう。

```
Dim SalesPrice As Integer
```

販売価格を求めるために利用できる値は、もちろん標準価格です。このプログラムでは標準価格を3,600円と決めているので、**定数**として宣言すればいいでしょう。

```
Const StandardPrice As Integer = 3600
```

割引の条件はRadioButtonコントロールの状態を調べれば分かるので、特に変数は必要なさそうです。また、割引率も販売価格を計算する式の中で**リテラル**として書けばいいので、宣言は必要なさそうです。

変数や定数を宣言するときには、スコープも重要になってきます。つまり、変数や定数をどこで使うかによって宣言の場所が変わるからです。そこで、変数や定数が使われるイベントハンドラーを洗い出してみましょう。プログラムの実行や操作の流れにそって、それぞれのコントロールについて考えてみると、表4-2のような3つのイベントハンドラーが必要であると分かります。

表4-2 イベントハンドラーを洗い出すための表

イベントハンドラー	出力 (求めたい結果)	入力 (何を使って)	処理 (どうする)
フォームのLoadイベントハンドラー		標準価格	標準価格を表示する
rbNone、rbStudent、rbHolderの CheckedChangedイベントハンドラー	販売価格	標準価格 チェック状態	販売価格を計算して表示する
btnExitのClickイベントハンドラー			プログラムを終了する

(注)フォームの Load イベントハンドラーはフォームがはじめて表示される直前に呼び出され、RadioButton の Checked Changed イベントハンドラーは、RadioButton がクリックされチェック状態が変わったときに呼び出されます。

注意すべき点は複数のイベントハンドラーで使われる変数や定数です。表を見ると、標準価格(StandardPrice)が複数の場所で使われることが分かります。フォームのLoadイベントハンドラーとRadioButtonのCheckedChangedイベントハンドラーです。このように、複数のイベントハンドラーで使われる変数や定数は**モジュールレベル**で宣言する必要があります。プロシージャレベルで宣言すると、複数のイベントハンドラーで共通に使うことができません。

一方、販売価格(SalesPrice)はRadioButtonコントロールのCheckedChangedイベントハンドラーでしか使われないということが分かります。したがって、販売価格はプロシージャレベルで宣言します。

以上で、必要な変数と変数のスコープ、イベントハンドラーが洗い出せました。では、イベントハンドラーの内容を見てみましょう。

✔ フォームのLoadイベントハンドラー

フォームがはじめて表示される直前に実行したいことは、フォームのLoadイベントハンドラーに書きます。画面4-3のようにしてイベントハンドラーを追加しましょう。イベントハンドラーの名前はInitProcとします。

画面 4-3 イベントハンドラーの追加

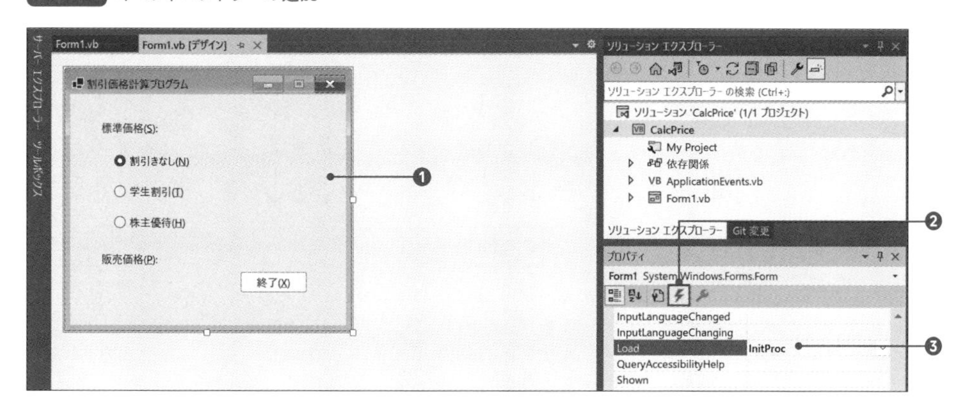

❶フォームをクリックして選択する

❷[イベント] ボタン（⚡）をクリックする

❸[Load] の右に「InitProc」と入力する

入力するコードは以下のとおりです。イベントハンドラーの前に、モジュールレベルの定数として標準価格（StandardPrice）を宣言していることに注意してください（LIST 4-16）。

LIST 4-16 モジュールレベルの定数の宣言とフォームのLoadイベントハンドラー

```
Public Class Form1
    Const StandardPrice As Integer = 3600        ' 標準価格は3600円
    Private Sub InitProc(sender As Object, e As EventArgs) ⇒
Handles MyBase.Load
        lblStandardPrice.Text = StandardPrice.ToString("#,##0円")
    End Sub
```

このイベントハンドラーの処理はStandardPriceの値をlblStandardPriceコントロールに表示するだけです。ただし、StandardPriceはInteger型なので、lblStandardPriceコントロールのTextプロパティに代入するためにはToStringメソッドを使って文字列に変換しておく必要があります。

コードを見ると、ToStringメソッドの引数として「"#,##0円"」が指定されていることが分かります。これは数値を文字列に変換するときに適用される書式です。これまで見てきたToStringメソッドは数値を文字列にそのまま変換するだけでしたが、ToStringメソッドには書式を指定して文字列に変換する便利な機能があるのです。

書式指定文字は桁数や数字の表示方法を示す記号です。例えば、「#」や「0」はその桁位置に数字を出力することを示します。ただし「#」を書いた場合は、元の数値が桁数に満たないときには何も出力しません。「0」を書いた場合は、元の数値が桁数に満たないときには「0」を出力します（図4-22）。

図 4-22 書式指定文字「#」と「0」による変換の結果

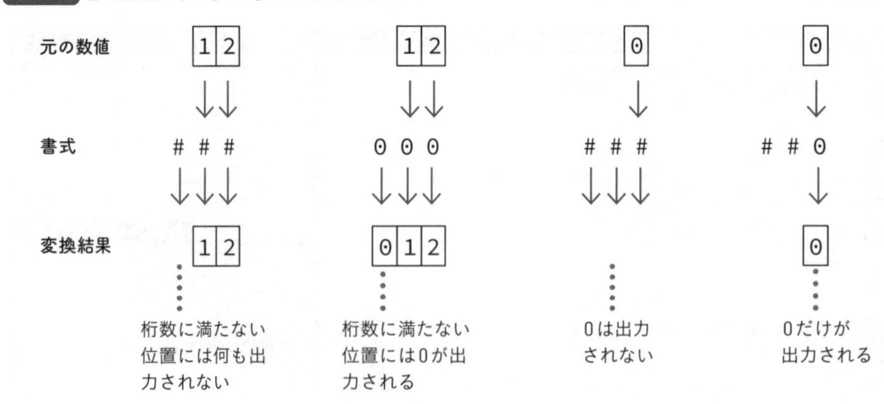

また、「,」(カンマ)は桁区切りを示します。桁数が「,」の位置を超えたときには途中に「,」を挿入します(図4-23)。

図 4-23 書式指定文字「,」による桁区切り

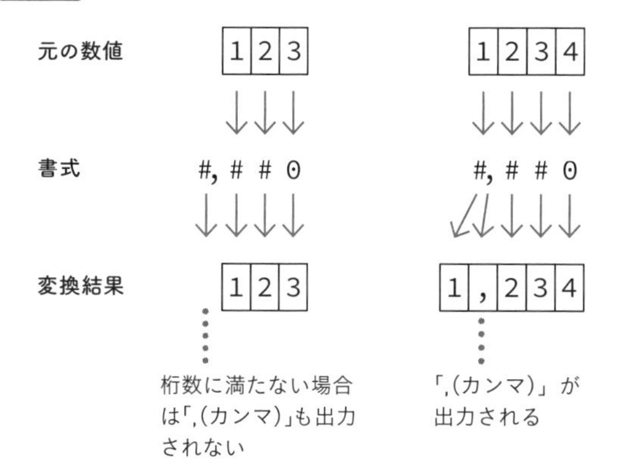

書式指定文字以外の文字はそのまま出力されます。したがって、LIST 4-16の例の「円」はそのまま出力されます(図4-24)。

図 4-24 書式指定文字以外の文字はそのまま出力される

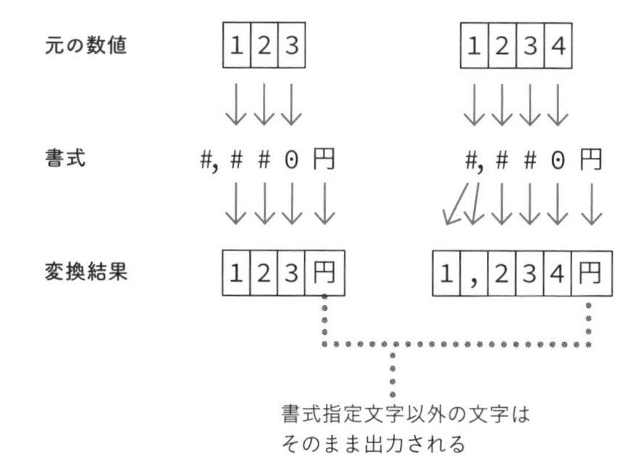

標準の数値書式指定子を利用するには

ここで紹介した書式指定文字は**カスタム数値書式指定文字列**と呼ばれるものです。標準の数値書式指定文字列を使うと、よく使われる書式を簡単に指定できます。標準の数値書式指定文字列はデータの種類を表す文字と精度の組み合わせで指定します。例えば、10進数は「D」で表されるので、"D5"と書けば10進数5桁で出力するという意味になります。また、小数点付きの数値は「F」で表されるので、"F3"は小数点以下3桁を出力するという意味になります。例えば、1234.ToString("D5")の結果は"01234"となります。

RadioButtonコントロールのイベントハンドラー

RadioButtonコントロールは3つありますが、別々にイベントハンドラーを書くのではなく、同じイベントハンドラーで処理を実行できるようにしましょう。まず、rbNoneコントロールのCheckedChangedイベントハンドラーを追加してください。イベントハンドラーの追加方法は画面を出して説明しなくてももう大丈夫ですね。[フォームデザイナー] でrbNoneコントロールを選択し、[プロパティ]ウィンドウの[イベント]ボタン(⚡)をクリックします。[CheckedChanged]の右にイベントハンドラーの名前を入力するとLIST4-17のようなコードが表示されます。ここでは、イベントハンドラーの名前をRecalcとしました。

LIST 4-17 rbNoneコントロールのCheckedChangedイベントハンドラー

```
    Private Sub Recalc(sender As Object, e As EventArgs) Handles ⇒
rbNone.CheckedChanged

    End Sub
```

次に、rbStudentコントロールのイベントハンドラーを追加するのですが、[プロパティ] ウィンドウのCheckedChangedの欄に新しいイベントハンドラー名を入力するのではなく、すでに作成したRecalcプロシージャを選択します(画面4-4)。

画面 4-4 すでに作成されている イベントハンドラー名を指定する

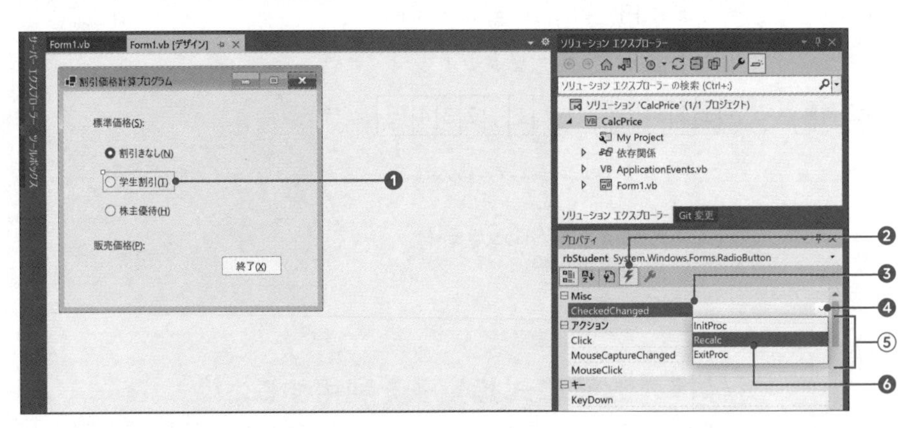

❶ rbStudentコントロールをクリックして選択する
❷ [イベント] ボタン (⚡) をクリックする
❸ [CheckedChanged] をクリックする
❹ [∨] をクリックする
⑤ すでに作成されているイベントハンドラーの一覧が表示される
❻ [Recalc] をクリックする

すると、コードはLIST 4-18のように変わります。

LIST 4-18 イベントハンドラーを共有する

```
    Private Sub Recalc(sender As Object, e As EventArgs) Handles ⇒
rbNone.CheckedChanged, rbStudent.CheckedChanged

    End Sub
```

これで、rbNoneコントロールのCheckedChangedイベントハンドラーもrbStudentコントロールのCheckedChangedイベントハンドラーも同じRecalcというプロシージャになり、いずれのイベントが起こってもRecalcプロシージャで処理されることになります。

同様にしてrbHolderコントロールのイベントハンドラーにもRecalcプロシージャを指定しましょう。コードは以下のようになります（LIST 4-19）。

LIST 4-19 すべてのRadioButtonコントロールで、CheckedChangedイベントハンドラーを共有した

```
    Private Sub Recalc(sender As Object, e As EventArgs) Handles ⇒
rbNone.CheckedChanged, rbStudent.CheckedChanged, ⇒
rbHolder.CheckedChanged

    End Sub
```

イベントハンドラーの共有を直接コードに書くには

プロパティウィンドウのイベント一覧で共有したいイベントハンドラーを選択せず、LIST 4-19のように、SubプロシージャのHandlesの後に複数の「コントロール名.イベント名」を「,」（カンマ）で区切って直接書いても構いません。

イベントハンドラーの中身は、RadioButtonの状態を調べ、割引を適用した販売価格を求めるだけです。RadioButtonの状態によって計算の方法が変わるので、条件分岐のIfステートメントを使えばいいでしょう。まず、日本語の擬似コードを書いて、流れを確認しておきましょう。

```
もし「割引なし」がチェックされていれば
    販売価格に標準価格を代入する
そうでなければ
    もし「学生割引」がチェックされていれば
        販売価格に標準価格×0.9を代入する
    そうでなければ
        販売価格に標準価格×0.85を代入する
```

多分岐のIfステートメントであることはすぐに分かります。また、「そうでなければ」「もし」と続いているので、ElseIfを使えば簡潔に書けることも分かります。注意すべき点は「株主優待」がチェックされているかどうかを調べずに、最後の「そうでなければ」の後に書いてあることです。これは、3つのRadioButtonコントロールが1つのグループになっているからです。「割引なし」も「学生割引」もチェックされていなければ、必ず「株主優待」がチェックされているはずです。

では、最初に洗い出した変数SalesPriceを宣言してからIfステートメントを書いてみましょう。RadioButtonコントロールがチェックされていればCheckedプロパティの値がTrueとなっており、チェックされていなければFalseとなっているので、それを利用して条件を書きます。なお、販売価格は小数点以下を切り下げて求めることとします。小数点以下の切り下げにはMath.FloorメソッドかInt関数が使えますが、ここではInt関数を使ってみます（LIST 4-20）。

LIST 4-20 割引価格を計算するためのコード（全体）

```
    Private Sub Recalc(sender As Object, e As EventArgs) Handles ⇒
rbNone.CheckedChanged, rbStudent.CheckedChanged, ⇒
rbHolder.CheckedChanged
        Dim SalesPrice As Integer
        If rbNone.Checked Then
            SalesPrice = StandardPrice
        ElseIf rbStudent.Checked Then
            SalesPrice = CInt(Int(StandardPrice * 0.9))
        Else
            SalesPrice = CInt(Int(StandardPrice * 0.85))
        End If
        lblSalesPrice.Text = SalesPrice.ToString("#,##0円")
    End Sub
```

Int関数は小数点以下の切り下げに使えますが、返される値は浮動小数点数です。そこで、CInt関数を使って整数化し、SalesPriceに代入しています。

CheckedChangedイベントハンドラーが実行されるタイミング

フォームが表示される直前にもRadioButtonコントロールのチェック状態が設定されます。したがって、このイベントハンドラーは最初に1回実行されます。フォームのLoadイベントハンドラーで販売価格を計算していないにもかかわらず、プログラムを実行すると販売価格が表示されるのはそのためです。

チェックが外れたときにも CheckedChangedイベントハンドラーは実行される

LIST 4-20のコードでは、RadioButtonコントロールをクリックしてチェックされた状態を変えると、イベントハンドラーが2回実行されてしまいます。例えば、rbNoneコントロールがチェックされた状態のときにrbStudentコントロールをクリックすると、まず、rbNoneコントロールのチェックが外れるので、このイベントハンドラーが実行されます。次にrbStudentコントロールがチェックされた状態になるので、またこのイベントハンドラーが実行されます。このプログラムでは、同じ計算を2回実行するだけなので正しい結果が得られますが、値を加算する処理やメッセージボックスを表示する処理がある場合には、値を余計に加算してしまったり、メッセージボックスが余計に表示されたりするので、注意が必要です。

✔ btnExitのイベントハンドラー

［終了（X)］ボタン（btnExit）のClickイベントハンドラーは簡単です。プログラムを終了させるコードを書いておいてください（LIST 4-21)。

LIST 4-21 プログラムを終了させるためのコード

```
    Private Sub ExitProc(sender As Object, e As EventArgs) Handles ⇒
btnExit.Click
        Application.Exit()
    End Sub
```

✔ プログラムを実行する

コードがすべて入力できたらツールバーに表示されている［CalcPrice］ボタン（▶）をクリックして、プログラムを実行します。RadioButtonコントロールをクリックし、チェック状態を変えると販売価格が変わります（画面4-5)。

画面 4-5
割引価格を計算するプログラムを実行する

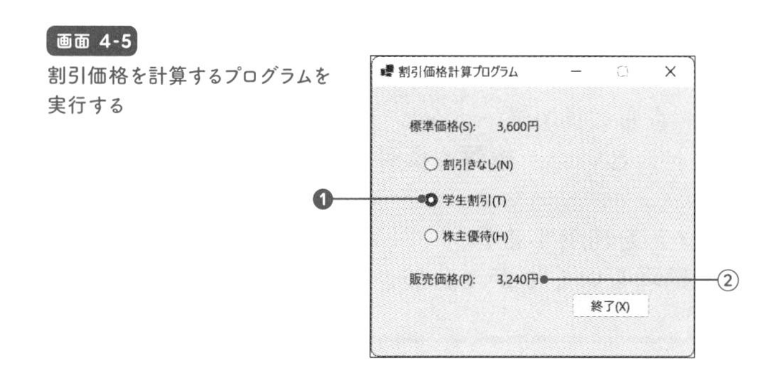

❶［学生割引（T）］をクリックする
② 標準価格の1割引の価格が表示される

　このプログラムでは、多分岐のIfステートメントを使いました。Select Caseステートメントのほうが簡潔に書けるのでは、と思った人もいるかもしれませんが、テストする式が1つではなく、それぞれのRadioButtonコントロールのCheckedプロパティなのでSelect Caseステートメントは使えません。疑問に思った人は、Ifステートメントの書き方とSelect Caseステートメントの書き方をもう一度見比べておいてください（P143、150）。

CHAPTER 4 » まとめ

- ✓ 条件により異なる処理をするにはIfステートメントが使えます
- ✓ And演算子やOr演算子を利用すると、条件を組み合わせることができます。And演算子は「かつ」という意味になり、Or演算子は「または」という意味になります
- ✓ And演算子やOr演算子の代わりに、処理効率のよいAndAlso演算子やOrElse演算子を使うこともできます
- ✓ Ifステートメントの中に、さらにIfステートメントを書くことを「入れ子」または「ネスト」といい、複雑な条件分岐も実現できます
- ✓ Select Caseステートメントを利用すると、指定した式の値によって処理をいくつかに分岐させることができます

練習問題

CalcPrice2、ShowGrade

A サンプルプログラムを拡張し、標準価格を3,600円に固定せず、TextBoxコントロールに入力して計算できるようにしてください。
プロジェクト名はCalcPrice2とします。
なお、RadioButtonのチェック状態が変わったときではなく
［計算(C)］ボタンがクリックされたときに販売価格を計算し直すようにしてください。

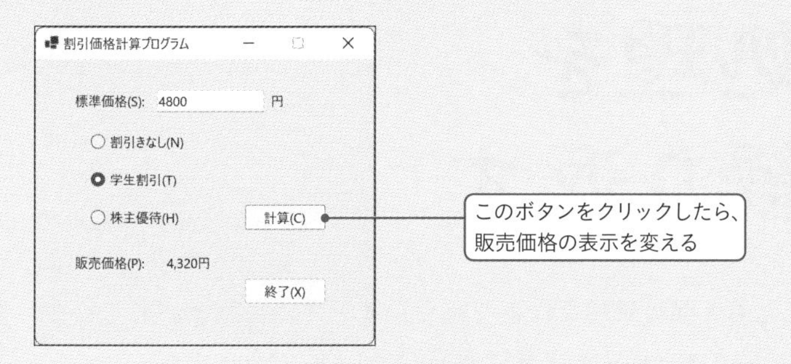

B P.151のLIST 4-15を参考にして、
入力された得点により評価を表示するプログラムを作成してください。
プロジェクト名はShowGradeとし、
フォームのデザインは自由とします。

PART 2

CHAPTER

5 » 処理を繰り返す

私たち人間は単調な作業を繰り返すとすぐに飽きが来てしまいます。
しかし、コンピューターは何千回、何万回であっても、
文句1つ言わずに単調な作業を繰り返し実行してくれます。
そこがコンピューターの面目躍如たるところと
いってもいいでしょう。
この章では繰り返し処理の方法を学び、データを集計したり、
検索したりするための基礎を身に付けます。

これから学ぶこと

- ✔ Do ... Loopステートメントの使い方を学び、条件が成立するまで（または成立する間）繰り返し処理を実行します
- ✔ For ... Nextステートメントの使い方を学び、一定の回数の繰り返し処理を実行します
- ✔ For Each ... Nextステートメントの使い方を学び、コレクションの要素をすべて処理します
- ✔ 繰り返し処理を途中で抜け出す方法を学びます
- ✔ この章で学んだことがらを利用してプログラムを作成します

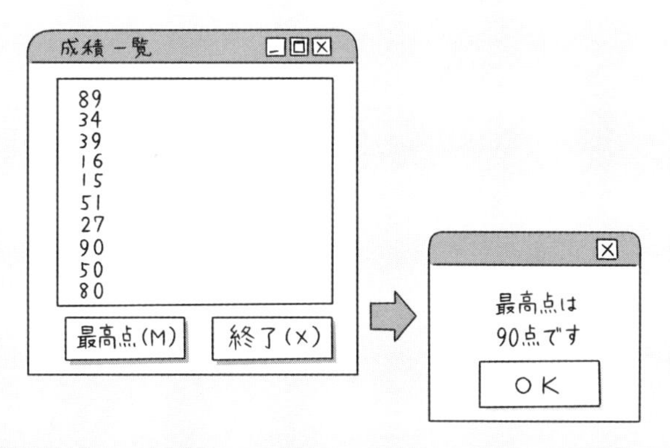

イラスト 5-1 最大値を求めるプログラム

この章では繰り返し処理を実行する方法を学び、集計や検索のための基礎を身に付けます。繰り返し処理には、条件を満たすまで繰り返す、条件を満たす間繰り返す、一定の回数繰り返す、などいくつかのパターンがあり、実行したい処理の特徴に合わせて使い分けることができます。この章の最後ではいくつかのデータをすべて調べ、その中から最大の値を求めるプログラムを作成します。

繰り返し処理の考え方

これまでの章で取り扱ってきた演算や条件分岐のプログラムを見て、これなら電卓でやったほうが早いという感想を持った人もいるでしょう。実際、簡単な計算ならそれで十分対処できます。しかし、何十回、何百回と同じ計算をするとなるとコンピューターでなければほとんど不可能です。このように、同じ処理を何度も実行することを繰り返し処理といいます。ここでは、繰り返し処理のさまざまなパターンとコードの書き方を見ていきます。

上でも述べたように、繰り返し処理とは、同じ処理を何度も実行することです。もちろん、「同じ処理」といっても、まったく同じことを繰り返すわけではありません。やり方が同じことを何度も繰り返すということです。例えば、繰り返し処理の中で使われる変数の値は毎回違うのが普通です。何人かの身長のデータを処理する場合、全員の身長が同じということはありえません。身長を表す変数の値は毎回違っているはずです（図5-1）。

図 5-1 身長のデータを繰り返し処理する

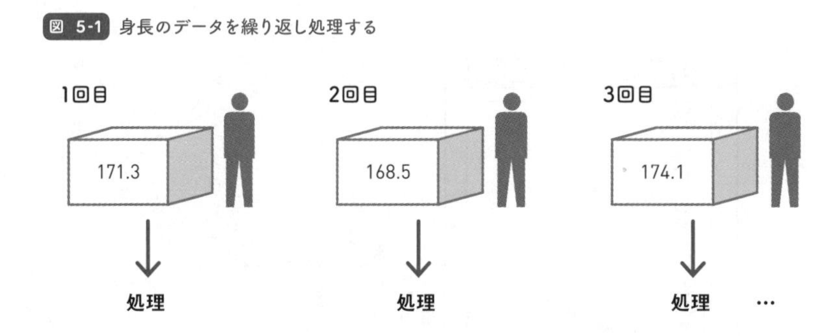

また、「何度も実行する」といっても、普通は無限に繰り返し処理を実行し続けるわけではありません。何らかの条件にあてはまったら繰り返しを終了しなくてはなりません。例えば、100人分のデータを処理するなら、処理を100回実行したら繰り返しを終了しなければなりません（図5-2）。

図 5-2 繰り返しには終了のための条件がある

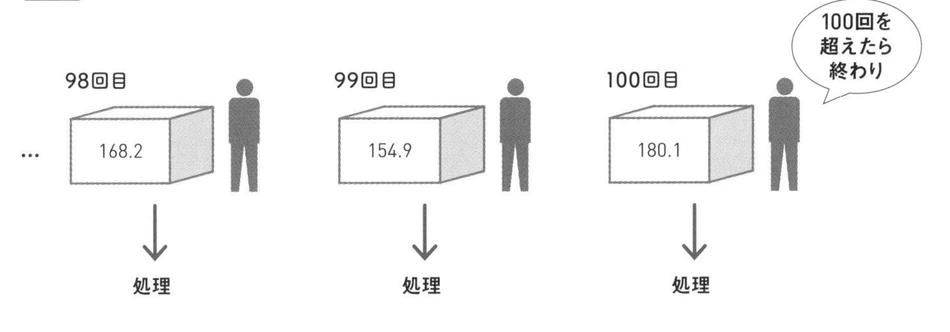

決まった回数だけ繰り返し処理を実行するには、繰り返しの回数を数えておく必要があります。そのためには、繰り返しの回数を記憶しておくための変数が必要になります。変数の値が繰り返し処理を続けるか終了させるかを決める条件になるというわけです。

繰り返し処理を終了させる条件は回数だけではありません。変数の値が特定の値になるまで繰り返すことも考えられます。また、データがなくなるまで処理をすることもあるでしょう。いずれにしても繰り返し処理を理解するためのポイントは、どういう条件で繰り返しを終了させるかということです。

終了をどのようなタイミングで判定するかによって、繰り返し処理には**後判断型**と**前判断型**があります。では、比較的理解しやすい後判断型から見ていきます。

✔ 後判断型の繰り返し処理

具体的な例として、3人の点数の平均値を求める処理を例に考えてみます。考え方は10人でも100人でも同じですが、繰り返し処理の内容を逐一追いかけて見るために3人だけにします。

基本に忠実に進めましょう。処理の内容を考える前に、変数として必要なものを洗い出しておきます。まず、結果として欲しいものからです。平均値を求めるわけですから、平均値を記憶しておくための変数が必要です。平均値には小数点以下の値もあるので、倍精度浮動小数点数にすればよいということも分かります。

次に、結果を求めるために利用できる値を考えます。平均値を求めるために使える値は、各人の点数です。これらは整数型の変数でいいでしょう。

最後に処理を考えます。平均値は合計点÷人数で求められるので、合計点と人数を求めておく必要があります。合計点は各人の点数を順に足していけば求められます。この例では人数は3 人と分かっていますが、分からない場合には繰り返しの回数（点数を何回足したか）を数えていくと最後に人数が求められるはずです。いずれにしても、合計点を記憶しておくための変数と繰り返しの回数を記憶しておくための変数を作業用に使うことも分かります。これらの変数は整数でいいということも分かりますね。

必要な変数と、大まかな流れが分かったので、処理を1ステップずつ順に書いてみましょう。3人の点数を60点、72点、65点とします。

まず、3人の点数から合計点を求めます。これは、合計点に点数をどんどん足していけばいいですね。

最初は、合計点は0で、繰り返しの回数も0です。平均値はまだ求められません。合計を求める処理は図5-3のように進んでいきます。

図 5-3 3人の点数をすべて加える（後判断型）

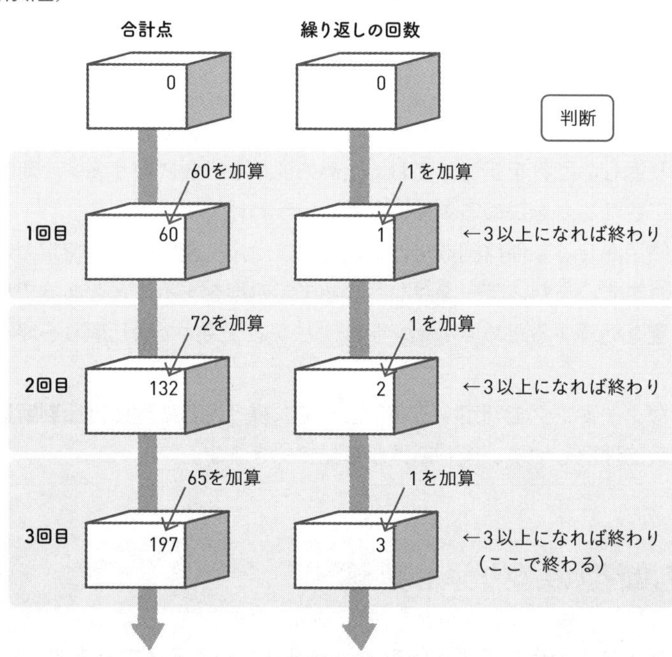

合計点が求められれば、あとはそれを3で割って平均点を求めるだけです。この図を見ても分かるように、処理は上から下へと進みますが、1回目、2回目……と横方向に網掛けされている処理はすべて同じで「得点を加算→回数を加算→（終了条件の判定）」となっています。日本語で擬似コードを書くと以下のようになるでしょう。

```
※以下を繰り返す
　合計点に得点を加算する
　回数に1を加算する
※に戻る。ただし、回数が3以上になれば終わり
```

Visual Basicでのコードも、ほぼこの形になります。コードの書き方については後で詳しく説明しますが、このような繰り返しを後判断型の繰り返し処理といいます。後判断型の繰り返し処理の場合、1回目の処理は必ず実行されることに注意が必要です。

前判断型の繰り返し処理

実際のプログラムでは、はじめから条件を満たしていれば処理をまったく実行しないこともあります。例えば「所持金が10,000円以下になるまで一定の金額を減らしていく」といった処理の場合、はじめから所持金が10,000円以下であれば、処理を実行する必要がありません。そのような場合、繰り返し処理は次のような流れになります。

```
※以下を繰り返す。ただし、所持金が10,000円以下になれば終わり
  所持金から一定の額を減算する
※に戻る
```

こちらは前判断型の繰り返し処理です。前判断型の繰り返し処理では、繰り返しの中の処理をまったく実行しないこともあります。なお、この場合は所持金がいくらであるかを調べればいいので、回数を数える必要はありません。

平均点を求める例の場合は、必ず1回以上実行することが分かっているので、どちらの方法を使っても同じ結果が得られます。念のため、図5-4で、前判断型の繰り返し処理にしたときの流れを見ておきましょう。

図 5-4 3人の点数をすべて加える（前判断型）

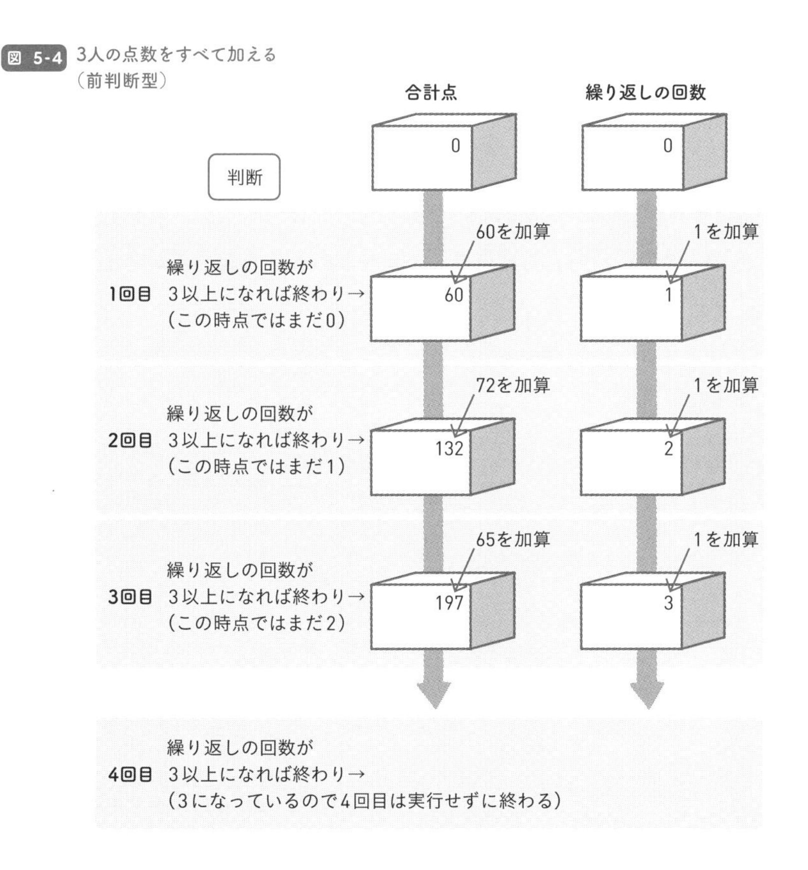

この場合も、処理は上から下へと進みますが、1回目、2回目……と横方向に網掛けされている処理はすべて同じで「(終了条件の判定) →得点を加算→回数を加算」となっています。

前判断型の繰り返し処理の利点はデータがない場合にも対処できるということです。この場合も、合計が求められたら、あとは人数で割り算をして合計を求めるだけです。もちろん、データがない場合（人数が0の場合)、0で割り算をすると答が無限大になったり、エラーになったりするので、それに対処することも必要ですが、繰り返し処理そのものはうまくできます。

Until型の繰り返し処理とWhile型の繰り返し処理

これまで、繰り返しを終了させるための条件を「3以上になれば終わり」のように書いてきましたが、「3未満である間繰り返す」と言い換えても同じことです。「〜になれば終わる」のほうは**Until型**、「〜の間繰り返す」のほうは**While型**と呼びます。

Until型では、条件が満たされていない間、繰り返しを実行します。そして、条件が満たされると繰り返しを終了します。一方のWhile型では、条件が満たされている間、繰り返しを実行します。そして、条件が満たされなくなると繰り返しを終了します。

したがって、繰り返し処理には次に示すような4つのパターンがあることが分かります。

- 後判断–Until型
- 後判断–While型
- 前判断–Until型
- 前判断–While型

次の節では、これらの4つの繰り返し処理についてコードの書き方を見ていきます。

Do...Loopステートメントを利用した繰り返し処理

ここでは前節で説明した4つのパターンの繰り返し処理について、Do ... Loopステートメントの書き方を見ていきます。一般的な文法書では最もよく使われる「前判断－While」型の繰り返しから書かれていることが多いのですが、はじめてプログラミングに取り組む人にとっては「後判断－Until」型から入るほうが分かりやすいと思われるので、先を急がず、そこから見ていきます。

条件が満たされるまで処理を繰り返す（後判断－Until型）

RepeatTest1

はじめての繰り返し処理なので、簡単な例から見ていきます。実用性はほとんどありませんが、基本をしっかりと理解するために、次の例を考えてみましょう。

「Hello VB!」というメッセージを出力ウィンドウに5回表示する

この例では特に求めたい値はなく、メッセージを表示するだけです。ただし、回数を数える必要があるので、そのための変数が必要です。日本語で擬似コードを書いてみましょう。

```
※以下を繰り返す
  メッセージを表示する
  回数に1を加算する
※に戻る。ただし、回数が5以上になれば終わり
```

実感が湧かないという人は、図5-5のフローチャートで処理の流れを確認してください。繰り返しの中でやるべきことは、メッセージを表示することと、回数を数える（1増やす）ことです。

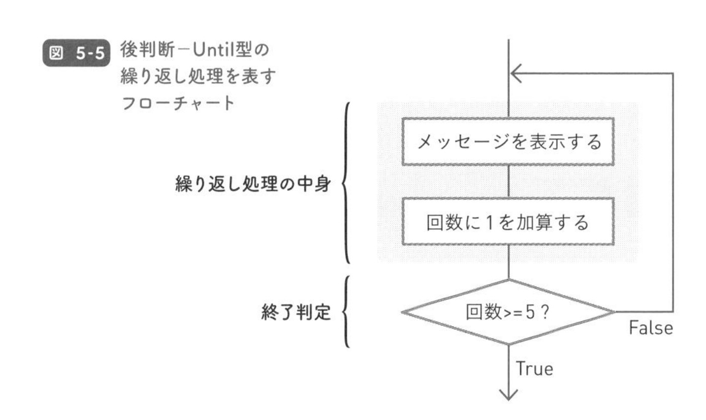

図 5-5 後判断－Until型の繰り返し処理を表すフローチャート

繰り返し処理は**Do ... Loopステートメント**を使って書きます。「繰り返す」にあたるキーワードが「Do」で、「戻る」にあたるキーワードが「Loop」です。「〜まで」は「Until」を使って表します。繰り返しの回数を記憶しておくための変数をiとすると、コードは以下のようになります（LIST 5-1）。

LIST 5-1 メッセージを5回表示するためのコード（後判断－Until型）

```
Dim i As Integer = 0
Do
    Debug.WriteLine("Hello VB!")
    i += 1
Loop Until i >= 5
```

- Dim i As Integer = 0：繰り返しを実行する前なので初期値を0としておく
- Do：DoからLoopの間のコードを繰り返し実行する
- i += 1：繰り返しの回数を1増やす
- Loop Until i >= 5：繰り返しの回数が5以上になったら終わり

画面5-1では、[繰り返し処理]というボタンのイベントハンドラーにLIST 5-1のコードが書かれています。このコードが実行されると、出力ウィンドウには「Hello VB!」というメッセージが5回表示されます。

画面 5-1 出力ウィンドウにメッセージが表示された

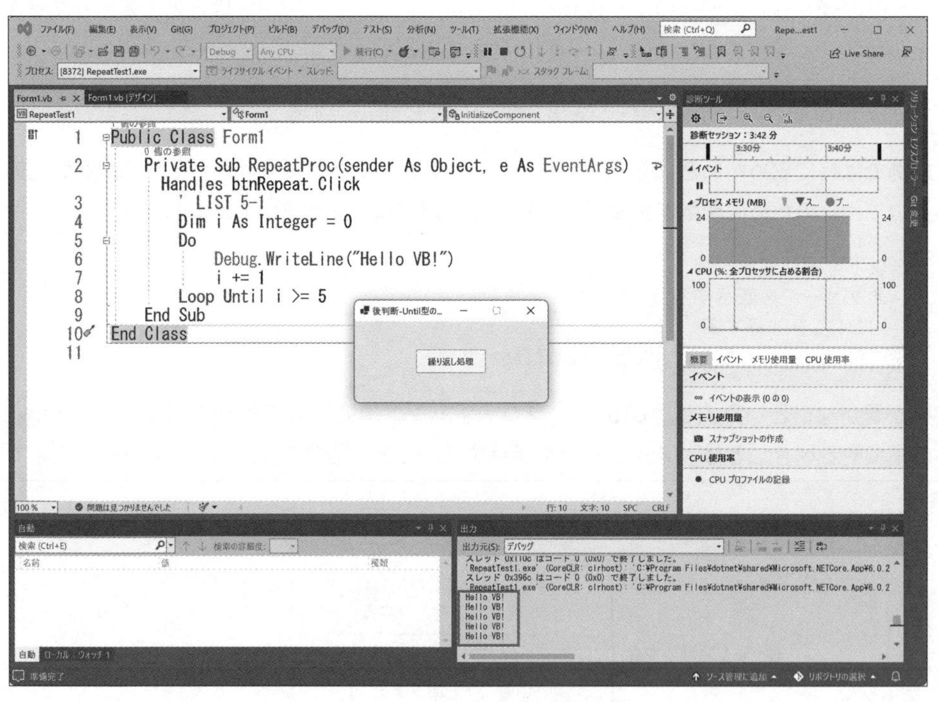

では、改めて後判断–Until型のDo ... Loopステートメントの書き方を確認しておきましょう（図5-6）。

図 5-6 Do … Loop Until ステートメントの書き方

```
Do
    Debug.WriteLine ("Hello VB!")
    i += 1
Loop Until i >= 5
```

繰り返して実行するステートメント

条件(式がTrueになると繰り返しを終了する)

Do...Loopの中に書くステートメントは複数でも構いません。Untilの後ろには条件を書きます。すでに読者のみなさんはIfステートメントのところで「条件」の正確な意味を学んだので、ここでも正確に表現しておきましょう。Untilの後ろに書くのはTrueまたはFalseを返す式です。その式の値がTrueになるまで繰り返しが実行される(Trueになると繰り返しが終了する)というわけです。

条件が満たされている間処理を繰り返す(後判断―While型)

RepeatTest2

次に、「〜になるまで」ではなく「〜の間」繰り返すようなパターンも見ておきましょう。この場合はUntilの代わりにWhileを使います。違うところは、条件が成立したら繰り返しを終わるのではなく、条件が成立している間繰り返しを実行するという点だけです。したがって、条件を表す式の書き方が逆になります。前項の例と同じ処理をWhile型にした例を図5-7のフローチャートで確認し、その後コードを見てみましょう。

図 5-7 後判断―While型の繰り返し処理を表すフローチャート

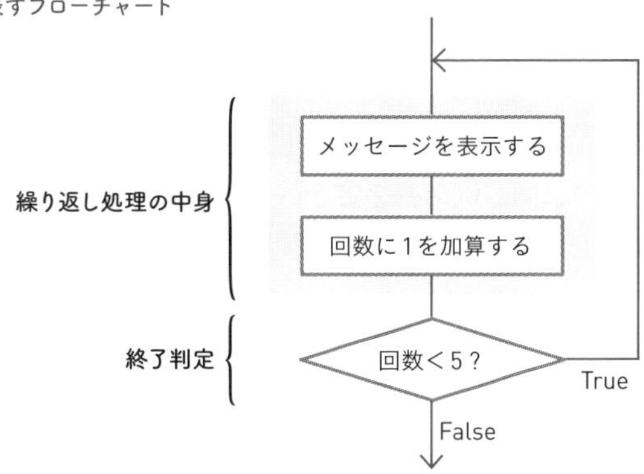

コードをUntil型の繰り返しと対比させて書いてみると次のようになります(LIST 5-2)。

LIST 5-2 メッセージを5回表示するためのコード（後判断－Until型と後判断－While型を対比）

```
Dim i As Integer = 0
Do
    Debug.WriteLine("Hello VB!")
    i += 1
Loop Until i >= 5
```

```
Dim i As Integer = 0
Do
    Debug.WriteLine("Hello VB!")
    i += 1
Loop While i < 5
```

iの値が5以上になるまで繰り返すというのと、iの値が5未満の間繰り返すというのは同じです。どちらを使うかは、条件を表す式が自然に書けるかどうかで決めるといいでしょう。この程度の単純な例であればどちらでもさほど変わりませんが、複雑なプログラムになってくると、条件の表し方をどちらにするかで意味の分かりやすさがずいぶんと変わってくるものです。

後判断−While型のDo ... Loopステートメントの書き方も確認しておきましょう（図5-8）。

図 5-8 Do ... Loop Whileステートメントの書き方

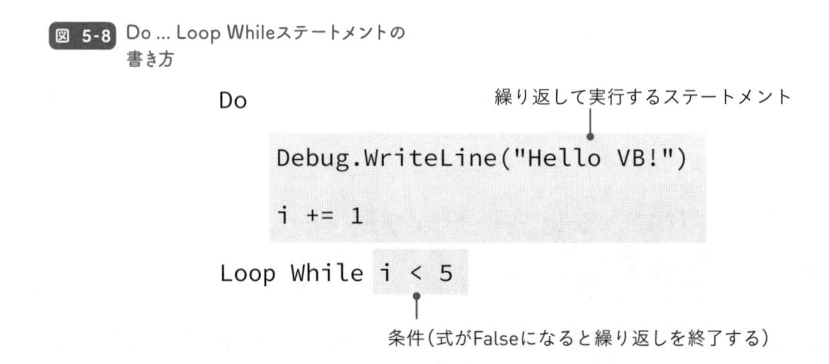
Do
繰り返して実行するステートメント
Debug.WriteLine("Hello VB!")
i += 1
Loop While i < 5
条件（式がFalseになると繰り返しを終了する）

後判断型の繰り返し処理の場合、Until型であってもWhile型であっても、繰り返しの中身は少なくとも1回実行されるということに注意してください。

条件が満たされるまで処理を繰り返す（前判断－Until型）

RepeatTest3

前判断型の繰り返し処理では、最初から終了の条件が成立していたら繰り返しの中身は1回も実行されません。これまでに見てきたものと同じ例で書き方を確認した後、前判断型を使うと便利な例を見てみます。これまでの例は、以下のようなものでした。

「Hello VB!」というメッセージを出力ウィンドウに5回表示する

日本語で擬似コードを書いてみると以下のようになります。

```
※以下を繰り返す。ただし、回数が5以上になれば終わり
  メッセージを表示する
  回数に1を加算する
※に戻る
```

念のため、フローチャートも見ておきましょう（図5-9）。

図 5-9 前判断－Until型の繰り返し処理を表すフローチャート

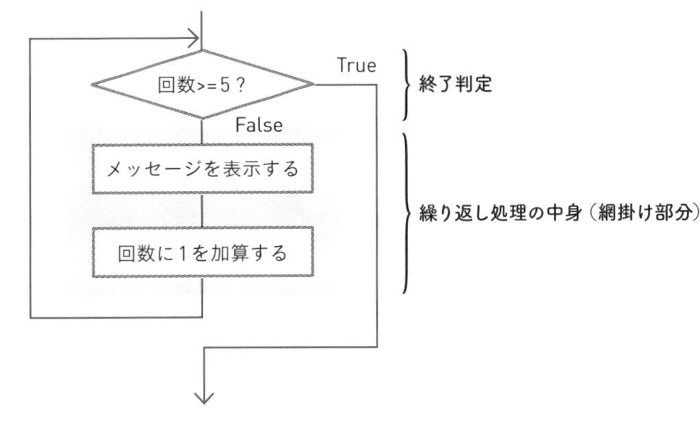

コードは以下のようになります（LIST 5-3）。

LIST 5-3 メッセージを5回表示するためのコード（前判断－Until型）

```
Dim i As Integer = 0
Do Until i >= 5
    Debug.WriteLine("Hello VB!")
    i += 1
Loop
```

- Dim i As Integer = 0：繰り返しを実行する前なので初期値を0としておく
- Do Until i >= 5：DoからLoopの間のコードを繰り返し実行する。繰り返しの回数が5以上になったら終わり
- i += 1：繰り返しの回数を1増やす

このコードが実行されると、やはり出力ウィンドウに「Hello VB!」というメッセージが5回表示されます。では、前判断–Until型の繰り返し処理の書き方を確認しておきましょう（図5-10）。

図 5-10 Do Until ... Loopステートメントの書き方

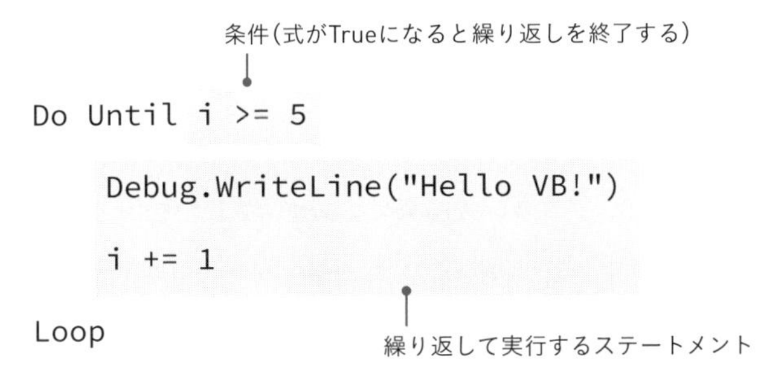

Do...Loopの中に書くステートメントは複数でも構いません。Untilの後には条件を書きます。正確にいうとUntilの後に書くものはTrueまたはFalseを返す式です。その式の値がTrueになるまで繰り返しが実行されます（Trueになると繰り返しが終了します）。

条件が満たされている間処理を繰り返す（前判断―While型）

RepeatTest4

前判断–While型の繰り返し処理では、条件が成立している間、処理を繰り返します。前項の例と同じ処理をWhile型にした例を図5-11のフローチャートで確認し、コードを書いてみましょう。

図 5-11 前判断―While型の繰り返し処理を表すフローチャート

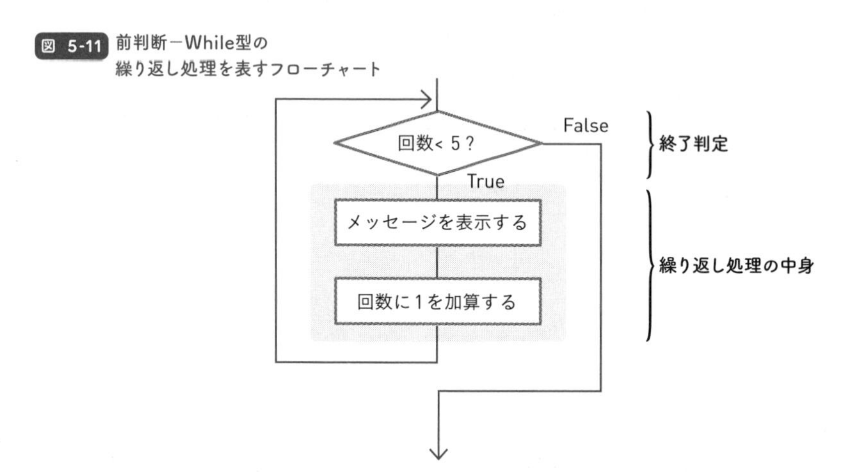

書き方の違いは、Untilを使って「～以上になるまで」と表す代わりに、Whileを使って「～未満の間」と表していることだけです（LIST 5-4）。

LIST 5-4 メッセージを5回表示するためのコード（前判断―Until型と前判断―While型を対比）

```
Dim i As Integer = 0
Do Until i >= 5
    Debug.WriteLine("Hello VB!")
    i += 1
Loop
```

```
Dim i As Integer = 0
Do While i < 5
    Debug.WriteLine("Hello VB!")
    i += 1
Loop
```

前判断–While型のDo ... Loopステートメントの書き方も確認しておきましょう（図5-12）。

図 5-12 Do While ... Loop ステートメントの書き方

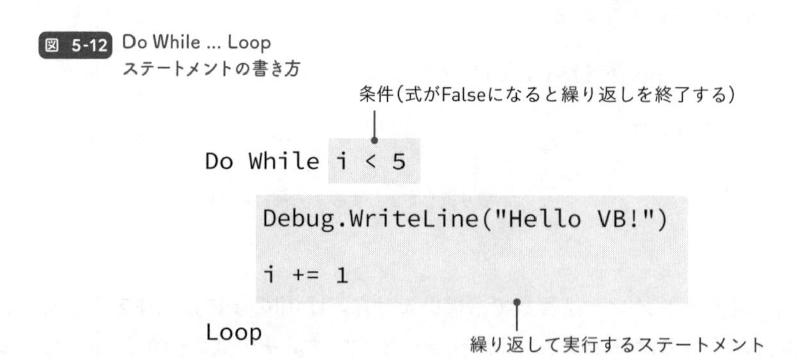

While ... End Whileステートメントも利用できる

前判断ーWhile型の繰り返し処理は、While ... End Whileというステートメントを使って書くこともできます。書き方は以下のとおりです。

```
While 条件
    ステートメント(複数でも可)
End While
```

この書き方では、条件が成立している間（条件を表す式がTrueである間)、中に書かれたステートメントを繰り返し実行します。

前判断型の繰り返し処理がよく使われる例

RepeatTest5, RepeatTest6

前判断型の繰り返し処理は、データの件数がいくつあるか分からない場合に、データがなくなるまで処理をするといった場合によく使われます。データの件数が分からないということは、もしかすると処理すべきデータが1件もないかもしれないからです。これまでの例ではメッセージの表示回数は5回と決まっていましたが、この回数がランダムに決まるものとするとどうでしょう。例えば、0回～5回までのいずれかに決まるものとします。0回の場合もありうるわけですから、前判断型の繰り返し処理にする必要があります。日本語で擬似コードを書いてみます。

```
0～5までの乱数を作成する
※以下を繰り返す。ただし、回数が乱数以上になれば終わり
  メッセージを表示する
  回数に1を加算する
※に戻る
```

これまでに見たコードとほとんど同じですが、回数をランダムに決めるために乱数を作成する必要があります。乱数の作成にはRandomクラスのオブジェクトを使うのですが、ここで重要なことは繰り返し処理の理解なので、クラスの使い方についてはChapter 8に譲ることとします。とりあえずは、乱数を作成するためのコードだけを示しておくので、理屈は抜きにしてこのまま書いておいてください。作成した乱数をLimitという変数に入れることにすれば以下のようになります（図5-13)。

図 5-13 0以上6未満の整数の乱数を作成するコード

```
Dim r As Random = New Random()

Limit = r.Next( 0 , 6 )
```

繰り返し処理の終了回数はいままでは5となっていましたが、ここではLimitに入っています。Nextメソッドの結果は実行するたびに異なるので、Limitの値も毎回異なるものになります。これまでのコードに乱数を作成するコードを追加すればLIST 5-5のようになります。

LIST 5-5 メッセージを0回〜5回のいずれかの回数だけ表示するコード

```
Dim i As Integer = 0                    ' 現在の回数
Dim Limit As Integer                    ' 終了回数
Dim r As Random = New Random()          ' 乱数オブジェクトを作成する
Limit = r.Next(0, 6)                    ' 0以上6未満の乱数を求める
Do Until i >= Limit                     ' 現在の回数が終了回数以上になるまで
    Debug.WriteLine("Hello VB!")
    i += 1
Loop
```

重要なのは繰り返しの終了回数がLimitに入っていて、その値が0から5のいずれかだということです。Limitの値が0であれば、i >= Limitという条件が成り立っているので、1回も繰り返しを実行せずに終わります。しかし、これを後判断型で以下のように書くと、Limitの値が0であっても、繰り返しが1回実行され、その後、繰り返しを終了することになってしまいます。

```
Do
    Debug.WriteLine("Hello VB!")
    i += 1
Loop Until i >= Limit        ' 現在の回数が終了回数以上になるまで
```

もう1つ例を示しておきましょう。少し発展的な話になりますが、ファイルからデータを読み込む場合にも前判断型の繰り返し処理をよく使います。例えば1行ずつデータを読み込んでいく場合、どこでデータがなくなるか分かりません。もしかするとデータが1行もないかもしれません。そういう場合も前判断型の繰り返し処理にする必要があります。素直に流れを書くと図5-14のようになります。

図 5-14
ファイルから
1行ずつ読み込んで
何らかの処理をする

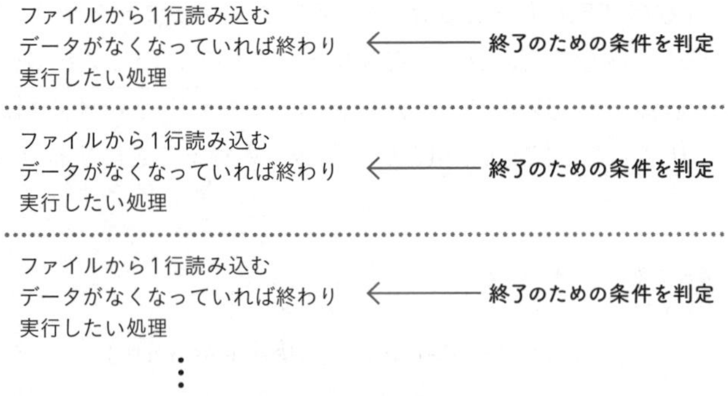

ファイルから1行読み込む
データがなくなっていれば終わり ← 終了のための条件を判定
実行したい処理

ファイルから1行読み込む
データがなくなっていれば終わり ← 終了のための条件を判定
実行したい処理

ファイルから1行読み込む
データがなくなっていれば終わり ← 終了のための条件を判定
実行したい処理

⋮

同じ方法で処理が繰り返されるので、Do ... Loopステートメントが使えそうです。しかし、Do ... Loopステートメントでは、終了のための条件は最初か最後に書かないといけないので、上のようにまとめると、うまくパターンにあてはまりません。終了のための条件が繰り返し処理の途中に

出てくるからです。

このような場合には、最初の「ファイルから1行読み込む」を特別扱いにして、図5-15のように終了のための条件が最初に来るようにまとめます。

図 5-15 ファイルから1行ずつ読み込んで何らかの処理をする（前判断型の繰り返し処理にあてはめる）

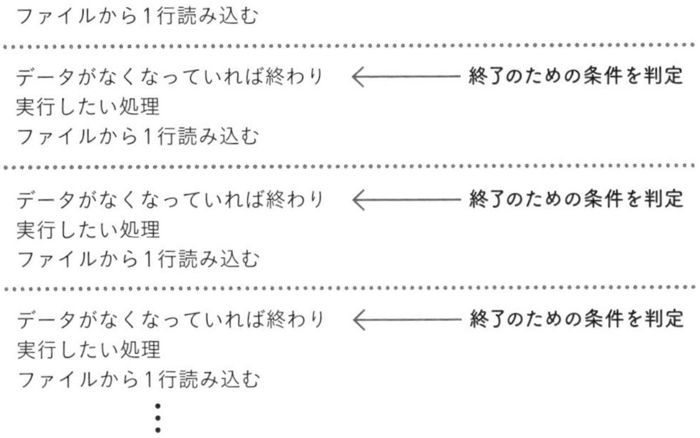

ファイルから1行読み込む

データがなくなっていれば終わり ← 終了のための条件を判定
実行したい処理
ファイルから1行読み込む

データがなくなっていれば終わり ← 終了のための条件を判定
実行したい処理
ファイルから1行読み込む

データがなくなっていれば終わり ← 終了のための条件を判定
実行したい処理
ファイルから1行読み込む
⋮

日本語の擬似コードで表すと次のようになるでしょう。

```
ファイルから1行読み込む
※以下を繰り返す　ただし、データがある間
  実行したい処理
  ファイルから1行読み込む
※に戻る
```

最初の読み込みだけを特別扱いしたので、「ファイルから1行読み込む」という処理が2回出てきますが、これはデータがなくなるまで処理をするときによく使われるパターンです。LIST 5-6に、sample.txtという名前のファイルの行をすべて読み込んで、出力ウィンドウに表示するコードを書いておきます。この時点では、ファイル処理について理解している必要はないので、参考程度に眺めておいてください（ファイル処理についてはChapter 9で詳しく説明します）。

LIST 5-6 ファイルの行をすべて読み出して出力ウィンドウに表示する

```
Dim OneLine As String
Dim sr As System.IO.StreamReader
' ファイルを開く
sr = My.Computer.FileSystem.OpenTextFileReader("sample.txt",System ⇒
.Text.Encoding.GetEncoding("shift_jis"))

OneLine = sr.ReadLine()              ' 1行読み込む
Do While OneLine IsNot Nothing       ' 読み出した行がNothingでない間
    Debug.WriteLine(OneLine)           ' 出力ウィンドウに表示
    OneLine = sr.ReadLine()            ' 1行読み込む
Loop
sr.Close()
```

確認問題

❶ 以下の文章のうち正しいものには○を、間違っているものには×を記入してください。

☐ 後判断型のDo ... Loopステートメントでは、繰り返し処理の中のステートメントが1回も実行されないことがある

☐ Do ... Loopステートメントの終了条件にあたる部分には、結果がTrueかFalseになる式を書く

☐ Do ... Loopステートメントの終了条件として「While x < 10」と書くと、xが10未満の間、繰り返し処理が実行される

☐ Do ... Loopステートメントの終了条件として「While x < 10」と書く代わりに「Until x > 10」と書いても同じ繰り返し処理ができる

❷ 説明に従って以下の空欄を埋め、Do ... Loopステートメントを完成させてください。

(1)

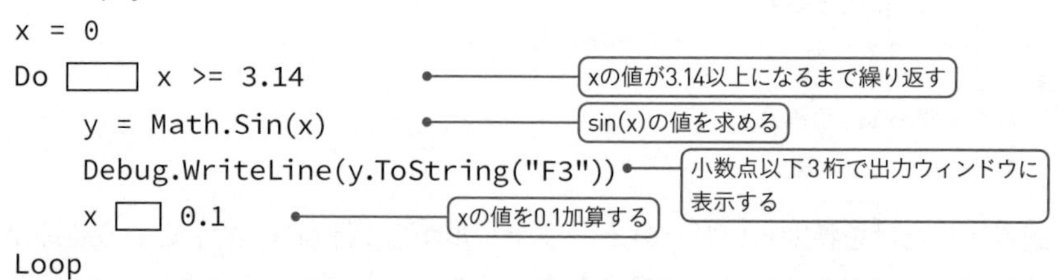

```
Dim x, y As Double
x = 0
Do [    ] x >= 3.14
    y = Math.Sin(x)
    Debug.WriteLine(y.ToString("F3"))
    x [  ] 0.1
Loop
```

xの値が3.14以上になるまで繰り返す
sin(x)の値を求める
小数点以下3桁で出力ウィンドウに表示する
xの値を0.1加算する

備考 Math.Sinはラジアン単位で指定された値のsin(正弦値)を求めるメソッドです。

(2)

```
Dim Total As Integer = 0
Dim n As Integer
Do
    Total += n
    n += 1
Loop [    ] n [  ] 100
MessageBox.Show(Total.ToString())
```

Totalにnの値を加算する

nの値を1加算する

nが100未満である間繰り返す

0から99までをすべて足した値をメッセージボックスに表示する

For...Nextステートメントを利用した繰り返し処理

前節で見たDo ... Loopステートメントは一般的な繰り返し処理に使われるステートメントです。条件さえ正しく指定すれば、どんな繰り返し処理でもできます。しかし、それだけに記述が冗長になる場合もあります。ここで見るFor ... Nextステートメントは、一定の回数だけ繰り返したり、変数が特定の値になるまで繰り返すのに適したステートメントで、Do ... Loopステートメントよりも簡潔な書き方ができます。

初期値、終了値、増分値を指定して処理を繰り返す

ForTest

Do ... Loopステートメントの書き方で見た前判断型の繰り返しは、以下のようなコードでした（LIST 5-7）。

LIST 5-7 Do ... Whileステートメントを使ってメッセージを5回表示する

```
Dim i As Integer = 0
Do While i < 5
   Debug.WriteLine("Hello VB!")
   i += 1
Loop
```

このコードは出力ウィンドウに「Hello VB!」というメッセージを5回表示するものですが、よく見ると、iという変数が3箇所に出てきているので、ずいぶんと冗長な感じがします。1行目では初期値を代入し、2行目では繰り返しの終了判定にiを使っています。そして4行目ではiの値を増やしています。

このような繰り返し処理では、iの初期値、終了値、増分値さえ指定すれば、繰り返しの方法が決まります。しかし、それらをバラバラな位置に書くとコードが読みづらくなってしまいます。上記の例であれば、それほど苦労もせずに理解はできると思いますが、繰り返しの中身が10行、20行と増えていけば、iの値をどこでどう増やしているのか、分からなくなることもあります。

そこで、**For ... Nextステートメント**の登場です。For ... Nextステートメントでは、ある変数の初期値、終了値、増分値で決まるような繰り返しが簡潔に書けます。さきほどのコードを書き換えてみましょう（LIST 5-8）。

LIST 5-8 For ... Nextステートメントを使ってメッセージを5回表示する

```
Dim i As Integer
For i = 0 To 4 Step 1
   Debug.WriteLine("Hello VB!")
Next i
```

変数の宣言は別として、変数iを使って繰り返しを制御するコードは1箇所にまとめて書かれています。これならiの値が0から4になるまで1ずつ増やしながら繰り返すことが一目で分かります（5回の繰り返しなので、0から5ではなく、0から4までとなります）。一般に、For ... Nextステートメントを使ってn回の繰り返しを実行したいときには、初期値を0、終了値をn-1、増分値を1とします。

では、For ... Nextステートメントの書き方を確認しておきましょう（図5-16）。

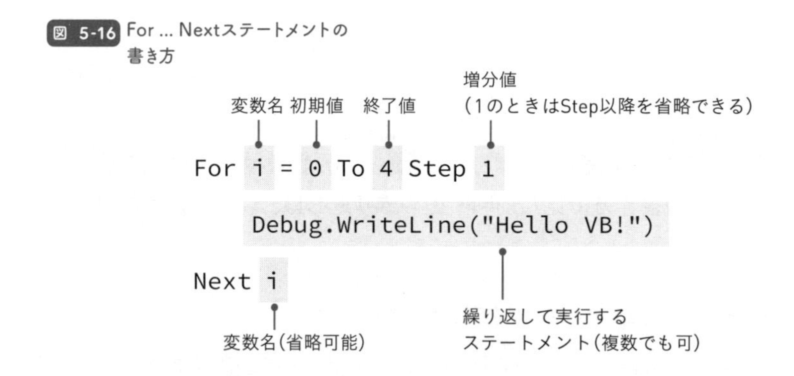

For ... Nextステートメントでは、変数に初期値を代入してから、繰り返しに入ります。終了の判定は前判断型で、終了値を超えたら繰り返しが終了します。繰り返しの中のステートメントは複数でも構いません。繰り返しの中のステートメントを実行した後には、毎回、変数に増分値を加算します。この流れをフローチャートで表すと図5-17のようになります。

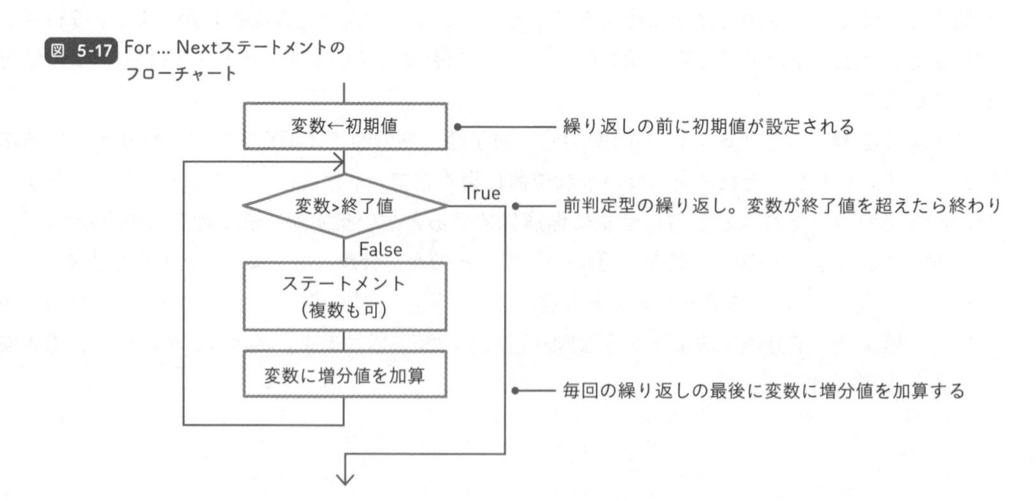

変数の値を減らしながら繰り返し処理をするには

増分値に負の値を指定したときは、図5-17のフローチャートの終了条件は「変数<終了値」となります。つまり、変数の値が終了値よりも小さくなるまで繰り返しが実行されます。

For ... Nextステートメントでは、増分値が1の場合にはStep以降が省略できます。また、繰り返しの範囲を分かりやすくするため、Nextの後に変数名を書いておくこともできますが、必要がなければ省略しても構いません。したがって、LIST 5-8のコードは以下のようにより簡潔に書くことができます（LIST 5-9）。

LIST 5-9 増分値が1のときはStep以降が省略できる

```
Dim i As Integer
For i = 0 To 4
    Debug.WriteLine("Hello VB!")
Next
```

さらに、変数名の後ろに「As データ型」を書いて、変数の宣言も済ませてしまうことができます。したがって、Do ... Loopステートメントの場合は6行だったコードが3行で書けます（LIST 5-10）。

LIST 5-10 For ... Nextの中で繰り返しを制御する変数を宣言する

```
For i As Integer = 0 To 4
    Debug.WriteLine("Hello VB!")
Next
```

ただし、この場合、iという変数はFor ... Nextの中でしか使えないことに注意してください。

```
Dim i As Integer
For i =0 To 4
    Debug.WriteLine("Hello VB!")
Next
Debug.WriteLine(i)
```

iの値は5

```
For i As Integer = 0 To 4
    Debug.WriteLine("Hello VB!")
Next
Debug.WriteLine(i)
```

For...Nextの外ではiは使えない

増分値には小数も指定できる

繰り返しの制御に使う変数は浮動小数点型でも構いません。Stepの後には小数も指定できます。

確認問題

❶ 以下の文章のうち正しいものには○を、間違っているものには×を記入してください。

- □ For ... Nextステートメントを使うと、決まった回数の繰り返し処理を簡潔に書くことができる
- □ For ... Nextステートメントでは、増分値を表すStep以降はどんな場合でも省略して構わない
- □ For ... Nextステートメントの中で変数を宣言すると、以降、その変数がどこでも使えるようになる

❷ 説明に従って以下の空欄を埋め、For ... Nextステートメントを完成させてください。

(1)

```
Dim x, y As Double
For x = 0 [  ] 3.14 [      ] 0.1          ← xの値を0から0.1ずつ増やしながら、3.14以上になるまで繰り返す

    y = Math.Sin(x)                        ← sin(x)の値を求める
    Debug.WriteLine(y.ToString("F3"))      ← 小数点以下3桁で出力ウィンドウに表示する
Loop
```

備考 Math.Sinはラジアン単位で指定された値のsin(正弦値)を求めるメソッドです。

(2)

```
Dim HitNumber, InputNumber As Integer      ← 当たり番号と入力された番号
Dim r As Random = New Random()             ← Randomクラスのオブジェクトを作る
If Integer.TryParse(TextBox1.Text, InputNumber) = False OrElse _
    InputNumber < 0 OrElse InputNumber > 9 Then
    ← TextBoxコントロールに0～9までの数字が入力されているかどうかをチェックする
    MessageBox.Show("0から9までの数字を入力してください")
    TextBox1.Focus()
    TextBox1.SelectAll()
Else    ' 正しく数字が入力されている場合
    For i As [      ] = 0 To [  ]          ← 3回繰り返す
        HitNumber = r.Next(0, 10)          ← 0以上10未満の乱数を作る
        If HitNumber = [        ] Then     ← 入力された数字と等しければ
            MessageBox.Show("当選です")
            Exit Sub                       ← 当選したのでその時点でプロシージャを抜ける
        End If
    Next
```

```
    MessageBox.Show("はずれです。残念でした")
End If
```

繰り返しの外にあるということは3つの乱数に一致せず、当選しなかったということ

備考　このコードは、TextBox1というテキストボックスに入力された数字が乱数で作られた当たり番号に一致するかどうかを調べるコードです。当たり番号は3回作られ、入力された数字と比較されます。

For Each...Nextステートメントを利用した繰り返し処理

これまで見てきた繰り返し処理は、一般的な変数やステートメントを使った繰り返しでした。しかし、Visual Basicでは変数だけでなく、さまざまなコントロールを取り扱います。そして、コントロールの中にはListBoxなど、複数の項目を含んでいるものもあります。それらの項目について繰り返し処理をするにはFor Each ... Nextステートメントが便利です。

コレクションの要素を繰り返し処理する

ForEachTest

ListBoxコントロールの項目は**Itemsプロパティ**で参照できます。Itemsプロパティはリスト内の項目全体を表すもので、複数の要素が含まれています。このように、複数の項目（オブジェクト）を含むようなデータを**コレクション**（Collection）と呼びます。コレクションの個々の要素を取り扱うにはインデックスと呼ばれる番号を（）内に書いて区別します。例えば、ListBox1という名前のListBoxコントロールがあり、その3番の要素であれば、

```
ListBox1.Items(3)
```

と表すことができます。ただし、先頭の要素を0番と表すことに注意してください。ListBox1.Items（3）は先頭から数えると4番目になります（図5-18）。

図 5-18 ListBoxコントロールの項目はコレクションとして扱われる

なお、ListBoxコントロールの各項目はObject型と呼ばれるデータ型です。Object型の場合、数値や文字列をはじめとするさまざまな型のデータを参照できます。とりあえずは「どんなデータでも入れられる」と考えておいて差し支えありません（実際にはデータへの参照が入れられます）。

デザイン時にListBoxコントロールの項目を入力するには

ListBoxコントロールに複数の項目を入れるには、フォームにListBoxコントロールを配置し、[プロパティ] ウィンドウの [Items] の欄をクリックし、右端に表示される [...] ボタンをクリックします。[文字列コレクションエディター] ダイアログボックスが表示されるので、そこで項目を入力します。

これまでの知識でListBoxコントロールの項目をすべて処理するには、For ... Nextステートメントを使って、インデックスに変数を指定するという方法が使えます。LIST 5-11はListBoxコントロールの項目をすべて出力ウィンドウに表示するコードです。ListBoxコントロールの各項目はObject型ですが、Debug.WriteLineメソッドに指定すれば自動的に文字列に変換されて出力されます。

LIST 5-11 For ... Nextステートメントを使ってListBoxコントロールの項目をすべて処理する

```
For i As Integer = 0 To ListBox1.Items.Count - 1
    Debug.WriteLine(ListBox1.Items(i))
Next
```

ItemsのCountプロパティはコレクションの要素数を表すので、0から要素数-1まで処理すれば、ListBoxコントロールの全項目が処理できるというわけです。

インデックスを使わずにすべての項目を処理する方法もあります。それが、**For Each ... Nextステートメント**です。上のコードを書き換えてみましょう（LIST 5-12）。

LIST 5-12 For Each... Nextステートメントを使ってListBoxコントロールの項目をすべて処理する

```
For Each anItem As String In ListBox1.Items
    Debug.WriteLine(anItem)
Next
```

For Each ... Nextステートメントはコレクションの要素を順に変数に代入しながら繰り返し処理を行います。上の例であれば、ListBox1.Itemsに含まれる項目を、先頭から順にanItemに代入して、最後まで繰り返しを実行することになります。For Each ... Nextステートメントのメリットは、いちいちインデックスを表す変数を用意する必要がないということで、その分、コードもスッキリします。また、Eachは「それぞれ」という意味なので、複数の要素を1つずつ処理していくことがうまく表せます（図5-19）。

図 5-19 コレクションの要素を1つずつ処理する

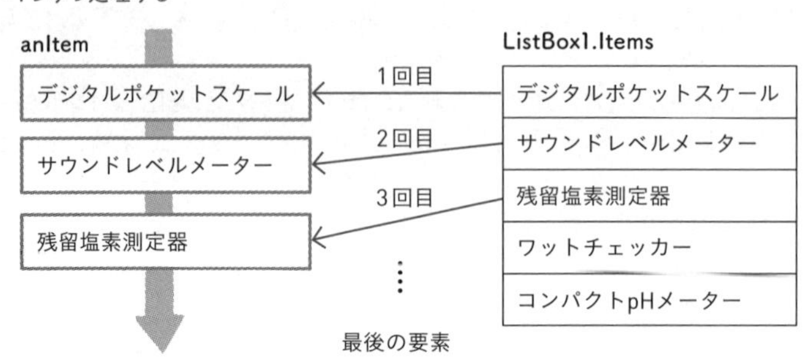

実際にはコレクションの要素（文字列そのもの）が変数に代入されているのではなく、コレクションの要素への参照が変数に代入されているのですが、いまはこの図のような理解で構いません。参照については3.2節でも説明しましたが、8.2節でクラスやオブジェクトの話と合わせて、さらに詳しく説明します。

インデックスを使うと項目の追加や削除が正しくできないことがある

インデックスを使う方法では、繰り返しの中でListBoxコントロールに項目を追加したり削除したりすると正しく動作しないことがあります。追加や削除をするとListBoxコントロールの項目数が変わるので、それにともないインデックスで示せない項目ができてしまったりするからです。LIST 5-11の例でいえばListBox1.Items.Count - 1 の値は4ですが、項目を追加したり削除したりすると値が変わってしまいます。それにより、繰り返し処理が正しく実行できなくなることがあります。

では、For Each ... Nextステートメントの書き方を確認しておきましょう（図5-20）。

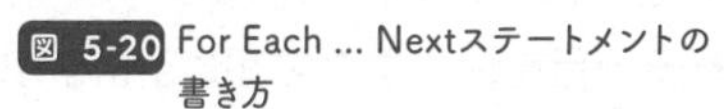
図 5-20 For Each ... Nextステートメントの書き方

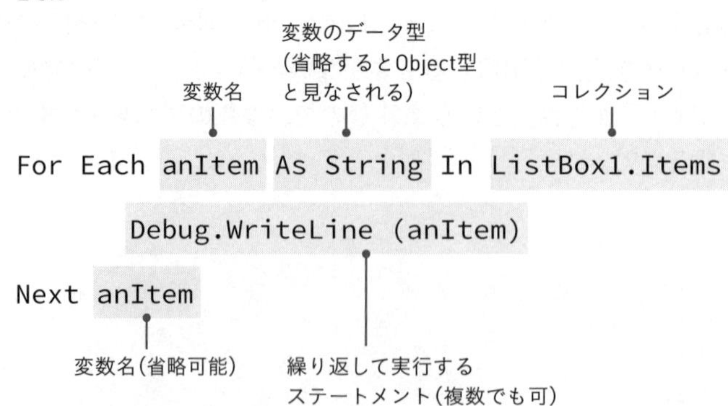

For Each ... Nextステートメントの終了判定は前判断型で、処理すべきコレクションの要素がなくなったら繰り返しが終了します。図5-21はFor Each ... Nextステートメントの働きをフローチャートで表したものです。

図 5-21 For Each ... Nextステートメントのフローチャート

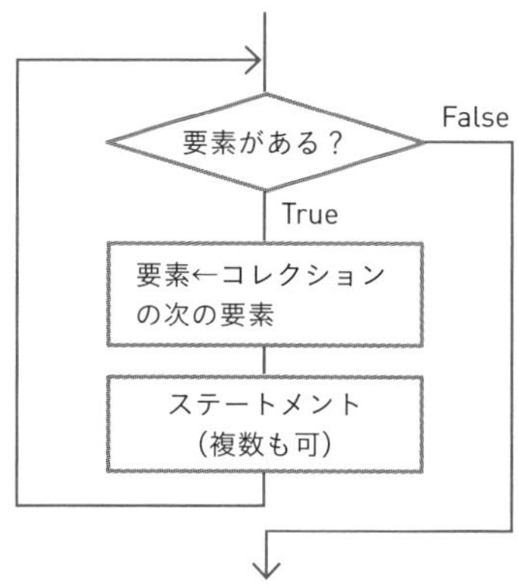

ObjectCollectionとCollectionの違い

ListBoxコントロールのItemsプロパティで参照されるコレクションは、正確にはObjectCollectionと呼ばれるコレクションです。一般的なコレクションは、確認問題2に示したCollectionクラスを使って作成します。ObjectCollectionの要素は図5-18で見たように0番から始まりますが、Collectionの要素は1番から始まります。

確認問題

❶ 以下の文章のうち正しいものには○を、間違っているものには×を記入してください。

☐ For ... NextステートメントのForの代わりにFor Eachと書くだけで、For Each ... Nextステートメントが記述できる

☐ For Each ... Nextステートメントは、コレクションの要素をすべて処理するのに向いている

☐ For Each ... Nextステートメントでは、インデックスの値を使ってコレクションの要素を利用する

❷ 説明に従って以下の空欄を埋め、For Each ... Nextステートメントを完成させてください。

(1)

```
Dim MyCollection As Collection = New Collection()   ← 新しいコレクションを作る
MyCollection.Add("Onion")                           ← コレクションに要素を追加する
MyCollection.Add("Potato")                          ← コレクションに要素を追加する
MyCollection.Add("Carrot")                          ← コレクションに要素を追加する
[    ] Each anItem As String In [    ]              ← コレクションのすべての要素について処理する
    Debug.WriteLine(anItem)                         ← 要素を出力ウィンドウに表示する
[    ]
```

備考 このように、自分でコレクションを作って要素を追加することもできます。

(2)

```
For [    ] aControl [  ] Me.Controls                ← Me.Controlsコレクションのすべての要素について処理する
    If TypeOf aControl Is Button Then               ← aControlがButtonであれば
        Debug.WriteLine(CType(aControl, Button).Text)   ← Textプロパティの値を出力ウィンドウに表示する
    End If
Next
```

備考 このコードは、フォーム上にあるすべてのButtonコントロールのTextプロパティの値を出力ウィンドウに表示します。Me.Controlsは現在のフォームにあるコントロールのコレクションです。コントロールにはさまざまな型(ButtonやTextBoxなど)があるので、aControlにはデータ型を指定していません(Object型と見なされます)。「TypeOf コントロール名 Is コントロールの種類」という式で、コントロールが指定された種類のコントロールであるかどうかが分かります。CTypeはデータ型を変換するための関数です。aControlのデータ型はObject型なのでButton型に変換し、Textプロパティの値を出力ウィンドウに表示します。

繰り返し処理を途中で抜ける

これまで見てきた繰り返し処理は、条件が成立するまで、あるいは条件が成立している間、ずっとステートメントを実行するものでした。しかし、特別な条件が成立した場合に限って、繰り返し処理を途中で抜けたいこともあるでしょう。そういった柔軟な繰り返し処理についても見ておきましょう。

Do ... Loopステートメントを途中で抜ける～Exit Doステートメント

ExitDoTest

ウェブサイトを表示する場合やプログラムでデータを表示する場合に、パスワードの入力が必要になることがあります。また、ショッピングサイトなどでは優待キーワードを入力すると割引価格で商品を購入できるところもあります。いずれの場合も、正しい文字列を入力すると先に進めますが、何回か間違うとエラーメッセージが表示されたり、プログラムが終了するようになっているのが普通です。

例えば、3回まで入力できるとすると、どのようなコードを書けばいいでしょうか。優待キーワードを入力する場合を例にとって、繰り返し処理の流れを見てみましょう。方法はいくつかありますが、「正しいキーワードが入力されるまで」の繰り返しと考えると、3回以上入力された場合には繰り返しを途中で抜けなければなりません。日本語で擬似コードを書いた後、フローチャートもあわせて示しておきます（図5-22）。

```
優待キーワードを入力する
※以下を繰り返す。ただし、入力されたキーワードが正しいキーワードと一致するまで
  優待キーワードが間違っているというメッセージを表示する
  優待キーワードの間違いが3回になったら、繰り返しを抜ける
  優待キーワードを入力する
※に戻る
```

図 5-22 Do ... Loopステートメントによる繰り返し処理を途中で抜けるフローチャート

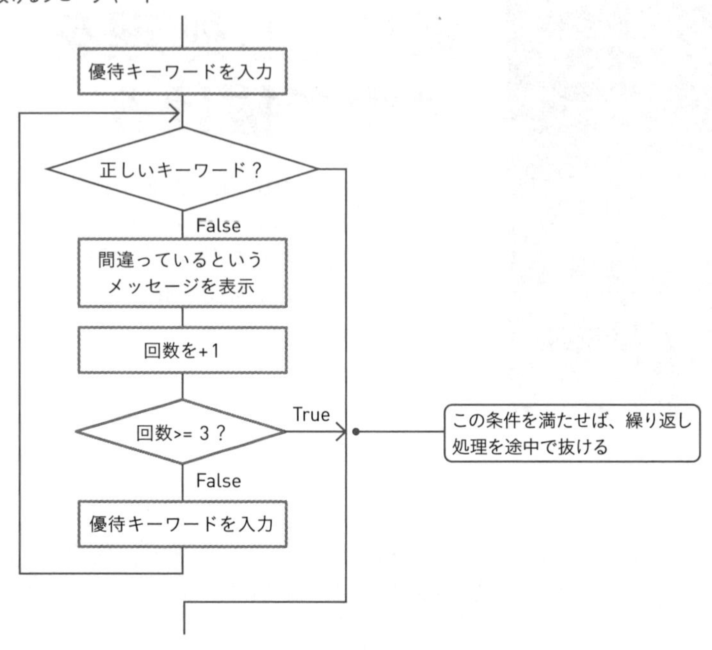

色の線で描かれた部分を見ると想像が付くと思いますが、この繰り返し処理は前判断型のDo ... Loopステートメントを使って書くことのできるパターンになっています。

キーワードを入力するには、**InputBox関数**が便利です。InputBox関数を利用すると、入力のための簡単なダイアログボックスを表示することができ、入力された文字列が結果として返されます。

問題は繰り返しを途中で抜けるところです。Do ... Loopステートメントを途中で抜けるには、Exit Doステートメントを使います。細かな処理は省略して、骨格だけ書くと以下のようになります（LIST 5-13）。

LIST 5-13 Do...Loopステートメントによる繰り返し処理を途中で抜けるためのコード※1

```
Dim InputCount As Integer = 0      ' 入力回数
Dim CorrectKeyword As String = "foobar"  ' 優待キーワード
Dim InputKeyword As String ' 入力されたキーワード
InputKeyword = InputBox("優待キーワードをどうぞ")
Do Until InputKeyword = CorrectKeyword
    MessageBox.Show("優待キーワードが間違っています")
    InputCount += 1
    If InputCount >= 3 Then Exit Do
    InputKeyword = InputBox("優待キーワードをどうぞ")
Loop
```

このコードが実行されると、画面5-2のようなダイアログボックスが表示されます。

※1　Exit Doステートメントの動作を確認するのが目的なので、ここでは、キーワードをコードの中に記述してありますが、実際には、ほかのユーザーからは読み取りができないファイルの中に入れたり、暗号化したりしておく必要があります。

画面 5-2 優待キーワードを入力するための
ダイアログボックス

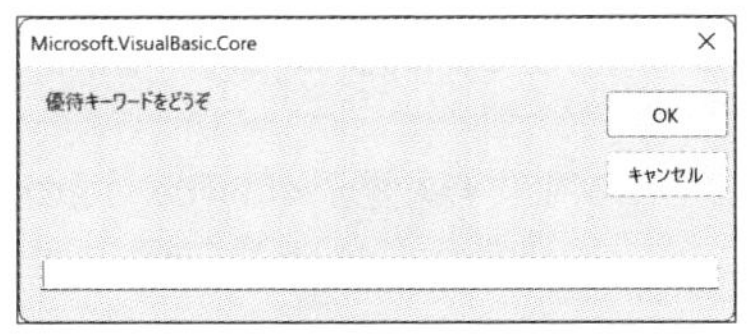

実際には、考慮しておかなければいけない問題がいくつかあります。

- 入力用のダイアログボックスで［キャンセル］ボタンがクリックされた場合にも繰り返しを抜ける必要がある
- 正しいキーワードを入力して繰り返しを終了した場合も、回数が3以上になって繰り返しを終了した場合もLoopの次の行に進むので、それ以降は同じ処理が実行される

［キャンセル］ボタンがクリックされたときには、InputBox関数は長さ0の文字列を返すので、その判定をするためのステートメントを追加するといいでしょう。

正しいキーワードを入力して繰り返しを終了した場合と、回数が3以上になって繰り返しを抜けた場合を区別するには、どのような状態にあるかを表す変数を用意し、その値によって区別するといいでしょう。正しく繰り返しを抜けたかエラーで抜けたかという2つの状態があるので、Boolean型の変数がうってつけです。正しく繰り返しを抜けた場合をTrueとし、エラーで抜けた場合をFalseとすればいいでしょう。そのあたりまで含めて書くと、以下のようなコードになります（LIST 5-14）。

LIST 5-14 ［キャンセル］ボタンがクリックされた場合やキーワードが正しく入力されたかどうかに対処するためのコード

```
Dim InputCount As Integer = 0                ' 入力回数
Dim CorrectKeyword As String = "foobar"  ' 優待キーワード
Dim InputKeyword As String                   ' 入力されたキーワード
Dim IsRightKeyword As Boolean = True         ' 正しく入力されたかどうか
InputKeyword = InputBox("優待キーワードをどうぞ")
Do Until InputKeyword = CorrectKeyword
    MessageBox.Show("優待キーワードが間違っています")
    InputCount += 1
    If InputCount >= 3 Or InputKeyword = "" Then
        IsRightKeyword = False               ' 正しいキーワードでなかった
        Exit Do
    End If
    InputKeyword = InputBox("優待キーワードをどうぞ")
Loop

If IsRightKeyword Then
    MessageBox.Show("おめでとうございます。優待の対象です")
Else
    MessageBox.Show("申し訳ありませんが、優待の権利はありません")
End If
```

入力されたキーワードと優待キーワードが等しくなるまで繰り返す（Do Until InputKeyword = CorrectKeyword）

繰り返しを途中で抜ける（Exit Do）

InputBoxで何も入力しなかったときは？

入力用のダイアログボックスで何も入力せずに［OK］をクリックした場合も、長さ0の文字列が返されるので、その場合も繰り返しを途中で抜けることになります。

For...Next／For Each...Nextステートメントを途中で抜ける〜Exit Forステートメント

ExitForTest

前項では、Do ... Loopステートメントを途中で抜けるために使うExit Doステートメントを見ました。一方、For ... NextステートメントやFor Each ... Nextステートメントを途中で抜けるにはExit Forステートメントを使います。

前項の例は「入力を3回繰り返す」と考えることもできます。その場合、正しいキーワードを入力した場合にその時点で繰り返しを抜ければいいということになります。日本語の擬似コードで流れを書いた後、フローチャートもあわせて示しておきます（図5-23）。

図 5-23 For ... Nextステートメントによる繰り返し処理を途中で抜けるフローチャート

※までを3回繰り返す
　優待キーワードを入力する
　優待キーワードが正しければ繰り返しを抜ける
　間違っているというメッセージを表示する
※

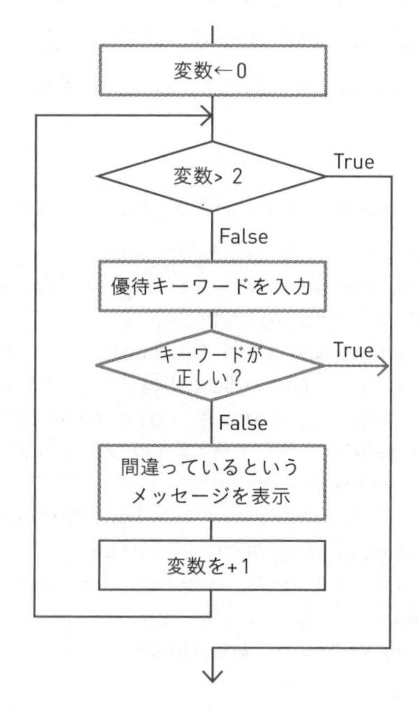

色の線で描かれた部分がFor ... Nextステートメントのパターンになっています。ここでも、細かな処理は省略して骨格だけ書いてみましょう（LIST 5-15）。

LIST 5-15 For ... Nextステートメントによる繰り返し処理を途中で抜けるコード

```
Dim CorrectKeyword As String = "foobar"  ' 優待キーワード
Dim InputKeyword As String               ' 入力されたキーワード
For i As Integer = 0 To 2
    InputKeyword = InputBox("優待キーワードをどうぞ")
    If InputKeyWord = CorrectKeyword Then Exit For  ← 繰り返しを途中で抜ける
    MessageBox.Show("優待キーワードが間違っています")
Next
```

この方法だと、途中で繰り返しを抜けた場合が、正しくキーワードが入力された場合になります。さらに、正しいキーワードを入力して繰り返しを途中で終了したか、3回入力しても正しいキーワードが入力できなかったので繰り返しを終了したのかを判定する処理と、入力のためのダイアログボックスで［キャンセル］ボタンがクリックされて繰り返しを終了したのかを判定する処理を含めて書くと以下のようになります（LIST 5-16）。

LIST 5-16 ［キャンセル］ボタンがクリックされた場合やキーワードが正しく入力されたかどうかに対処するためのコード

```
Dim CorrectKeyword As String = "foobar"  ' 優待キーワード
Dim InputKeyword As String               ' 入力されたキーワード
Dim IsRightKeyword As Boolean = False    ' 正しく入力されたかどうか
For i As Integer = 0 To 2
    InputKeyword = InputBox("優待キーワードをどうぞ")
    If InputKeyword = CorrectKeyword Then
        IsRightKeyword = True
        Exit For  ← 繰り返しを途中で抜ける
    Else If InputKeyword = "" Then
        IsRightKeyword = False
        Exit For  ← 繰り返しを途中で抜ける
    End If
    MessageBox.Show("優待キーワードが間違っています")
Next
If IsRightKeyword Then
    MessageBox.Show("おめでとうございます。優待の対象です")
Else
    MessageBox.Show("申し訳ありませんが、優待の権利はありません")
End If
```

繰り返し処理には、繰り返し処理をさらに繰り返して実行するという多重の繰り返しが必要になる場合もあります。これについては、配列の利用方法を説明した後で詳しく解説します。コラムの後の確認問題で知識を確実にしてから、サンプルプログラムにチャレンジしてみましょう。

Column

反復子により、値を順に取得するには YieldTest

Visual Basicでは、**反復子**と呼ばれる機能が利用できます。反復子はコレクションなどの要素を1つずつ返す関数（反復子関数）を作るための機能です。以下、簡単な例と書き方を紹介しましょう。なお、関数（Functionプロシージャ）についてはP.252で説明します。

例えば、呼び出しのたびに、7、5、3という値を順に返す関数は以下のようになります。Functionの前にIteratorというキーワードを書き、関数の型をIEnumerableとします。また、関数が順に返す値をYieldの後に指定します。

```
Private Iterator Function NumberGenerator() As IEnumerable
    Yield 7
    Yield 5
    Yield 3
End Function
```

ここでは、関数名をNumberGeneratorとしています。この関数を最初に呼び出すとYield 7というステートメントが実行され、7という値が返されます。次に呼び出すと5が返され、次に呼び出すと3が返されます。この関数はFor Each ... Nextステートメントの中で使えます。例えば、以下のように利用します。Inの後に関数名と（）を書くことに注意してください。

```
Dim number As Integer
For Each number In NumberGenerator()
    Debug.WriteLine(number)
Next
```

NumberGeneratorは、7、5、3を順に返すので、それらが順にnumberに代入され、出力ウィンドウに表示されます。

反復子を使った関数に引数を指定したり、繰り返し処理を使えば、柔軟な処理も実行できます。例えば、次の関数は、引数で指定した個数だけ乱数を返します。

```
Private Iterator Function RandomGenerator(Count As Integer) As ⇒
IEnumerable
    Dim r As New Random()
    For i As Integer = 0 To Count - 1
        Yield r.Next(10)
    Next
End Function
```

この関数は以下のように利用します。引数に5を指定しているので、乱数が5個返されます。

```
For Each number In RandomGenerator(5)
    Debug.WriteLine(number)
Next
```

反復子を利用すると、さまざまな繰り返しのパターンを記述でき、簡単に利用できるようになります。

確認問題

❶ 以下の文章のうち正しいものには○を、間違っているものには×を記入してください。

- □ For ... Nextステートメントでは、Exitステートメントを書くことにより繰り返し処理を途中で抜けることができる
- □ Do ... Loopステートメントでは、前判断型の場合は繰り返し処理を途中で抜けられるが、後判断型では途中で抜けられない
- □ Do ... Loopステートメントによる繰り返し処理を抜けるにはExit Doステートメントを利用する

プログラミングにチャレンジ

繰り返し処理にはさまざまなパターンと、対応するステートメントがあります。それぞれの基本的な知識についてはこれまでに詳しく見てきました。ここでは、ListBoxコントロールに入っている成績の中から最高点を検索するプログラムを作成します。繰り返し処理に注目してプログラムを作り上げていきましょう。

最高点を求めるプログラム

GetMax

本来であれば、ListBoxコントロールには実際の成績が入れられるのですが、このプログラムでは、架空の成績を入れておくことにします。そのため、乱数を使って0以上100以下のランダムな値を10個作り、それらをListBoxコントロールに入れます。そしてその中から最大値を検索するわけです。プログラムの完成イメージはイラスト5-2のような感じになるでしょう。

イラスト 5-2 最高点を求めるプログラムの完成イメージ

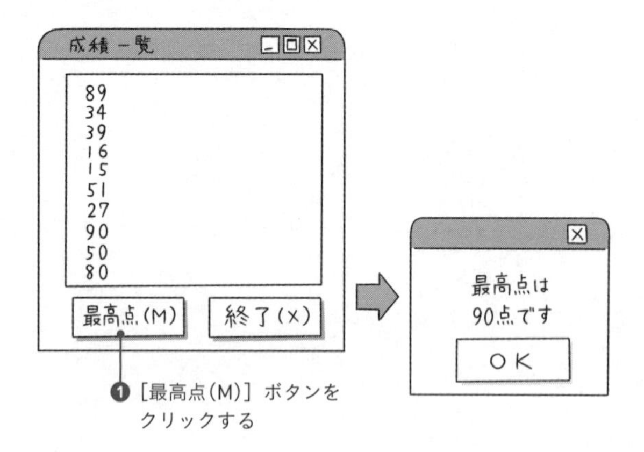

新しいプロジェクトを作成し、完成イメージにそってフォームをデザインしていきましょう。プロジェクト名はGetMaxとしておきます。

フォームのデザイン

フォームにはListBoxコントロールを1つと、Buttonコントロールを2つ配置します。画面5-3のようにコントロールを配置し、表5-1にそってプロパティの値を設定してください。

画面 5-3 フォームのデザイン

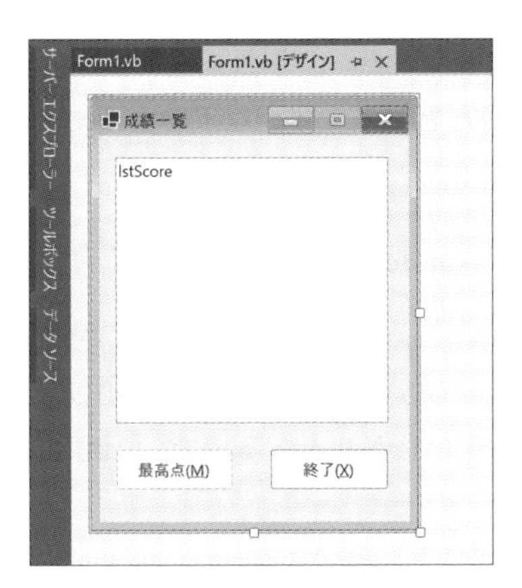

表5-1 このプログラムで使うコントロールのプロパティ一覧

コントロール	プロパティ	このプログラムでの設定値	備考
Form	Name	Form1	
	FormBorderStyle	FixedSingle	フォームの境界線をサイズ変更のできない一重の枠にする
	MaximizeBox	False	最大化ボタンを表示しない
	AcceptButton	btnMaxValue	Enter キーを押したときに選択されるボタンはbtnMaxValue
	CancelButton	btnExit	Esc キーを押したときに選択されるボタンはbtnExit
	Text	成績一覧	
ListBox	Name	lstScore	
Button	Name	btnMaxValue	
	Text	最高点（&M）	
Button	Name	btnExit	
	Text	終了（&X）	

イベントハンドラーの記述

プログラムを実行したときには、リストボックスに0以上100以下の乱数を10個入れ、架空の成績とします。したがって、フォームのLoadイベントハンドラーにその処理を書くといいでしょう。正確には、Loadイベントはプログラムの実行時ではなく、フォームが読み込まれ、はじめて表示される直前に発生します。

乱数を利用する方法は5.2節で見たとおりです。以下のように、乱数を利用するための変数rを宣言します。

```
Dim r As Random = New Random()
```

実際に整数の乱数を作るには、Nextメソッドを使います。次のように書くと、0以上、101未満の乱数が1つ作られScoreに代入されます。成績は0以上100以下なのですが、Nextメソッドでは下限値以上、上限値未満という指定のしかたをするので、「100以下」を表すには「101未満」と指定する必要があります。

```
Score = r.Next(0, 101)
```

指定した範囲の乱数を作成するには

RandomクラスのNextメソッドでは、引数の指定のしかたによって、作成する乱数の値の範囲を変えることができます。引数を省略すると0以上、整数の最大値未満の乱数が作成できます。引数を1つだけ指定するとそれが上限値と見なされます。その場合の下限値は0です。引数を2つ指定すると、下限値と上限値と見なされます。いずれの場合も、下限値以上、上限値未満の乱数が作成されます。

ListBoxコントロールに新しい項目を追加するには、ListBoxコントロールのItems.Addメソッドを使います。例えば、ListBox1コントロールに新しい項目として変数Scoreの値を追加するなら、以下のようになります。

```
ListBox1.Items.Add(Score)
```

また、以下のように書けば、Scoreの値ではなく、作成した乱数を直接追加できます。
新しい項目はListBoxコントロールの項目の末尾に追加されます。

```
ListBox1.Items.Add(r.Next(0, 101))
```

では、フォームのLoadイベントハンドラーを書いてみましょう。

ListBoxコントロールの項目を自動的に並べ替えるには

ListBoxコントロールのSortedプロパティがTrueであれば、項目が自動的に並べ替えられるので、Addメソッドで追加された新しい項目は末尾ではなく、並べ替えを行った適切な位置に追加されます。

✔ フォームのLoadイベントハンドラー

フォームのLoadイベントハンドラーではListBoxコントロールに乱数を10個追加します。言い換えると「乱数を1個作り、それをListBoxコントロールに追加するという処理を10回繰り返す」ことになります。これは決まった回数の繰り返しなので、For ... Nextステートメントが使えます。

For ... Nextステートメントについてはもう具体的なコードを書くことができるはずです。それ以外は日本語で構わないので擬似コードで表してみましょう。

```
For i As Integer = 0 To 9
    乱数を1つ作る
    乱数をListBoxコントロールに追加する
Next
```

乱数を1つ作り、それをListBoxコントロールに追加する処理は、ステップを分けて書いても構いませんが、すでに見たように1行で書けます。Loadイベントハンドラーを作成し、コードを書いてみましょう。イベントハンドラーの名前はInitProcとします（LIST 5-17）。このプログラムでは、フォーム上に配置したListBoxコントロールの名前はlstScoreです。

LIST 5-17 ListBoxコントロールに乱数を10個追加する

```
Private Sub InitProc(sender As Object, e As EventArgs) Handles ⇒
MyBase.Load
    Dim r As Random = New Random()
    lstScore.Items.Clear()            ← リストボックスの項目をクリアしておく
    For i As Integer = 0 To 9         ← 10回繰り返す
        lstScore.Items.Add(r.Next(101))  ← 0以上101未満の乱数を作り、リストボックスの項目に追加する
    Next
End Sub
```

繰り返しに入る前に、lstScore.ItemsのClearメソッドを使っています。Clearメソッドは項目をすべて削除するためのメソッドです。

ListBoxのClearメソッドが必要になる場合

フォームのLoadイベントハンドラーではなく、ButtonコントロールのClickイベントハンドラーでこのコードを実行する場合には、LIST 5-17のようなClearメソッドが必要になることがあります。ボタンをクリックするたびに新しいリストを作りたい場合、前回の内容を消してから新しい項目を追加する必要があるからです。Clearメソッドを使えば、新しい項目を追加する前に前回の内容を削除しておくことができます。Clearメソッドを書いていないと、前回の項目の後に、新しい項目が追加されることになります。

✔ Buttonコントロールのイベントハンドラー

Buttonコントロールは2つあります。btnMaxValueが最高点を求めるためのボタン、btnExitがプログラムを終了させるためのボタンです。

最高点をどうやって求めればいいか、少し考えてみても方法が簡単に思いつかないかもしれません。しかし、これにはお決まりのパターンがあります。私たちは実生活の中で同じようなことをよく経験しています。例えば、お笑い芸人のチャンピオンを決める方法やフィギュアスケートの優勝者を決める方法はそれとほとんど同じです。最初は、優勝者席は空席ですが、1番目の挑戦者がまずそこに座ります。それ以降は、優勝者席に座っている人よりも挑戦者の点数が高ければ、挑戦者が優勝者席に座ります。同じようにして演技を進めていけば、すべての演技が終わったときに優勝者席に座っている人が最高点を獲得した優勝者ということになります。

このプログラムでは、最高点をMaxScoreという変数に入れるものとしましょう。宣言は簡単です。

最初は、優勝者席を空席にしておき、1番目の挑戦者を座らせたいのですが、これにはちょっとしたテクニックを使います。MaxScoreに「どんな値よりも小さな値」を入れておけば、1番目の点数がいくらであっても絶対にその値よりも大きくなるので、MaxScoreに1番目の点数を入れることができます。

それ以降も処理の方法は同じです。次の点数とMaxScoreの値を比べ、点数のほうがMaxScoreよりも大きければ、MaxScoreにその点数を代入します（図5-24）。

図 5-24 最大値を求める定石

これまでの説明を踏まえて、処理の流れを日本語の擬似コードで書いてみましょう。

```
MaxScoreに整数の最小値を入れる
※リストボックスの項目すべてについて繰り返す
    点数がMaxScoreより大きければ
      MaxScoreにその点数を入れる
※
```

点数がMaxScore以下であれば、その点数が最高点になることはありえないので何もしません。たとえ点数が最高点と同点であっても、その値はMaxScoreにすでに入っているので、わざわざ入れ直す必要はありません。

整数の最小値はInteger.MinValueで表されます。繰り返し処理はリストボックスの項目すべてについて実行するので、For Each ... Nextステートメントが便利です。これまで説明した内容をすべてまとめると、LIST 5-18のようにbtnMaxValueのClickイベントハンドラーが書けるでしょう。イベントハンドラー名はSearchMaxValueとしておきます。

LIST 5-18 ListBoxコントロールから最大値を求めるコード

```
    Private Sub SearchMaxValue(sender As Object, e As EventArgs) ⇒
Handles btnMaxValue.Click
        Dim MaxScore As Integer
        MaxScore = Integer.MinValue ● 最初は整数の最小値を入れておく
        For Each Score As Integer In lstScore.Items ● リストボックスの項目を順にすべて処理する
            If Score > MaxScore Then
                MaxScore = Score ● 項目が最大値より大きい場合は、それを最大値とする
            End If
        Next
        MessageBox.Show("最高点は" & MaxScore & "です")
    End Sub
```

このFor Each ... Nextステートメントでは、lstScoreコントロールのすべての項目、つまりlstScore.Itemsの要素を1つずつScoreに代入しながら、項目がなくなるまで繰り返し処理が実行されます。繰り返しを抜けたときにはMaxScoreに最高点が入っているので、それを表示すればおしまいです。

[終了(X)]ボタン(btnExit)のイベントハンドラーは簡単です。このコードも入力しておいてください(LIST 5-19)。

LIST 5-19 プログラムを終了させるためのコード

```
    Private Sub ExitProc(sender As Object, e As EventArgs) Handles ⇨
btnExit.Click
        Application.Exit()
    End Sub
```

プログラムを実行する

コードがすべて入力できたら、ツールバーに表示されている［GetMax］ボタン（▶）をクリックしてプログラムを実行してみましょう。［最高点（M)］ボタンをクリックすると、ListBoxコントロールの項目の最大値が表示されます（画面5-4）。

画面 5-4 最高点を求める
プログラムを実行する

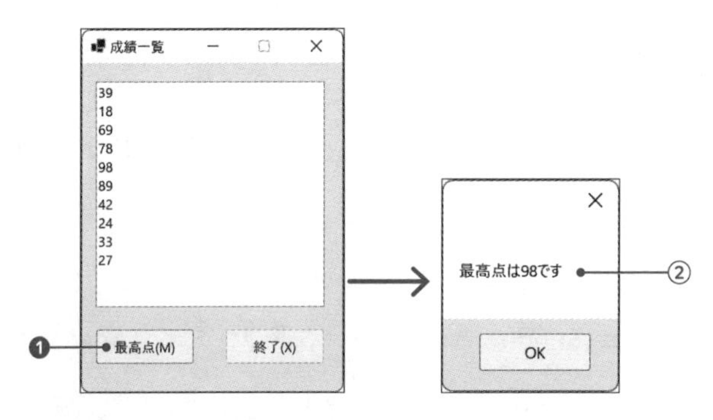

❶［最高点（M)］をクリックする
② 最高点が表示される

このプログラムでは、For ... NextステートメントとFor Each ... Nextステートメントを使いました。繰り返し処理はChapter 6で学ぶ配列と組み合わせるとさらに威力を発揮します。練習問題に取り組んで、繰り返し処理を確実に身に付け、次の章に進んでください。

CHAPTER 5 » まとめ

- ✓ 一般的な繰り返し処理にはDo ... Loopステートメントが使えます
- ✓ Do ... Loopステートメントには、前判断型と後判断型があります
  - ― 前判断型では繰り返し処理の中身が1回も実行されないこともあります
  - ― 後判断型では繰り返し処理の中身が少なくとも1回は実行されます
- ✓ 繰り返しの終了を判定する方法にはUntil型とWhile型があります
  - ― Until型では条件が成立するまで繰り返し処理が実行されます
  - ― While型では条件が成立する間繰り返し処理が実行されます
- ✓ 一定の回数の繰り返し処理を実行したい場合や変数の値を変化させながら繰り返し処理を実行したい場合にはFor ... Nextステートメントが便利です
- ✓ コレクションの要素をすべて処理するには、For Each ... Nextステートメントが便利です
- ✓ Do ... Loopステートメントによる繰り返し処理を途中で抜けるにはExit Doステートメントを使います
- ✓ For ... NextステートメントやFor Each ... Nextによる繰り返し処理を途中で抜けるにはExit Forステートメントを使います

練習問題

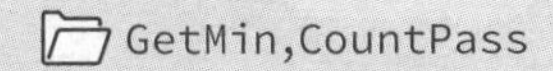

A サンプルプログラムを変更し、最低点を求めるプログラムを作成してみてください。
プロジェクト名はGetMinとします。
実行結果が以下の画面のようになればいいでしょう。

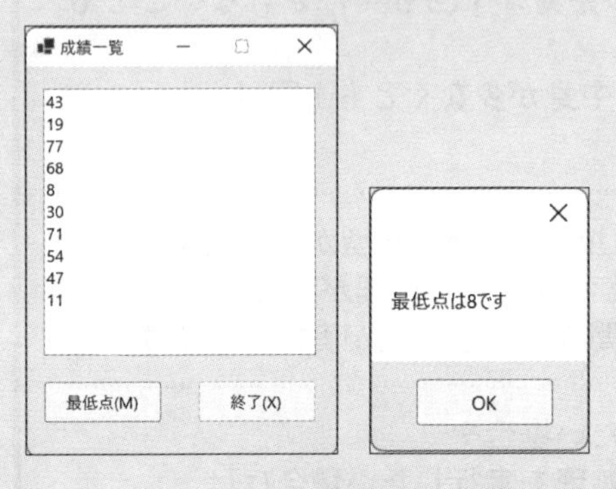

ヒント 整数の最大値はInteger.MaxValueで表されます。

B サンプルプログラムを変更し、
60点以上の人数を数えるプログラムを作成してみてください。
プロジェクト名はCountPassとします。
実行結果が以下の画面のようになればいいでしょう。

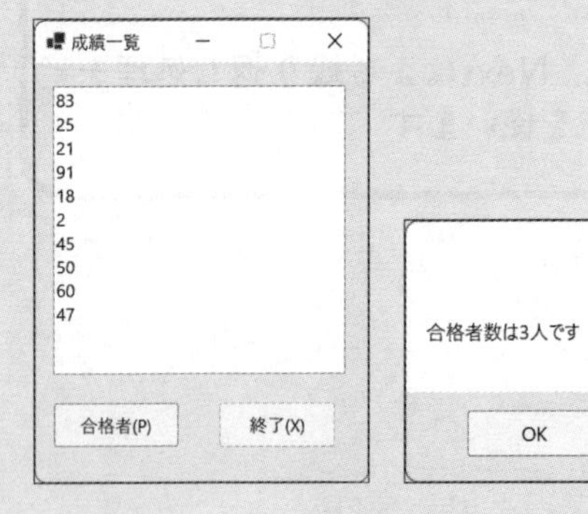

CHAPTER

6» 配列を利用する

同じデータ型で、同じ目的に使う変数がいくつもある場合、
1つ1つ変数を宣言するのはとても面倒です。
例えば、10人分の成績データを同時に取り扱いたい場合、
10個の変数を宣言する必要があります。
10個ならまだしも、これが100個、1,000個となると、
個別に変数を宣言することはとうていできません。
そのような場合に便利なのが配列です。配列を利用すると、
宣言を1つ書くだけで多数の要素が利用できるようになります。

これから学ぶこと

- ✔ 配列を宣言し、
  同じ名前で多くの要素を持つ変数が利用できるようにします
- ✔ 繰り返し処理を使って
  配列の要素をすべて処理する方法を学びます
- ✔ 多次元の配列を利用する方法を学びます
- ✔ この章で学んだことがらを利用してプログラムを作成します

イラスト 6-1 売上金額を集計するプログラム

この章では配列を利用する方法を学び、多くのデータを効率よく取り扱うための基礎を身に付けます。繰り返し処理を使って配列を処理すれば、配列のすべての要素を一度に処理できます。この章の最後では配列に入れられた売上金額をもとに、合計や平均値、標準偏差を求めるプログラムを作成します。

配列の考え方

これまでのプログラムでは、利用する変数はほんの数個程度でした。しかし、実際の仕事ではそうはいきません。例えば、成績を記憶しておくための変数を100個用意したいときにはどうすればいいでしょう。100個の変数を宣言するのは想像するだけでも気が遠くなる作業です。そういった場合に対応できるのが配列です。配列を利用すれば1つの宣言で多くの変数が簡単に利用できるようになります。

本書をここまで読み進めてきたみなさんにとっては、変数の宣言など、もはや朝飯前でしょう。しかし、変数が100個必要になったとするとどうでしょう。例えば、成績データを記憶するための変数を以下のように100個宣言するのは、どう考えても現実的ではありません。

```
Dim Score1 As Integer
Dim Score2 As Integer
      :
```

しかし、**配列**を使えばこの問題は一挙に解決します。配列では複数の要素にすべて同じ名前が付けられます。したがって、宣言は1回だけで構いません。配列の要素は**インデックス**と呼ばれる値で区別されます（図6-1）。

図 6-1 配列の考え方

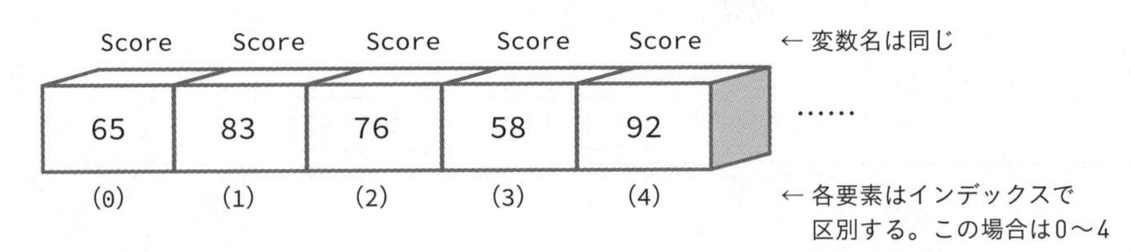

例えば、Scoreの2番といえば、どの要素であるかが特定できます。上の例では、その値は76です。このようにすれば個別に変数名を付ける必要もなく、しかも、それぞれの要素を確実に区別して使えます。また、変数名が同じなので、同じ目的に使うということもよく分かります。

実際には、配列は値型の変数ではなく、参照型の変数なので、正確なイメージは図6-1とは異なります。しかし、とりあえずは同じ型の変数が同じ名前で複数個利用でき、それぞれの要素をインデックスで区別すると考えておいてください。一応、正確なイメージを図にすると図6-2のようになります。

図 6-2 配列の正確なイメージ

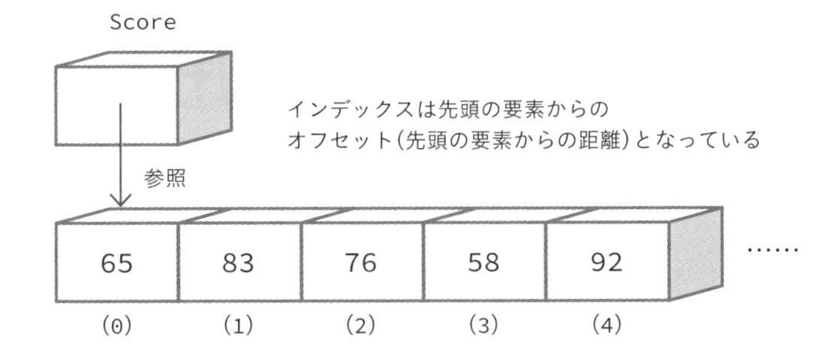

配列の利点はまだまだあります。繰り返し処理と組み合わせて使えば「0番から何番まで処理をする」というコードが書けるので、要素が100個であろうが1,000個であろうが、ほんの数行で大量のデータが処理できます。例えば、100人の平均値を求めるのであれば、以下のような流れになるでしょう。

```
合計に0を代入する
※iの値が0番から99番まで繰り返す
  合計に成績のi番目の値を加算する
※
平均に、合計を100で割った値を代入する
```

通常、配列のインデックスは0から始まることに注意してください。したがって、要素が100個あるとすれば、最後の要素のインデックスは99になります。

Visual Basicでは、複数のインデックスを使った多次元配列も可能です。しかし、まずは基本的な配列の使い方をしっかり身に付けましょう。その後で、さらに高度な配列について見ていくこととします。

確認問題

❶ 以下の文章のうち正しいものには○を、間違っているものには×を記入してください。

☐ Visual Basicで大量のデータを取り扱うときには、それらのデータを記憶するための変数を個別に宣言する必要がある

☐ 配列を使うと、1つの変数名でたくさんの変数が利用できる

☐ 配列の各要素を区別するには、キーと呼ばれる値を使う

☐ 配列と繰り返し処理を組み合わせると、大量のデータを簡潔なコードで処理できる

☐ 配列のインデックスは通常1から始まる

配列の宣言と利用

ここでは、配列の宣言のしかたと、それぞれの要素の利用のしかたを見ていきます。配列を宣言するには、インデックスの最大値を指定します。また、それぞれの要素はインデックスを指定して利用します。インデックスとして変数や式を指定できることも配列の大きなメリットです。配列の宣言時に初期値を設定する方法や、多次元配列の宣言方法についてもあわせて見ていきます。

配列を宣言する

配列の宣言にもDimステートメントを使います。宣言の方法はこれまでに見てきた変数の宣言とほとんど同じです。ただし、変数名の後に () を書き、() の中にインデックスの最大値を書きます。例えば、成績を記憶するための変数を10個、整数の配列として宣言するのであれば、以下のようにDimステートメントを書きます。

```
Dim Score(9) As Integer
```

注意すべき点は、() の中に書く数字です。() の中に書くのは配列の要素数ではなく、あくまでもインデックスの最大値です。インデックスは0から始まるので、10個の要素を利用するのであれば、インデックスの最大値には9と書きます。

この宣言により、要素数が10個の整数型の配列が利用できるようになりました（図6-3）。

図 6-3 配列のイメージ

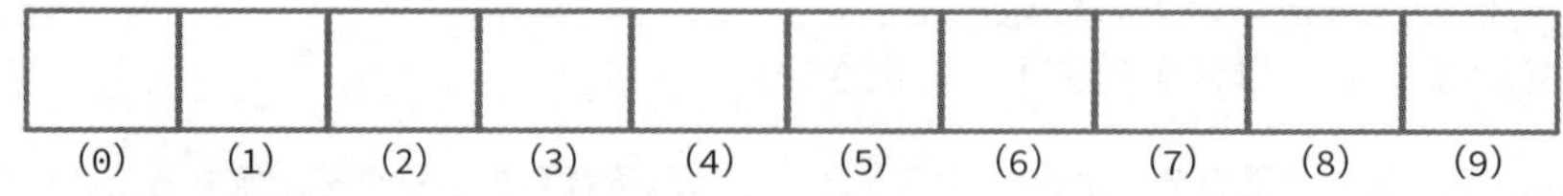

では、配列を宣言するときの一般的な書き方をまとめておきましょう（図6-4）。

図 6-4 配列を宣言する方法

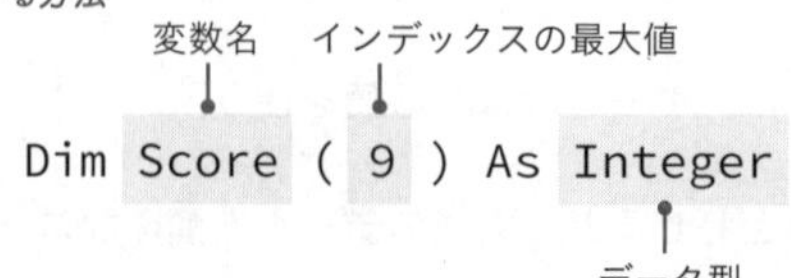

データ型にはIntegerのほか、DoubleやStringなど、どのようなものでも指定できます。

```
Dim DiscountRate(2) As Double    ● Double型のDiscountRateという配列を宣言する。
                                   インデックスの最大値が2なので要素数は3
Dim Grade(3) As String           ● String型のGradeという配列を宣言する。
                                   インデックスの最大値が3なので要素数は4
```

配列にも変数のアクセスレベルが指定できるので、Dimの代わりにPublicやPrivateを指定することができます。

```
Private QuarterSales(3) As Long  ● Privateを指定しているので、同じフォームやモジュールの
                                   中でだけ使える(ほかのモジュールからは利用できない)
Public CustomerName(9) As String ● Publicを指定しているので、
                                   ほかのフォームなどからもアクセスできる
```

配列を利用する

ArrayTest1

宣言に続いて、配列の基本的な利用方法を見ておきましょう。配列の要素は通常の変数と同じように扱えるので、代入や演算にそのまま使えます。異なるのは () の中にインデックスを書いてどの要素かを指定することだけです。

```
①Score(0) = 95          ● Scoreの0番の要素に95を代入する
  i = 3
②Score(i) = 80          ● Scoreのi番目に80を代入する(iの値が3なので、3番の要素に80が代入される)
③Score(i+4) = 55        ● Scoreのi+4番の要素に55を代入する(iの値が3なので、7番の要素に55が代入される)
④Score(5) = Score(3)    ● Scoreの5番の要素にScoreの3番の要素の値を代入する
⑤Score(10) = 100        ● Scoreの10番の要素はないので、エラーになる
```

上の例を見ても分かるように、配列のインデックスには変数や式も指定できます。なお、インデックスの値が存在しない要素を示している場合はエラーになります。処理を順に追いかけていくと図6-5のように値が代入されることが分かります。

図 6-5 配列への代入結果

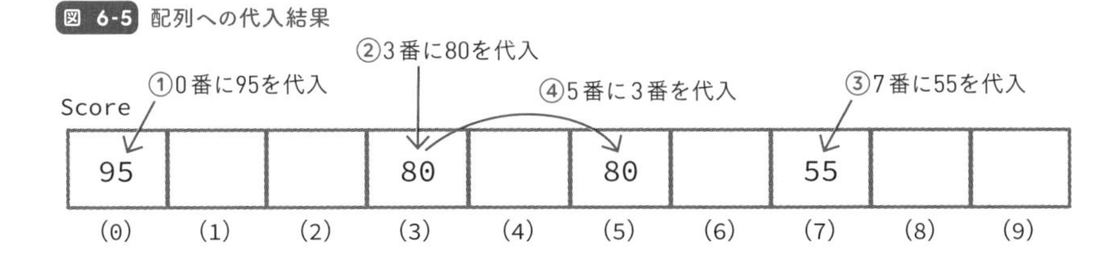

変数の初期値は?

値が代入されていない要素には、初期値として数値型には0が、Boolean型にはFalseが、文字列型にはNothingと呼ばれる特別な値が入れられています。

ここで、配列を表す変数は参照型であることを思い出してください。以下のようなコードでは、配列の各要素の値がすべて代入されるのではなく、参照が代入されます（LIST 6-1）。

LIST 6-1 配列を表す変数は参照型なので、参照が代入される

```
Dim Score(2) As Integer
Dim ScoreSave () As Integer
Score(0) = 65
Score(1) = 83
Score(2) = 76
ScoreSave = Score
```

Scoreに入れられている配列の参照をScoreSaveに代入する

図で表すと、図6-6のような感じになります。

図 6-6 参照が代入されると、同じ配列を取り扱うことになる

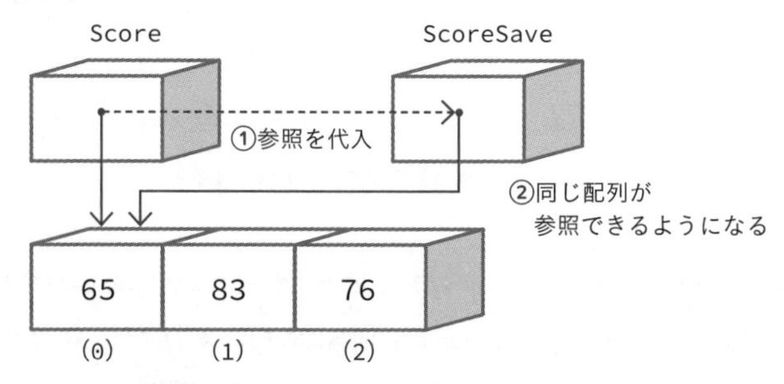

配列の各要素の値がScoreSaveに代入されているわけでなく、参照が代入されているだけなので、Scoreという名前で参照される配列を変更すると、ScoreSaveで参照される配列も当然のことながら変更されています。上のコードに続いて、LIST 6-2のコードを入力し、プログラムを実行してみると、そのことがよく分かります。

LIST 6-2 元の配列を変更する

```
Score(1) = 90
Debug.WriteLine(ScoreSave(1))
```

出力ウィンドウに表示される結果は90です。もし、各要素の値が代入されているのであれば、ScoreとScoreSaveは別のものなので、結果は83になるはずですが、そうはなりません（図6-7）。

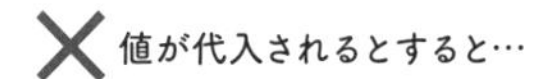

値が代入された場合と
参照が代入された場合の違い

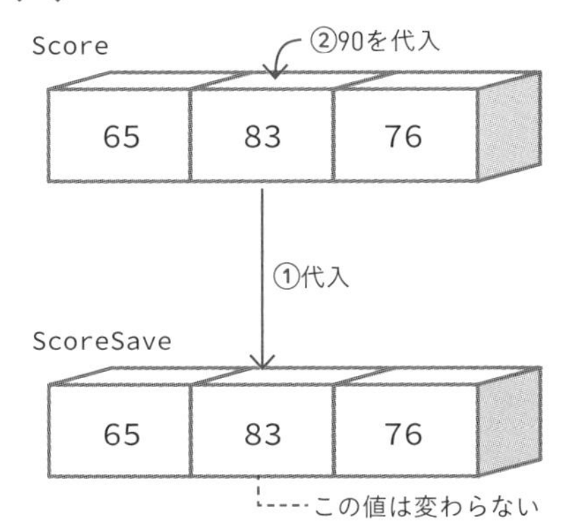

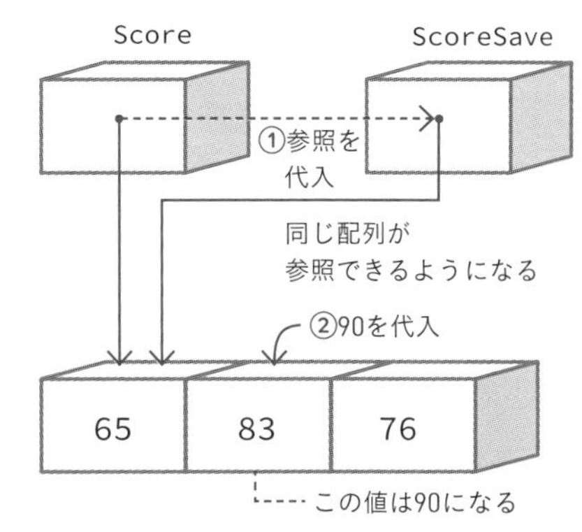

配列が大きくなると、値をすべて代入するには処理時間がかかります。しかし、参照を代入するだけであれば、1回の代入だけで処理が終わります。参照型の変数にはそのようなメリットもあります。

配列を初期化する

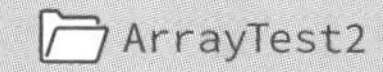

配列の要素は宣言時に初期化できます。初期値は変数の初期化と同じように「=」の後に書きます。ただし、配列には複数の要素があるので、全体を{}で囲み、各要素を「,」(カンマ) で区切ります。このとき、インデックスの最大値は指定できません。初期値の個数によって要素の数が決められます。

```
Dim DiscountRate() As Double = {0.1, 0.15, 0.2}
Dim Grade() As String = {"不可", "可", "良", "優"}
```

宣言時に配列を初期化する別の方法

以下のような書き方もできます。

```
Dim DiscountRate As Double()= {0.1, 0.15, 0.2}
Dim DiscountRate As Double()= New Double(2) {0.1, 0.15, 0.2}
```

2番目の例の場合、インデックスの最大値を書くことも、省略することもできます。

配列を利用すると、これまでSelect ... Caseステートメントを使って書いていたコードが簡単に書ける場合があります。例えば、月の和名を表示する例であれば、LIST 6-3のように書けます。

LIST 6-3 月の和名を配列から求めるコード

```
    Dim MonthName() As String = {"睦月", "如月", "弥生", "卯月", "皐月", ⇒
"水無月", "文月", "葉月", "長月", "神無月", "霜月", "師走", "不明"}
    Dim MonthNumber As Integer = Today.Month - 1
    MessageBox.Show("今月は" & MonthName(MonthNumber) & "です")
```

Today.Monthと書くと、現在の日付から月が取り出せます。月は1から始まるので、1を引くことで、月の和名を入れた配列のインデックスと合わせます。例えば、5月であれば4番の要素を取り出すことになります。

配列の宣言にはConstステートメントは使えない

月の和名を入れた配列は内容を変更することがないので、定数として宣言したいところですが、配列の場合Constステートメントを使うことができません。Dimの代わりにConstと書くとエラーになります。

多次元配列を利用する

ArrayTest3

これまで見てきた配列は、0番から何番かまでの要素が順に並んだデータを表すのに便利です。しかし、データが表のような形に並んでいる場合には、インデックスを0から順に指定するよりも行と列を組み合わせて指定したほうが便利です（図6-8）。

図 6-8 表形式の場合は行と列で要素を指定したい

0	1	2	3
4	5	6	7
8	9	10	11

先頭から順にインデックスを指定して
それぞれの要素を表す

0,0	0,1	0,2	0,3
1,0	1,1	1,2	1,3
2,0	2,1	2,2	2,3

行と列を使って
それぞれの要素を指定する

この例では、(行, 列) という形式でそれぞれの要素を指定しています。このように、配列の要素を、行を表すインデックスと列を表すインデックスを使って表すこともできます。Integer型の配列であるとして、上の例をそのまま宣言してみましょう。

```
Dim DataMatrix(2, 3) As Integer
```

インデックスの最大値は、それぞれ「,」(カンマ) で区切って指定します。このように宣言すると、

3×4=12個の要素を持つInteger型の配列が宣言できたことになります。

配列で利用されるインデックスの数は**次元**と呼ばれ、Visual Basicでは32次元までの配列を利用できます。例えば、さきほどの例はインデックスを2つ使うので2次元の配列となります。一方、次の例は3次元の配列になります。

```
Dim DataCube(2, 3, 4) As Double
```

この例であれば、奥行きが3個、高さが4個、幅が5個の立体のようなデータを想像するといいでしょう（図6-9）。

図 6-9 3次元配列のイメージ

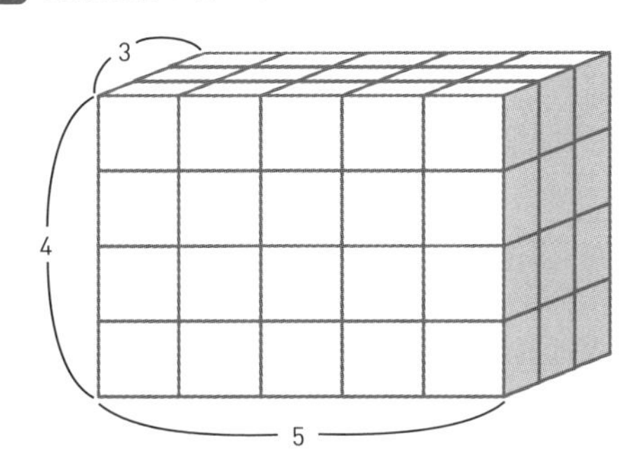

多次元の配列を利用する場合も考え方は1次元の場合と同じです。それぞれの要素はインデックスを使って指定します。もちろん、インデックスには変数や式も指定できます。いくつか例を見てみましょう。

```
①DataMatrix(1, 2) = 10
  x = 2
  y = 3
②DataMatrix(x, y) = 15
```

念のため図で示しておくと、図6-10のようになります。

図 6-10 2次元配列の要素に値を代入する

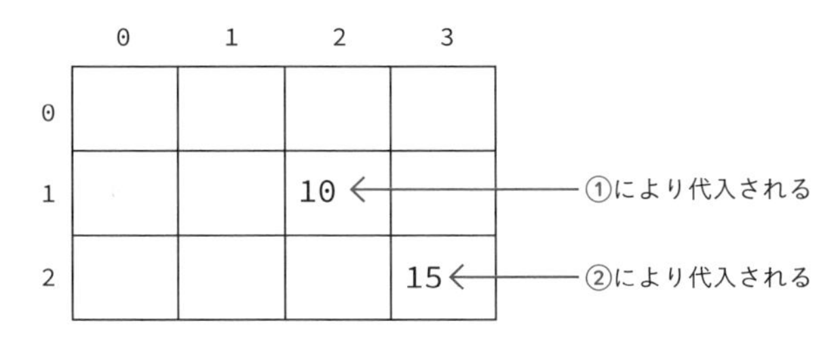

①は、DataMatrixという配列の1行2列目に10を代入することになり、②は、DataMatrixのx行y列目に15を代入することになりますが、xが2、yが3なので、2行3列目に代入されます。

多次元配列を初期化する　ArrayTest4

多次元配列でも、配列の宣言と同時に初期値の設定ができます。この場合、最初の次元の並びの中に、次の次元の並びをそれぞれ{}で囲んで書きます。

```
Dim Matrix(, ) As Integer = {{1, 2, 3, 4}, {101, 102, 103, 104}, ⇒
{30, 40, 50, 60}}
```

インデックスの最大値が書かれていないので、(3,2) の配列なのか (2,3) の配列なのか迷ってしまうかもしれません。しかし、最初の次元がいちばん外側の{}にあたると考え、順を追って丁寧に見ていけば難しいことはありません。外側から考えるので、とりあえず内側の{}をX, Y, Zとおけば、要素が3つであることが分かります。したがって、最初の次元の要素は3つ。つまり、最初の次元のインデックスの最大値は2です。

```
Dim Matrix(□, ) As Integer = {X, Y, Z}
```

次に内側を見ていきます。Xは{1, 2, 3, 4}、Yは{101, 102, 103, 104}、Zは{30, 40, 50, 60}にあたるわけですから、次の次元の要素は4つ。つまり、次の次元のインデックスの最大値は3となります。

```
Dim Matrix( ,□) As Integer = {{1, 2, 3, 4}, {101, 102, 103, 104}, ⇒
{30, 40, 50, 60}}
```

したがって、この配列は (2, 3) の配列だということが分かります。全体を図にすると図6-11のようなイメージになるでしょう。

図 6-11 多次元配列を初期化した

	0	1	2	3
0	1	2	3	4
1	101	102	103	104
2	30	40	50	60

配列のサイズを変更する　ArrayTest5

配列のサイズは後から変更できるので、あらかじめ宣言していた配列のサイズよりもデータが多くなってしまった場合や、データが少ししかなく、無駄な領域を削除したい場合にも対処できます。配列のサイズを変更するには、**ReDimステートメント**を使います（LIST 6-4）。

LIST 6-4 配列のサイズを変更する

```
Dim x() As Double = {0.5, 1.0 ,1.5}
ReDim x(5)
Debug.WriteLine(x(1).ToString("F1"))
```

ReDimステートメントに配列名とインデックスの新しい最大値を指定する

ただし、この場合は元の要素の値が失われてしまいます。したがって、出力ウィンドウには1.0ではなく0.0と表示されます。元の要素の値を保持したまま、配列のサイズを変更したいときには、**Preserve**というキーワードを付けます（LIST 6-5）。

LIST 6-5 元のデータを保持したまま配列のサイズを変更する

```
Dim x() As Double = {0.5, 1.0 ,1.5}
ReDim Preserve x(5)
Debug.WriteLine(x(1).ToString("F1"))
```

Preserveキーワードを付けて配列のサイズを変える

この場合、出力ウィンドウには1.0が表示されます。なお、配列のサイズを小さくした場合、切り詰められた要素は利用できなくなります。

確認問題

1 左のステートメントと、その正しい説明を線で結んでください。

(あ) `Dim x(4) As Integer` •
(い) `ReDim x(5)` •
(う) `Dim x() As Integer = {10, 20}` •
(え) `Dim x(4, 5) As Double` •
(お) `y(2) = x(2)` •

- (A)配列xの2番の要素を代入する
- (B)二次元の配列xを宣言する
- (C)2つの要素を持つ配列xを初期化する
- (D)4つの要素を持つ配列xを宣言する
- (E)5つの要素を持つ配列xを宣言する
- (F)配列xのサイズを変える。元のデータは失われる
- (G)配列xのサイズを変える。元のデータは保持される

2 以下のコードを実行したときに、
右に記した説明の空欄を埋める値を答えてください。
エラーになる場合は、エラーと答えてください。

```
Dim x() As Integer = {1, 2, 3, 4, 5}
Dim y() As Integer
Dim i As Integer
Debug.WriteLine(x(4))  ——— 出力ウィンドウに表示される値は [    ]
x(0) = x(1) + x(2)     ——— x(0)の値は [    ] になる
y = x
i = 4
y(i) = 10              ——— 代入前のy(i)の値は [    ]、代入後のy(i)の値は [    ] になる
x(4) +=1               ——— x(4)の値は [    ] になる
ReDim Preserve x(3)
Debug.WriteLine(x(4))  ——— 出力ウィンドウに表示される値は [    ]
```

配列と繰り返し処理

配列の便利なところは、インデックスに変数や式を指定できるということです。変数の値や計算の結果によって利用する要素が決められるので、高度なデータの処理ができるようになります。とりわけ、For ... Nextステートメントなどの繰り返し処理と組み合わせて利用すると、多くのデータを一度に処理できるので、その威力は2倍や3倍どころか、何百倍、何千倍にも発揮されます。

配列の要素をすべて処理する

配列のインデックスは0から始まり、要素数-1で終わります。これらはFor ... Nextステートメントによる繰り返し処理の初期値と終了値とまったく同じなので、配列の要素をすべて処理したいときには、For ... Nextステートメントを使うと簡潔なコードが書けます。

例えば、会議室の空き状況を配列で管理するものとしましょう。会議室の数は10とし、とりあえずは空きであるか使用中であるかが区別できればいいので、データ型はBooleanとし、TrueかFalseで状態を表すものとします。配列の宣言は次のようになるでしょう。

```
Dim RoomStatus(9) As Boolean
```

空きをFalse、使用中をTrueとしましょう。ただし、そのままではどちらが空きでどちらが使用中なのか分かりにくいので、定数を宣言しておきます。

```
Const VACANT As Boolean = False        ' 空き
Const OCCUPIED As Boolean = True       ' 使用中
```

For ... Nextステートメントを使って、RoomStatusのすべての要素にVACANTを代入すれば、会議室をすべて「空き」にできます（LIST 6-6）。

LIST 6-6 For ... Nextステートメントを使って配列の要素をすべて初期化する

```
For i As Integer = 0 To 9
    RoomStatus(i) = VACANT
Next
```

ブール型変数の初期値はFalse

ブール型（Boolean型）変数の既定の値はFalseなので、このような初期化をしなくても最初からすべてが空きになっています。しかし、明示的にコードを書いておけば、どのような値に初期化されているのかがよく分かります。

会議室を利用したければ、必要に応じてインデックスを指定し、その要素にOCCUPIEDを代入します。例えば、3番の会議室を使いたければ、

```
RoomStatus(3) = OCCUPIED
```

とすればいいでしょう。

これだけで、もう会議室の空き状況を管理するプログラムの骨格ができます。この配列を使うと、さまざまな処理ができます。例えば、現在空いている会議室の数を数えてみましょう。やはりFor ... Nextステートメントが使えます（LIST 6-7）。

LIST 6-7 空き会議室の数を数えるコード

```
Dim VacantCount As Integer = 0
For i As Integer = 0 To 9
    If RoomStatus(i) = VACANT Then
        VacantCount += 1
    End If
Next
```

多次元配列の要素をすべて処理する　ArrayTest7

多次元配列にはインデックスが複数個あるので、繰り返し処理を入れ子にする必要があります。作業のシフト表のようなものを考えてみましょう。例えば、毎日点検すべき箇所が4箇所あるものとします。点検は毎日なので、1週間分の表を作るとすれば、日曜日から土曜日までの7日間の表になるはずです（図6-12）。

図 6-12 シフト表の例

	日	月	火	水	木	金	土
禁煙席							
喫煙席							
サラダバー							
トイレ							

表の中に担当者の名前を入れるなら、String型の配列を宣言する必要があります。行数が4、列数が7の配列になるので、次のように宣言できます。

```
Dim ShiftTable(3, 6) As String
```

初期設定として、すべての要素に""（長さ0の文字列）を入れるなら、図6-13のように、まず0行目のすべての列に""を代入し、次に1行目のすべての列に""を代入し……と進めていきます。

図 6-13 二次元の配列を初期化する

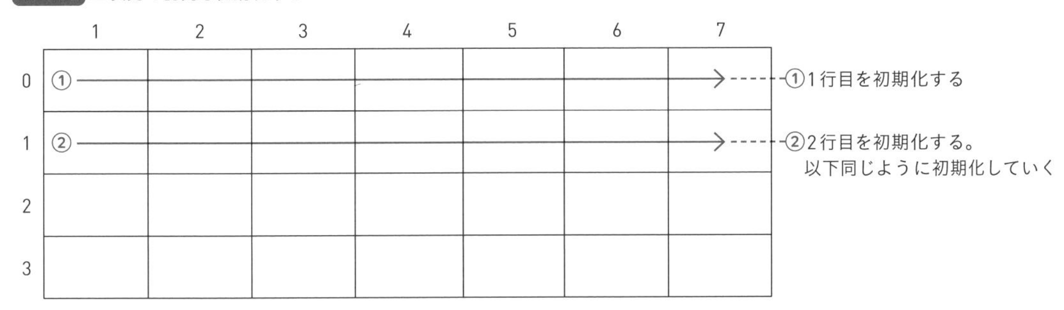

入れ子になった繰り返し処理をいきなり書くのは難しいので、1行ずつ個別に書いてみましょう。これなら、曜日を順に変えるという繰り返しなので、For ... Nextステートメントで書けるはずです。曜日を表すインデックスをidxDayとします。まず、1行目です。このときは、点検箇所を表すインデックスが0なので、以下のようになります（LIST 6-8）。

LIST 6-8 1行目のすべての列を初期化する

```
For idxDay = 0 To 6
    ShiftTable(0, idxDay) = ""
Next
```

2行目から4行目までも同様です（LIST 6-9）。

LIST 6-9 2行目から4行目までのすべての列を初期化する

```
For idxDay = 0 To 6
    ShiftTable(1, idxDay) = ""
Next

For idxDay = 0 To 6
    ShiftTable(2, idxDay) = ""
Next

For idxDay = 0 To 6
    ShiftTable(3, idxDay) = ""
Next
```

この部分以外はすべて同じ。ここだけが0～3に変わるので変数にする

これで、すべての要素を初期化できます。これらのコードを見てみると、点検箇所を表すインデックス以外はすべて同じだということが分かります。点検箇所を表すインデックスをidxPosとすると、4つのコードすべてが以下のように書けます（LIST 6-10）。

LIST 6-10 行を表すインデックスを変数にする

```
For idxDay = 0 To 6
    ShiftTable(idxPos, idxDay) = ""
Next
```

idxPosの値が0から3まで変わればいいのですから、このコード全体をFor ... Nextステートメントで囲みましょう（LIST 6-11）。

LIST 6-11 For ... Nextステートメントを入れ子にしてすべての行と列を初期化する

```
For idxPos = 0 To 3
    For idxDay = 0 To 6
        ShiftTable(idxPos, idxDay) = ""
    Next
Next
```

これで、繰り返し処理を入れ子にできました。これは、図6-14のようなカウンターと同じ動きをします。

図 6-14 入れ子になった繰り返しはカウンターと同じ

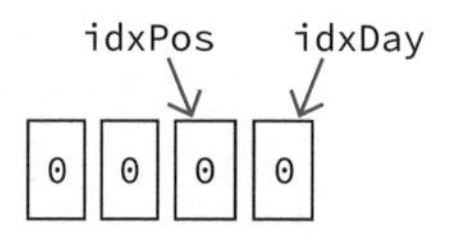

idxPosの値は、最初は0です。まずidxDayが0から6まで変わります。idxDayが1周すると、idxPosの値が1になり、またidxDayが0から6まで変わります。このようにして、最後まで（idxPosの値が3、idxDayの値が6まで）処理を進めるわけです。

多次元の繰り返し処理も、慣れてくればいきなりコードを書けるようになりますが、最初のうちは、こういうカウンターを想像すればいいでしょう。インデックスの順序とカウンターの桁の順序とは同じで、左のほうのインデックスが外側の繰り返しに対応します。

なお、ここで示した会議室の例や作業のシフト表の例は、あくまで配列の機能を理解するためのものです。実際には予約状況や割り当てを保存しておかないと意味がないので、配列ではなく、Chapter 9のファイルやデータベースを利用するのが普通です※1。

※1 データベースの利用方法については、本書のWebサイト（https://book.impress.co.jp/books/1121101112）で提供している付録のサンプルプログラムで紹介しています。

確認問題

❶ 説明をもとに空欄を埋めてコードを完成させてください。

(1)
```
Const FREE As Integer = 0            ' 空き
Const RESERVED As Integer = 1        ' 予約済み
Const VIPONLY As Integer = 2         ' VIPのみ利用可
Dim SeatNumber(［　］) As Integer     ← 座席の状態を表す配列を宣言する。座席数は100とする

' すべてを空席とする。ただし10で割り切れる番号の座席はVIP専用とする
［　］idx As Integer = 0 To［　］     ← すべての座席について処理する
    SeatNumber(idx) = ［　　］        ← 座席を空席とする
    ［　］idx［　］10 = 0 Then SeatNumber(idx) = ［　　］
                                      ← インデックスが10で割り切れる場合はVIPのみ利用可とする
Next
```

(2)
```
Const HIT As Boolean = True          ' 当たり
Const MISS As Boolean = False        ' はずれ
Dim r As Random = New Random()       ' 乱数オブジェクトを作成する
Dim x(［　］) As［　　］              ' 要素数100個のBoolean型の配列を作る
［　］idx As Integer = 0 To ［　］    ' 最初はすべてを「はずれ」にしておく
    x(［　］) = MISS
Next
［　　］i As Integer = 0 To［　　］   ← 10個だけ「当たり」を作る
    x(r.Next(100)) = ［　　］         ← 100未満の乱数を発生させ、それをインデックスに持つ要素を当たりとする(同じ値が出る可能性があるが重複してもよいものとする)
Next
```

(3)
```
Dim x(9,9) As Integer                ← 九九の計算結果を入れる配列を用意する
For i As Integer = 0 To 9            ← 行が0から9まで繰り返す
    For［　　］As Integer = 0 To 9    ← 列が0から9まで繰り返す
        x(［　　］, j) = i * j        ← i * jの値を配列に入れる
    Next j
Next i
```

プログラミングにチャレンジ

実用的なプログラムを作成するためには、配列や繰り返し処理の利用は必須といっても過言ではありません。ここでは、配列に入れられた売上金額をもとに、合計や平均値、標準偏差といった簡単な統計値を求めるプログラムを考えてみます。これらの値を求めるには、すべての値を加算する必要があるので、繰り返し処理を使います。

売上を集計するプログラム

この章では、スーパーマーケットの売上金額をもとに、簡単な統計値を求めるプログラムを考えてみます。レジの台数は6台として、各レジの売上金額は配列に入れられているものとします。それらの合計、平均値、標準偏差を求めるプログラムを作成してみましょう。標準偏差とはデータの散らばり具合を表す値です。

標準偏差の求め方はそれほど難しくありませんが、最初に数式をお見せするとアレルギーを起こしてしまう人もいるかもしれないので、平均値を求めるところから始めましょう。平均値を求めるには、その前に合計を求める必要があります。合計をデータの個数で割った値が平均値です。

プログラムの完成イメージはイラスト6-2のような感じです。

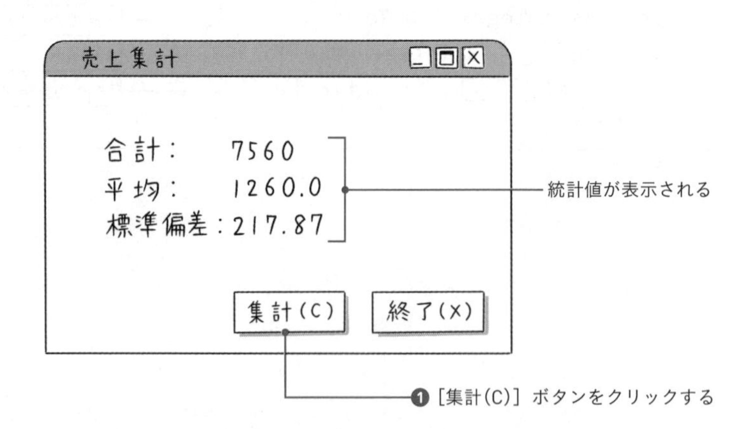

イラスト 6-2
売上金額の合計、平均値、標準偏差を求めるプログラムの完成イメージ

次に、新しいプロジェクトを作成し、完成イメージにそってフォームをデザインしていきましょう。プロジェクト名はCalcSalesとしておきます。

✔ フォームのデザイン

このプログラムの処理は、配列を使った内部の処理がほとんどなので、目に見えるものは計算結果と計算を始めるためのボタンだけです。したがって、LabelコントロールとButtonコントロールを配置すればフォームのデザインは終わりです。画面6-1のようにコントロールを配置し、表6-1にそってプロパティの値を設定していってください。

画面 6-1 フォームのデザイン

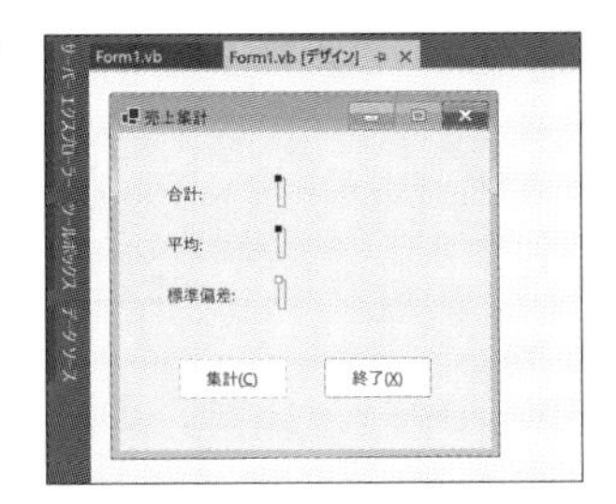

表6-1 このプログラムで使うコントロールのプロパティ一覧

コントロール	プロパティ	このプログラムでの設定値	備考
Form	Name	Form1	
	FormBorderStyle	FixedSingle	フォームの境界線をサイズ変更のできない一重の枠にする
	MaximizeBox	False	最大化ボタンを表示しない
	AcceptButton	btnCalc	Enter キーを押したときに選択されるボタンはbtnCalc
	CancelButton	btnExit	Esc キーを押したときに選択されるボタンはbtnExit
	Text	売上集計	
Label	Name	Label1	
	Text	合計:	
Label	Name	Label2	
	Text	平均:	
Label	Name	Label3	
	Text	標準偏差:	
Label	Name	lblSum	合計を表示するために使う
Label	Name	lblAverage	平均値を表示するために使う
Label	Name	lblSD	標準偏差を表示するために使う
Button	Name	btnCalc	統計値を計算するためのボタン
	Text	集計（&C）	
Button	Name	btnExit	
	Text	終了（&X）	

イベントハンドラーの記述

このプログラムの目的、つまり求めたいものは合計と平均値と標準偏差です。したがって、まずそれらの変数を宣言します。合計はInteger型で構いませんが、平均値と標準偏差は小数点以下の値があるはずなので、Double型にしましょう。合計金額には初期値として0を入れておきます。

次に、それらの値を求めるために利用できる変数を宣言します。利用できるのは各レジの売上金額なので、Integer型の配列として宣言すればいいでしょう。ここでは単純な例を示したいので、売上金額には初期値として各月の金額をあらかじめ入れておくものとします（LIST 6-12）。

LIST 6-12 変数を宣言し、配列を初期化する

```
Dim Sum As Integer = 0
Dim Average As Double, SD As Double
Dim Sales() As Integer = {1230, 890, 1450, 1520, 1380, 1090}
```

求めたいもの（合計）
求めたいもの（平均と標準偏差）
利用できる値（売上金額）

2行目で宣言したSDという変数が標準偏差を表すものとします。これは、Standard Deviation（標準偏差）の略です。

ListBoxコントロールやDataGridViewコントロールにデータを表示してもよい

売上金額の元のデータはファイルに保存されているのが普通です。また、このプログラムは合計を求めるという目的に限定されたものなので、毎月の値は表示していませんが、毎月の値を表示するならListBoxコントロールやDataGridViewコントロールを使います。

Buttonコントロールのイベントハンドラー

Buttonコントロールは2つあり、btnCalcが合計や平均値などを求めるためのボタン、btnExitがプログラムを終了させるためのボタンです。

平均値を求めるためには、まず合計を求める必要がありますが、その方法は簡単です。レジの売上金額を順に加算していくだけです。各レジの売上金額は配列になっているので、繰り返し処理を使ってインデックスの値を順に変えていくだけで簡単に合計が求められます。

図 6-15 配列の合計を求める方法

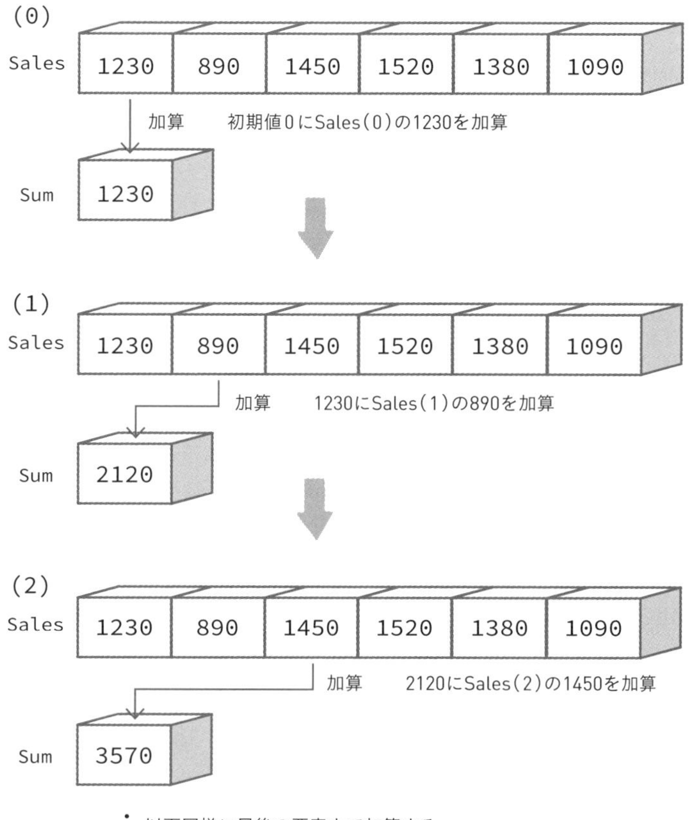

処理の流れを日本語の擬似コードで書いてみましょう。

```
Sumに0を入れる
※iが0から5まで繰り返す
  Sumに売上のi番目を加算する
※
```

繰り返し処理が終了した時点でSumには合計が入っています。その値を6で割れば平均値が求められます。Labelコントロールにこれらの値を表示すればプログラムは半分完成です。btnCalcのClickイベントハンドラーの名前をDoCalcとして、そこまでを書いてみましょう（LIST 6-13）。

LIST 6-13 売上の合計と平均値を求める

```
    Private Sub DoCalc(sender As Object, e As EventArgs) Handles ⇨
btnCalc.Click
        Dim Sum As Integer = 0
        Dim Average, SD As Double
        Dim Sales() As Integer = {1230, 890, 1450, 1520, 1380, 1090}
        For i As Integer = 0 To UBound(Sales) ●── 0から配列のインデックスの最大値まで
            Sum += Sales(i) ●── SumにSales(i)を加算していく
        Next
        Average = Sum / Sales.Length ●── Sumを配列のサイズで割る
        lblSum.Text = Sum.ToString()
        lblAverage.Text = Average.ToString("F1")
    End Sub
```

UBound関数を使うと配列のインデックスの最大値が求められます。これを利用して「0から5まで繰り返す」と書く代わりに「0から配列のインデックスの最大値まで繰り返す」という書き方にしています。このような書き方にすれば、配列のインデックスがいくつであってもすべての要素を処理できるコードになります。

また、配列名.Lengthというプロパティを使うと配列の要素数が求められます。ここでは、平均値を求めるときに6で割る代わりにSales.Lengthで割っています。この場合も、配列の要素がいくつであっても、要素の個数を使った計算ができます。

平均値は小数点以下1位まで表示することとします。そのため、ToStringメソッドに"F1"という書式を指定しています（P.161参照）。

では、続いて標準偏差の求め方です。標準偏差は以下の式で求められます。

$$\sqrt{\frac{(\text{各データ} - \text{平均値})^2 \text{ の総合計}}{\text{データの個数}}}$$

（網掛け部分）の値は分かっている

ちょっと見たところ難しそうですが、1つずつステップを踏んでいけば難しくはありません。上の式の中で、各データの値とデータの個数、平均値はすでに分かっています。

まずやるべきことは、各データから平均値を引くことです。次にそれを2乗します。2乗といっても特別な計算ではありません。ただ同じ値を2回掛けるだけです。ただし、Visual Basicでは、べき乗を求める「^」演算子を使ったほうが簡単に表せます。

続いて、それらの値の総合計を求めます。あとは総合計をデータの個数で割って※2、正の平方根を求めれば、その値が標準偏差になります（図6-16）。

※2　母集団の標準偏差を推定する場合には（データの個数－1）で割ります。

図 6-16 標準偏差の求め方

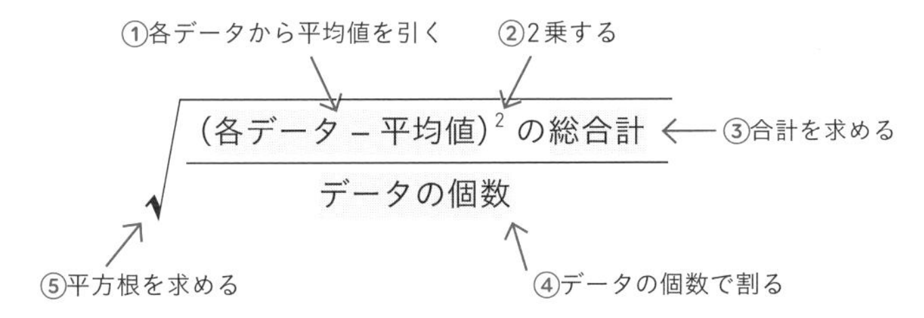

各データから平均値を引き、2乗するには以下のような式を書きます。

```
(Sales(i) - Average) ^ 2
```

この総合計を求めるには、iの値を0から5まで変えながら繰り返し処理をします。総合計を求めるための変数がSSE※3という名前であれば、コードはLIST 6-14のようになります。

LIST 6-14 平均値と各データの差の2乗を合計する

```
Dim SSE As Double = 0
For i = 0 To UBound(Sales)   ← 0から配列のインデックスの最大値まで
   SSE += (Sales(i) - Average) ^ 2   ← (売上 - 平均)の2乗をSSEに加算していく
Next
```

繰り返しが終了した時点で、SSEには（各データ–平均値）^2の総合計が入っています。これをデータの個数で割り、平方根を求めれば標準偏差になります。平方根はMath.Sqrt（）というメソッドを使って求めます。() 内に元の値を指定すれば、その正の平方根が求められます。例えばMath.Sqrt（2）の値は1.41421356...です。コードの続きは次のようになります（LIST 6-15)。

LIST 6-15 標準偏差を求める

```
SD = Math.Sqrt(SSE / Sales.Length)   ← SSEをデータの個数で割り、正の平方根を求める
lblSD.Text = SD.ToString("F2")
```

コードが細切れになったので、イベントハンドラー全体を見ておきましょう。以下が完成したコードです。少し長いですが、間違いのないように入力してください（LIST 6-16)。

※3　平均値と各データの差を誤差あるいは残差と呼び、その2乗の総合計を残差平方和と呼びます。残差平方和は英語で表記するとSum of Squared Errorなので、SSEと略されることがあります。

LIST 6-16 売上の合計、平均値、標準偏差を求めるコード

```
    Private Sub DoCalc(sender As Object, e As EventArgs) Handles ⇒
btnCalc.Click
        Dim Sum As Integer = 0
        Dim Average As Double, SD As Double
        Dim Sales() As Integer = {1230, 890, 1450, 1520, 1380, 1090}
        For i As Integer = 0 To UBound(Sales)
            Sum += Sales(i)
        Next
        Average = Sum / Sales.Length

        Dim SSE As Double = 0
        For i As Integer = 0 To UBound(Sales)
            SSE += (Sales(i) - Average) ^ 2
        Next
        SD = Math.Sqrt(SSE / Sales.Length)

        lblSum.Text = Sum.ToString()
        lblAverage.Text = Average.ToString("F1")
        lblSD.Text = SD.ToString("F2")
    End Sub
```

[終了（X）] ボタン（btnExit）のイベントハンドラーを作成し、コードを入力すればプログラムの完成です（LIST 6-17）。

LIST 6-17 プログラムを終了させるコード

```
    Private Sub ExitProc(sender As Object, e As EventArgs) Handles ⇒
btnExit.Click
        Application.Exit()
    End Sub
```

標準偏差の意味

標準偏差はデータの散らばり具合を表す値です。標準偏差を求めるためには、まず、各データと平均値の差を求めます。つまり、それぞれのデータが平均値からどれだけ離れているかを求めるわけです。当然のことながら、散らばり具合が小さいのであれば、データが平均値の近くにあるので、差は小さくなります。逆に、散らばり具合が大きいのであれば、データが平均値から離れているので、差は大きくなります。

各データと平均値の差の総合計が散らばり具合を表すわけですが、差は正にも負にもなるので、合計すると正と負の値が相殺されてしまいます。そこで、絶対値を求めるために2乗してから合計するわけです（後で√を取れば絶対値になります）。続いて、各データと平均値の差の2乗を総合計して個数で割ります。これは分散と呼ばれます。分散は、散らばり具合の平均的な大きさにあたります。最後に√を求めて、もとのデータと同じ単位にしたものが標準偏差です。

✓ プログラムを実行する

コードがすべて入力できたら、ツールバーに表示されている［CalcSales］ボタン（▶）をクリックしてプログラムを実行します。［集計（C)］ボタンをクリックすると、売上の合計、平均値、標準偏差が表示されます（画面6-2）。

画面 6-2
売上金額の合計、平均値、標準偏差を求めるプログラムを実行する

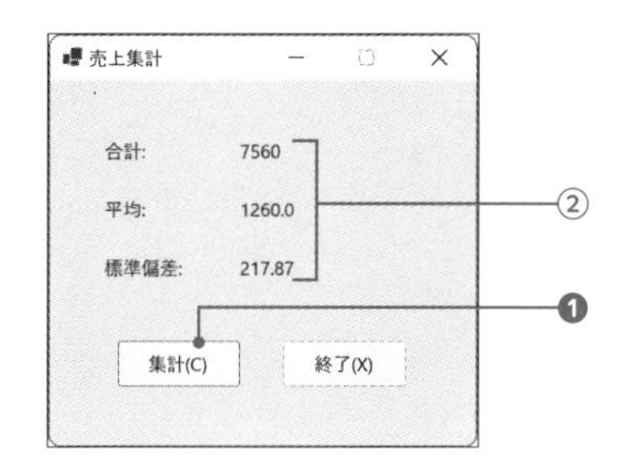

❶［集計（C)］ボタンをクリックする
② 合計、平均値、標準偏差が表示される

このプログラムでは、配列とFor ... Nextステートメントを組み合わせて使いました。まとめの後の練習問題に取り組み、実践的な知識を身に付けましょう。

CHAPTER 6 » まとめ

- ✓ 配列を利用すると、同じ目的に使う多くのデータを1つの変数名で取り扱えます
- ✓ 配列の各要素はインデックスで区別されます
- ✓ 配列を表す変数は参照型の変数です
- ✓ インデックスには変数も指定できるので、インデックスの値を変えながら繰り返し処理を実行すれば配列の要素がすべて処理できます
- ✓ 複数のインデックスを利用する多次元の配列も使えます
- ✓ 配列は宣言時に初期化できます

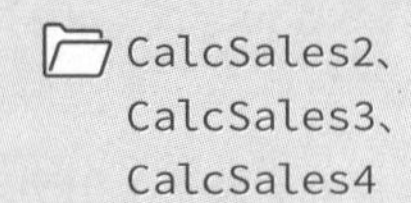

練習問題

A サンプルプログラムを変更し、各レジの売上金額をListBoxコントロールにも表示するプログラムを作成してみてください。
プロジェクト名はCalcSales2とします。

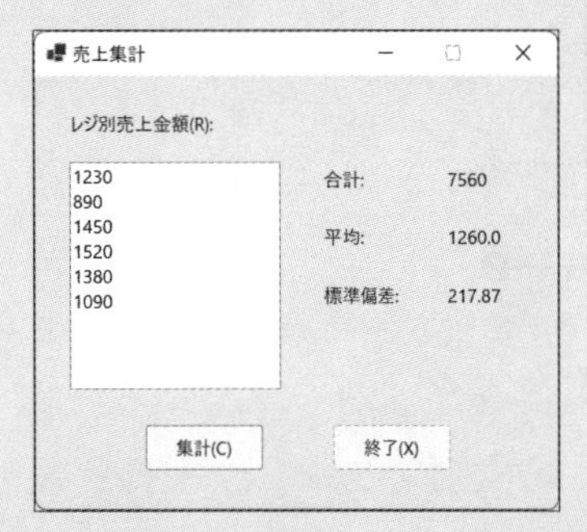

ヒント ListBoxコントロールに項目を追加するには、ListBoxコントロールのItems.Addメソッドを使います。

B サンプルプログラムを変更し、各レジの偏差値を求めるプログラムを作成してみてください。
偏差値は、

(それぞれの値－平均値)／標準偏差×10＋50

で求められます。プロジェクト名はCalcSales3とします。
CalcSales2では売上金額をListBoxコントロールに表示していますが、このプログラムでは偏差値を表示することに注意してください。

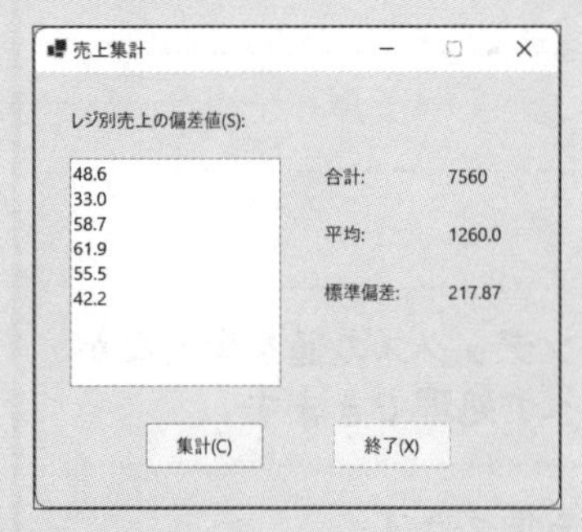

C サンプルプログラムの方法だと平均値を求めるためにすべての値を合計するという繰り返し処理が必要になり、次に各データから平均値を引くためにもう一度繰り返し処理をする必要があります。

本文で紹介した標準偏差の式を変形し、次の式のようにすると、繰り返し処理を1回で済ませることができます。

$$\sqrt{\frac{\text{データの個数} \times (\text{各データ}^2\text{の総合計}) - (\text{データの総合計})^2}{\text{データの個数}^2}}$$

この式を参考にして、サンプルプログラムを変更し、1回の繰り返し処理で標準偏差を求めてみてください。プロジェクト名はCalcSales4とします。
実行結果はサンプルプログラムと同じものになります。

PART 2

CHAPTER

7 » プロシージャを使ってコードをまとめる

膨大な数のプログラムを効率よく開発するためには、
一度作ったものを再利用するのが鉄則です。身近なレベルでいえば、
よく使われる処理をプロシージャにまとめるのがその第一歩です。
プログラムの中には、いくつかの場所で使われる同じ処理や、
どのようなプログラムでも使われる処理があります。
それらの処理に名前を付けたものがプロシージャです。
プロシージャを一度作っておけば、
同じコードをふたたび書く必要がなくなり、名前といくつかの
データを指定するだけで決まった処理ができるようになります。

これから学ぶこと

- ✔ SubプロシージャとFunctionプロシージャの違いを学びます
- ✔ Subプロシージャの作り方と利用のしかたを学びます
- ✔ Functionプロシージャの作り方と利用のしかたを学びます
- ✔ 引数の定義のしかたや引数の渡し方について学びます
- ✔ この章で学んだことがらを利用してプログラムを作成します

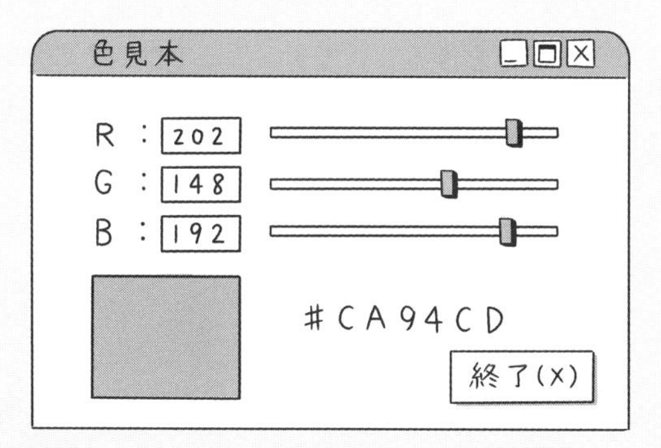

イラスト 7-1 色見本とカラーコードを表示するプログラム

この章ではSubプロシージャやFunctionプロシージャの作り方や使い方を学びます。共通に使われる処理をプロシージャとしてまとめることは、大規模なプログラムを作成するための基本です。この章の最後では、色見本と16進数のカラーコードを表示するプロシージャを作成し、赤、緑、青の度合いを表すTrackBarコントロールを操作したときに、そのプロシージャを呼び出すプログラムを作成します。

Subプロシージャと Functionプロシージャ

プロシージャを日本語にすると「手続き」です。手続きというと、所定の用紙に必要事項を書いて……という「申請」のようなイメージを抱く人がいるかもしれませんが、そうではなく、一定の手順に従って進められるひとまとまりの仕事という意味です。Visual Basicのプロシージャも、よく使われる処理に名前を付けておき、いつでも呼び出せるようにしたものです。プロシージャにはSubプロシージャと呼ばれるものやFunctionプロシージャと呼ばれるものがあります。

この章では共通に使われる処理を**プロシージャ**にまとめる方法を学びます。といっても、プロシージャはここではじめて登場するものではありません。これまでに私たちはプロシージャを何度も使っています。例えば、イベントハンドラーはすべて**Subプロシージャ**です。また、Debug.WriteLineメソッドの正体もSubプロシージャです。

一方、Chapter 5で使ったInput関数は**Functionプロシージャ**です。整数を文字列にするためのToStringメソッドや、平方根を求めるためのMath.Sqrtメソッドの正体も、実はFunctionプロシージャなのです。

つまり、これまではすでに用意されたプロシージャを意識せずに使ってきたわけです。しかし、これからやることは自分でプロシージャを作ることです。ここでは、そのための準備として、これまでに使ったSubプロシージャやFunctionプロシージャを振り返って、特徴を確認しておきましょう。

✔ Subプロシージャの利用例と特徴

Debug.WriteLineメソッドを例にSubプロシージャの特徴を見てみましょう。Debug.WriteLineメソッドの書き方を図にすると図7-1のようになります。動作のイメージは図7-2のような感じです。

図 7-1 Subプロシージャの呼び出し方

```
Debug. WriteLine ( "Hello VB!" )
```

プロシージャ名はWriteLine　かっこの中に引数を書く

図 7-2 Subプロシージャのイメージ

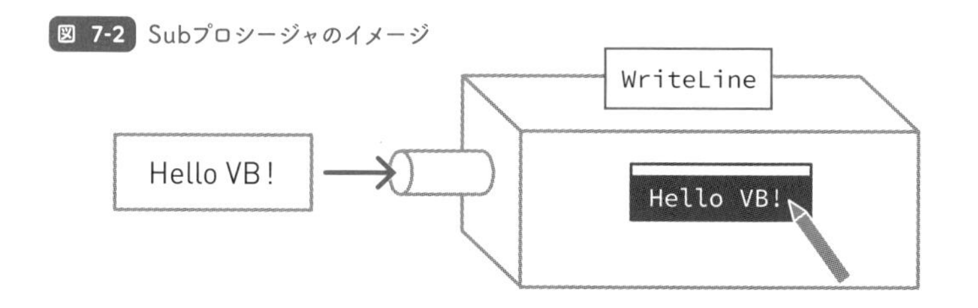

Debugというのはクラス名ですが、クラスについてはChapter 8で解説するので、この段階ではあまり気にしないでください。この図を見るといくつかの特徴に気が付きます。

- Subプロシージャには名前がある。この例であればWriteLineという名前になっている
- Subプロシージャ名の後には（）を書き、そのプロシージャで使うデータを引数として指定する
- 何らかの機能を実行するが、結果として値が返されることはない

このように、Subプロシージャは**引数**（ひきすう）として与えられたデータをもとに、決められた仕事をします。

Functionプロシージャの利用例と特徴

続いて、Math.Sqrtメソッドを例にFunctionプロシージャの特徴を見てみます。Math.Sqrtメソッドの書き方を図にすると図7-3のようになります。動作のイメージは図7-4のような感じです。

図 7-3 Functionプロシージャの呼び出し方

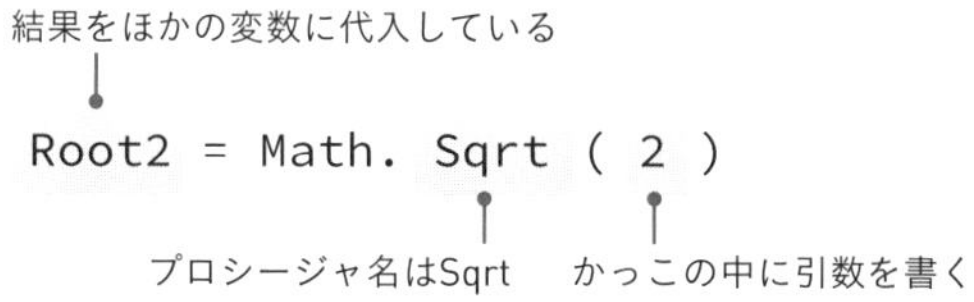

結果をほかの変数に代入している

```
Root2 = Math. Sqrt ( 2 )
```

プロシージャ名はSqrt　かっこの中に引数を書く

図 7-4 Functionプロシージャのイメージ

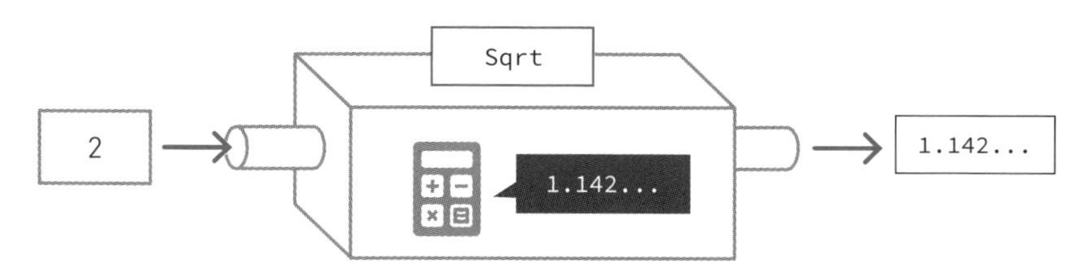

Mathもクラス名ですが、この話も後回しにしましょう。Functionプロシージャの特徴を確認しておきます。

- Functionプロシージャには名前がある。この例であればSqrtという名前になっている
- Functionプロシージャ名の後には()を書き、そのプロシージャで使うデータを引数として指定する
- 何らかの機能を実行し、結果として値を返す

Functionプロシージャが返す値は**戻り値**または**返り値**と呼ばれます。Functionプロシージャは引数として与えられたデータをもとに、決められた仕事をして、その結果を戻り値として返すというわけです。戻り値は、ほかの変数に代入したり、Ifステートメントの条件として指定できます。

✔ プロシージャを作成するにあたって決めておくこと

Subプロシージャとfunctionプロシージャの違いは、値を返すか返さないかの違いだけです。いずれの場合でもプロシージャには名前が付いており、必要に応じて引数を指定します。したがって、SubプロシージャやFunctionプロシージャを自分で作るには、以下のような内容を決めておく必要があります。

- プロシージャ名は何か
- 引数として受け取るデータは何か
- Functionプロシージャの場合は、戻り値として返すデータは何か

この3つのポイントを頭に入れたうえで、次の節から、実際の書き方と利用のしかたを見ていきましょう。

確認問題

❶ 以下の文章のうち正しいものには○を、間違っているものには×を記入してください。

□ プロシージャを作成すれば、一連の処理をまとめておくことができる

□ プロシージャを呼び出すためには、プロシージャの内容を毎回書く必要がある

□ プロシージャにはSubプロシージャやFunctionプロシージャがある

□ プロシージャはプロシージャ名や引数を指定するだけで呼び出せる

□ Subプロシージャを利用すれば処理結果を戻り値として返せる

Subプロシージャの作成と利用

Subプロシージャを作成しておくと、複数の箇所で使われる共通の処理を一箇所にまとめて書いておくことができます。ここでは、Subプロシージャの書き方や引数の渡し方などを見たあと、Subプロシージャの利用方法と処理の流れを確認します。また、Subプロシージャを途中で抜ける方法についても説明します。

Subプロシージャを作成する

SubProcTest1

Subプロシージャの例として、PictureBoxコントロールの背景色を変えるコードを作ってみましょう。PictureBoxコントロールは画像の表示などに使うコントロールですが、ここではじめて登場するので、フォームに配置した様子を確認しておきます（画面7-1）。新しいプロジェクトを作成して、ぜひ実際に試してみてください。なお、背景色はBackColorプロパティに設定します。

画面 7-1
PictureBoxコントロールの外観

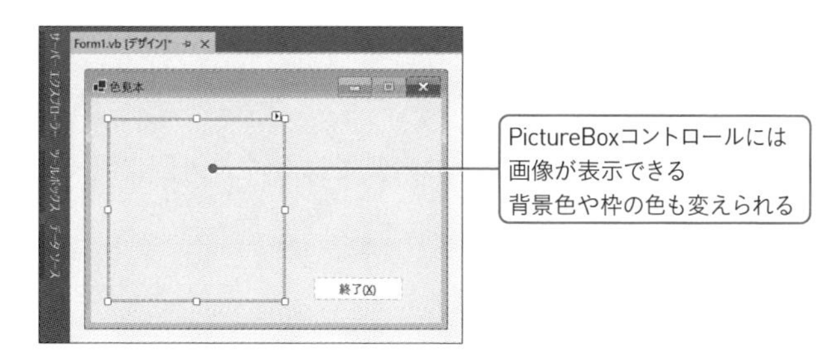

ここで作るSubプロシージャには、赤、緑、青の色の強さを0～255の値で渡すことにします。これらの値をもとに色を表すデータを作り、それをPictureBoxコントロールのBackColorプロパティに設定しようというわけです。

Subプロシージャを作るためには、前節で見たようにプロシージャ名と引数を決めておく必要があります。

- プロシージャ名はSetBackColor
- 引数は、赤、緑、青の値。引数の名前はRed, Green, Blueで、いずれもInteger型とするこれらが決まれば、Subプロシージャが作成できます。処理の中身はまだ書けませんが、必要最低限の骨格は作成できます（LIST 7-1）。

LIST 7-1 プロシージャ名と引数を書きSubプロシージャの骨格を作る

```
Sub SetBackColor(Red As Integer, Green As Integer, Blue As Integer)

End Sub
```

このコードはイベントハンドラーとは異なり、自動的に作られるわけではないので、自分でコードウィンドウに入力する必要があります。コードウィンドウを表示するには、[ソリューションエクスプローラー] でフォームを右クリックし、[コードの表示（C)] を選択します（画面7-2)。

画面 7-2 コードウィンドウを表示する

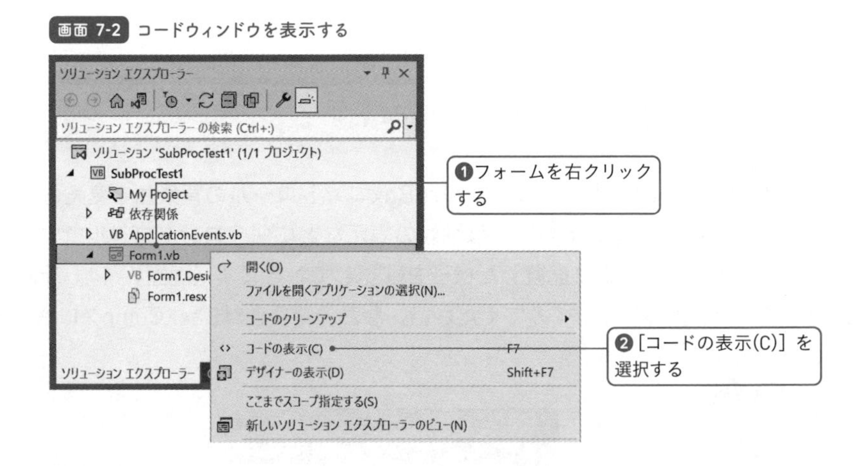

Subプロシージャはほかのプロシージャの内側ではなく、外側に書くことに注意してください（画面7-3)。

画面 7-3 Subプロシージャを書く位置

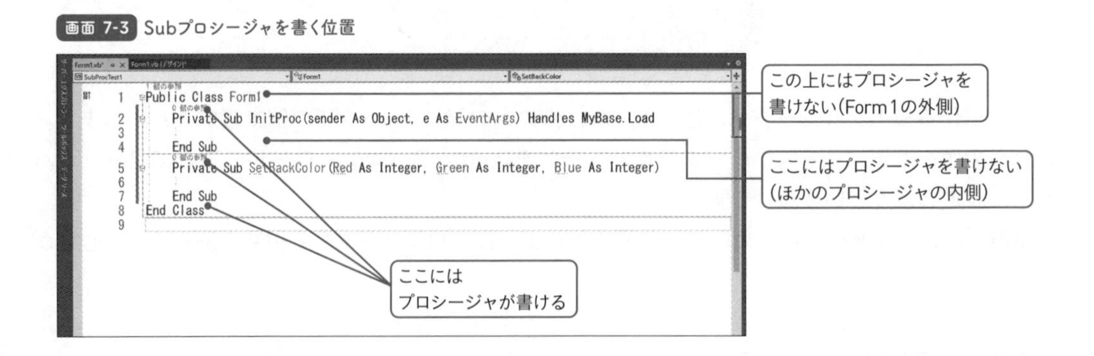

実際にSub...の行を入力すると、Enter キーを押して改行した時点でEnd Subが自動的に入力されます。次に一般的な書き方をまとめた後、処理の中身も見ていきましょう（図7-5)。

図 7-5 Subプロシージャの書き方

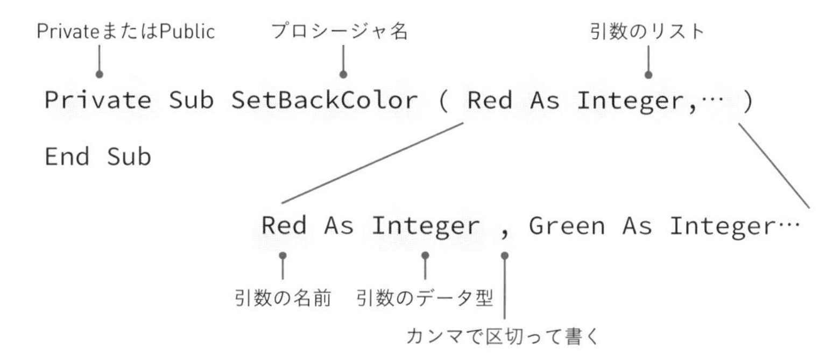

SubプロシージャでもPrivateやPublicなどの**アクセス指定子**を付けるとアクセスレベルが指定できます。Privateを指定するとそのフォームの中でだけ使えるプロシージャになり、Publicを指定するとほかのフォームなどからも利用できるプロシージャになります。特に何も指定しなければ、Publicが指定されたものと見なされます。

アクセスレベルもスコープと同様、できるだけ小さくしておいたほうが間違いの危険が減ります。ほかのフォームからSetBackColorプロシージャを呼び出さないのであれば、Privateを指定しておいたほうがいいでしょう。

引数が不要なSubプロシージャを作るには？

特にデータを与えずに何らかの処理をしたい場合には、引数のないSubプロシージャを作ることもできます。その場合には引数のリストを書く必要はありません。ただし（）は省略できません。

では、SetBackColorプロシージャのアクセスレベルをPrivateとし、プロシージャの中身を書きましょう。PictureBoxコントロールの名前をPictureBox1とします（LIST 7-2）。

LIST 7-2 PictureBoxコントロールの背景色を変えるSubプロシージャを書く

```
    Private Sub SetBackColor(Red As Integer, Green As Integer, ⇒
Blue As Integer)
        PictureBox1.BackColor = Color.FromArgb(Red, Green, Blue)
    End Sub
```

Color.FromArgbは、不透明度、赤、緑、青の度合いをもとに、色を表すデータを作るメソッドです。不透明度は0（透明）～255（不透明）で指定しますが、省略した場合は不透明が指定されたものと見なされます。赤、緑、青の度合いは引数として渡されたRed、Green、Blueの値をそのまま使います。これでSetBackColorという名前のSubプロシージャが作成できました。SetBackColorプロシージャを呼び出す方法は次の項で見ることにしましょう。

Subプロシージャを利用する

SubProcTest1, SubProcTest2

Subプロシージャは、名前と引数を指定するだけで簡単に呼び出せます。例えば、フォームをはじめて表示する直前にPictureBox1の背景色を赤にしたければ、FormのLoadイベントハンドラーに、SetBackColorプロシージャを呼び出すコードを書きます。フォームを選択し、[プロパティ]ウィンドウで［イベント］ボタン（ ）をクリックして［Load］の欄にInitProcというイベントハンドラー名を入力しましょう。そうすれば、以下のコードの骨格部分が自動的に入力されるので、SetBackColor（255, 0, 0）という行を書くだけで済みます。もちろん、コードをすべて自分で入力しても構いません（LIST 7-3）。

LIST 7-3 SetBackColorプロシージャを呼び出す

```
Private Sub InitProc(sender As Object, e As EventArgs) Handles ⇒
MyBase.Load
    SetBackColor(255, 0, 0)
End Sub
```

このとき、コードは図7-6のような流れで実行されます。引数は順序で対応しているので、最初に指定した引数がRedに、2番目に指定した引数がGreenに、3番目に指定した引数がBlueに渡されます。

図 7-6 Subプロシージャを呼び出したときの処理の流れ(⟶)とデータの流れ(--->)

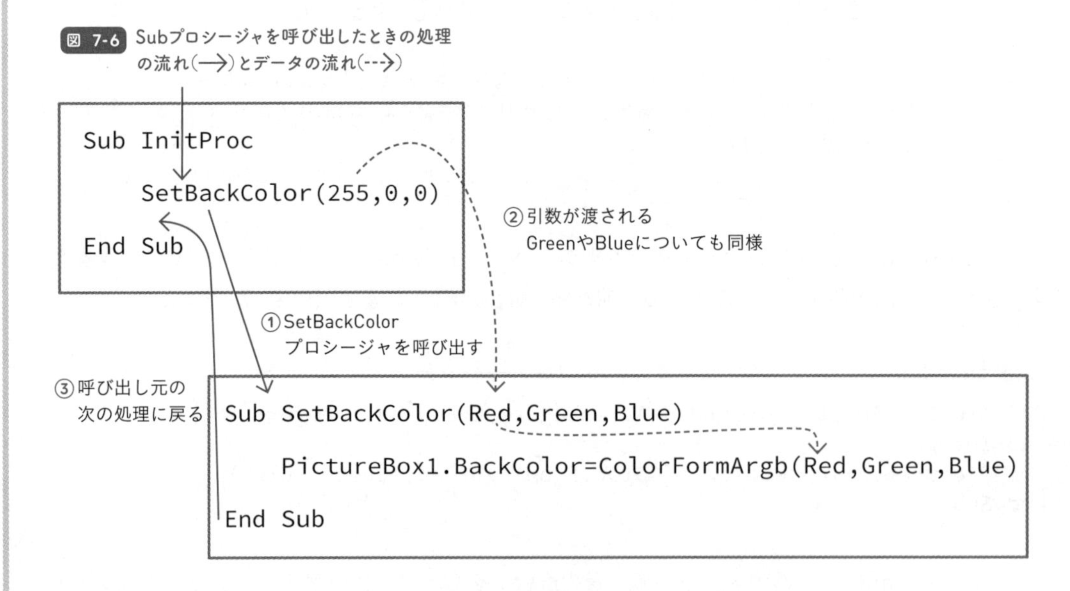

プログラムを実行してみると、PictureBox1の背景色が赤になることが分かります。

Subプロシージャはほかの場所からいつでも呼び出すことができます。例えば、それぞれの色の度合いを表すTrackBarコントロールがあるものとします。TrackBarコントロールはスクロールボックスをドラッグすることにより値を変更できるコントロールです（画面7-4）。

画面 7-4 フォーム上に配置されたTrackBarコントロール

TrackBarコントロールは［ツールボックス］の［すべてのWindows Forms］の下にあるので、そこから選択してフォームに配置しておく

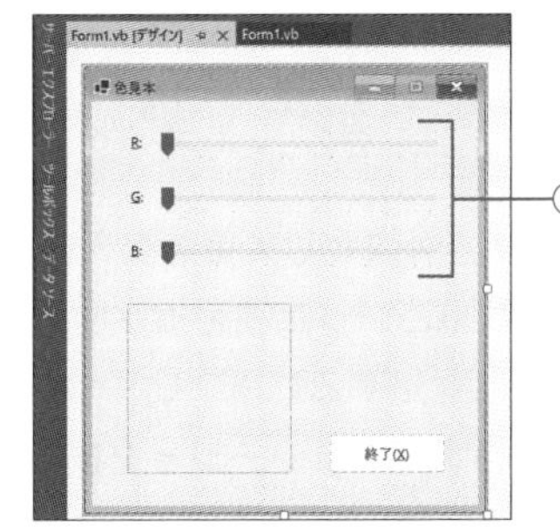

①各TrackBarコントロールのプロパティは、Maximum(最大値)を255、Minimum(最小値)を0、TickFrequency(目盛の間隔)を16としておく

これらのTrackBarコントロールのスクロールボックスが動かされたときにSetBackColorプロシージャを呼び出したければ、LIST 7-4のようなコードを書くといいでしょう。さきほどのフォームにTrackBarコントロールを3つ追加し、trbRed、trbGreen、trbBlueという名前を付けて、以下のコードを入力してみましょう。trbRedの**Scrollイベントハンドラー**を1つ作った後、Handlesの後ろに「コントロール名.イベント名」をカンマで区切って追加すると効率よくコードが入力できます。イベントハンドラーの名前はChangeColorとします。

LIST 7-4 TrackBarコントロールの値が変わったときにSetBackColorプロシージャを呼び出す

```
    Private Sub ChangeColor(sender As Object, e As EventArgs) ⇒
Handles trbRed.Scroll, trbGreen.Scroll, trbBlue.Scroll
        SetBackColor(trbRed.Value, trbGreen.Value, trbBlue.Value)
    End Sub
```

TrackBarコントロールのスクロールボックスを動かすと、Scrollイベントが発生するので、ここで示したイベントハンドラーが実行されます。イベントハンドラーの中ではSetBackColorプロシージャを呼び出し、それぞれのTrackBarコントロールの値を引数として渡します。これでPictureBoxコントロールの背景色が変わります。プログラムを実行して、試してみてください。

Subプロシージャからさらにsubプロシージャを呼び出せる

このChangeColorというイベントハンドラーも、トラックバーの値を変えたときに呼び出されているSubプロシージャであることは、いうまでもありません。Subプロシージャの中から、ほかのSubプロシージャを呼び出すこともできるというわけです。

✔ Subプロシージャを途中で抜ける

SetBackColorプロシージャには、引数として整数を3つ指定します。しかし、その値は0～255でなければなりません。例えば、500といった値を指定するとプログラムの実行時にエラーとなってしまいます。このようなエラーに対処するには、いくつかの方法があります。1つは、適切な値が指定されていない場合には何もせずにプロシージャを抜けるという方法です。

Subプロシージャを途中で抜けるには**Exit Subステートメント**を書きます。SetBackColorプロシージャを修正してみましょう（LIST 7-5）。

LIST 7-5 色の値が0未満であるか255より大きければプロシージャを抜ける

```
    Sub SetBackColor(Red As Integer, Green As Integer, Blue As ⇒
Integer)
        If Red < 0 OrElse Red > 255 Then   ← Redの値が0未満またはRedの値が255より大きければ
            Exit Sub   ← プロシージャを途中で抜ける
        End If
        If Green < 0 OrElse Green > 255 Then
            Exit Sub
        End If
        If Blue < 0 OrElse Blue > 255 Then
            Exit Sub
        End If
        PictureBox1.BackColor = Color.FromArgb(Red, Green, Blue)
    End Sub
```

0未満の値であれば0が指定されたものと見なし、255を超えた場合は255が指定されたものと見なすという対処法もあります。この場合はプロシージャを途中で抜ける必要はありません（LIST 7-6）。

LIST 7-6 色の値が0未満であれば0と見なし、255より大きければ255と見なす

```
    Sub SetBackColor(Red As Integer, Green As Integer, Blue As ⇒
Integer)
        Red = Math.Max(0, Math.Min(255, Red))
        Green = Math.Max(0, Math.Min(255, Green))
        Blue = Math.Max(0, Math.Min(255, Blue))
        PictureBox1.BackColor = Color.FromArgb(Red, Green, Blue)
    End Sub
```

値を適切な範囲内に収めるためにIfステートメントで場合分けをしてもいいのですが、**Math.Minメソッド**を使って255とRedの小さいほうを求め、**Math.Maxメソッド**を使って、その値と0の大きいほうを求めるという方法も使えます。例えば、Redの値が500だと、Math.Min（255,Red）の値は255になります。Math.Max（0, Math.Min（255,Red））なら、0と255の大きいほうなの

で255が返されます。したがって、Redの値が500の場合はRedに255が代入されることになります。GreenやBlueについても同様です。

確認問題

1 左のステートメントと、その正しい説明を線で結んでください。

(あ) End Sub ・
(い) Private Sub ... ・
(う) Public Sub ... ・
(え) Exit Sub ・

・(A)ほかのモジュールから利用できるSubプロシージャを作る
・(B)Subプロシージャの実行を一時停止する
・(C)Subプロシージャを途中で抜ける
・(D)Subプロシージャの終わり
・(E)ほかのモジュールからは利用できないSubプロシージャを作る

2 右側の説明に従って、コードを完成させてください。

(1)

```
    Dim x As Double = 3.14
    [      ] (x)                          ← Subプロシージャを呼び出す
        :
[      ] [  ] Multiply2(v As Double)      ← このモジュールだけで利用できる
                                            Subプロシージャを定義する
    v *= 2
    Debug.WriteLine(y)
End [      ]                              ← プロシージャの定義の終わり
```

(2)

```
    Dim BaseNumber As String = "2"
    Dim Suffix As String = "nd"
    MakeOrdinal(BaseNumber, Suffix)       ← Subプロシージャを呼び出す
        :
[      ] [  ] MakeOrdinal(bn As [      ] , suf As [      ] )
              ↑ このモジュールだけで利用できるSubプロシージャを定義する
    Dim Result As String
    Result = bn & suf
    Debug.WriteLine(Result)
[      ] [      ]                         ← プロシージャの定義の終わり
```

Functionプロシージャの作成と利用

Functionプロシージャは関数とも呼ばれ、よく使われる計算を簡単に実行するために使います。Functionプロシージャに引数を指定するだけで計算の結果が戻り値として返されるので、さまざまな場所で同じような計算をするときに便利です。引数の定義方法はSubプロシージャと同じなので、ここでは戻り値の指定方法を中心に説明します。

Functionプロシージャを作成する

FunctionTest1

Functionプロシージャの例として、曜日を整数で指定すると、「Sun」「Mon」などの曜日の名前が求められるようなコードを作ってみましょう※1。Functionプロシージャを作るためには、プロシージャ名と引数のほか、戻り値を決めておく必要があります。なお、Functionプロシージャは関数とも呼ばれます。

- プロシージャ名はGetDayOfWeek
- 引数は曜日を表す整数。引数の名前をDowとする。データ型はInteger型で、0を日曜日とする
- 戻り値は曜日の名前を表す文字列なのでString型とする

これらが決まれば、Functionプロシージャの骨格が書けるようになります（LIST 7-7）。ちなみに、英語のday of weekは「曜日」という意味です。

LIST 7-7 プロシージャ名と引数、戻り値のデータ型を書きFunctionプロシージャの骨格を作る

```
Function GetDayOfWeek(Dow As Integer) As String

End Function
```

Functionプロシージャも自動的に作成されるわけではないので、自分でコードウィンドウに入力する必要があります。ほかのプロシージャの内側ではなく、外側に書くということに注意してください（画面7-5）。

※1 単に曜日を求めるだけなら、Function プロシージャを作らなくても簡単にできる方法があるのですが、ここでは Function プロシージャの書き方を理解するために、あえて自分で作ってみます。簡単に曜日を求める方法については P.255 の最後を参照してください。

画面 7-5 Functionプロシージャを書く位置

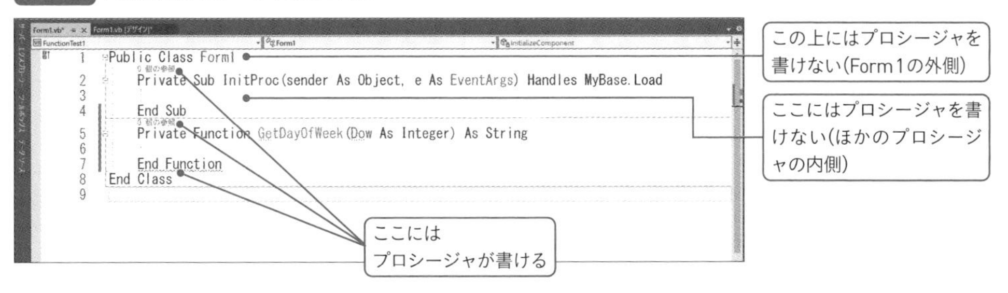

実際にFunction...の行を入力すると Enter キーを押して改行した時点でEnd Functionが自動的に入力されます。Subプロシージャと異なり、Functionステートメントの最後に戻り値のデータ型を書いておくことに注意が必要です。実際の戻り値はプロシージャの中で指定します。

戻り値の指定方法にはReturnステートメントに戻り値を指定する方法とプロシージャ名に値を代入する方法とがあります。例えば、String型の変数DowNameの値を戻り値として返すなら、

```
Return DowName
```

と書くか、

```
GetDayOfWeek = DowName
```

と書きます。Returnステートメントの場合は、その時点でプロシージャを抜け、呼び出し元の次の処理に移ります。一方、プロシージャ名に代入した場合は、End Functionまでコードが実行されたところでプロシージャを抜け、呼び出し元の次の処理に移ります。

では、Functionプロシージャの一般的な書き方をまとめて確認しておきましょう。その後、処理の中身を見ていきます（図7-7）。

図 7-7 Functionプロシージャの書き方

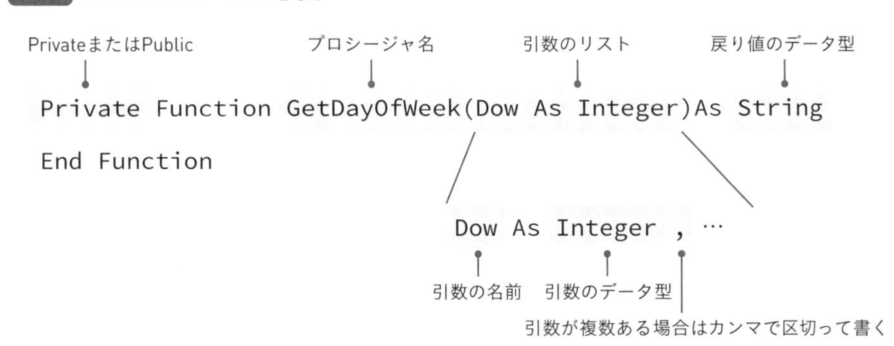

Functionプロシージャでも、PrivateやPublicなどのアクセス指定子を付けると、アクセスレベルが指定できます。Privateを指定すると、そのフォームの中でだけ使えるプロシージャになり、Publicを指定すると、ほかのフォームなどからも利用できるプロシージャになります。特に何も指定しなければ、Publicが指定されたものと見なされます。

アクセスレベルもスコープと同様、できるだけ小さくしておいたほうが間違いの危険が減ります。ほかのフォームからGetDayOfWeekプロシージャを呼び出さないのであれば、Privateを指定しておいたほうがいいでしょう。

引数が不要なFunctionプロシージャを作るには

特にデータを与えずに何らかの処理をしたい場合には、引数のないFunctionプロシージャを作ることもできます。その場合には引数のリストを書く必要はありません。ただし、() を省略することはできません。また、戻り値の型と戻り値の指定は省略できません。

Functionプロシージャ内での処理は、引数の値をもとに曜日の文字列を求め、それを戻り値として返すだけです。曜日の文字列を求めるにはSelect Caseによる条件分岐を使っても構いませんが、引数の値が0なら「Sun」を、1なら「Mon」を……という具合に文字列を返せばいいので、配列を使うとコードが簡単になります。用意しておく配列はString型の配列で、初期値として最初の要素に「Sun」、次の要素に「Mon」を……という具合に設定しておきます。このような配列ができれば、配列のインデックスに引数の値を指定するだけで曜日の文字列が求められます（LIST 7-8）。

LIST 7-8 曜日を表す整数から曜日の文字列を求めるFunctionプロシージャを書く（Returnステートメントに戻り値を指定する）

```
    Private Function GetDayOfWeek(Dow As Integer) As String
        Dim DownName() As String = {"Sun", "Mon", "Tue", "Wed", ⇒
"Thu", "Fri", "Sat"}
        Return DowName(Dow)
    End Function
```

配列DowNameの要素のうち、引数Dowで指定された要素を返す

Returnステートメントを使わずにプロシージャ名に戻り値を代入する書き方であれば、LIST 7-9のようなコードになります。いずれの書き方でも同じ結果になります。

LIST 7-9 曜日を表す整数から曜日の文字列を求めるFunctionプロシージャを書く（プロシージャ名に値を代入して戻り値を指定する）

```
    Private Function GetDayOfWeek(Dow As Integer) As String
        Dim DowName() As String = {"Sun", "Mon", "Tue", "Wed",⇒
"Thu", "Fri", "Sat"}
        GetDayOfWeek = DowName(Dow)
    End Function
```

配列DowNameの要素のうち、引数Dowで指定された要素を、プロシージャの戻り値として指定する

✔ Functionプロシージャを利用する　FunctionTest1

Functionプロシージャも、名前と引数を指定するだけで簡単に呼び出せます。例えば、Button1をクリックしたときに曜日を表示したいのであれば、Button1のClickイベントハンドラーに、GetDayOfWeekプロシージャを呼び出すコードを書きます（LIST 7-10）。今日の曜日はToday.DayOfWeekプロパティで求めることができます。この値は0が日曜日、1が月曜日……といった値になっているので、GetDayOfWeekプロシージャに渡すには好都合です。

LIST 7-10　GetDayOfWeekプロシージャを呼び出す

```
    Private Sub ShowDow(sender As Object, e As EventArgs) Handles ⇒
Button1.Click
        Dim Message As String
        Dim DowNumber As Integer
        DowNumber = Today.DayOfWeek                 ← 今日の曜日を表す数値を求める
        Message = GetDayOfWeek(DowNumber)           ← 曜日の名前を求める
                                                      GetDayOfWeekプロシージャを呼び出す。
                                                      戻り値はMessageに代入される
        MessageBox.Show(Message)
    End Sub
```

GetDayOfWeekプロシージャから返される戻り値はMessageという変数に代入され、MessageBox.Showメソッドにより、その日の曜日がメッセージボックスに表示されます。

処理の流れとデータの流れを図7-8で確認しておきましょう。

図 7-8　Functionプロシージャを呼び出したときの処理の流れ（⟶）とデータの流れ（- - ->）

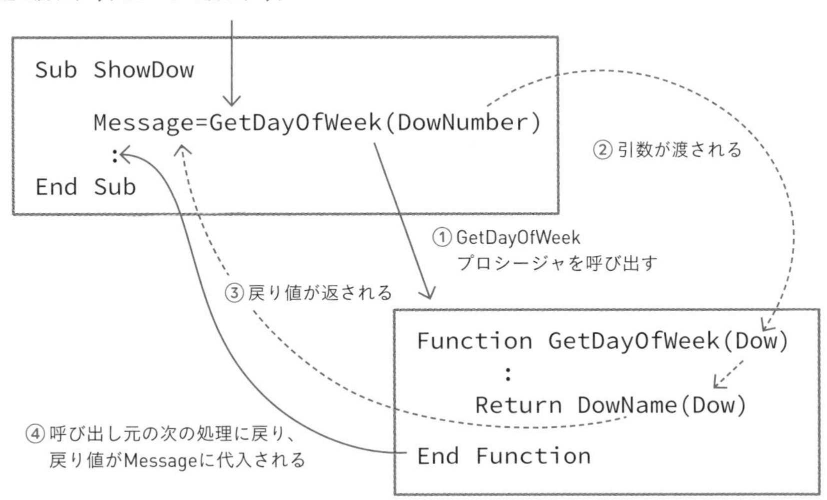

実は、曜日を求めるだけであれば、ToStringメソッドの引数に、曜日を表す書式指定文字列を指定するだけでもできます。

```
Message = Today.DayOfWeek.ToString("ddd")
```

「ddd」は0～6の数値で表された曜日を「日」～「土」までの文字列に変換するための書式指定文字列です。「dddd」を指定すると「日曜日」～「土曜日」の形式に変換されます。なお、以下のように地域の情報を付加すれば、ほかの言語での表示もできます。

```
Message = Today.ToString("ddd",
System.Globalization.CultureInfo.CreateSpecificCulture("en-US"))
```

この場合、"en-US"を指定しているので、英語（米国）3文字で曜日が表示されます。

確認問題

1 左のキーワードと、その正しい説明を線で結んでください。

(あ) As	(A) Functionプロシージャの終わり
(い) Return	(B) 引数や戻り値のデータ型の前に書くキーワード
(う) Private Function ...	(C) 戻り値を指定してFunctionプロシージャを抜ける
(え) End Function	(D) Functionプロシージャを抜ける
(お) Exit Function	(E) ほかのモジュールから利用できるFunctionプロシージャを作る
	(F) ほかのモジュールからは利用できないFunctionプロシージャを作る

2 説明をもとに空欄を埋めてコードを完成させてください。

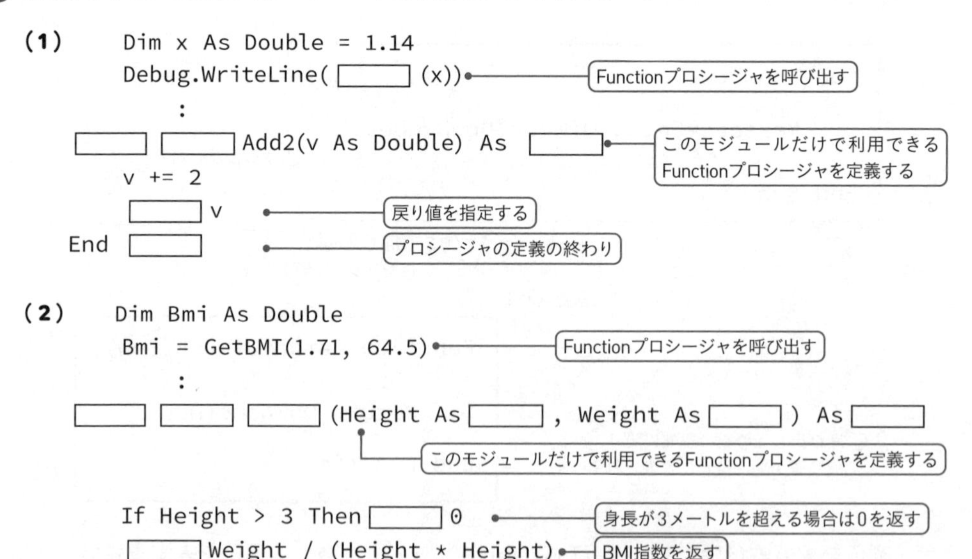

引数や戻り値の定義と渡し方

Subプロシージャや Functionプロシージャで引数を定義するときには、値渡しであるか、参照渡しであるかが指定できます。また、異なるデータ型の引数を定義したり、省略可能な引数を定義することもできます。より使いやすいプロシージャを作るために、引数の定義の方法と引数の渡し方を身に付けましょう。ここでは、戻り値として複数の値を返す方法についても見ていきます。

値渡しと参照渡し

SwapTest1, SwapTest2

プロシージャに引数を渡す方法には、**値渡し**と**参照渡し**と呼ばれる2つの方法があります。これまでに紹介したプロシージャでは特に何も指定していませんが、その場合は値渡しと見なされます。値渡しと参照渡しの違いは、簡単なコードを書いて実行してみると一目瞭然です。ここでは、引数に1を加算するだけのSubプロシージャを例として説明します。

値渡し

引数の定義の前に何も指定しないか、ByValを指定すると値渡しになります。その場合、元の値がコピーされ、その値が渡されます。したがって、呼び出し側の引数と呼び出されたプロシージャの引数は別のものとして扱われます。「値のコピーをあげるからプロシージャの中で自由に使ってね」という渡し方をイメージするといいでしょう（イラスト7-2）。値渡しの場合、渡された値をプロシージャの中で変更しても、元の値は変更されません。

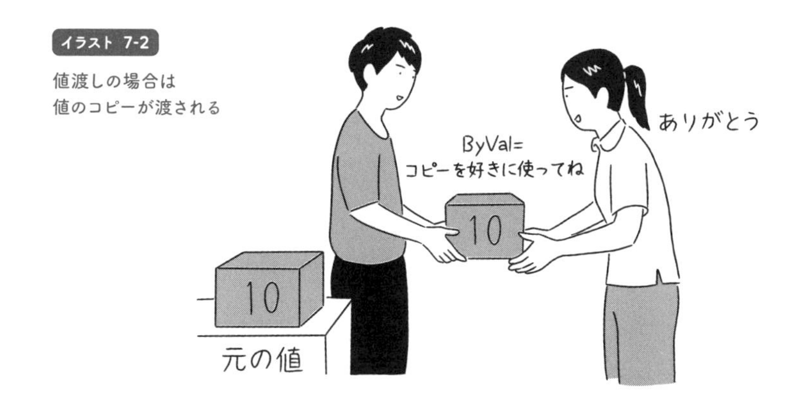

イラスト 7-2
値渡しの場合は
値のコピーが渡される

LIST 7-11の例を見てみましょう。ここではnというInteger型の変数を用意し、10という値を入れておきます。それを値渡しでAdd1というSubプロシージャに渡します。Add1プロシージャでは、渡された値をiという引数で受け取り、その値を1増やします。

LIST 7-11 値渡しで引数を渡す

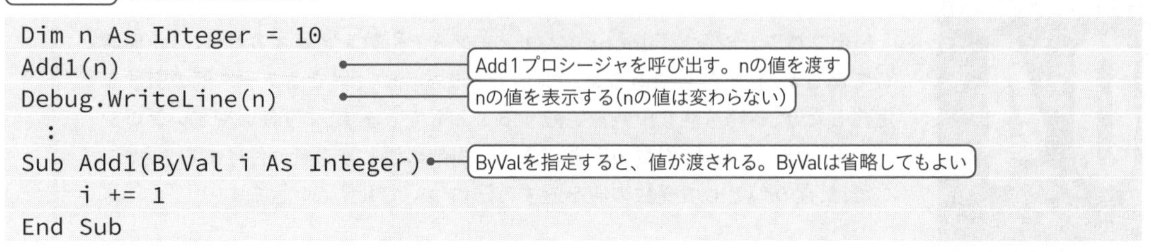

```
Dim n As Integer = 10
Add1(n)
Debug.WriteLine(n)
  :
Sub Add1(ByVal i As Integer)
    i += 1
End Sub
```

Add1プロシージャを呼び出す。nの値を渡す
nの値を表示する(nの値は変わらない)
ByValを指定すると、値が渡される。ByValは省略してもよい

コードを実行し、nの値を出力すると、出力ウィンドウには10という値が表示されます。この例の場合、nの値がコピーされてiに渡されます。Add1プロシージャの中ではiに1を加算していますが、元のnとは関係がないので、nの値は変わりません。したがって、出力ウィンドウには元の10という値が表示されるというわけです。加算されたのはあくまでもプロシージャの中にあるiという変数です。

参照渡し

引数の定義の前にByRefを指定すると参照渡しになります。その場合は、元の値がどこにあるかという情報がプロシージャに渡されます。したがって、呼び出し側の引数と呼び出されたプロシージャの引数は、同じ変数を参照することになります。「ここにある値をプロシージャの中でも使ってね」という渡し方をイメージするといいでしょう(イラスト7-3)。参照渡しでは、プロシージャの中で引数の値を変更することにより、呼び出し側の引数の値を変えることができます。

イラスト 7-3

参照渡しの場合は元の値がどこにあるかという情報が渡される

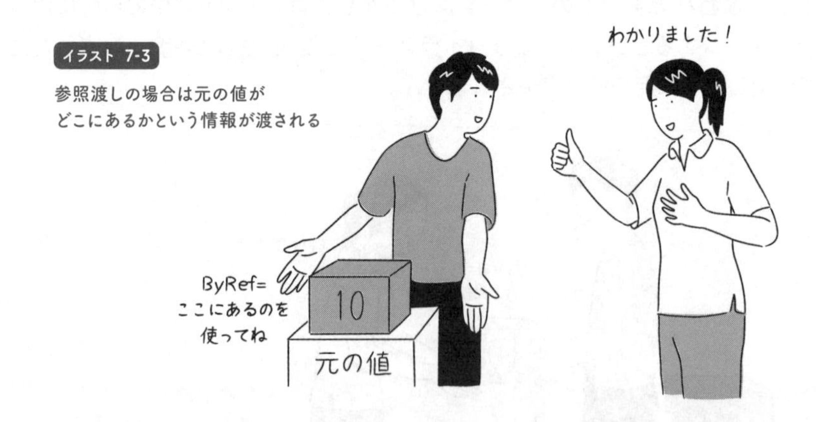

わかりました!
ByRef=
ここにあるのを
使ってね
10
元の値

LIST 7-12の例を見てみましょう。ここでは、nというInteger型の変数を用意し、10という値を入れておきます。それを参照渡しでAdd1というSubプロシージャに渡します。Add1プロシー

ジャでは、渡された参照をiという引数で受け取り、iで示される場所にある値を1増やします。

LIST 7-12 参照渡しで引数を渡す

```
Dim n As Integer = 10
Add1(n)                        ' Add1プロシージャを呼び出す。nの値を渡す
Debug.WriteLine(n)             ' nの値を表示する(nの値は1増えている)
  :
Sub Add1(ByRef i As Integer)   ' ByRefを指定すると、参照が渡される
    i += 1
End Sub
```

コードを実行し、nの値を出力すると、出力ウィンドウには11という値が表示されます。この例の場合、nがどこにあるかという情報がiに渡され、それに従って計算が行われます。したがってi += 1はiの値を1加算するということではなく、iで示された場所にある値に1加算するということになります。そのため、元のnの値が1増え、出力ウィンドウには11が表示されるというわけです。

普通、参照渡しを使うことはあまりありませんが、呼び出し元の変数の値を変えたいときには参照渡しにする必要があります。これまでに登場した例では、Integer.TryParseというメソッド（関数）で参照渡しが使われています。例えば、

```
Integer.TryParse(txtMinute.Text, WorkingMinute)
```

では、txtMinute.Textの文字列を整数に変換してWorkingMinuteに入れます。WorkingMinuteの値を変更する必要があるので、参照渡しが使われているというわけです。

自分でプロシージャを作ってみるとさらによく分かります。例えば、2つの変数の値を入れ替えるSubプロシージャは、値渡しではできません（LIST 7-13）※2。

LIST 7-13 値渡しの場合、呼び出し元の引数の値は変わらない

```
Dim n As Integer = 10
Dim m As Integer = 20
Swap(n, m)                        ' Swapプロシージャを呼び出す。nとmの値を渡す
Debug.WriteLine(n & ":" & m)      ' nとmの値を表示する(値は変わらない)

Sub Swap(ByVal i As Integer, ByVal j As Integer)   ' 値渡し。nの値がiに、mの値がjにコピーされる
    Dim Temp As Integer
    Temp = i    ┐
    i = j       ├ iの値とjの値を入れ替える。nとmには影響しない
    j = Temp    ┘
End Sub
```

この例では、iとjの値はSwapプロシージャの中で入れ替わりますが、nとmの値は入れ替わりません。iとjにはnとmの値のコピーが渡されているからです。したがって、出力ウィンドウに表示される値は元の「10:20」のままとなります。

※2　ただし、Function プロシージャでタプルを利用すると、値渡しでも同様の処理ができます。タプルについては P.267 を参照してください。

しかし、参照渡しにすれば変数の値の入れ替えができます（LIST 7-14）。

LIST 7-14 参照渡しの場合、呼び出し元の引数の値を変えられる

```
Dim n As Integer = 10
Dim m As Integer = 20
Swap(n, m)                              ' Swapプロシージャを呼び出す。nとmの値を渡す
Debug.WriteLine(n & ":" & m)            ' nとmの値を表示する(値が変わっている)

Sub Swap(ByRef i As Integer, ByRef j As Integer)   ' 参照渡し。iはnを参照し、jはmを参照するようになる
    Dim Temp As Integer
    Temp = i
    i = j        ' iが参照する値とjが参照する値を入れ替える。nとmの値が入れ替わる
    j = Temp
End Sub
```

こちらの例では、iとjにnとmの場所が渡されるので、iで示される場所にある変数（つまりnのこと）とjで示される場所にある変数（つまりmのこと）の値が、Swapプロシージャの中で入れ替えられます。元のnとmの値が入れ替えられるので、出力ウィンドウには「20:10」と表示されます。

参照型の変数を値渡しで渡す

ReferenceTest, StringReferenceTest

配列を参照する変数やString型の変数など、参照型の変数を引数として定義するとき、何も指定しないかByValを指定すると、参照がそのまま渡されます。一方、ByRefを指定すると、変数の参照が渡されるので、いわば「参照の参照」が渡されることになります（図7-9）。

図 7-9 参照型の変数を引数として渡す

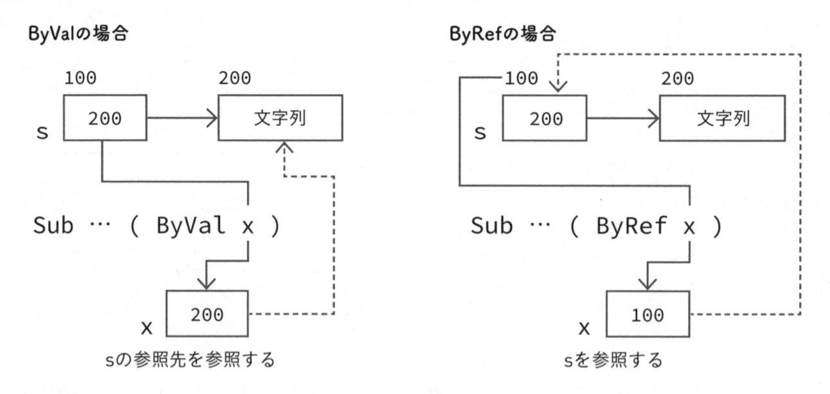

この図を読み解くのには参照型に対する慣れが必要なので、とりあえず、P.263までは読み飛ばしてもらっても構いません。sという変数が100という場所にあり、文字列が200という場所にあるものとしましょう。sの値は200なので、sを見れば文字列がどこにあるかが分かります（つまり、sが文字列を参照しています）。

左側の値渡しだと、sの値（200）がSubプロシージャに渡されます。つまり、引数xの値は200になります。したがって、sとxは同じ文字列を参照します。一方、右側の参照渡しだと、sの参照が渡されます。つまり100が渡されるわけです。引数xの値は100になるので、xは文字列そのものではなくsという変数を参照することになります。

参照型の変数をさらに参照としてByRefで渡すことはめったにありません。参照そのものを変更したい場合を除いて、普通はByValで構わないでしょう。ただし、渡された参照をどのように扱うかによって、元の値が変わる場合や変わらない場合があるので注意が必要です。話は多少飛躍しますが、配列を参照する変数をプロシージャに渡し、For ... NextステートメントとFor Each ... Nextステートメントで処理した場合に違いが出てきます。呼び出し側がLIST 7-15のようなものだとします。

LIST 7-15 配列を参照する変数をSubプロシージャに渡す

```
Dim Score(2) As Integer
Score(0) = 78 : Score(1) = 64 : Score(2) = 88
Add10ToAll(Score)
Debug.WriteLine(Score(0))
```

Add10ToAllプロシージャでは、渡された引数を使って、それぞれの要素に10を加算します。出力ウィンドウに表示される結果は、プロシージャの内容によって変わってきます。まず、For ... Nextステートメントを使った場合です（LIST 7-16）。

LIST 7-16 配列のすべての要素に10を加算する

```
Sub Add10ToAll(ByVal Values As Integer())
    For i As Integer = 0 To UBound(Values)
        Values(i) += 10    ' Valuesの要素をそのまま使う
    Next
End Sub
```

Valuesには配列の参照がそのまま渡されているので、Values(i)は参照されている配列のi番の要素となります。つまり、元の配列の値が変わります。したがって、出力ウィンドウには78に10を加算した88が表示されます。

続いて、For Each ... Nextステートメントを使った例を見てみましょう（LIST 7-17）。

LIST 7-17 配列のすべての要素を変数に代入し、10を加算する

```
Sub Add10ToAll(ByVal Values As Integer())
    For Each x As Integer In Values    ' Valuesの要素が順にxに代入される
        x += 10                        ' xは別の変数なので、元の値は変わらない
    Next
End Sub
```

Valuesに配列の参照がそのまま渡されているのは同じですが、For Each ... Nextステートメントで、Valuesが参照する配列の各要素を順にxに代入します。そして、xの値を加算しているので、元の配列の値は変わりません。加算されたのはあくまでもxという変数の値です。したがって、出力ウィンドウには元の78という値が表示されます。

話がかなり細かくなりましたが、もう1つだけお話しておきましょう。String型の変数の場合も注意が必要です。String型の変数は参照型ですが、文字列の取り扱いが特殊なので、値型のような動きをします。String型の場合、文字列の内容を変更するときには文字列そのものが変更されるのではなく、変更後の新しい文字列が作成され、その参照が代入されます（図7-10）。

図 7-10 文字列を変更するときには、新しい文字列が作られる

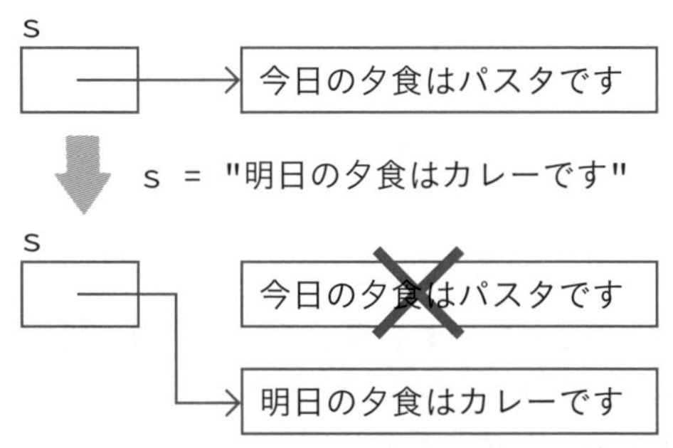

今日の夕食はパスタです
s = "明日の夕食はカレーです"

今日の夕食はパスタです
明日の夕食はカレーです

引数としてString型の変数を渡した場合も、渡されるのは参照そのものですが、Subプロシージャの中で文字列を変更すると、新しい文字列が作られ、その参照が代入されます。したがって、元の文字列は変更されません。LIST 7-18で確認しておきましょう。

LIST 7-18 文字列の参照の値が渡されるが、内容を変更すると新しい文字列が作られる

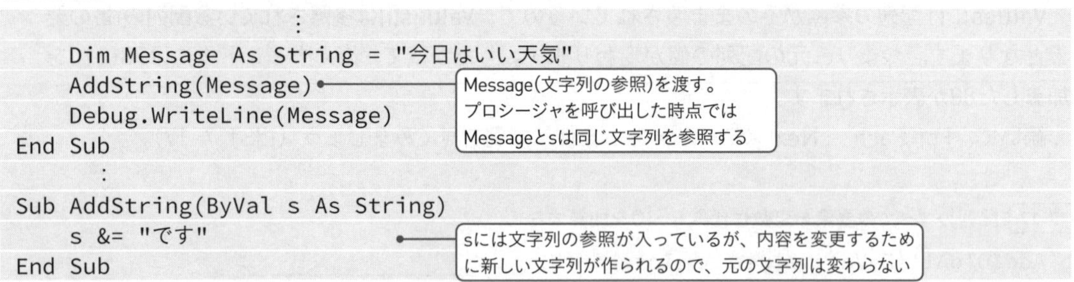

```
              :
    Dim Message As String = "今日はいい天気"
    AddString(Message)
    Debug.WriteLine(Message)
End Sub
      :
Sub AddString(ByVal s As String)
    s &= "です"
End Sub
```

Message(文字列の参照)を渡す。
プロシージャを呼び出した時点では
Messageとsは同じ文字列を参照する
sには文字列の参照が入っているが、内容を変更するため
に新しい文字列が作られるので、元の文字列は変わらない

この場合は、sには「今日はいい天気です」という新しく作られた文字列の参照が代入されますが、元のMessageで参照される文字列の内容は変わりません。したがって、出力ウィンドウには「今日はいい天気」だけが表示されます。ちなみに、AddString関数の引数sをByRefとして指定すると、元の文字列が変わります。

さまざまな方法で引数や戻り値を定義する

Subプロシージャやfunctionプロシージャでは、引数のデータ型や個数の違いによって動作を変えるものがあります。例えば、ToStringメソッドは、引数を指定しない場合には数値や日付を文字列に変換するだけですが、引数に書式指定文字列を指定すると、その書式にそった形式の文字列に変換してくれます。このような、さまざまな引数が指定できるプロシージャを作ることもできます。

異なる個数の引数や異なるデータ型の引数を定義する

OverLoadTest1, OverLoadTest2

前節では、数値で表された曜日を文字列の曜日に変換するFunctionプロシージャを見ました。例えば、引数に0を指定すると「Sun」といった3文字の曜日が返されます。そのFunctionプロシージャを少し拡張し、形式を指定することによって「Sunday」のようなフルスペルの曜日を返したり、「日」「月」のような日本語の曜日を返したりできるようにしましょう。そのためには、同じ名前で、引数リストの内容を変えたプロシージャをもう1つ作ります（LIST 7-19）。

LIST 7-19 引数の指定方法によって、異なる処理ができるFunctionプロシージャを書く

```
    Private Function GetDayOfWeek(Dow As Integer) As String
        Dim DowName() As String = {"Sun", "Mon", "Tue", "Wed", ⇒
"Thu", "Fri", "Sat"}
        Return DowName(Dow)
    End Function

    Private Function GetDayOfWeek(Dow As Integer, idxFormat As ⇒
Integer) As String
        Dim DowName(,) As String = {{"Sun", "Mon", "Tue", "Wed", ⇒
"Thu", "Fri", "Sat"}, _
        {"Sunday", "Monday", "Tuesday", "Wednesday", "Thursday", ⇒
"Friday", "Saturday"}, _
        {"日", "月", "火", "水", "木", "金", "土"}}
        Return DowName(idxFormat, Dow)
    End Function
```

同じ名前のプロシージャが複数あるとエラーになるのではないかと心配する人もいるかもしれませんが、大丈夫です。引数のデータ型や個数が異なるので、どのような引数を指定したかによって、どちらのプロシージャを呼び出せばいいか区別できるからです。例えば、

```
GetDayOfWeek(3)
```

と書くと、Integer型の引数が1個なので、上のGetDayOfWeekプロシージャが呼び出されます。結果はもちろん「Wed」となります。一方、

```
GetDayOfWeek(3, 2)
```

と書くと、Integer型の引数が2個あるので、下のGetDayOfWeekプロシージャが呼び出されます。下のGetDayOfWeekプロシージャではDowNameという配列は2次元になっており、図7-11のように初期値が設定されています。

図 7-11 DowName配列の内容

DowName

	0	1	2	3	4	5	6
0	Sun	Mon	Tue	Wed	Thu	Fri	Sat
1	Sunday	Monday	Tuesday	Wednesday	Thursday	Friday	Saturday
2	日	月	火	水	木	金	土

最初の引数が曜日を表し、次の引数が形式を表すので、結果は「水」となります。この例では、引数の順序と配列のインデックスの順序が逆になっていることに注意してください。もう1つ例を見ておきましょう。あまり意味のない例ですが、引数の個数は同じでデータ型が異なる場合です(LIST 7-20)。

LIST 7-20 引数の個数は同じで、データ型が異なるFunctionプロシージャ

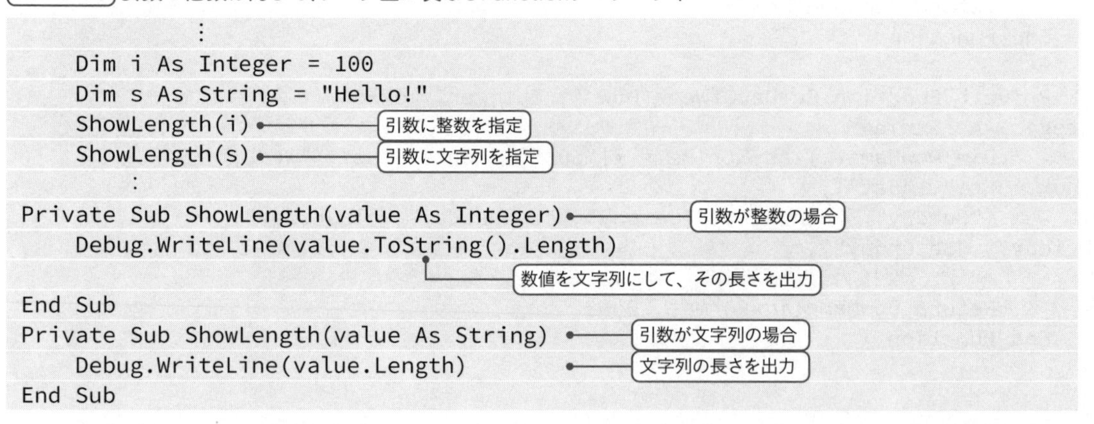

```
            :
    Dim i As Integer = 100
    Dim s As String = "Hello!"
    ShowLength(i)
    ShowLength(s)
        :
Private Sub ShowLength(value As Integer)
    Debug.WriteLine(value.ToString().Length)

End Sub
Private Sub ShowLength(value As String)
    Debug.WriteLine(value.Length)
End Sub
```


最初に呼び出されたShowLengthプロシージャにはInteger型の引数が指定されているので、上のほうで定義されたShowLengthプロシージャが呼び出されます。この場合、引数として渡された100という整数が文字列に変換され、その長さが出力されます。つまり、結果は3となります。次に呼び出されたShowLengthプロシージャにはString型の引数が指定されているので、下のほうで定義されたShowLengthプロシージャが呼び出されます。こちらは、引数として渡された"Hello!"の長さが出力されます。結果は6です。

このように、異なる個数の引数や異なるデータ型の引数を指定し、同じ名前のプロシージャを複数個作成することを**オーバーロード**といいます。

✔ 省略可能な引数を定義する

OptionalTest1, OptionalTest2

さきほどのGetDayOfWeekプロシージャの場合、引数の個数が異なるだけなので、省略可能な引数を意味する**Optional**というキーワードを使って1つのプロシージャで書くこともできます(LIST 7-21)。

LIST 7-21 省略可能な引数を定義する

```
    Private Function GetDayOfWeek(Dow As Integer, Optional ⇒
idxFormat As Integer = 0) As String
        Dim DowName(,) As String = {{"Sun", "Mon", "Tue", "Wed", ⇒
"Thu" , "Fri", "Sat"},
        {"Sunday", "Monday", "Tuesday", "Wednesday", "Thursday", ⇒
"Friday", "Saturday"},
        {"日", "月", "火", "水", "木", "金", "土"}}
        GetDayOfWeek = DowName(idxFormat, Dow)
    End Function
```

Optionalを付けて定義した省略可能な引数には既定値を指定しておく必要があります。プロシージャを呼び出すときに引数が省略されている場合、どのような値を指定したものと見なすかを決めておくというわけです。書き方は以下のとおりです。

このようにして定義されたプロシージャは、以下のいずれの方法でも呼び出せます。

```
GetDayOfWeek(3, 2)  ← 引数を省略しない
GetDayOfWeek(3)     ← 引数を省略した。2番目の引数の値は既定値の0と見なされる
```

なお、Optionalを指定した引数以降のすべての引数は、省略可能である必要があります。つまり、それ以降はすべてOptionalを指定する必要があります。LIST 7-22は、簡単な料金計算をするFunctionプロシージャの例です。このFunctionプロシージャでは、基本料金の種類と特約1、特約2の契約により、戻り値として返される合計金額が変わります。

LIST 7-22 Optionalを指定した後の引数にはすべてOptionalを指定する必要がある

```
    Private Function GetCharge(ContactNumber As Integer, Optional ⇒
Special1 As Boolean = False, Optional Special2 As Boolean = False) ⇒
As Integer
        Dim Charge As Integer
        Select Case ContactNumber
            Case 0
                Charge = 1000
            Case 1
                Charge = 1200
            Case Else
                Charge = 1500
        End Select
        If Special1 Then Charge += 300
        If Special2 Then Charge += 500
        Return Charge
    End Function
```

このようなプロシージャを呼び出すとき、途中の引数を省略するには、「,」(カンマ) だけを書いておきます。例えば、2番目の引数を省略するなら次のように書きます。

```
x = GetCharge(1, , True)
```

この場合、基本料金の1,200円と、特約2の500円が適用されるので、GetChargeプロシージャの戻り値は1700になります。したがって、xには1700が代入されます。

名前付き引数を指定して呼び出す

省略できる引数がたくさんある場合は、「,」が続くと見づらくなります。そのような場合にはプロシージャを呼び出すときに「引数名:=値」の形式で、指定したい引数だけを書くとコードが見やすくなります。さきほどの例であれば、ContactNumberという引数に1を、Special2という引数にTrueを指定するので、以下のように書くことができます。

```
x = GetCharge(ContactNumber:=1, Special2:=True)
```

このように、引数の名前を指定したときには、引数はどんな順序で指定しても構いません。例えば、以下のように順序を逆転させても正しく動きます。

```
x = GetCharge(Special2:=True, ContactNumber:=1)
```

当然のことながら、省略されている引数には既定値が適用されます。この例でもGetChargeプロシージャが返す戻り値は1700なので、xに1700が代入されます。

✔ タプルを利用して複数の値を返す

TupleTest, SwapTest3

Functionプロシージャの戻り値は、通常1つだけです。しかし、**タプル**と呼ばれる機能を利用すると、複数の値を一度に返すことができます。Functionプロシージャでの利用は少し後に回して、タプルの基本的な使い方から見ていきましょう。タプルとは複数の値をひとまとめにしたもので、LIST 7-23のように宣言、利用します。

LIST 7-23 タプルを宣言し、複数の値を代入する

```
Dim member As (Integer, String)   ' memberというタプルは整数と文字列をまとめたもの
member = (3, "Kayama")            ' 複数の値を一度に代入する
```

タプルの各要素を指定するには、タプルとして宣言した変数名の後に「.item1」「.item2」という要素名を指定します。上の例であれば、LIST7-24のようにして各要素が利用できます。

LIST 7-24 タプルの要素を利用する

```
member.item1 = 5              ' 1番目の要素に5を代入する
member.item2 = "Tatsumoto"    ' 2番目の要素に"Tatsumoto"を代入する
```

item1、item2では各要素の意味が分かりにくいので、タプルの宣言時には各要素に名前を付けておくこともできます（LIST 7-25）。

LIST 7-25 タプルの要素に名前を付ける

```
Dim member As (number As Integer, name As String)   ' memberというタプルはnumberという整数とnameという文字列をまとめたもの
member.number = 7                                   ' numberという要素に7を代入する
member.name = "Hoshida"                             ' nameという要素に"Hoshida"を代入する
```

タプルはFunctionプロシージャの戻り値としても指定できます。P.260のLIST7-14で見た例と同様の、値を入れ替えるプロシージャを作ってみましょう。以下の例では、タプルの宣言時にx、yという要素名を指定しています※3。

戻り値としてタプルを利用する場合は、Functionプロシージャの宣言時に、戻り値のデータ型として、() の中にカンマで区切って複数個のデータ型を書いておきます。そして、戻り値を指定するときに、Return文の () の中に複数の値を書きます。この例では、戻り値はretに代入されるので、プロシージャから返された複数個の値が、順にretというタプルのxという要素とyという要素に入れられるというわけです（LIST 7-26）。

※3　コードエディターで「x」の後にスペースを入力すると、インテリセンスの働きにより、自動的に「XAttribute」などに書き替えられてしまう場合があります。そのような場合にはCtrl+Zキーを押すと元の「x」に戻ります。

LIST 7-26 呼び出し元の引数の値を逆順に返して、元の変数に代入する

```
Dim n As Integer = 10
Dim m As Integer = 20
Dim ret As (x As Integer, y As Integer)    ' retというタプルはxという整数とyという整数をまとめたもの
ret = Swap(n, m)    ' Swapプロシージャの結果をretに代入する
Debug.WriteLine(ret.x & ":" & ret.y)    ' retのxとretのyの値を表示する

Function Swap(i As Integer, j As Integer) As (Integer, Integer)    ' 戻り値はタプル
    Return (j, i)    ' 引数を逆順にして返す(複数の値を返す)
End Function
```

なお、Functionプロシージャの宣言時に戻り値として指定するタプルの要素に名前を付けておくこともできます。この場合、タプルの宣言とプロシージャの呼び出しをまとめて、以下のように記述できます。

```
Dim ret = Swap(n, m)
      :
Function Swap(i As Integer, j As Integer) As (x As Integer, y As Integer)
```

戻り値はxという整数とyという整数をまとめたタプル

いずれの場合でも、nとmがiとjに渡され、戻り値がretというタプルのxという要素とyという要素に代入されます。

確認問題

❶ 以下のコードを実行したときに、出力ウィンドウに表示される値を答えてください。

(1)
```
Dim x As Double = 3.14
    Multiply2(x)
    Debug.WriteLine(x)
        :
Sub Multiply2(ByVal v As Double)
    v *= 2
End Sub
```

(2)
```
Dim x As Double = 3.14
    Multiply2(x)
    Debug.WriteLine(x)
        :
Sub Multiply2(ByRef v As Double)
    v *= 2
End Sub
```

(3)
```
    Dim Message As String = "今日の日付:"
    AddDate(Message)
    Debug.WriteLine(Message)
        :
Sub AddDate(ByVal s As String)
    s &= Today.Month & "月" & Today.Day & "日"
End Sub
```

(4)
```
    Debug.WriteLine(GetSeason(2))
        :
Function GetSeason(term As Integer, Optional en As Boolean = ⇒
False) As String
    Dim enSeason As String = {"Spring", "Summer", "Autumn", ⇒
"Winter"}
    Dim jpSeason As String = {"春", "夏", "秋", "冬"}
    If en Then
        Return enSeason(term)
    Else
        Return jpSeason(term)
    End If
End Function
```

プログラミングにチャレンジ

7.2節ではPictureBoxコントロールの背景色を変えるためのSubプロシージャを作成しました。そのコードを利用して、色見本とウェブページなどでよく使われる16進数のカラーコードを表示するプログラムを作成してみましょう。ここでは、TrackBarコントロールのスクロールボックスをドラッグして値を変更する方法や、プログラムでの設定値を保存しておく方法も紹介します。

色見本を表示するプログラム

ColorMaker, ColorMaker1

ここで作成するプログラムでは、赤（R）、緑（G）、青（B）の度合いを0～255までTrackBarコントロールで指定したり、TextBoxコントロールに入力して指定できるようにします。指定された3つの値から色を表すデータを求め、PictureBoxコントロールの背景色を変えます。また、16進数のカラーコードも表示します。

プログラムの完成イメージはイラスト7-4のような感じです。

イラスト 7-4 色見本とカラーコードを表示するためのプログラム

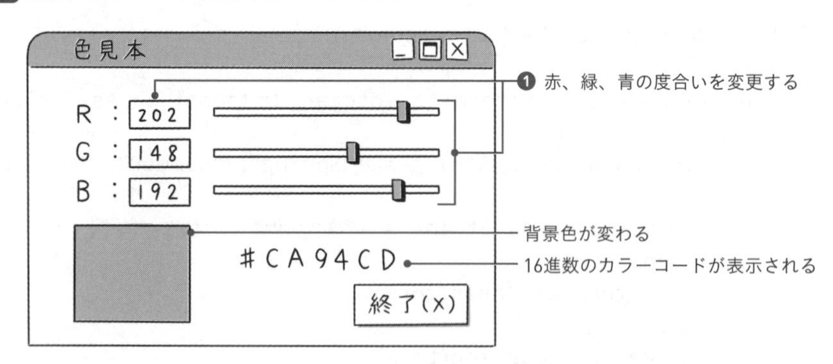

このプログラムでは、プログラムを終了するときに、設定されている色を保存しておくようにしましょう。そして、次にプログラムを実行したときに、保存された色が表示されるようにします。

では、Windowsフォームアプリケーションの新しいプロジェクトを作成してください。プロジェクト名はColorMakerとします。プロジェクトができたらフォームのデザインに取りかかりましょう。

フォームのデザイン

フォームに配置するコントロールは、TextBoxコントロール、TrackBarコントロール、PictureBoxコントロールなどです。画面7-6のようにコントロールを配置し、表7-1にそってプロパティの値を設定していってください。なお、TrackBarコントロールは[ツールボックス]の[すべてのWindows Forms] の下にあります。

画面 7-6 フォームのデザイン

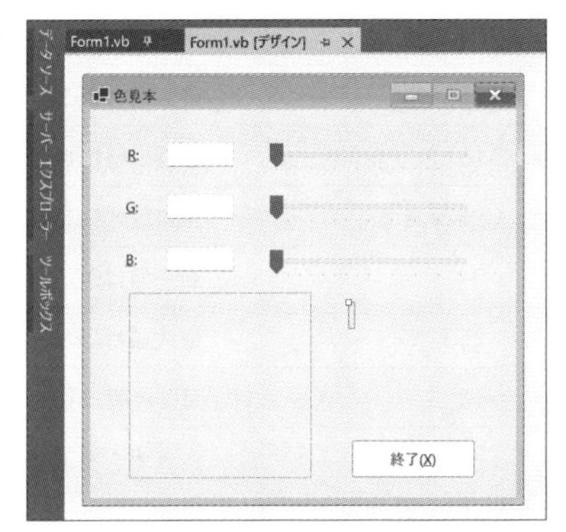

表7-1 このプログラムで使うコントロールのプロパティ一覧

コントロール	プロパティ	このプログラムでの設定値	備考
Form	Name	Form1	
	FormBorderStyle	FixedSingle	フォームの境界線をサイズ変更のできない一重の枠にする
	MaximizeBox	False	最大化ボタンを表示しない
	CancelButton	btnExit	Escキーを押したときに選択されるボタンはbtnExit
	Text	色見本	
Label	Name	Label1	
	Text	&R:	
Label	Name	Label2	
	Text	&G:	
Label	Name	Label3	
	Text	&B:	
TextBox	Name	txtRed	赤の度合いを表示/入力する
TextBox	Name	txtGreen	緑の度合いを表示/入力する
TextBox	Name	txtBlue	青の度合いを表示/入力する

表7-1 (続き)

コントロール	プロパティ	このプログラムでの設定値	備考
TrackBar	Name	trbRed	赤の度合いを指定する
	Minimum	0	最小値は0
	Maximum	255	最大値は255
	TickFrequency	16	目盛の幅は16
TrackBar	Name	trbGreen	緑の度合いを指定する
	Minimum	0	最小値は0
	Maximum	255	最大値は255
	TickFrequency	16	目盛の幅は16
TrackBar	Name	trbBlue	青の度合いを指定する
	Minimum	0	最小値は0
	Maximum	255	最大値は255
	TickFrequency	16	目盛の幅は16
PictureBox	Name	picColor	色見本を表示する
Label	Name	lblCode	カラーコードを表示する
Button	Name	btnExit	
	Text	終了(&X)	

TrackBarコントロールのプロパティに注目しましょう。赤、緑、青の度合いは0～255と決まっているので、それ以外の値が選択できないようにするため、Minimumプロパティに0を指定し、Maximumプロパティに255を指定しています。

✔ Subプロシージャを作成する

このプログラムでは、フォームを読み込んだときとTrackBarコントロールの値が変わったときに色見本の表示とカラーコードの表示を変更します。複数の場所で同じ処理を実行するので、Subプロシージャにまとめましょう。

Subプロシージャの中でやるべきことは以下のとおりです。

- TextBoxコントロールに現在の設定値を表示する
- PictureBoxコントロールの背景色を変える
- Labelコントロール(lblCode)にカラーコードを表示する

Subプロシージャの名前はSetBackColorとして、引数には赤、緑、青の度合いを指定するものとします。いずれもデータ型はIntegerです。コードウィンドウを表示して、次のページに示すコードを入力しましょう（LIST 7-27）。

LIST 7-27 PictureBoxコントロールの背景色などを変えるプロシージャを定義する

```
    Private Sub SetBackColor(Red As Integer, Green As Integer, ⇒
Blue As Integer)
        txtRed.Text = Red.ToString()
        txtGreen.Text = Green.ToString()
        txtBlue.Text = Blue.ToString()
        picColor.BackColor = Color.FromArgb(Red, Green, Blue)
        lblCode.Text = "#" & Red.ToString("X2") & Green.ToString( ⇒
"X2") & Blue.ToString("X2")
    End Sub
```

ToStringメソッドに指定した"X"は数値を16進数で表した文字列にするという意味で、その後の"2"は2桁で表示するという意味です。

イベントハンドラーの記述

プログラムの実行時（フォームが表示される前）には、とりあえず、すべての色を0にしておきましょう。しかし、TrackBarコントロールの値が変わったときにはPictureBoxコントロールの背景色を変更する必要があります。また、TextBoxコントロールにも色の度合いを表す値が入力されます。TextBoxコントロールについてはEnterキーが押されたときに、PictureBoxコントロールの背景色を変更します。もちろん、いずれの場合でも16進数のカラーコードも正しい値に変更して表示します。というわけで、フォームのLoadイベントハンドラー、TrackBarコントロールのValueChangedイベントハンドラー、TextBoxコントロールのKeyDownイベントハンドラーを書きましょう。

フォームのLoadイベントハンドラー

フォームを読み込んだ時点の処理は、SetColorプロシージャを呼び出すだけで構いません。イベントハンドラーの名前はInitProcとします。フォームのLoadイベントハンドラーを作成し、以下のように入力しましょう（LIST 7-28）。

LIST 7-28 フォームを表示する直前にSetBackColorプロシージャを呼び出す

```
    Private Sub InitProc(sender As Object, e As EventArgs) Handles ⇒
MyBase.Load
        SetBackColor(trbRed.Value, trbGreen.Value, trbBlue.Value)
    End Sub
```

3つのTrackBarコントロールのValueプロパティには初期値として0が設定されるので、これでPictureBoxコントロールの背景色を変えるなど、必要な初期設定が実行されます。

TrackBarコントロールのValueChangedイベントハンドラー

TrackBarコントロールは3つありますが、いずれも同じイベントハンドラーを呼び出します。TrackBarコントロールのイベント一覧を表示すると、Scrollイベントの欄に入力できる状態になっていますが、このプログラムではScrollイベントは使いません。ScrollイベントはTrackBarコントロールのスクロールボックスをドラッグするなどして動かしたときに発生するので、これを使えばよさそうですが、Scrollイベントではなく**ValueChangedイベント**を使います。ValueChangedイベントは、TrackBarコントロールの値が変わったときに発生するイベントです。コードはLIST 7-29のようになります。この場合も、イベントハンドラーを1つ作って、Handlesの後に「コントロール名.イベント名」をカンマで区切って追加すると、効率よく入力できます。

LIST 7-29 TrackBarコントロールの値が変わったらSetBackColorプロシージャを呼び出す

```
    Private Sub ChangeColor(sender As Object, e As EventArgs) ⇒
Handles trbRed.ValueChanged, trbGreen.ValueChanged, trbBlue.ValueChanged
        SetBackColor(trbRed.Value, trbGreen.Value, trbBlue.Value)
    End Sub
```

ValueChangedイベントを利用するのはTextBoxコントロールに値を入力したときに対応するためです。TextBoxコントロールの値を使ってTrackBarコントロールのValueプロパティを変更すると、TrackBarコントロールの値が変わり、スクロールボックスの位置も変わります。このとき値が変わるので、ValueChangedイベントが発生しますが、スクロールボックスを操作したわけではないのでScrollイベントは発生しません。

異なるコントロールのイベントでも引数が同じであれば イベントハンドラーが共有できる

実は、ChangeColorプロシージャとInitProcプロシージャの処理はまったく同じです。したがって、このプログラムに限っていえばTrackBarコントロールのValueChangedイベントハンドラーとしてInitProcを使っても構いません。ただし、一般的なプログラムでは、フォームの読み込み時とTrackBarコントロールの利用時には異なる処理をするのが普通なので、別のプロシージャにしておくのが自然です。

✔ TextBoxコントロールのKeyDownイベントハンドラー

TextBoxコントロールでは、値を入力して Enter キーを押したときに、TrackBarコントロールの値を変えるようにします。どのキーを押したか知りたいときには、**KeyDownイベントハンドラー**を利用します。

KeyDownイベントとKeyPressイベントの違い

KeyDownイベントに似たものにKeyPressイベントがあります。ただし、KeyPressイベントでは、どの文字が入力されたか分かりますが、どのキーが押されたかは分からないので、 Enter キーを押したということを検出できません。

3つあるTextBoxコントロールはすべて同じイベントハンドラーを呼び出すようにします。ChangeColorByTextという名前でイベントハンドラーを作成しましょう。コードの概要だけを先に見ておきます（LIST 7-30）。

LIST 7-30 TextBoxコントロールでキーが押されたときに実行されるイベントハンドラー

```
    Private Sub ChangeColorByText(sender As Object, e As ⇒
KeyEventArgs) Handles txtRed.KeyDown, txtGreen.KeyDown, txtBlue.KeyDown
        If e.KeyCode = Keys.Enter Then
            ' TextBoxに数値が入力されているときだけ、TrackBarコントロールの値を変える
            ' ただし、値が0より小さいときは0と見なし、255より大きいときは255と見なす
        End If
    End Sub
```

押されたキーが Enter キーなら

このイベントハンドラーはキーが押されるたびに呼び出されるので、Enterキーを押したときにのみ必要なコードが実行されるようにします。どのキーが押されたかは、イベントハンドラーに渡されるeという引数の**KeyCodeプロパティ**を見れば分かります。この値がEnterキーを表す**Keys.Enter**と等しければ、色見本を変えたり、カラーコードを表示する処理を実行します。

赤の度合いを表すTextBoxコントロールの処理に限って、Ifステートメントの中身を書いてみるとLIST 7-31のようになります。以下のコードを書くには、Redという作業用の整数型変数を宣言しておく必要があります。Redという名前はSetBackColorプロシージャの引数と同じ名前ですが、変数のスコープが異なるので問題なく使えます。

LIST 7-31 赤の度合いを表すTextBoxコントロールの値をもとにTrackBarコントロールの値を変える

```
If e.KeyCode = Keys.Enter Then
    If Integer.TryParse(txtRed.Text, Red) Then
        trbRed.Value = Math.Max(0, Math.Min(255, Red))
    Else
        MessageBox.Show("0～255の整数を入力してください")
        txtRed.Focus()
        txtRed.SelectAll()
    End If
        :
        :
End If
```

まず、Integer.TryParseメソッドでTextBoxコントロールに入力されている文字列を整数に変換します。整数に変換できたら、0～255の範囲に収まるようにします。255より大きい場合は255とし、0より小さい場合は0としています。これは7.2節でも見た方法です。

文字列が整数に変換できない場合には、メッセージを表示し、TextBoxコントロールにフォーカスを移動して文字列を選択された状態にします。

緑と青についても同様に書けます。イベントハンドラー全体を記しておきましょう。かなり長いですが、がんばって入力してください（LIST 7-32）。

LIST 7-32 TextBoxコントロールの値をもとにTrackBarコントロールの値を変える

```
    Private Sub ChangeColorByText(sender As Object, e As ⇒
KeyEventArgs) Handles txtRed.KeyDown, txtGreen.KeyDown, txtBlue.KeyDown
        Dim Red, Green, Blue As Integer
        If e.KeyCode = Keys.Enter Then
            If Integer.TryParse(txtRed.Text, Red) Then
                trbRed.Value = Math.Max(0, Math.Min(255, Red))
            Else
                MessageBox.Show("0～255の整数を入力してください")
                txtRed.Focus()
                txtRed.SelectAll()
            End If
            If Integer.TryParse(txtGreen.Text, Green) Then
                trbGreen.Value = Math.Max(0, Math.Min(255, Green))
            Else
                MessageBox.Show("0～255の整数を入力してください")
                txtGreen.Focus()
                txtGreen.SelectAll()
```

```
            End If
            If Integer.TryParse(txtBlue.Text, Blue) Then
                trbBlue.Value = Math.Max(0, Math.Min(255, Blue))
            Else
                MessageBox.Show("0～255の整数を入力してください")
                txtBlue.Focus()
                txtBlue.SelectAll()
            End If
        End If
    End Sub
```

このコードを見ると、色見本の表示を変えたり、カラーコードを表示したりする処理が書かれていません。しかし、TrackBarコントロールのValueプロパティに値を代入しているので、値が変わればTrackBarコントロールのValueChangedイベントハンドラーが自動的に呼び出されます。TrackBarコントロールのValueChangedイベントハンドラーからSetBackColorプロシージャが呼び出されているので、PictureBoxコントロールの背景色やカラーコードの表示が変わります。

✔ Buttonコントロールのイベントハンドラー

Buttonコントロールのイベントハンドラーは、プログラムを終了させるだけのおなじみのコードです。以下に記しておきます（LIST 7-33)。

LIST 7-33 プログラムを終了するためのコード

```
    Private Sub ExitProc(sender As Object, e As EventArgs) ⇒
Handles btnExit.Click
        Application.Exit()
    End Sub
```

✔ プログラムを実行する

コードがすべて入力できたら、ツールバーに表示されている［ColorMaker］ボタン（ ▶ ）をクリックして、プログラムを実行します。TextBoxコントロールに数値を入力したり、TrackBarコントロールのスクロールボックスを操作したりして、PictureBoxコントロールの背景色と16進数のカラーコードが変わることを確認しましょう。以下が実行例です。

画面 7-7 色見本とカラーコードを表示するためのプログラムを実行する

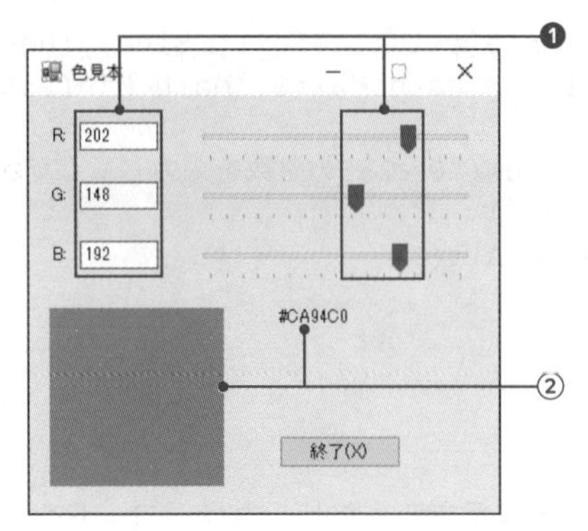

❶赤、緑、青の度合いを入力するかドラッグして、赤、緑、青の度合いを変更する
②いずれの方法でも、背景色が変わり、16進数のカラーコードが表示される

なお、このプログラムでは、TextBoxコントロールの値を変更しても、Enterキーを押さずにほかのTextBoxコントロールをクリックすると色が変更されません。そのような場合にも色が変更されるようにするには、TextBoxのLeaveイベントハンドラーにもコードを書いておく必要があります。Leaveイベントハンドラーはコントロールからフォーカスが失われたときに実行されるので、どのキーが押されたかという判定は不要です。それ以外はLIST 7-32で書いたコードと同じです。ダウンロード用のサンプルプログラムにはそのような処理も含めたプロジェクト（ColorMaker1）を用意しておきました。ただし、同じようなコードを何度も書くのは美しくないので、さまざまな工夫をこらしています。まとめと練習問題の後で、ぜひダウンロードして読み解いてみてください。

✔ プログラムの設定値を保存する　ColorMaker2

少し補足です。設定されている色はプログラムの終了時に保存しておきたいですよね。保存すべき値は、赤の度合い、緑の度合い、青の度合いの3つです。また、プログラムの起動時にはそれらの値を読み出します。そのためには難しいコードを記述しなければ……と思われるかもしれませんが、保存する値を定義して、その値について代入を行うコードを書くだけです[※4]。

では、3つのTrackBarコントロールの値（Valueプロパティの値）を保存するように設定しましょう。手順は画面7-8に示したとおりです。

※4　.NET Frameworkではプロパティの設定だけでできましたが、.NET 6の場合、本書の執筆時点では、自分で設定ファイルを作成し、保存する値を指定しておく必要があります。また、そのままではエラーとなるので、App.configファイルの内容を修正する必要があります。設定ファイルを書き換えると思わぬトラブルが発生することもあるので、慣れていない方は、この項を飛ばしていただいても構いません。

画面 7-8 プロパティの設定を保存する

❶ [プロジェクト (P)] - [プロパティ (P)] - [<プロジェクト名>のプロパティ (P)]

↓

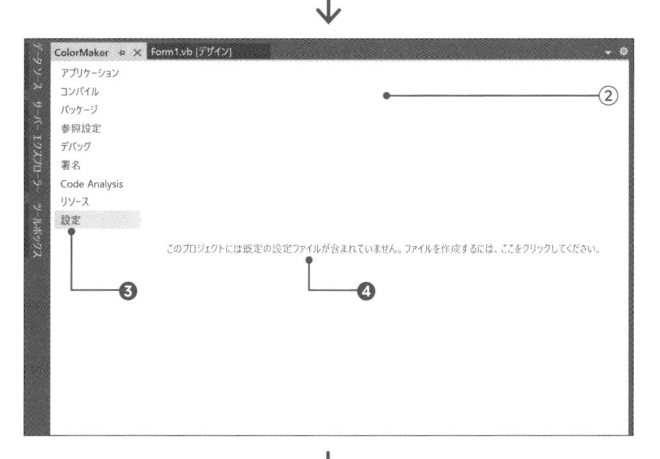

❶ メニューから [プロジェクト (P)] - [プロパティ (P)] - [<プロジェクト名>のプロパティ (P)] を選択する

② プロジェクトの設定ウィンドウが表示される

❸ [設定] をクリックする

❹ [このプロジェクトには既定の設定ファイルが含まれていません……] が表示されるので、そのリンクをクリックする

↓

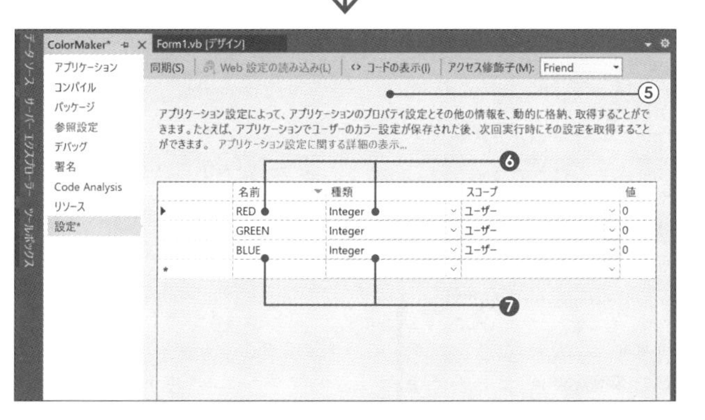

⑤ 設定画面が表示される

❻ [名前] に「RED」を入力し、[種類] から「Integer」を選択する

❼ GREENとBLUEについても同様に入力する

FormのLoadイベントハンドラーを作成し、以下のようなコードを書けば、前回の値が読み出され、TrackBarコントロールの値が変わり、表示される色も変わります。

LIST 7-34 設定値を読み出す

```
    Private Sub InitProc(sender As Object, e As EventArgs) Handles MyBase.⇒
Load
        trbRed.Value = My.Settings.RED
        trbGreen.Value = My.Settings.GREEN
        trbBlue.Value = My.Settings.BLUE
        SetBackColor(trbRed.Value, trbGreen.Value, trbBlue.Value) # この行は⇒
なくても動く
    End Sub
```

コードを見ても分かるように、「My.Settings.名前」と指定すれば、その名前で保存された値が取り出せます。なお、TrackBarコントロールの値が変われば、SetBackColorプロシージャが呼び出されるので、最後の行はなくても構いません。

値を保存するには、「My.Settings.名前」に値を代入してからMy.Settings.Save()メソッドを使います。プログラムの終了時に値を保存するので、ExitProcを以下のように書き換えましょう。

LIST 7-35 設定値を保存する

```
    Private Sub ExitProc(sender As Object, e As EventArgs) Handles ⇒
btnExit.Click, MyBase.FormClosing
        My.Settings.RED = trbRed.Value
        My.Settings.GREEN = trbGreen.Value
        My.Settings.BLUE = trbBlue.Value
        My.Settings.Save()
        Application.Exit()
    End Sub
```

［終了（X)］ボタンをクリックしたときだけでなく、タイトルバーの［×］をクリックしてフォームが閉じられたときにもこのコードを実行したいので、MyBase.FormClosingイベントも指定してあることに注意してください。

ただし、前ページの注でも触れたように、本書の執筆時点ではこのまま実行すると画面7-9のようなエラーが発生してしまいます。

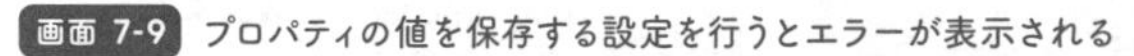
画面 7-9 プロパティの値を保存する設定を行うとエラーが表示される

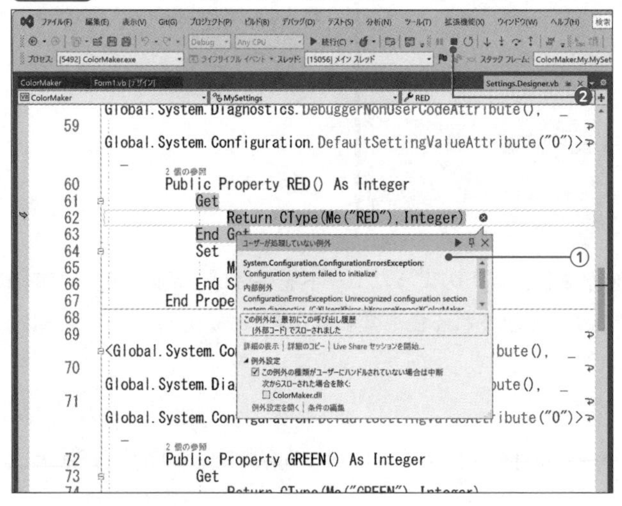

① エラーが表示される
❷［デバッグの停止］ボタンをクリックしてプログラムの実行を終了させる

その場合、メモ帳などのテキストエディターを使って、プロジェクトが保存されているフォルダーの下にあるApp.configファイルに、以下のアミカケの部分の行を追加しておく必要があります。

画面 7-10 App.config ファイルを直接書き換える

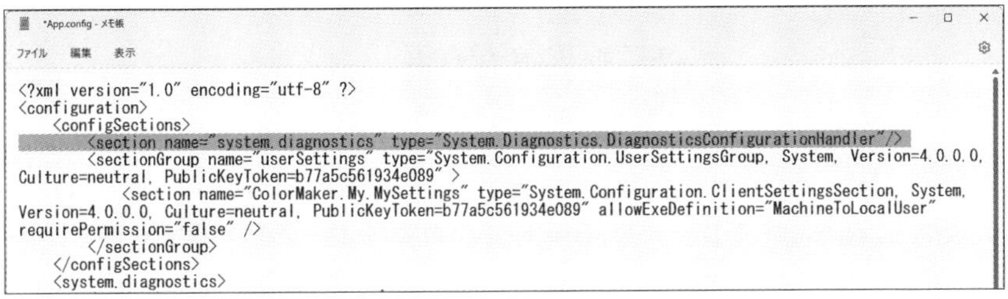

```
*App.config - メモ帳
ファイル 編集 表示

<?xml version="1.0" encoding="utf-8" ?>
<configuration>
    <configSections>
        <section name="system.diagnostics" type="System.Diagnostics.DiagnosticsConfigurationHandler"/>
        <sectionGroup name="userSettings" type="System.Configuration.UserSettingsGroup, System, Version=4.0.0.0,
Culture=neutral, PublicKeyToken=b77a5c561934e089" >
            <section name="ColorMaker.My.MySettings" type="System.Configuration.ClientSettingsSection, System,
Version=4.0.0.0, Culture=neutral, PublicKeyToken=b77a5c561934e089" allowExeDefinition="MachineToLocalUser"
requirePermission="false" />
        </sectionGroup>
    </configSections>
    <system.diagnostics>
```

繰り返しになりますが、設定ファイルを直接書き換えるのはトラブルの原因となります。慣れていない方はこの操作は避けてください。

CHAPTER 7 » まとめ

- ✓ SubプロシージャやFunctionプロシージャを利用すると、よく使われる処理を1箇所にまとめておくことができます
- ✓ SubプロシージャやFunctionプロシージャには引数を使って値や参照を渡すことができます
- ✓ Functionプロシージャは、処理の結果を戻り値として返します
- ✓ SubプロシージャやFunctionプロシージャにもアクセスレベルが指定できるので、モジュール内だけで使えるプロシージャや、モジュールの外からも使えるプロシージャが作成できます

練習問題

ColorMaker3

A ColorMakerプロジェクトを修正し、整数が0より小さい場合には0とし、255より大きい場合は255とするコードをFunctionプロシージャにし、呼び出せるようにしてください。

プロシージャ名はLimit0To255とします。例えば、

```
trbRed.Value = Math.Max(0, Math.Min(255, Red))
```

と書く代わりに、

```
trbRed.Value = Limit0To255(Red)
```

と書いて同じことができるように、Limit0To255プロシージャを作成してください。
プロジェクト名はColorMaker3とします。

B ChangeColorByTextプロシージャの中には同じようなコードが3つあります。
Aのプロジェクトのコードを変更し、これをSubプロシージャにしてみてください。
プロシージャ名はChangeTrackBarとし、
TextBoxコントロールとTrackBarコントロールを渡せば、
TextBoxコントロールの値に従って、
TrackBarコントロールの値を変えるものとします。

ChangeColorByTextプロシージャが以下のように書けるように、ChangeTrackBarプロシージャを作成してください。

```
    Private Sub ChangeColorByText(sender As Object ,e As ⇒
KeyEventArgs) Handles txtRed.KeyDown, txtGreen.KeyDown, ⇒
txtBlue.KeyDown
        If e.KeyCode = Keys.Enter Then
            ChangeTrackBar(txtRed, trbRed)
            ChangeTrackBar(txtGreen, trbGreen)
            ChangeTrackBar(txtBlue, trbBlue)
        End If
    End Sub
```

ヒント 以下のようなSubプロシージャの中身を考えます。

```
    Private Sub ChangeTrackBar(txtSource As TextBox, trbTarget ⇒
As TrackBar)
        ' ここにコードを書く
    End Sub
```

このように、引数としてコントロールを渡すこともできます。txtSource.Textと書けば、引数として渡されたTextBoxコントロールのTextプロパティが利用できます。

PART 2

CHAPTER

8 » クラスを利用する

プログラミングとは、
世界を記述することといっても過言ではありません。
しかし、これまで説明してきたプログラミングの方法は、
どちらかというとコンピューターの都合に合わせたものです。
例えば身長や成績を変数として表しましたが、世界には身長とか
成績といったデータがポツンと存在するのではなく、人間が存在し、
その人に身長や成績といった値がついてまわります。
クラスを利用すれば、人やモノが持っているデータや働きを
目的にそって自然に表せるので、プログラムをより分かりやすく、
柔軟に記述できるようになります。

これから学ぶこと

- ✔ クラスからオブジェクトを作成する方法を学びます
- ✔ クラスを定義する方法を学びます
- ✔ クラスのプロパティやメソッドを定義する方法を学びます
- ✔ 基本クラスの機能を継承するとともに、新たな機能を追加した派生クラスを定義する方法を学びます
- ✔ インターフェイスを利用し、さまざまなクラスで使われる機能を派生クラスに組み込む方法を学びます
- ✔ この章で学んだことがらを利用してプログラムを作成します

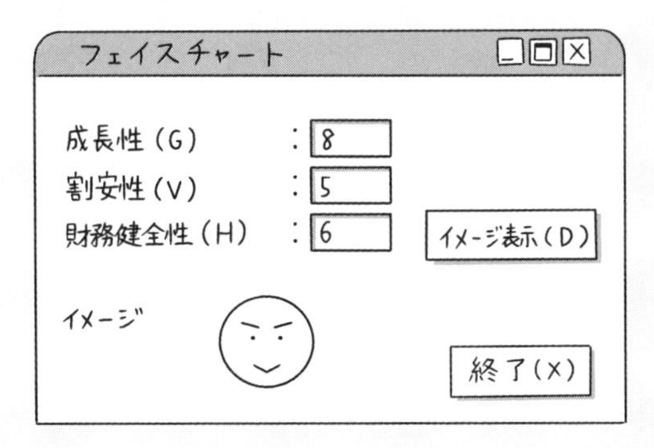

イラスト 8-1 フェイスチャートを表示するプログラム

この章ではクラスの定義方法や利用方法を学びます。クラスを利用すると、人やモノを自然に表現でき、さらに拡張していくこともできます。この章の最後では、企業のプロフィールをクラスとして定義し、いくつかの指標をもとに、フェイスチャートを表示するプログラムを作成します。

クラスとオブジェクト

プログラムの中では、その仕事の目的に合わせて、人は「身長」「体重」「成績」そのほかの変数で表されます。これらの変数を個別に宣言すると、ある特定の人の身長と体重をまとめて表すことはできません。また、人は「食べる」「寝る」といった動作ができます。それらを個別にプロシージャとして表すのではなく、人が持つ動作としてまとめて表したいものです。クラスを利用すると、そういったことが可能になります。

クラスとは

クラスとは、人やモノの性質や働きを表したものです※1。まず「性質」について考えてみましょう。当然のことながら、人の持つあらゆる性質を表すことは現実的でないので、目的に合わせたデータだけをまとめて表します。例えば、健康管理に関する仕事であれば、成績というデータは必要がないので、人は身長と体重などのデータをまとめたものとして表されます。

イラスト 8-2

健康管理における人クラスのイメージ

一方、成績管理という仕事であれば、身長や体重のデータは必要がないので、人は出席日数や試験の成績などのデータをまとめたものとして表されます。つまり、

クラスとは、ある目的に合わせて、必要な変数をまとめたもの

と考えられます。このような、人やモノの持つ性質を**プロパティ**と呼びます。

※1　ここでの説明は、あくまでクラスのイメージをつかむためのたとえ話です。詳細な機能については、コードを書きながらひとつずつ確実に理解するようにしましょう。

イラスト 8-3

成績管理における
人クラスのイメージ

次に、「働き」について見ていきます。人は身長や体重といったデータで表されるだけでなく、食べる、寝るなどの動作ができます。健康管理といった目的に合わせて考えると、決められたカロリーの食事を摂ることもあるはずです。

これまで、何らかの動作はSubプロシージャやFunctionプロシージャで表してきましたが、これらもクラスに含まれます。したがって、

クラスとは、ある目的に合わせて必要なプロシージャを含んだもの

ともいえます。このような、人やモノの持つ動作を**メソッド**と呼びます。

クラスにはイベントも含まれる

さらに、クラスにはイベントも含まれますが、ここでは、これぐらいにとどめておきます。例えば「ある時間になったら寝る」など、何らかのできごとに対してプロシージャが呼び出されるようにすることも可能です。

オブジェクトとは

クラスの具体的な利用方法について説明する前に、あと1つだけクラスの特徴について見ておきます。「人」についてもう少し考えてみましょう。

普段、私たちは人という概念と個別の人をあまり区別していません。しかし、改めて考えてみると、「人」というのはあくまで「人というのはこういうものだ」ということを表す概念であって、実体として存在するのは個別の二宮さんとか桜井さんといった人です。

クラスは人の概念にあたるものと考えられます。人やモノについて「これはこういうものだ」というのを決めたものがクラスです。一方、それぞれの実体のことは**オブジェクト**とか**インスタンス**と呼ばれます。

イラスト 8-4

クラスとオブジェクト

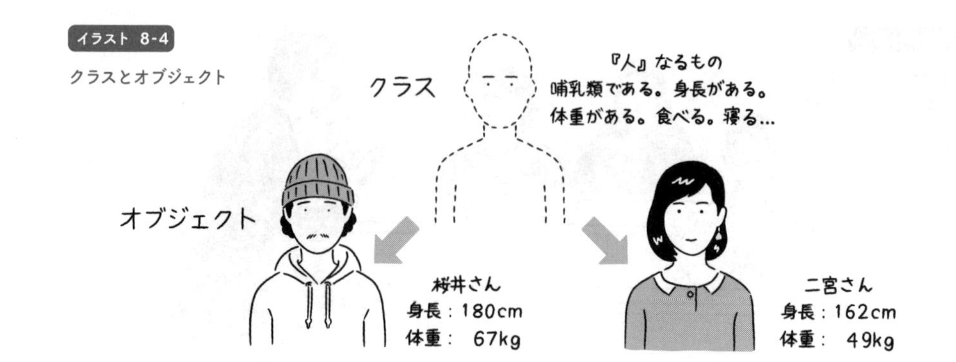

個々のオブジェクトは、クラスをもとにして作られます。クラスは設計図で、オブジェクトが設計図をもとにして作られた個々の実体である、と考えてもいいでしょう。新しい用語や考え方がたくさん出てきたように思われるかもしれませんが、実は、クラスとオブジェクトの関係はこれまで見てきた変数の宣言と同じです。整数という概念をもとに、個々の整数型（Integer型）変数を作ったのと同じことなのです。

クラスとオブジェクトの概略はこれぐらいにしておき、次に具体的な使い方を見ていきます。イメージがつかめないという人も、いまはあまり気にせず、読み進めていってください。具体的な使い方を学んでから、もう一度ここでの説明を読み返してみると、実感が湧いてくると思います。

クラス、オブジェクト、インスタンス

Visual Basicでは、インスタンスとオブジェクトは同じ意味で使われますが、プログラミング言語によっては、クラスとインスタンスをまとめてオブジェクトと呼ぶ場合もあります。

確認問題

1 以下の文章のうち正しいものには○を、間違っているものには×を記入してください。

- [ ] クラスとは目的に合わせてデータや手続きをまとめたものである
- [ ] オブジェクトとはひな形のようなものであり、実体はクラスと呼ばれる
- [ ] クラスにはプロパティが含まれる
- [ ] クラスにはプロシージャは含まれない
- [ ] Visual Basicでは、オブジェクトはインスタンスとも呼ばれる

クラスの利用

この章では、クラスを自分で定義して利用する方法を学びます。しかし、その前に、あらかじめ用意されているクラスの利用方法を確認しておきましょう。そうすれば、自分でクラスを定義するときに、どのようなポイントを押さえておく必要があるかが分かります。また、.NETのクラスライブラリに含まれる、さまざまな機能を持つクラスが利用できるようになります。

クラスからオブジェクトを作成する

クラスの定義や利用の方法をこれから学ぶわけですが、実は、私たちはすでにクラスを使っています。クラスを利用するには、次のような方法があります。

- あらかじめ用意されたクラスからオブジェクトを作成して利用する
- クラスを自分で定義し、そこからオブジェクトを作成して利用する

この、「あらかじめ用意されたクラス」については、すでに使っているのです。

例えば、5.2節で、乱数を取り出す例を見ました。乱数はRandomクラスからオブジェクトを作成して、Nextメソッドにより取り出したものです。Randomクラスは「乱数」というモノを表したクラスで、Nextというメソッドを含んでいるというわけです。5.2節では、

```
Dim r As Random = New Random()
```

というコードを書きました。これがクラスからオブジェクトを作成するためのコードです。Randomというキーワードが2つも書かれていて、奇妙な感じがします。しかし、これは2つのことを1行にまとめて書いてあるためです。

順を追ってみていきます。

まず、クラスからオブジェクトを作成するためには、オブジェクトを参照するための変数が必要です。Randomクラスのオブジェクトを参照するための変数は以下のようにして宣言します。

```
Dim r As Random
```

これは、Randomクラスのオブジェクトそのものではなく、あくまでもオブジェクトを参照するための変数を宣言したにすぎません。図にすると図8-1のようなイメージです。

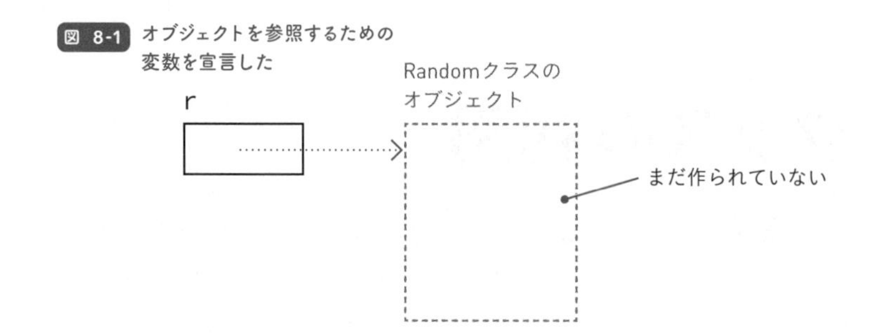

図 8-1 オブジェクトを参照するための変数を宣言した

rという変数は参照型の変数です。その中に乱数の値を入れるために使うのではなく、Randomクラスのオブジェクトがどこにあるのかという情報を入れておくための変数です。このコードでは、rという変数を宣言しただけで、Randomクラスのオブジェクトについてはまだ作成されていないので、うすい破線で描いてあります。

ここまでは大丈夫でしょうか。単なる変数の宣言なので、難しくはないですね。では、続けます。

次に、Randomクラスのオブジェクトを作成してみましょう。オブジェクトの作成には**Newキーワード**を使います。

```
New Random()
```

これでRandomクラスのオブジェクトが作成されます。() 内には何も書いていませんが、初期値の設定などが必要な場合には、引数として書いておくこともできます。ここまでは、図8-2に示したようなイメージです。ただし、まだオブジェクトを作成しただけなので、rという変数にはRandomクラスのオブジェクトがどこにあるかという情報が入れられていません。矢印がうすい点線で描かれているのは、そのためです。

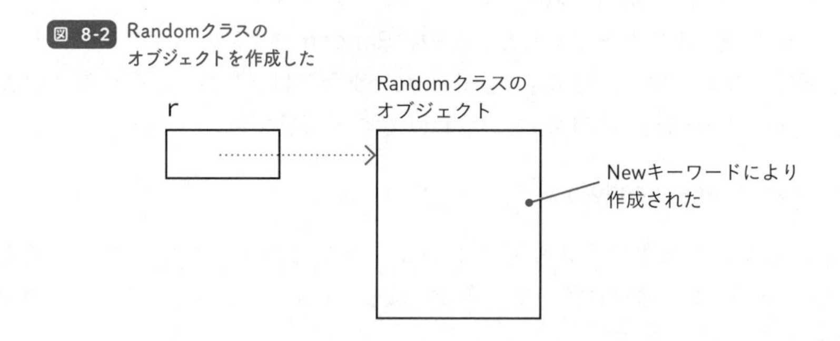

図 8-2 Randomクラスのオブジェクトを作成した

ここからが大事なところです。すべてがつながるので、じっくりと読んでください。

Newキーワードを使ってオブジェクトを作成すると、作成されたオブジェクトの参照が返されます。つまり、そのオブジェクトがどこにあるかという情報が返されます。したがって、それをrに代入してやれば、rがオブジェクトを参照するようになります。コードは次のとおりです。

```
r = New Random()
```

これについても、図で見ておきましょう（図8-3）。

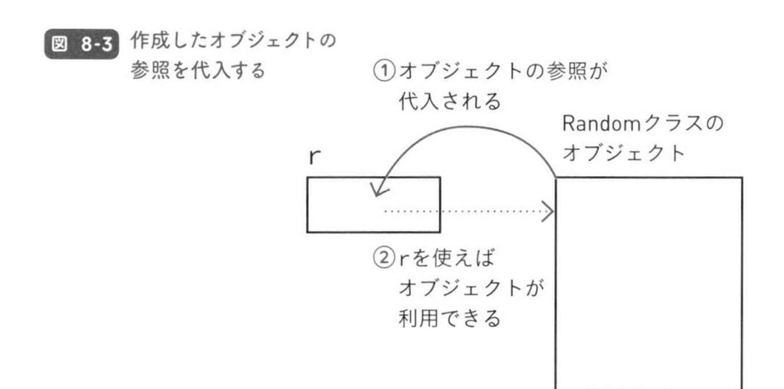

図 8-3 作成したオブジェクトの参照を代入する

コードの直接的な意味は、Randomクラスがどこにあるかという情報がrに代入される（参照が代入される）というだけのことです。①の実線で示した部分がそれにあたります。参照が代入されると、変数を使ってオブジェクトが利用できるようになります。オブジェクトを利用する流れに注目すると②の点線の矢印のようなイメージになるというわけです。

では、オブジェクトを参照するための変数を宣言する一般的な書き方を見ておきましょう（図8-4）。

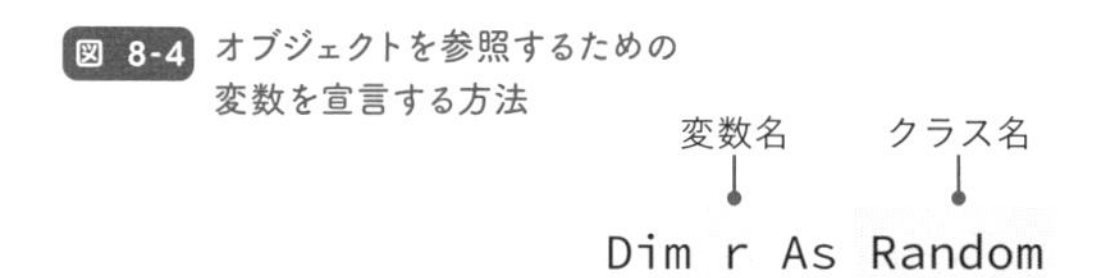

図 8-4 オブジェクトを参照するための変数を宣言する方法

クラスから新しいオブジェクトを作成して、その参照を代入するコードの書き方は以下のとおりです（図8-5）。

図 8-5 オブジェクトを作成し、その参照を変数に代入する

宣言とオブジェクトの作成をまとめて、図8-6のように書くこともできます。

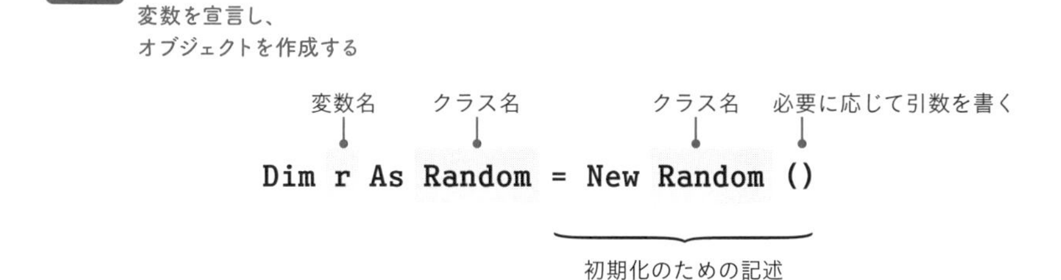

図 8-6 オブジェクトを参照するための変数を宣言し、オブジェクトを作成する

このコードの意味を日本語で書くと「Randomクラスのオブジェクトを参照する変数rを宣言し、新しく作成したRandomクラスのオブジェクトの参照を代入する」ということになります。ちなみに、宣言と初期化をまとめて書く方法は、通常の変数の初期化でも同じです。

```
Dim i As Integer        ←→  Dim i As Integer = 0
i = 0
```

✔ プロパティやメソッドを利用する

オブジェクトのプロパティやメソッドは、そのオブジェクトを参照する変数名の後に「.」(ピリオド) で区切って書きます。すでにコントロールのプロパティやメソッドを何度も利用してきたので、この知識は十分身に付いていると思います。なお、オブジェクトのプロパティやメソッドをまとめて**メンバー**と呼ぶこともあります。

念のため、Randomクラスのオブジェクトを作成し、Nextメソッドを呼び出す例で確認しておきましょう (LIST 8-1)。

LIST 8-1 Randomクラスのオブジェクトを作成し、Nextメソッドを使って乱数を作成する

```
Dim i As Integer
Dim r As Random = New Random()
i = r.Next(10)
```

Nextメソッドを使って0以上10未満の整数の乱数を作成し、iに代入する

実は、これまで使ってきたコントロールもクラスから作られたオブジェクトです。例えば、フォームにButtonコントロールを配置すると、Button1という名前のコントロールが作成されます。これはButtonクラスから作成されたButton1という名前のオブジェクトなのです。したがって、コントロールをフォームに配置する代わりに、コードの中で作成することもできます (LIST 8-2)。

LIST 8-2 Buttonクラスのオブジェクトを作成し、フォーム上に表示する

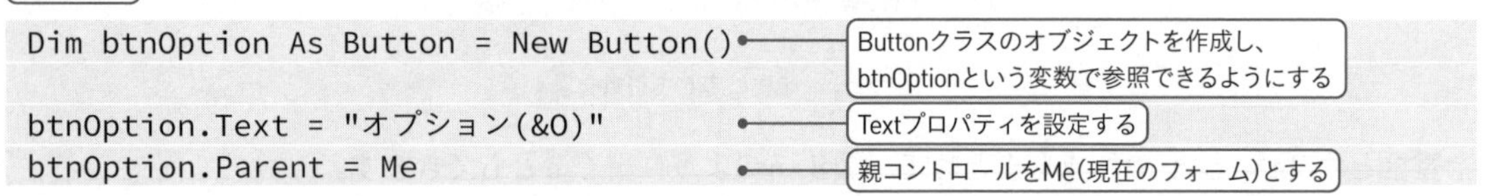

```
Dim btnOption As Button = New Button()

btnOption.Text = "オプション(&O)"
btnOption.Parent = Me
```

Buttonクラスのオブジェクトを作成し、btnOptionという変数で参照できるようにする
Textプロパティを設定する
親コントロールをMe(現在のフォーム)とする

フォームデザイナーでコントロールをフォームに配置すると、Visual Basicは自動的に上記のようなコードを追加しています (ただし、それらのコードは、通常は表示されていません)。いかがでしょう。参照型の変数、クラスとオブジェクト、コントロール……と、これまでバラバラだった知識がすべてつながってきました。この節の終わりに、もう1つ重要な知識として、共有メンバーのお話をしておきましょう。

共有メンバーを利用する

プロパティやメソッドを利用するには「オブジェクト名.プロパティ名」や「オブジェクト名.メソッド名」と書きます。しかし、「クラス名.プロパティ名」や「クラス名.メソッド名」と書く場合もあります。例えば、4.2節や6.4節で見た、

```
Integer.TryParse
Math.Sqrt
```

などがそれにあたります。IntegerクラスやMath クラスのオブジェクトを作らずに、TryParseやSqrtといったメソッドを呼び出していますね。このようなプロパティやメソッドは**共有メンバー**と呼ばれるもので、オブジェクトを作成しなくてもそのまま使えます。共有メンバーは、個々のオブジェクトの働きではなく、クラスに特有の機能なのです。なお、共有メンバーは静的メンバーと呼ばれることもあります。

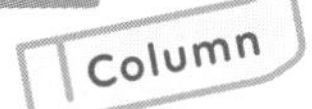

.NETのクラスライブラリを利用するには

Visual Basicのプログラムからは、.NETのクラスライブラリが利用できます。.NETとは、Windowsのプログラムを作成するためのさまざまな道具の集まりのことで、クラスライブラリとは文字通りクラスの図書館（=ライブラリ）のようなものです。つまり、あらかじめ用意されたさまざまなクラスのことです。実はフォームやコントロールもクラスライブラリに含まれるFormクラスやLabelクラス、Buttonクラスなどから作られたオブジェクトなのです。この節で説明したRandomクラスも.NETのクラスライブラリに含まれています。それ以外にも、XMLドキュメントを表すXmlDocumentクラス、クリップボードを表すClipboardクラスなど、さまざまなクラスが用意されています。これらのクラスを利用する方法はすでに説明したように、次のとおりです。

- オブジェクトを参照するための変数を宣言する
- 新しいオブジェクトを作成し、その参照を変数に代入する

.NETのクラスライブラリに含まれるクラスの一覧やその説明は、.NETのドキュメントのページ（https://docs.microsoft.com/ja-jp/dotnet/）から見ることができます。ページの下のほうに表示されている[.NET APIリファレンス]をクリックすれば、「.NET APIブラウザー」というページが表示されます。名前の階層を開いていくか、[検索] ボックスを使ってキーワードで検索すると、さまざまなクラスの一覧やクラスのメンバーが表示できます。ただし、利用例のほとんどがC#というプログラミング言語のものになっています。

確認問題

❶ 右側の説明に従って、コードを完成させてください。

(1)
```
Imports System.XML          ←XMLドキュメントを取り扱うクラスを利用するための記述
Public Class Form1
    ' Visual Basicを使ってXMLドキュメントを作る
    Private Sub MakeXml(sender As Object, e As EventArgs) ⇒
Handles Button1.Click
        Dim xDoc As XmlDocument     ←XMLドキュメントを表すXmlDocumentクラスのオブジェクトを参照する変数を宣言

        xDoc = [      ] XmlDocument()     ←XmlDocumentクラスのオブジェクトを作成する

        xDoc. [      ] ("<item><title>明日の天気</title></item>")
                                    ←XMLドキュメントを読み込むためのLoadXmlメソッドを呼び出す
        MessageBox.Show(xDoc. [      ] )     ←内部のテキストを表すInnerTextプロパティの値をメッセージボックスに表示する

    End Sub
End Class
```

(2)
```
Imports System.Windows      ←Windowsのさまざまな機能を取り扱うクラスを利用するための記述
Public Class Form1
    ' クリップボードとテキストのやりとりをする
    Private Sub SendToClipBoard(sender As Object, e As ⇒
EventArgs) Handles Button1.Click
        Clipboard. [      ] ("テストデータです")     ←Clipboardクラスの共有メソッドSetTextを使ってクリップボードにテキストを入れる
    End Sub

    Private Sub ReceiveFromClipBoard(sender As Object, e As ⇒
EventArgs) Handles Button2.Click
        Debug.WriteLine( [      ] .GetText())     ←Clipboardクラスの共有メソッドGetTextを使ってクリップボードからテキストを取得する
    End Sub
End Class
```

クラスの作成

これまでは、すでに用意されているクラスからオブジェクトを作る方法を見てきました。この節では、自分でクラスを定義してみましょう。クラスにはプロパティやメソッドが含まれているので、それらを記述するのが主な作業です。続いて、クラスからオブジェクトを作成し、プロパティやメソッドを利用する方法を見ていきます。

クラスを定義する

ClassTest2

8.1節で健康管理の話をしたので、その例をもとにクラスを作ってみましょう。人というクラスを考えてみます。クラスを定義するには、**Class**というキーワードの後にクラス名を書きます。ここでは、クラスの名前をPersonとしましょう。コードウィンドウに以下のコードを書きます（LIST 8-3）。

LIST 8-3 Personクラスを定義する

```
Class Person

End Class
```

中身はまだ何もありませんが、これでクラスが定義できました。実際にコードを入力するときには、Class Personという行を入力した時点でEnd Classが自動的に入力されます。

このコードは、フォームのクラス定義の中に書くこともできますし、外側に書くこともできます（LIST 8-4）。

LIST 8-4 クラス定義を書く位置

```
Class Form1

    Class Person

    End Class
End Class
```

```
Class Form1

End Class
Class Person

End Class
```

フォームのクラス定義の中に書くと、そのクラスの中に含まれるクラスと見なされます。クラスからオブジェクトを作成する方法は、Form1の中では同じです。

```
Dim aPerson As Person = New Person()
```

=の左辺はPersonオブジェクトを参照するための変数aPersonの宣言で、=の右辺はPersonクラスのオブジェクトを作成するコードですね。Randomクラスのオブジェクトを作ったときとまったく同じ形式です。

ただし、別のフォームなどからオブジェクトを作成する場合は書き方が異なります。クラス定義の中に書いた場合（LIST 8-4の左側の場合）はForm1の中に含まれるクラスなので、それを明示する必要があります（LIST 8-5）。

LIST 8-5 Form1に含まれるPersonクラスのオブジェクトを作成する

```
Class Form2
    Dim aPerson As Form1.Person = New Form1.Person()
        :
End Class
```

Form1のクラス定義の外に書いた場合（LIST 8-4の右側の場合）は、最初と同じ書き方です（LIST 8-6）。

LIST 8-6 Personクラスのオブジェクトを作成する

```
Class Form2
    Dim aPerson As Person = New Person()
        :
End Class
```

また、クラスにもPublicやPrivateなどのアクセスレベルが指定できます。ただし、Privateはクラスの中でクラスを定義した場合にだけ書けます。つまり、LIST 8-4の左側の場合だけPrivateが指定できます（LIST 8-7）。

LIST 8-7 PersonクラスをPrivateなクラスとして定義する

```
Class Form1

    Private Class Person

    End Class
End Class
```

このとき、Personというクラスは、Form1の中でしか使えません。したがって、別のフォームなどで以下のように書いてもエラーになります。

```
Dim aPerson As Form1.Person = New Form1.Person()
```

では、Classステートメントの書き方を整理しておきましょう（図8-7）。

図 8-7 Classステートメントの書き方


```
Public Class Person
     :
End Class
```

アクセスレベルの指定を省略すると、Publicが指定されたものと見なされます。しかし、混乱を防ぐためにも、アクセスレベルは指定しておいたほうがいいでしょう。なお、これ以外にもProtectedなどのアクセスレベルがありますが、P.311で説明することにします。

✔ プロパティを定義する

ClassTest3

Classステートメントを書いただけでは、まだクラスの中身が決まっていないのでまったく何もできません。そこで、プロパティを定義しましょう。例えばPersonクラスには、身長、体重というプロパティがあるものとします。プロパティの名前はHeight、Weightでいいでしょう。

まずやるべきことは、これらのプロパティの値を記憶しておくために使う変数の宣言です。いずれも浮動小数点数となるはずです（LIST 8-8）。

LIST 8-8 身長と体重を記憶しておくための変数を宣言する

```
Public Class Person
    Private mHeight As Double      ' Heightプロパティの値を記憶する変数
    Private mWeight As Double      ' Weightプロパティの値を記憶する変数

End Class
```

クラスの中で宣言された変数はメンバー変数やフィールドと呼ばれることがあります。これらの変数はクラスの中でだけ使うものなので、Privateで宣言しておきます。そうすれば、不用意に身長や体重の値を変更してしまうのを防ぐことができます。身長や体重の値を利用したいときや、それらの値を設定したいときには、プロパティを使うことにします。

続いて、プロパティを定義するために**Propertyプロシージャ**を書きます。Heightプロパティについて見てみましょう。メンバー変数の宣言の後に、

```
Public Property Height() As Double
End Property
```

と入力してみてください。これがPropertyプロシージャの骨格です。Propertyプロシージャの中には、プロパティの値を取得するための**Getメソッド**とプロパティの値を設定するための**Setメソッド**を書きます（LIST 8-9）。

LIST 8-9 Propertyプロシージャを作成する

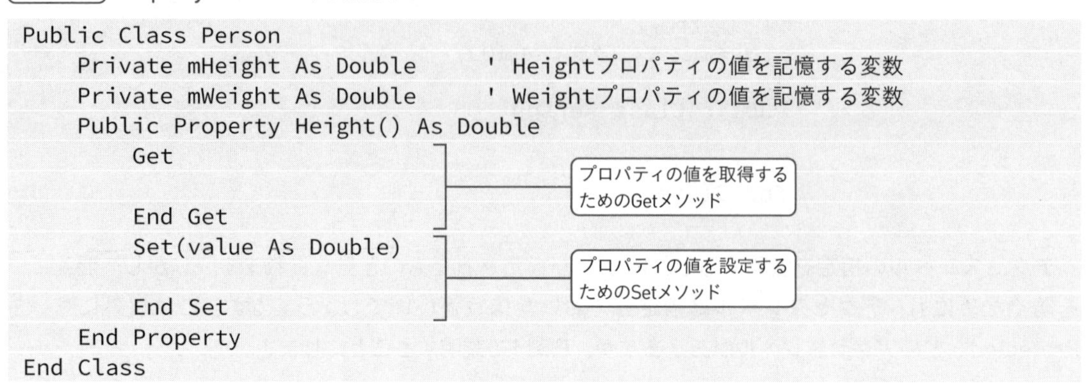

```
Public Class Person
    Private mHeight As Double      ' Heightプロパティの値を記憶する変数
    Private mWeight As Double      ' Weightプロパティの値を記憶する変数
    Public Property Height() As Double
        Get

        End Get
        Set(value As Double)

        End Set
    End Property
End Class
```


コードは少し長いですが、自動的に入力することもできます。Propertyプロシージャの骨格を作った後、その中にGetと入力して Enter キーを押すだけでコードが自動的に挿入され、LIST 8-9のようになります（画面8-1）。

画面 8-1 GetメソッドとSetメソッドを自動的に入力する

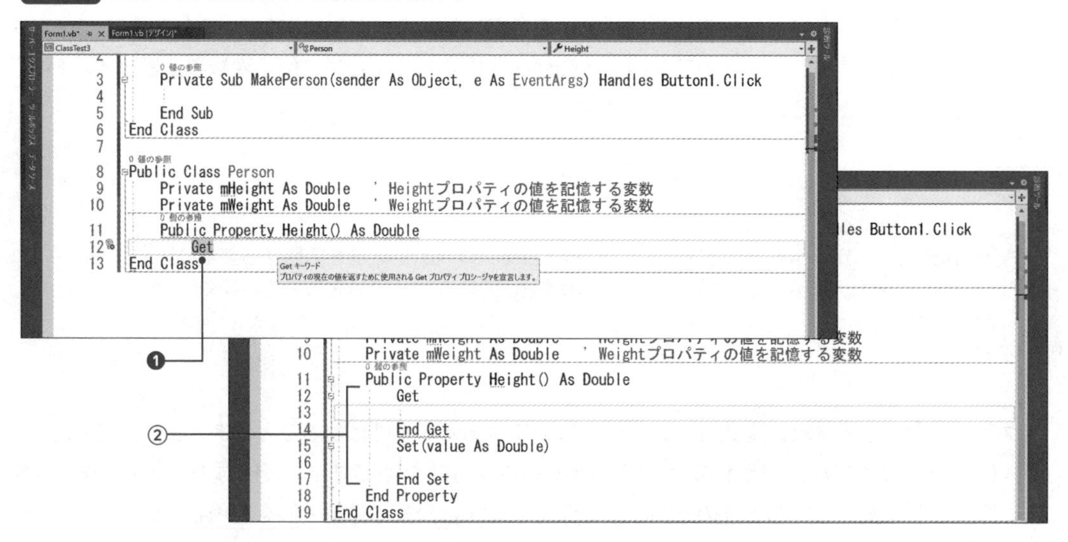

❶ Getと入力して Enter キーを押す

② GetメソッドとSetメソッドが自動的に追加される

PropertyプロシージャのGet ... End Getステートメントの中には、プロパティの値を読み出すためのコードを書きます。この例であれば、身長を表すmHeightの値を返すだけでいいので、

```
Return mHeight
```

と書きます。必要であれば、値を返す前に何らかの処理を実行しておくこともできます。

次に、Set ... End Setステートメントです。この中には、プロパティの値を設定するためのコードを書きます。プロパティに設定した値はvalueという引数に渡されるので、これをmHeightに代入します。つまり、

```
mHeight = value
```

と書きます。この場合も、必要であれば値を代入する前に何らかの処理を実行しておくことができます。例えば、身長には負の値が設定されることはありえません。そのために、値の範囲をチェックするコードを書いておくこともできます。

これで、Heightプロパティを定義するPropertyプロシージャが一応完成しました。コードは以下のようになっています（LIST 8-10）。

LIST 8-10 Propertyプロシージャの完成例

```
Public Property Height() As Double
   Get
      Return mHeight            ●――（プロパティの値を返す）
   End Get
   Set(value As Double)
      mHeight = value           ●――（プロパティの値を設定する）
   End Set
End Property
```

ここまでのおさらいとして、メンバー変数とPropertyプロシージャの関係を図で表しておきましょう（図8-8）。

図 8-8 メンバー変数とPropertyプロシージャの関係

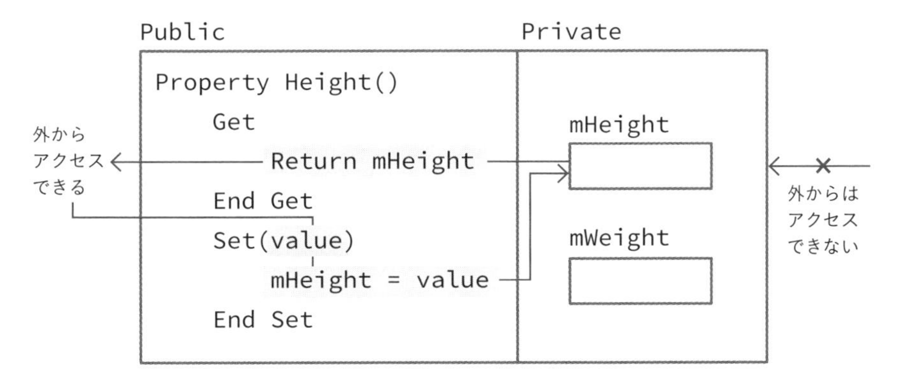

プロパティの実際の値を入れておくための変数はPrivateで宣言されているので、直接変更することはできません。しかし、変数から値を取り出したり、変数に値を代入するためのPropertyプロシージャはPublicで宣言されているので、外部から利用することができます。つまり、プロパティを経由して、内部の変数を取り扱うというわけです。この利点は、すでに触れたように、値を

取り出したり、代入したりする前に、値の範囲のチェックなど、必要な処理ができるということです。それにより、不正な値が設定されてしまうことが防げるので、プログラムのエラーを未然に防ぐのに役立ちます。

このように不用意に変更されては困る変数をPrivateにし、Publicなプロパティを経由してのみ使えるようにすることを、**情報の隠蔽**（いんぺい）といいます。情報の隠蔽は、データの安全性や信頼性を高めるのに有効な考え方です。

Propertyプロシージャの書き方についてもここでまとめて確認しておきましょう（図8-9）。

図 8-9 Propertyプロシージャの書き方

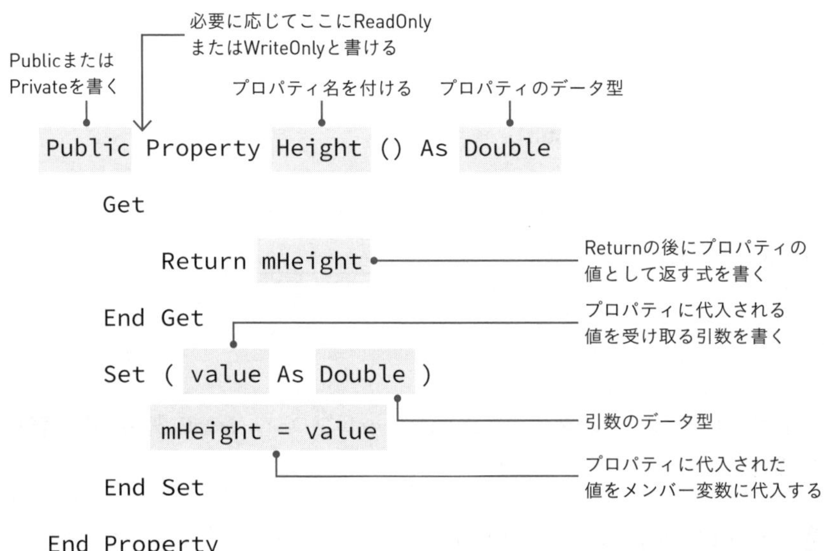

ReadOnlyを指定したときには、読み出し専用のプロパティとなるので、Set ... End Setステートメントを書くことはできません。一方、WriteOnlyを指定したときには、書き込み専用のプロパティとなり、値を読み出すことができないので、Get ... End Getステートメントを書くことはできません。

Getステートメントで値を返すときには、Returnステートメントに戻り値を指定します。プロパティ名に値を代入し、Exit Propertyステートメントを使ってプロシージャを抜け出しても構いません。例えば、Heightプロパティであれば、以下のように書いても構いません（LIST 8-11）。

LIST 8-11 Propertyプロシージャを途中で抜ける

```
Public Property Height() As Double
    Get
        Height = mHeight
        Exit Property
    End Get
      :
End Property
```

自動実装プロパティを利用するとコードが簡単になる

値の設定と取得だけを行うプロパティであれば、**自動実装プロパティ**の利用が便利です。Propertyの後にプロパティ名とデータ型を書くだけでプロパティが定義できるので、コードがきわめて簡単になります。例えば、LIST 8-9と同じように、HeightプロパティとWeightプロパティを持つPersonクラスを作成するには、以下のように書きます。GetステートメントやSetステートメントを書く必要はありません。

```
Public Class Person
    Property Height As Double …… Heightプロパティの定義
    Property Weight As Double …… Weightプロパティの定義
End Class
```

これだけでLIST 8-13と同じようにプロパティの値が設定・取得できるようになります。例えば、以下のように記述すれば、オブジェクトを作成し、Heightプロパティに値が設定できます。

```
Dim aPerson As Person = New Person()
aPerson.Height = 170
```

なお、自動実装プロパティを利用した場合、プロパティ名の前に_を付けた変数がクラス内に自動的に用意されます。例えば、Heightプロパティの値は_Heightという変数に記憶されます。

値の設定や取得時に何らかのチェックをかけたり、処理をしたりする場合、WriteOnlyのプロパティを定義したい場合には、自動実装プロパティだけではできないので、GetステートメントやSetステートメントを書く必要があります。

✔ メソッドを定義する

ClassTest4

メソッドの正体はSubプロシージャやFunctionプロシージャです。身長と体重からBMI指数を求めるメソッドを例として見てみましょう。BMI（Body Mass Index）とは体格を表す指数で、次の式で求められます。

BMI指数 = 体重 / 身長^2（ただし、体重はkg単位、身長はm単位）

BMI指数を求めるためのメソッドは値を返す必要があるのでFunctionプロシージャを使います。これまでに学んだFunctionプロシージャをクラス定義の中にそのまま書きます。身長はcm単位で記憶されているものとし、100で割ってm単位に換算しておきます。プロシージャ名はGetBmiとしましょう（LIST 8-12）。

LIST 8-12 BMI指数を求めるためのメソッドを定義する

```
Public Function GetBmi() As Double
   Return mWeight / (mHeight / 100) ^ 2
End Function
```

もちろん、メソッドには必要に応じて引数も指定できます。また、メソッドが値を返さない場合にはSubプロシージャを使います。FunctionプロシージャやSubプロシージャの書き方を忘れた人はChapter 7をもう一度読み返してみてください。

単純に値を返すだけならプロパティにしてもよい

BMI指数はメソッドとしてではなく、ReadOnlyのプロパティとして定義することもできます。

定義したクラスを利用する

CalcBmi1

最後に、この節で作成したPersonクラスからオブジェクトを作成し、BMI指数を求めてみましょう。新しいプロジェクトを作成し、フォームにボタンを1つ配置すれば試せるので、ぜひ実際にやってみてください。オブジェクトを作成するには前節で見たようにNewキーワードを使います。Button1をクリックしたときにこのコードが実行されるものとして、クラス定義も含め、コード全体を見ておきましょう（LIST 8-13）。

LIST 8-13 Personクラスからオブジェクトを作成し、BMI指数を求める

```
Public Class Form1
    Private Sub ShowBmi(sender As Object, e As EventArgs) Handles ⇒
Button1.Click
        Dim aPerson As Person = New Person()

        aPerson.Height = 170
        aPerson.Weight = 65
        MessageBox.Show(aPerson.GetBmi().ToString("F2"))
    End Sub
End Class

Public Class Person
    Private mHeight As Double
    Private mWeight As Double
    Public Property Height() As Double
        Get
            Return mHeight
        End Get
        Set(value As Double)
            mHeight = value
        End Set
    End Property
    Public Property Weight() As Double
```

Personクラスのオブジェクトを参照する変数をaPersonとし、作成したオブジェクトの参照を代入する

Heightプロパティに170を設定する

Weightプロパティに65を設定する

GetBmiメソッドを使ってBMI指数を求め、メッセージボックスに表示する

```
        Get
            Return mWeight
        End Get
        Set(value As Double)
            mWeight = value
        End Set
    End Property
    Public Function GetBmi() As Double
        Return mWeight / (mHeight / 100) ^ 2
    End Function
End Class
```


クラスから新しいオブジェクトを作成するためのコードはButton1のClickイベントハンドラーに書かれています。オブジェクトの作成方法やプロパティ、メソッドの利用方法について確認しておきましょう。

このコードを実行し、Button1（[BMI] ボタン）をクリックすると、メッセージボックスには「22.49」と表示されます（画面8-2）。

画面 8-2 Personクラスのオブジェクトを作成し、BMI指数を求めた

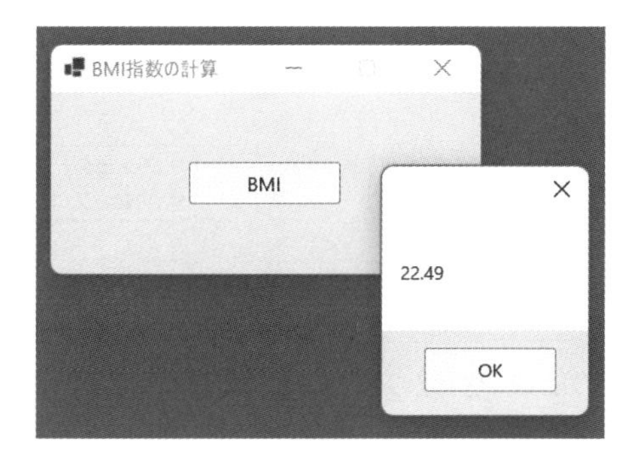

コンストラクターとデストラクター

MakeMonster

コンストラクターとは、オブジェクトが作成されるときに自動的に実行されるプロシージャのことです。コンストラクターを定義しておくと、メンバー変数の初期値を設定するなど、オブジェクトを利用するにあたっての準備ができます。コンストラクターは、Newという名前のSubプロシージャです。ゲームに登場するモンスターを表すクラスを例にとって見てみましょう。話を簡単にするために、モンスターには生命力（Hp）というプロパティのみがあるものとします。クラスの定義はLIST 8-14のようになります。

LIST 8-14 モンスターを表すクラスの定義

```
Public Class Monster
    Private mHp As Integer
    Sub New(value As Integer)          ' コンストラクターの定義
        mHp = value
    End Sub
    Public Property Hp() As Integer
        Get
            Return mHp
        End Get
        Set (value As Integer)
            mHp = value
        End Set
    End Property
End Class
```

Newという名前のプロシージャは、一般的なSubプロシージャと同じ書き方です。ここでは、引数として与えられた値がmHpに代入されるので、生命力の初期値が設定されるというわけです。

クラスのオブジェクトを作成すると、Newという名前のプロシージャが自動的に実行され、オブジェクトを作成するときに指定した引数が渡されます。LIST 8-15のようなコードを実行すると、出力ウィンドウには10という値が表示されます。

LIST 8-15 引数を指定してオブジェクトを作成する

```
Dim aMonster As Monster = New Monster(10)          ' オブジェクトが作成され、10という値がNewプロシージャに渡される
Debug.WriteLine(aMonster.Hp)
```

7.4節では、オーバーロードすることにより、同じ名前のプロシージャを複数定義する方法を学びました。名前が同じでも、引数の個数や引数のデータ型が異なるので、呼び出すときにどのプロシージャを対象とするかが正しく区別できるという機能でした。同じようにコンストラクターもオーバーロードできます。例えば、LIST 8-16のような、引数のないNewプロシージャを追加しておけば、既定値の設定ができます。

LIST 8-16 Newプロシージャをオーバーロードして既定値を設定する

```
Sub New()
    mHp = 20
End Sub
```

これで、オブジェクトを作成するときに、引数を省略することも指定することもできるようになります。LIST 8-17のようなコードを書けば、出力ウィンドウには20と10が表示されます。

LIST 8-17 異なるコンストラクターを利用する

```
Dim Monster1 As Monster = New Monster()      ← HPの値は既定値とする
Dim Monster2 As Monster = New Monster(10)    ← HPの値は10とする
Debug.WriteLine(Monster1.Hp)                 ← 20が表示される
Debug.WriteLine(Monster2.Hp)                 ← 10が表示される
```

プロシージャの実行が終了して、オブジェクトがもはや使われなくなってしまうと、オブジェクトは破棄されます。破棄というのは、オブジェクトによって使われていたメモリの領域などをほかの目的で使えるようにすることです。これは、使われなくなった家屋を取り壊して、更地にするようなイメージです。引っ越しをして家を使わなくなったとしても、取り壊すまでは家屋が土地を占有しています。取り壊してはじめてほかの目的に使えるようになるというわけです。オブジェクトの破棄は、オブジェクトが利用されなくなったときに自動的に実行されます。

オブジェクトが破棄される直前に実行したい後始末などがあれば、Finalizeプロシージャにコードを書いておきます。Finalizeプロシージャは**デストラクター**と呼ばれ、オブジェクトが破棄される前に自動的に実行されます。このとき、アクセスレベルはProtectedにし、Overridesというキーワードを付けておく必要があります（LIST 8-18）。以下のコードのOverridesの意味やMyBaseの意味については、次の節で説明します。

LIST 8-18 Finalizeメソッドに後始末のためのコードを書く

```
Sub New()
    mHp = 20
    Debug.WriteLine("モンスターを一匹作成しました")
End Sub
Protected Overrides Sub Finalize()
    Debug.WriteLine("モンスターを一匹破棄しました")
    MyBase.Finalize()   ← 基本クラスのFinalizeメソッドも呼び出しておく
End Sub
```

実際には、オブジェクトが利用されなくなってもすぐにオブジェクトが破棄されるというわけではありません。オブジェクトの破棄は一定のタイミングごとに行われます。したがって、Finalizeプロシージャに書かれたメッセージはすぐに表示されないこともあります。LIST 8-19のコードを例に、オブジェクトの作成と破棄の様子を追いかけてみましょう。

LIST 8-19 Monsterオブジェクトを作成し、すぐにプロシージャの実行を終了するコード

```
    Private Sub MakeMonster(sender As Object, e As EventArgs) ⇒
Handles Button1.Click
        Dim aMonster As Monster = New Monster()
    End Sub
```

Button1コントロールをクリックすると、MakeMonsterプロシージャにより、Monsterクラスのオブジェクトが作成されます。しかし、aMonsterの宣言がプロシージャレベルなので、プロシージャの実行が終わると作成したオブジェクトはもう使われなくなってしまいます。ところが、オブジェクトの破棄はすぐに行われないので、「モンスターを一匹破棄しました」というメッセージはこのプロシージャが終了しても表示されません。そこで、以下の例では、フォームが閉じられたときに呼び出されるFormClosedイベントハンドラーで、GCクラスのCollectメソッドを呼び出して、破棄されたオブジェクトのメモリを回収しています。GCは「Garbage Collection（ごみ集め）」の略です。ただし、使われないメモリの回収は自動的に行われるので、オブジェクトの破棄を即座に実行しなければならないケースはほとんどありません（画面8-3）。

画面 8-3 オブジェクトの破棄は一定のタイミングごとに行われる

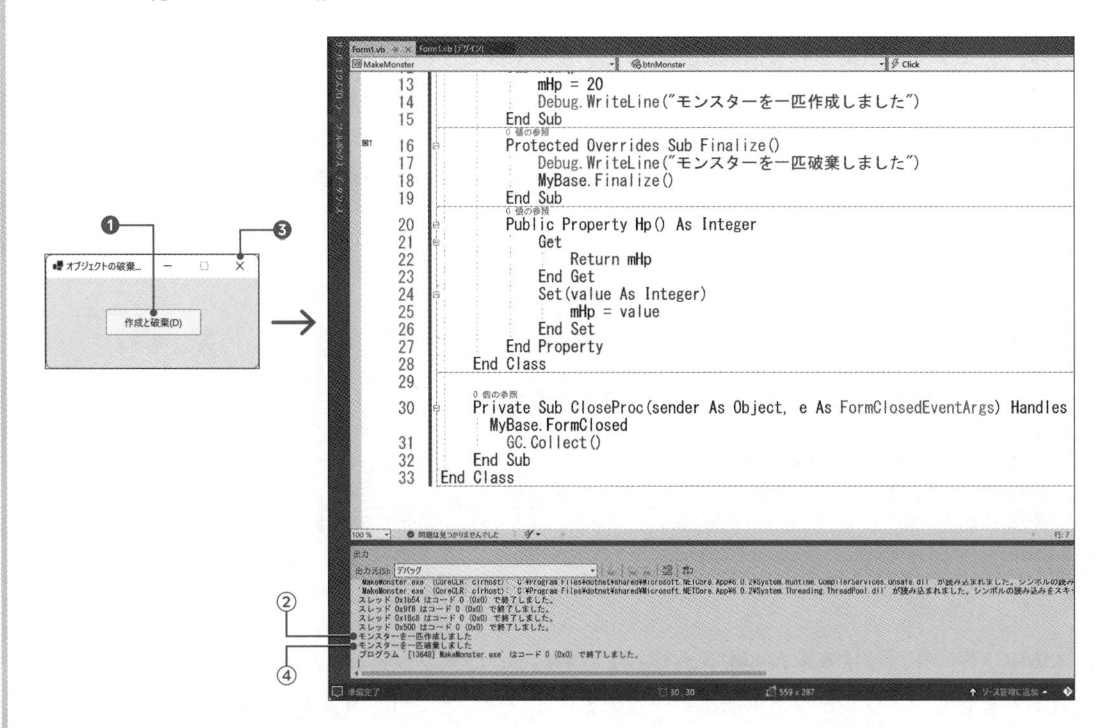

❶［作成と破棄（D）］ボタンをクリックする
②「モンスターを一匹作成しました」というメッセージが表示される
❸［×］をクリックしてプログラムを終了させる
④「モンスターを一匹破棄しました」というメッセージが表示される

共有メンバーを定義する

CalcBmi2

個々のオブジェクトの機能ではなく、クラスに特有な機能は共有プロパティや共有メソッドといった**共有メンバー**として定義します。例えば、これまで見てきたBMI指数を求めるメソッドは、個々の人に関する機能ととらえることもできますが、どんな人にでも適用される一般的な計算です。そのような場合にはオブジェクトを作成しなくても使える共有メンバーにしておくと便利です。では、BMI指数を求めるメソッドを共有メソッドとしてみましょう。共有メソッドにするには**Shared**というキーワードをメソッドの定義の最初に指定します（LIST 8-20）。

LIST 8-20 BMI指数を求めるメソッドを共有メソッドにする

```
Public Class Person
        :
    Public Shared Function GetBmi(Height As Double, Weight As ⇒
Double) As Double
        Return Weight / (Height / 100) ^ 2
    End Function
```

共有メソッドは、オブジェクトを作成しなくても使えるので、以下のようなコードを書くと、出力ウィンドウにBMI指数が表示されます。

```
Debug.WriteLine(Person.GetBmi(172.1, 67.5).ToString("F2"))
```

共有プロパティや共有フィールド（変数）を定義する場合も同様にSharedというキーワードを付けるだけです。ただし、共有メソッドの中では共有されていないメンバーを使うことはできません。LIST 8-20の例ではPersonクラスでSharedの指定がされていないmWeightやmHeightといった変数は使えません。

なお、共有されていないメンバーのことを、**インスタンスメンバー**（インスタンス変数、インスタンスプロパティ、インスタンスメソッドなど）と呼ぶことがあります。これらのメンバーはインスタンス（オブジェクト）を作成してはじめて使えます。

確認問題

❶ 左のキーワードと、その正しい説明を線で結んでください。

(あ)Class ・　　・(A)コンストラクターのプロシージャ名
(い)Property ・　　・(B)プロパティを定義するためのプロシージャを作るためのステートメント
(う)Get ・　　・(C)クラスを定義するためのステートメント
(え)Set ・　　・(D)プロパティの値を取得するためのステートメント
(お)New ・　　・(E)プロパティの値を設定するためのステートメント
　　　　・(F)メソッドを定義するためのステートメント

❷ この節で見たPersonクラスに、
氏名を表すNameプロパティを追加するコードを完成させてください。

```
Private mName As [    ]  ← プロパティの実際の値を記憶するための変数を宣言する
Public [    ] Name() As String  ← Nameプロパティを定義する
    Get
        Return [    ]  ← プロパティの値を返す
    End Get
    Set(value As String)
        mName = [    ]  ← プロパティに値を設定する
    End Set
End Property
```

❷ この節で見たPersonクラスに、食事をするEatメソッドを追加するコードを
完成させてください。Eatメソッドを実行すると引数で指定した値だけ
体重が増えるものとします。

```
Public [    ] [    ] (value As Double)
    mWeight [    ] [    ]  ← mWeightにvalueの値を加算する
End Sub
```

クラスの継承

継承という機能を利用すると、あるクラスの機能をすべて受け継ぎ、さらに新たな機能を加えた新しいクラスを定義できます。例えば、人を表すPersonクラスの機能をすべて受け継ぎ、さらに男性に特有の値をプロパティとして持つようなMaleクラスを作ることができます。Maleクラスでは Personクラスの機能も、Maleクラス独自の機能も利用できます。継承を利用すると、過去に作ったクラスを利用して、機能の拡張ができるので、プログラムを大幅に書き直さなくても、業務の変化に対応できるようになります。

クラスを継承して派生クラスを定義する

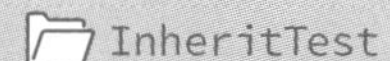
InheritTest

前節で定義したPersonクラスは健康管理のために使われるクラスでした。クラスのプロパティとしては身長を表すHeightと体重を表すWeightとを定義しましたが、通常の健康管理のためには、最高血圧、最低血圧、赤血球数、白血球数などなど、さまざまなプロパティを定義しておく必要があります。それらはいずれもPropertyプロシージャで定義できるので、これまでの方法で追加していけば実用的なクラスが作成できるでしょう。

しかし、診断項目の中には男性特有のもの（前立腺肥大、前立腺がんなど）や、女性特有のもの（子宮筋腫や子宮がんなど）もあり、より詳細な健康診断のためにはこれらのプロパティが必要になります。このとき、性別を問わずすべての項目をプロパティとして追加することもできますが、継承という機能を使うと、よりスッキリとクラスを定義することができます。

継承とは、あるクラスの機能をすべて受け継ぎ、それに新たな機能を加えた新しいクラスを定義することです。例えば、男性であれば、Personクラスの機能はすべて受け継ぎ、さらに男性特有の検査項目の値をプロパティとして持つようなクラスを定義するというわけです。例えば、男性クラスの名前をMaleクラスとすると、イラスト8-5のようなイメージのクラスが作成できるというわけです。

イラスト 8-5 継承のイメージ

この場合、継承元にあたるクラスを親クラスや**基本クラス**と呼びます。イラスト8-5の例であれば、Personクラスが基本クラスです。また、継承されたクラスを子クラスや**派生クラス**と呼びます。つまり、Maleクラスが派生クラスになるわけです。

具体的なコードを見てみましょう。まず、Maleクラスを作るには、Personクラスの機能を受け継いでいることを書く必要があります（LIST 8-21）。

LIST 8-21 Personクラスを継承したMaleクラスを定義する

```
Public Class Male
    Inherits Person

End Class
```

Personクラスを継承する

クラスのアクセスレベルに注意

フォームの外側でPersonクラスを作成した場合、Personクラスを継承できるようにするには、Personクラスの定義にPublicキーワードを付けておく必要があります。

Inheritsは「継承する」という意味です。つまり、MaleクラスはPersonクラスの機能を受け継いでいるというわけです。これだけで、Personクラスのさまざまなプロパティやメソッドが使えるようになります。あとは、Maleクラスに特有のプロパティやメソッドを追加しておくだけです。例えば、前立腺がんの検診に使われるPSA※2という値をプロパティとして定義するなら、LIST 8-22のようになります。

LIST 8-22 MaleクラスにPsaプロパティを定義する

```
Public Class Male
    Inherits Person
    Private mPsa As Double
    Public Property Psa() As Double
        Get
            Return mPsa
        End Get
        Set(value As Double)
            mPsa = value
        End Set
    End Property
End Class
```

MaleクラスではPsaプロパティだけを定義している

継承されたクラスは、これまでのクラスと同じように使えます。オブジェクトを作成してプロパティを設定してみましょう（LIST 8-23）。

※2 PSAは前立腺特異抗原と呼ばれる腫瘍マーカーの値です。

LIST 8-23 Maleクラスのオブジェクトを作成し、プロパティを設定する

```
Dim aMale As Male = New Male()
aMale.Height = 172.1
aMale.Weight = 67.5
aMale.Psa = 0.01
```

基本クラスのプロパティがそのまま使える

注目すべき点はHeightプロパティやWeightプロパティです。これらのプロパティはMaleクラスでは定義していないにもかかわらず、Maleクラスで利用できます。なぜなら、これらのプロパティは基本クラスで定義されていたからです。基本クラスの機能を受け継いでいるので、これらのプロパティが使えるというわけです。

ただし、基本クラスでPrivateを付けて宣言された変数やプロパティ、メソッドは派生クラスでは使えません。

基本クラスと派生クラスだけで利用できるメンバーを定義する

基本クラスでPublicを指定されたメンバーは、クラスの外側からでも利用できます。派生クラスでは基本クラスのPublicメンバーは何も宣言しなくても利用できます。一方、Privateを指定されたメンバーは、クラスの中だけでしか使えません。いくら機能を継承しているといっても、基本クラスのPrivateメンバーは派生クラスで使うことができません。

ところで、基本クラスの外側からは利用できないが、派生クラスで利用できるメンバーが必要になることもあります。そのような場合には基本クラスでの宣言に**Protected**を指定します（LIST 8-24）。例えば、身長を表すHeightの取り扱いを派生クラスで変更したいような場合に便利です。

LIST 8-24 基本クラスのメンバー変数を派生クラスでも使えるようにする

```
Public Class Person
   Protected mHeight As Double
       :
```

このように宣言しておくと、Personクラスから派生したMaleクラスでは自由にmHeightという変数が使えます。次に説明する**オーバーライド**を利用する場合に必要になるので、具体例は次の項で見ることにしましょう。

プロパティやメソッドをオーバーライドする

派生クラスは基本クラスの機能を受け継いでいます。しかし、基本クラスの機能が派生クラスでそのまま使えないこともあります。同じ名前の機能ではあっても、基本クラスと派生クラスで取り扱いや計算方法が異なるような場合がそれにあたります。あまり意味のない例ですが、例えば、Personクラスを継承したChildクラスがあるものとします。Childクラスは文字通り、子供を表すクラスです。

小さな子供の場合、大人のBMI指数をそのまま使ってもあまり意味のないことがあるので、身長が100cmよりも小さい場合にはBMI指数を計算せずに0を返したいということもあるはずです。その場合には、GetBmiというメソッドを派生クラスで定義し直します。これが**オーバーライド**です。メソッドをオーバーライドするには、同じ名前のメソッドを派生クラスに書き、メソッドの定義に**Overrides**というキーワードを付けておきます。ChildクラスのGetBmiメソッドはLIST 8-25のようになるでしょう。なお、前節の最後でGetBmiメソッドを共有メソッドにする例を見ましたが、ここでは、共有メソッドではないものとしてコードを見ていきます。

LIST 8-25 GetBmiメソッドをオーバーライドする（Childクラス内のコード）

```
Public Class Child
    Inherits Person
    Public Overrides Function GetBmi() As Double
        If mHeight < 100 Then
            Return 0
        End If
        Return mWeight / (mHeight / 100) ^ 2
    End Function
    :
End Class
```

GetBmiメソッドを派生クラスでオーバーライドする

このように、オーバーライドを利用すれば、基本クラスのメソッドと同じ名前で、異なる働きのメソッドを派生クラスで定義できます。

派生クラスでメソッドをオーバーライドしても、基本クラスのメソッドを派生クラスから呼び出すこともできます。基本クラスを表すMyBaseキーワードを利用し、メソッド名を指定します。上の例では、BMI指数を求めるメソッドが基本クラスにあるので、

```
Return mWeight / (mHeight / 100) ^ 2
```

のような計算をする代わりに

```
Return MyBase.GetBmi()
```

と書いて基本クラスのメソッドを呼び出しても構いません。このようにすれば、同じ名前のメソッドであっても、基本クラスのメソッドなのか派生クラスのメソッドなのかが区別できます。

ただし、このとき、基本クラスに書かれている同じ名前のメソッドには**Overridable**というキーワードを付けておく必要があります。つまり、PersonクラスのGetBmiメソッドの最初の行を書き換える必要があります。また、派生クラスでも使われる変数についてはProtectedキーワードを付けて宣言しておく必要があります（LIST 8-26）。

LIST 8-26 基本クラスのメソッドをオーバーライド可能にする(Personクラス内のコード)

```
Protected mHeight As Double
Public Overridable Function GetBmi() As Double
    Return mWeight / (mHeight / 100) ^ 2
End Function
```

オーバーライド可能であることを示すためにOverridableキーワードを付ける

なお、オーバーライドを利用するときには、引数の並びやデータ型は同じでなくてはいけません。

オーバーロードも利用できる

Chapter 7で見たオーバーロードを利用することもできます。その場合は、派生クラスのGetBmiメソッドにOverloadsというキーワードを付けます。

```
Public Overloads Function GetBmi() As Double
```

この場合、基本クラスのGetBmiメソッドを書き換える必要はありません。オーバーロードでは引数の並びやデータ型が異なっていないといけませんが、派生クラスであれば、基本クラスのメソッドと引数の並びやデータ型が同じでも構いません。

✔ インターフェイスを利用する

InterfaceTest

インターフェイスとは、複数のクラスで共通に使われるような機能を定義するのに便利な機能です。例えば、「歌をうたう」という機能は人を表すクラスでも、鳥を表すクラスでも使われます。そのような機能をインターフェイスとして定義しておき、クラスから利用できるようにします。インターフェイスでは、プロパティやメソッドは定義されますが、どのような処理をするかはインターフェイスには書かれません。処理の内容はインターフェイスを利用するクラスで書きます。

インターフェイスを定義するには**Interfaceキーワード**を使います。Singメソッドを持つISingというインターフェイスを定義してみましょう(LIST 8-27)。

LIST 8-27 インターフェイスを定義する

```
Public Interface ISing
    Sub Sing(SongName As String)
End Interface
```

ここでは、歌の名前を引数として受け取るSingメソッドを1つだけ定義していますが、必要であれば、パートを表すPartプロパティ、歌の長さを返すLengthメソッドなどを以下のように書いておくこともできます(図8-10)。

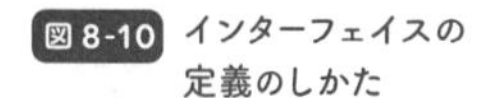
図8-10 インターフェイスの定義のしかた


```
Public Interface ISing
    Sub Sing (ByVal SongName As String)
    Property Part() As Integer
    Function Length() As Integer
End Interface
```

インターフェイスでは、メソッドの定義だけを書き、メソッドの中身は書かないという点に注目してください。具体的な処理はインターフェイスを利用するクラスのほうで書きます。では、話を簡単にするために、最初のSingメソッドだけが定義されたISingインターフェイスを利用するものとしましょう。MaleクラスでISingインターフェイスを利用するためのコードを見てみます（LIST 8-28）。

LIST 8-28 クラスでインターフェイスを利用する

```
Public Class Male
    Inherits Person
    Implements ISing
        :
    Public Sub Sing(value As String) Implements ISing.Sing
        My.Computer.Audio.Play(value, AudioPlayMode.Background)
    End Sub
        :
```

MaleクラスでISingインターフェイスを実装する

インターフェイスを利用するには、クラス定義の後に「Implements インターフェイス名」と書き、インターフェイスで定義されているメソッドの内容を書きます。メソッド名（プロシージャ名）の後にもImplementsキーワードと「インターフェイス名.メソッド名」を書く必要があります。Implementsとは「実装する」という意味です。

ここでは、Singメソッドの中で**My.Computer.Audio**というオブジェクトのPlayメソッドを使い、valueで指定されたサウンドファイルを再生します。ただし、再生できるサウンドファイルはwav形式のものに限ります。サウンドファイルの拡張子が「.wav」であっても、内容がmp3などほかの形式である場合にはエラーとなるので注意してください。

サウンドを繰り返して再生するには

My.Computer.Audio.Playメソッドでは、サウンドファイル名と再生の方法を指定します。再生の方法にはAudioPlayMode.Background（再生の終了を待たずに次のコードを実行する）、AudioPalyMode.BackgroundLoop（繰り返し再生する。再生の終了を待たずに次のコードを実行する）、AudioPalyMode.WaitToComplete（再生が終了してから次のコードを実行する）が指定できます。

すでに触れましたが、ポイントは、インターフェイスを利用するクラスでメソッドの内容を書くということです。書き方をまとめておきましょう（図8-11）。

図 8-11 クラスでインターフェイスを利用する

```
Public Class Male
    Inherits Person
    Implements ISing   ←実装するインターフェイスの名前
        :
    Public Sub Sing(value As String) Implements ISing . Sing
        My.Computer.Audio.Play(value, AudioPlayMode.Background)
    End Sub
```

- ISing：インターフェイス名
- Sing：プロシージャ名
- Singメソッドの中で実行したいコードを書く

このように定義しておけば、Maleクラスのオブジェクトから Singメソッドが呼び出せます（LIST 8-29）。Singメソッドに指定するサウンドファイル名を実際のサウンドファイルのパス名に書き換えて実行してみてください。

LIST 8-29 インターフェイスのメソッドを呼び出す

```
Dim aMale As Male = New Male()
aMale.Sing("C:¥Users¥User1¥Music¥海の歌.wav")
```

以上、クラスの継承、オーバーライド、インターフェイスについて見てきました。クラスにはほかにもさまざまな機能がありますが、一般的なプログラムの作成にはこれで十分です。確認問題で知識を確実なものにし、次の節で、クラスを利用したプログラムに取り組みましょう。

確認問題

1 以下の文章のうち正しいものには○を、
間違っているものには×を記入してください。

- [ ] 継承とはクラスをコピーすることである
- [ ] 継承とはあるクラスの機能を受け継いだクラスを定義することである
- [ ] 派生クラスでは基本クラスにない機能が追加できる
- [ ] 派生クラスでは基本クラスのプロシージャと同じ名前のプロシージャは定義できない
- [ ] インターフェイスではメソッドなどを定義するだけで、処理の内容は書かない

2 右側の説明を参考に、PersonクラスからRogueクラスを派生させ、
さらにIMagicインターフェイスを利用するコードを書いてください。

```
Public Class Form1
    Private Sub Button1_Click(sender As Object, e As EventArgs) ⇒
Handles Button1.Click
        Dim aRogue As [    ] = New [    ] ()   ← Rogueクラスのオブジェクトを作成する
        aRogue.Hp = 50   ← 各プロパティに値を代入する
        aRogue.Ap = 80
        aRogue.Mp = 10
    End Sub

End Class
Public Class Person
    [    ] mHitPoint As Integer ' 生命力   ← この変数を派生クラスでも使えるようにする
    Public Property Hp() As Integer
        Get
            Return mHitPoint
        End Get
        Set(value As Integer)
            mHitPoint = value
        End Set
    End Property
End Class
```

```
Public Class Rogue
    [    ] Person        ← Personクラスを継承する
    [    ] IMagic        ← IMagicインターフェイスを実装する
    Private mAttackPower As Integer ' 攻撃力
    Private mMagicPower As Integer  ' 魔力
    Public Property Ap() As Integer
        Get
            Return mAttackPower
        End Get
        Set(value As Integer)
            mAttackPower = value
        End Set
    End Property
    Public Sub Regene() ' 回復メソッド
        [    ] += 1      ← 生命力を表す基本クラスの変数の値を1増やす
    End Sub
    Public Property Mp() As Integer [    ] [    ]   ← IMagicインターフェイスのMpプロパティの内容を書く
        Get
            Return mMagicPower
        End Get
        Set(value As Integer)
            mMagicPower = value
        End Set
    End Property
End Class
Public [    ] IMagic     ← IMagicインターフェイスを定義する
    Property Mp() As Integer    ' 魔力
End [    ]               ← IMagicインターフェイスの定義の終わり
```

プログラミングにチャレンジ

クラスを利用すれば､人やモノを変数で表すよりも自然な形で表現できます。この節では､企業のプロフィールを表すクラスを定義し､企業の評価に利用できるようにします。クラスには企業の評価に使われるいくつかの指標をプロパティとして含むものとします。さらに､定義したクラスを利用して､フェイスチャートと呼ばれるグラフを描き､評価を視覚化してみます。

フェイスチャートを表示するプログラム

経営分析や株価の分析には、自己資本比率や一株当たり経常利益などさまざまな指標が使われます。しかし、一般の人には意味が分かりにくいので、イメージが湧くように、それらの値をもとに、企業の成長性や株価の割安性などを点数で表すことがよくあります。ここでは、企業の評価に使われる「成長性」「割安性」「財務健全性」について、1〜10までの10段階の点数が得られているものとして、簡単なフェイスチャートを作ってみます。まず、プログラムの完成イメージはイラスト8-6のようになります。

イラスト 8-6
企業の評価のための簡単なフェイスチャート

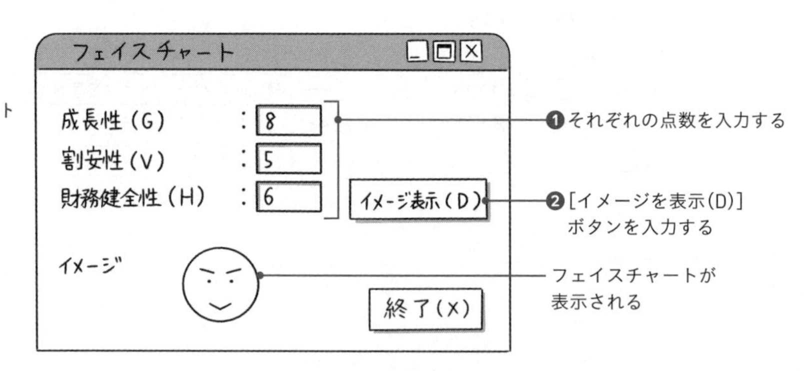

顔はPictureBoxコントロールに描くものとし、眉毛が「成長性」、目が「割安性」、口が「財務健全性」を表すものとします。顔の具体的な描き方はコードを書くときに説明しますが、成長性が1のときは下がった眉になり、10のときは上がった眉になるようにします。割安性が1のときは目は小さく、10のときは目を大きくします。また、財務健全性が1のときはへの字型の口になり、10のときはにっこりとした口になります。つまり、評価が高いほど、活力のあるきりっとした顔になり、評価が低いほど元気のない顔になります。

このプログラムでは、成長性や割安性といった点数で表される企業のプロフィールをクラスとして定義し、それをもとにオブジェクトを作成します。

では、新しいプロジェクトを作成してフォームをデザインしていきましょう。プロジェクト名はFaceChartとします。

✔ フォームのデザイン

フォームに配置するコントロールは、Labelコントロール、NumericUpDownコントロール、Buttonコントロール、PictureBoxコントロールなどです。画面8-4のようにコントロールを配置し、表8-1にそってプロパティの値を設定していってください。

画面 8-4 フォームのデザイン

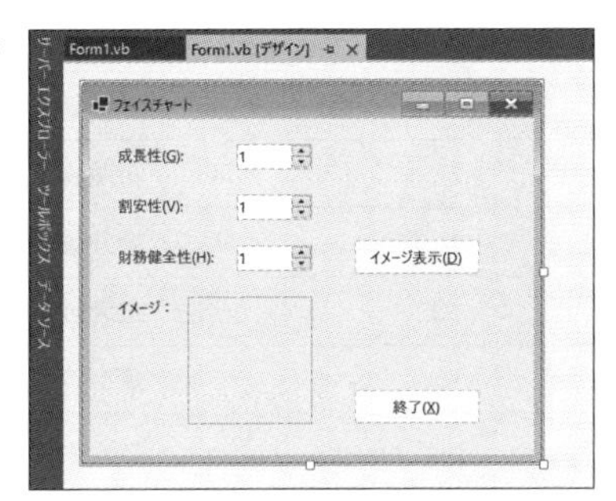

表8-1 このプログラムで使うコントロールのプロパティ一覧

コントロール	プロパティ	このプログラムでの設定値	備考
Form	Name	Form1	
	FormBorderStyle	FixedSingle	フォームの境界線をサイズ変更のできない一重の枠にする
	MaximizeBox	False	最大化ボタンを表示しない
	DefaultButton	btnDraw	Enter キーを押したときに選択されるボタンはbtnDraw
	CancelButton	btnExit	Esc キーを押したときに選択されるボタンはbtnExit
	Text	フェイスチャート	
Label	Name	Label1	
	Text	成長性（&G）：	
Label	Name	Label2	
	Text	割安性（&V）：	
Label	Name	Label3	
	Text	財務健全性（&H）：	
Label	Name	Label4	
	Text	イメージ:	

コントロール	プロパティ	このプログラムでの設定値	備考
NumericUpDown	Name	nudGrowth	成長性の値を表示/入力する
	Value	1	初期値
	Increment	1	増分値
	Maximum	10	最大値
	Minimum	1	最小値
NumericUpDown	Name	nudUnderValue	割安性の値を表示/入力する
	Value	1	初期値
	Increment	1	増分値
	Maximum	10	最大値
	Minimum	1	最小値
NumericUpDown	Name	nudHealth	財務健全性の値を表示/入力する
	Value	1	初期値
	Increment	1	増分値
	Maximum	10	最大値
	Minimum	1	最小値
PictureBox	Name	picCanvas	フェイスチャートを描くために使う
Button	Name	btnDraw	フェイスチャートを描画するためのボタン
	Text	イメージ表示（&D）	
Button	Name	btnExit	
	Text	終了（&X）	

クラスを定義する

最初に、企業のプロフィールを表すクラスを作っておきましょう。クラス名はFaceとします。Faceクラスには、成長性、割安性、財務健全性を表すプロパティが必要です。したがって、それらの値を保持しておくための変数が必要です。また、実際にフェイスチャートを描くために使うPictureBoxコントロールを参照するための変数もクラスに含めておきましょう。クラスの定義と、変数の宣言まで書いてみます（LIST 8-30）。

LIST 8-30 クラスのメンバー変数を宣言する

```
Public Class Face
    Private mGrowth As Integer       ' 成長性
    Private mUnderValue As Integer   ' 割安性
    Private mHealth As Integer       ' 財務健全性
    Private picFace As PictureBox    ' 顔
        :
End Class
```

✔ プロパティを定義する

成長性、割安性、財務健全性を表すプロパティは名前こそ異なりますが、コードの内容は同じです。いずれも1～10までの整数値しか取らないので、その範囲外の値を設定しようとしたら、1～10になるように調節することにしましょう（LIST 8-31)。

LIST 8-31 成長性を表すGrowthプロパティを定義する

```
Public Property Growth() As Integer
    Get
        Return mGrowth
    End Get
    Set(value As Integer)
        mGrowth = Math.Min(10, Math.Max(1, value))
    End Set
End Property
```

プロパティの値を設定するためのSet ... End Setステートメントでは、設定された値が1より小さいときは1にし、10より大きいときには10にするコードが書かれています。これは7.2節などで見たのと同じ方法です。

ほかのプロパティも同様に書けます。Propertyプロシージャをすべて書き終わったところまで、コードを見ておきましょう（LIST 8-32)。

LIST 8-32 すべてのプロパティを定義した

```
Public Class Face
    Private mGrowth As Integer           ' 成長性
    Private mUnderValue As Integer       ' 割安性
    Private mHealth As Integer           ' 財務健全性
    Private picFace As PictureBox        ' 顔
    Public Property Growth() As Integer ●──── 成長性を表すプロパティ
        Get
            Return mGrowth
        End Get
        Set(value As Integer)
            mGrowth = Math.Min(10, Math.Max(1, value))
        End Set
    End Property
    Public Property UnderValue() As Integer ●──── 割安性を表すプロパティ
        Get
            Return mUnderValue
        End Get
        Set(value As Integer)
            mUnderValue = Math.Min(10, Math.Max(1, value))
        End Set
    End Property
```

```
    Public Property Health() As Integer        ' 財務健全性を表すプロパティ
        Get
            Return mHealth
        End Get
        Set(value As Integer)
            mHealth = Math.Min(10, Math.Max(1, value))
        End Set
    End Property
    Public Property Picture() As PictureBox    ' フェイスチャートの顔を表すプロパティ
        Get
            Return picFace
        End Get
        Set(value As PictureBox)
            picFace = value
        End Set
    End Property
      :
End Class
```

最後のPictureプロパティは、フェイスチャートを描画するために使うPictureBoxコントロールへの参照を記憶しておくためのものです。フォーム上のpicCanvasというPictureBoxコントロールは、Faceクラスの中ではpicFaceという変数で参照できるようになります。

✔ メソッドを定義する

Faceクラスで使われるメソッドは、PictureBoxコントロールにフェイスチャートを描くメソッドだけです。しかし、単純に絵を描けばいいというものではありません。Windowsのプログラムでは、ウィンドウのサイズが変わったり、最小化から元のサイズに戻されたりすることがあるので、そのつど描画された内容を再描画する必要があります。つまり、どのタイミングで描画すればよいか、私たちがあらかじめ決めておくことはできないのです。

しかし、Windowsはウィンドウの状態などを管理しているので、再描画が必要になったかどうかを知っています。そこで、発想を転換します。自分で絵を描くのではなく、再描画の必要が生じたときに描画するコードを用意しておき、Windowsに呼び出してもらうのです。

それに対処するための機能がPictureBoxコントロールのPaintイベントです。再描画が必要になるとWindowsによって**Paintイベントハンドラー**が自動的に呼び出されます（図8-12）。

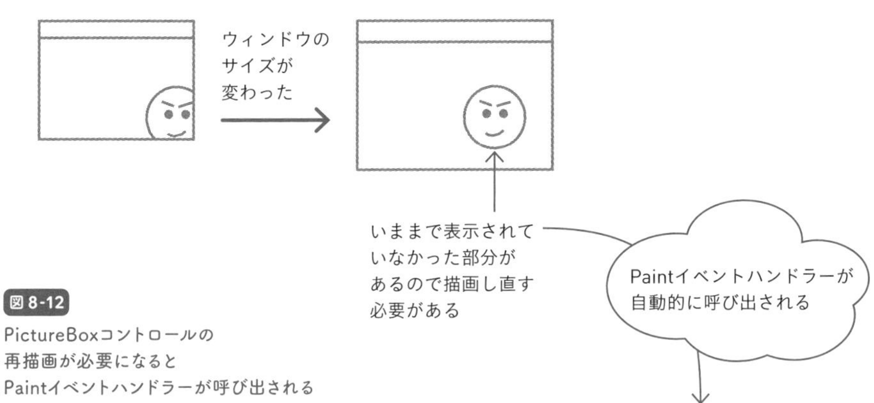

図8-12
PictureBoxコントロールの
再描画が必要になると
Paintイベントハンドラーが呼び出される

```
Private Sub …… Handles picFace.Paint

    e.Graphics.DrawLine(…)
        :
                              } 描画のための
                                コードが実行される
End Sub
```

したがって、Faceクラスの中にPaintイベントハンドラーを書いておき、その中でフェイスチャートを描画します。Paintイベントハンドラーは、クラスの外から呼び出すものではなく、再描画が必要になったときに自動的に呼び出されるので、Privateキーワードを指定しておきます（LIST 8-33）。コードの内容については、P.324以降で詳しく説明していきます。

LIST 8-33 PictureBoxコントロールのPaintイベントハンドラーを書く

```
    Private Sub DrawFace(sender As Object, e As PaintEventArgs) Handles ⇒
picFace.Paint
        e.Graphics.Clear(picFace.BackColor)
        ' 輪郭
        e.Graphics.DrawEllipse(Pens.Black, 0, 0, 100, 100)
        ' 眉毛を描く
        e.Graphics.DrawLine(Pens.Black, 20, 25, 40, (mGrowth - 5) * 2 + 25)
        e.Graphics.DrawLine(Pens.Black, 60, (mGrowth - 5) * 2 + 25, 80, 25)
        ' 目を描く
        e.Graphics.DrawEllipse(Pens.Black, 30 - mUnderValue, 45 - ⇒
mUnderValue, mUnderValue * 2, mUnderValue * 2)
        e.Graphics.DrawEllipse(Pens.Black, 70 - mUnderValue, 45 - ⇒
mUnderValue, mUnderValue * 2, mUnderValue * 2)
        ' 口を描く
        If (mHealth < 6) Then
            e.Graphics.DrawArc(Pens.Black, 35, 65, 30, 12 - mHealth * 2, ⇒
180, 180)
        Else
            e.Graphics.DrawArc(Pens.Black, 35, 65, 30, mHealth * 2, 0, 180)
        End If
    End Sub
```

プロシージャはすべて自分でFaceクラスの中に入力する必要があります。イベントハンドラーの引数として渡されたeという変数の**Graphicsプロパティ**を参照すれば、描画に使われるGrapchicsオブジェクトを利用できます。Graphicsオブジェクトでは、表示をクリアするClearメソッド、線を引くためのDrawLineメソッド、楕円を描くためのDrawEllipseメソッド、円弧を描くためのDrawArcメソッドなどが使えるので、これらを利用してフェイスチャートを描画します。

なお、変数で参照されたオブジェクトのイベントを利用したい場合には、そのオブジェクトを参照する変数の宣言に**WithEventsキーワード**を指定しておく必要があります。したがって、Faceクラスの最初にあるpicFaceの宣言は、

```
Private WithEvents picFace As PictureBox    ' 顔
```

と書き換えておいてください。WithEventsを書いていない場合は、上に示したpicFace.Paintというイベントハンドラーが使えません。

線を引く（眉を描く）

線を引くには**DrawLineメソッド**を使います。DrawLineメソッドにはいくつかの形式がありますが、ここで使っているのは以下のような書き方です。

```
DrawLine(ペン, 始点のX位置, 始点のY位置, 終点のX位置, 終点のY位置)
```

ここでは、眉を描くためにDrawLineメソッドを使っています。例えば、mGrowthの値が8の場合、

```
e.Graphics.DrawLine(Pens.Black, 20, 25, 40, (mGrowth - 5) * 2 + 25)
```

によって描かれる左眉の線は、図8-13のようになります。左上が（0, 0）で、右にいくほどXの値が増え、下に行くほどYの値が増えます。mGrowth（成長性）の値によって終点のY位置が変わるので、mGrowthが大きくなるほど吊り上がった眉になることが分かります。

図8-13 線を描画する

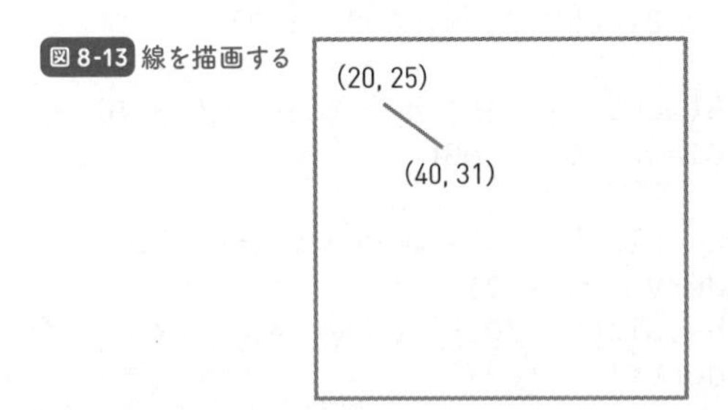

最初の引数（ペン）には、**Penクラス**のオブジェクトを指定します。このオブジェクトは描画に使われる線の太さや色、塗りつぶしを決めるのに使われます。Pensクラスのオブジェクトを作成して、細かく指定してもいいのですが、「Pens.色名」で表されるPenオブジェクトを利用すれば、よく使う設定が簡単に指定できます。ここでは、Pens.Blackを指定し、太さ1の黒いペンで描画することにしています。

✔ 楕円を描く（目を描く）

楕円は**DrawEllipseメソッド**を使って描画します。ここでは、左上の位置と幅、高さを指定する形式を使っています。

```
DrawEllipse(ペン, 左上のX位置, 左上のY位置, 幅, 高さ)
```

例えば、mUnderValueの値が5であれば、

```
        e.Graphics.DrawEllipse(Pens.Black, 30 - mUnderValue, 45 - ⇒
mUnderValue, mUnderValue * 2, mUnderValue * 2)
```

は、

```
DrawEllipse(Pens.Black, 25, 40, 10, 10)
```

と同じです。したがって、図8-14のような円が描かれます。mUnderValue（割安性）の値が大きいほど円の左上のX位置とY位置が小さくなり、幅と高さが大きくなるので、目が大きくなることが分かります。

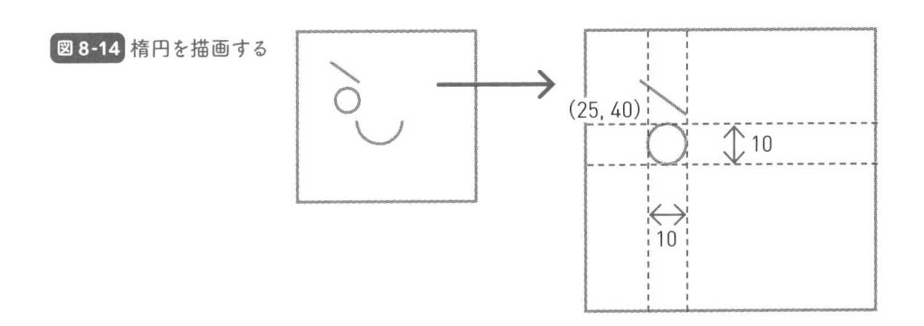

図8-14 楕円を描画する

✔ 円弧を描く（口を描く）

円弧は**DrawArcメソッド**を使って描画します。ここでは、左上の位置と幅、高さ、開始位置の角度、終了位置の角度を指定します。

```
DrawArc(ペン, 左上のX座標, 左上のY座標, 幅, 高さ, 開始角, 終了角)
```

mHealthの値が6であれば、

```
e.Graphics.DrawArc(Pens.Black, 35, 65, 30, mHealth * 2, 0, 180)
```

で図8-15のような円弧が描かれます。円弧は開始角から終了角まで時計回りに描かれます。mHealth（財務健全性）の値が大きいほど円弧の高さが高くなるのでり、にっこりした口になることが分かります。

図 8-15 円弧を描画する

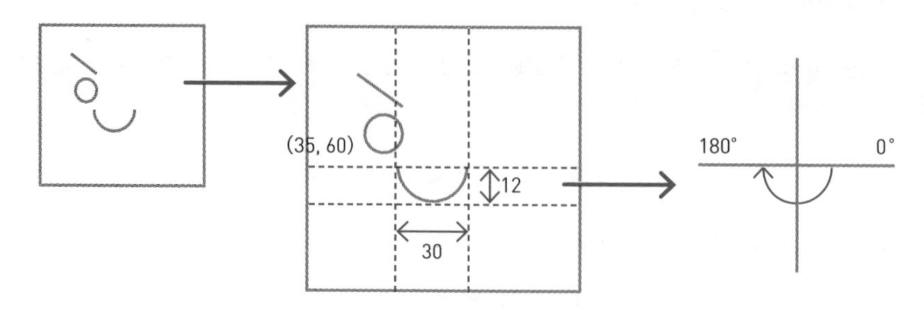

picFaceのPaintイベントハンドラーは、コントロールの再描画が必要になったときには自動的に呼び出されます。しかし、それ以外の場合に自分で描画したいこともあるでしょう。例えば、btnDrawコントロールをクリックしたときにフェイスチャートを描画したい場合などがそれにあたります。ボタンをクリックしただけではpicFaceコントロールを再描画する必要がないので、Paintイベントハンドラーは呼び出されません。したがって、picFaceの表示は変わりません。そのような場合にもpicFaceコントロールのPaintイベントを発生させ、コントロールを再描画したいときには、Refreshメソッドを呼び出します。つまり、

```
picFace.Refresh()
```

と書けば、picFaceが再描画され（Paintイベントハンドラーが呼び出され）、フェイスチャートが表示されます。

そこで、Faceクラスのメソッドとして、picFaceのRefreshメソッドを呼び出すコードを書いておきましょう（LIST 8-34）。

LIST 8-34 picFaceコントロールを再描画するためのメソッド

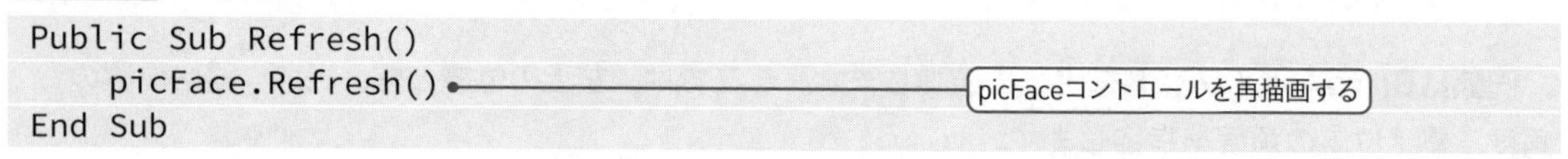

```
Public Sub Refresh()
    picFace.Refresh()   ' picFaceコントロールを再描画する
End Sub
```

イベントハンドラーの記述

このプログラムでは、3つのTextBoxコントロールに値を入力し、btnDrawボタンをクリックしたらフェイスチャートを表示します。したがって、btnDrawコントロールのClickイベントハンドラーにコードを書きます。コードの内容は、おおよそ以下のとおりになります。

- Faceクラスの新しいオブジェクトを作成する
- NumericUpDownコントロールに入力されている値をGrowth、UnderValue、Healthの各プロパティに設定する
- 利用するPictureBoxコントロールをPictureプロパティに設定する
- Refreshメソッドを呼び出す

では、btnDrawコントロールのClickイベントハンドラーの名前をMakeFaceChartとして、コードを書いてみましょう（LIST 8-35）。

LIST 8-35 成長性、割安性、財務健全性の値をもとにフェイスチャートを描画するイベントハンドラー

```
    Private Sub MakeFaceChart(sender As Object, e As EventArgs) ⇒
Handles btnDraw.Click
        Dim aFace As Face = New Face()             ← Faceクラスのオブジェクトを作る
        aFace.Picture = picCanvas                  ← PictureプロパティでpicCanvasを参照できるようにする
        aFace.Growth = nudGrowth.Value             ┐
        aFace.UnderValue = nudUnderValue.Value     ├ 入力された値を設定する
        aFace.Health = nudHealth.Value             ┘
        aFace.Refresh()                            ← PictureBoxが再描画されるように指示する
    End Sub
```

ここまではコードを少しずつ見てきたので、それぞれの働きは理解できたかもしれませんが、全体の関係が把握しづらいかもしれません。そこで、コード全体を確認しておきましょう（LIST 8-36）。

LIST 8-36 フェイスチャートを描くためのコード（全体）

```
Option Strict On
Public Class Form1
    Private Sub MakeFaceChart(sender As Object, e As EventArgs) ⇒
Handles btnDraw.Click
        Dim aFace As Face = New Face()
        aFace.Picture = picCanvas
        aFace.Growth = nudGrowth.Value
        aFace.UnderValue = nudUnderValue.Value
        aFace.Health = nudHealth.Value
        aFace.Refresh()
    End Sub
    Private Sub ExitProc(sender As Object, e As EventArgs) ⇒
Handles btnExit.Click
        Application.Exit()
    End Sub
End Class

Public Class Face
    Private mGrowth As Integer      ' 成長性
```

```
    Private mUnderValue As Integer   ' 割安性
    Private mHealth As Integer       ' 財務健全性
    Private WithEvents picFace As PictureBox    ' 顔
    Public Property Growth() As Integer
        Get
            Return mGrowth
        End Get
        Set(value As Integer)
            mGrowth = Math.Min(10, Math.Max(1, value))
        End Set
    End Property
    Public Property UnderValue() As Integer
        Get
            Return mUnderValue
        End Get
        Set(value As Integer)
            mUnderValue = Math.Min(10, Math.Max(1, value))
        End Set
    End Property
    Public Property Health() As Integer
        Get
            Return mHealth
        End Get
        Set(value As Integer)
            mHealth = Math.Min(10, Math.Max(1, value))
        End Set
    End Property
    Public Property Picture() As PictureBox
        Get
            Return picFace
        End Get
        Set(value As PictureBox)
            picFace = value
        End Set
    End Property
    Private Sub DrawFace(sender As Object, e As PaintEventArgs) Handles ⇒
picFace.Paint
        e.Graphics.Clear(picFace.BackColor)
        ' 輪郭
        e.Graphics.DrawEllipse(Pens.Black, 0, 0, 100, 100)
        ' 眉毛を描く
        e.Graphics.DrawLine(Pens.Black, 20, 25, 40, (mGrowth - 5) * 2 + 25)
        e.Graphics.DrawLine(Pens.Black, 60, (mGrowth - 5) * 2 + 25, 80, 25)
        ' 目を描く
        e.Graphics.DrawEllipse(Pens.Black, 30 - mUnderValue, 45 - ⇒
mUnderValue, mUnderValue * 2, mUnderValue * 2)
        e.Graphics.DrawEllipse(Pens.Black, 70 - mUnderValue, 45 - ⇒
mUnderValue, mUnderValue * 2, mUnderValue * 2)
        ' 口を描く
```

```
        If (mHealth < 6) Then
            e.Graphics.DrawArc(Pens.Black, 35, 65, 30, 12 - mHealth * 2, ⇒
180, 180)
        Else
            e.Graphics.DrawArc(Pens.Black, 35, 65, 30, mHealth * 2, 0, 180)
        End If
    End Sub
    Public Sub Refresh()
        picFace.Refresh()
    End Sub
End Class
```


プログラムを実行する

コードがすべて入力できたらツールバーに表示されている［FaceChart］ボタン（ ▶ ）をクリックして、プログラムを実行します。TextBoxコントロールにさまざまな数値を入力し、［イメージ表示（D）］ボタンをクリックすればPictureBoxコントロールにフェイスチャートが表示されます（画面8-5）。

画面 8-5 フェイスチャートを表示するプログラムを実行する

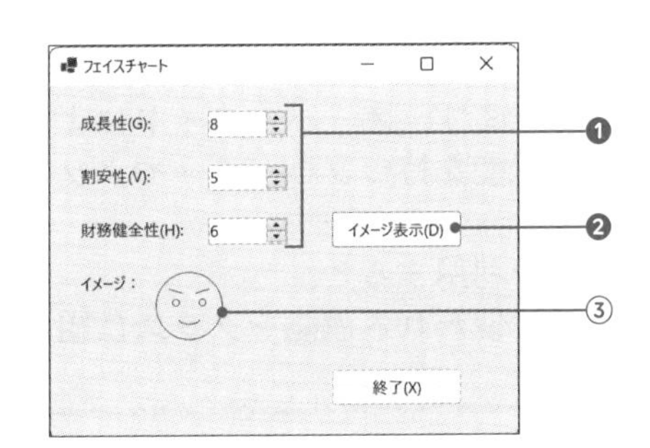

❶［成長性（G）］、［割安性（V）］、［財務健全性（H）］の値を入力する
❷［イメージ表示（D）］ボタンをクリックする
③ フェイスチャートが表示される

CHAPTER 8 » まとめ

- クラスを利用すると、人やモノを目的に合わせて自然に表現できます
- クラスにはプロパティやメソッドを定義できます
- オブジェクトを作成するとコンストラクターが自動的に実行されます
- オブジェクトを破棄するときに必要な後始末は
デストラクターに書きます
- 共有プロパティや共有メソッドを利用すると、
オブジェクトを作成しなくても使える、
クラス特有の機能が定義できます
- クラスを継承すると基本クラスの機能を備え、
しかも独自の機能が追加できる派生クラスが作成できます
- 派生クラスでは基本クラスのプロパティやメソッドを
オーバーライドできます。オーバーライドにより、
同じ名前で異なる機能を持つプロパティやメソッドが定義できます
- インターフェイスを利用すると、
さまざまなクラスで使われる機能をクラスに組み込むことができます

練習問題

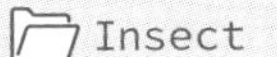

A 新しいプロジェクトInsectを作成し、平面上をランダムに動き回る昆虫ロボットを表すクラスを作ってみましょう。

クラス名はInsectroidとします。プロパティとしては、
水平位置を表すXプロパティ、垂直位置を表すYプロパティを作成し、
メソッドとしては、ランダムに一歩動くRandomWalkメソッドを作成してください。
なお、水平位置と垂直位置の初期値は(10,10)とします。

B フォームのLoadイベントハンドラーで上記のInsectroidクラスから新しいオブジェクトを作成し、ボタンをクリックするたびに位置を変えるプログラムを作成してください。

昆虫ロボットの絵を描く必要はありません。右の実行例のように位置を表示するだけで構いません。

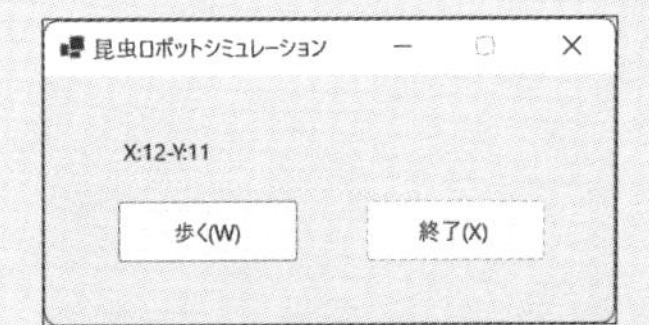

PART

3

本格的なプログラミングにチャレンジする

Part3では、これまでに学んだ言語の基礎をもとにして、実践的なプログラミングに取り組みます。実際の業務で使われるプログラムでは、複雑な例外に対応するため、かなり細かな処理を書く必要がありますが、ここでは、大きな流れがつかめるように、ある程度単純化してあります。
プログラムの規模はそれほど大きくはありませんが、エッセンスとなる要素を押さえてあるので、応用のための足がかりとなるはずです。

CHAPTER

9 » ファイルを取り扱う ～Fortuneプログラム

この章では、おみくじを表示する
Fortuneプログラムを作成します。
おみくじの文章はファイルに保存されているので、
ファイルのデータを読み出したり、
必要に応じて新しいおみくじをファイルに書き込んだり
できるようにします。
その方法とともに、メニューの設定、ステータスバーの利用、
構造化例外処理、クリップボードの使い方などについても学び、
本格的なプログラミングへとステップアップします。

これから学ぶこと

- ✔ ファイルのデータを読み出したり、ファイルにデータを書き込む方法を学びます
- ✔ メニューの設定と利用方法を学びます
- ✔ ステータスバーの設定と利用方法を学びます
- ✔ 構造化例外処理の方法を学びます
- ✔ プログラムからクリップボードにデータをコピーしたり、クリップボードからデータを取り出す方法を学びます

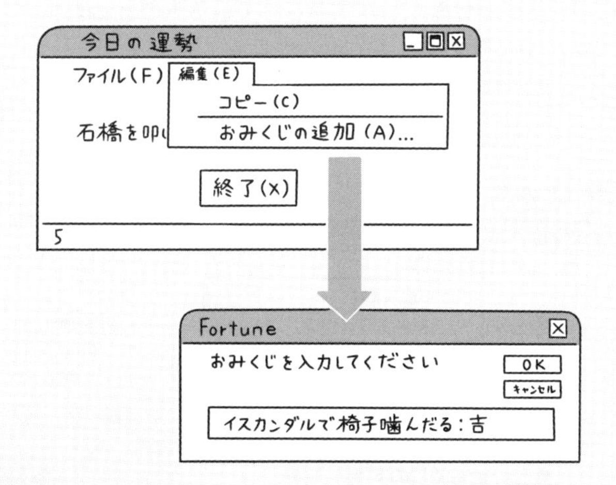

イラスト 9-1 Fortuneプログラム

この章ではおみくじを表示するFortuneプログラムの作成を通して、ファイルからデータを読み出したり、ファイルにデータを書き込んだりする処理を学びます。あわせて構造化例外処理の方法やクリップボードの利用方法についても学びます。

ここで作成するプログラム

おみくじを表示するためのプログラムは、一般にFortune（フォーチュン）と呼ばれます。この章では、格言付きおみくじプログラムの作成を通して、ファイル処理、メニューの設定と利用、例外処理、クリップボードの利用などの機能を学びます。楽しい格言を含んだおみくじはテキストファイルに保存されているので、それを読み出して表示したり、自分で考えたおみくじをファイルに保存したりできるようにします。

✔ おみくじを表示するプログラム

ここで作成するFortuneプログラムでは、ファイルに保存されているおみくじの文章をランダムに読み出し、フォーム上に表示します。また、自分でおみくじを追加することもできるようにします。ファイルには1行につき1つのおみくじが保存されているものとします。

プログラムの完成イメージをラフスケッチで描いてみましょう。

イラスト 9-2 Fortuneプログラムの完成イメージ

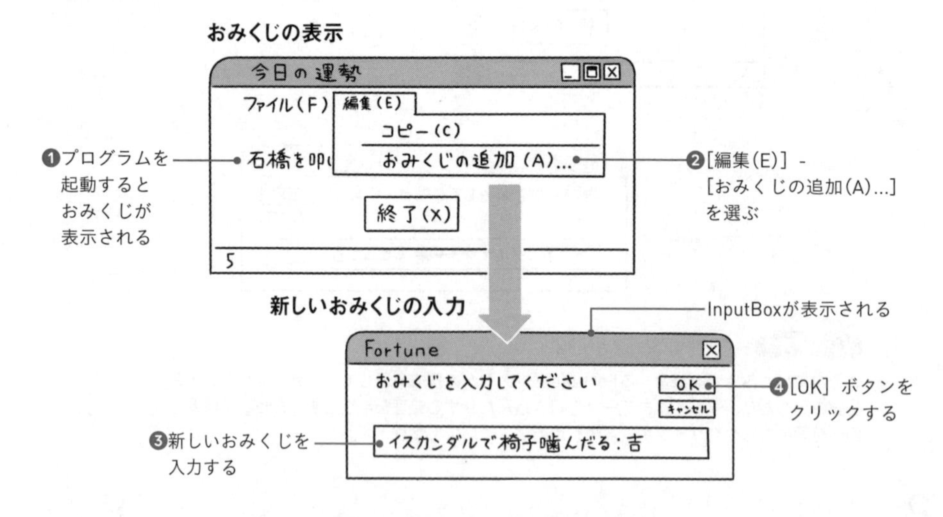

プログラムの表面的な動きはだいたい分かると思いますが、どのようなファイルにどのようなデータが保存されているか、プログラムとデータをどうやりとりするかといったことはこれだけでは見えません。ファイルまで含めた処理のイメージは図9-1のようになります。

図 9-1 ファイル処理のイメージ

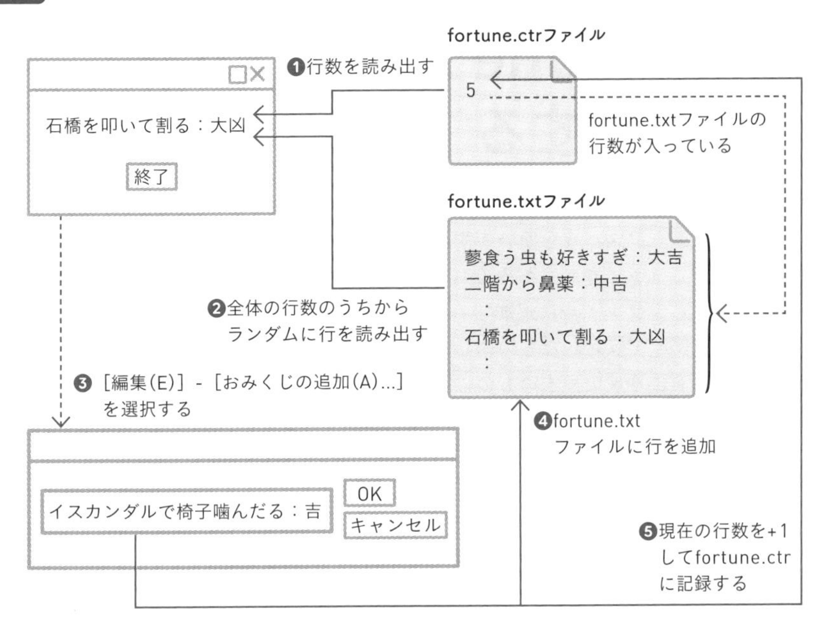

このプログラムではファイルを2つ利用します。1つはおみくじの行数が記録されているfortune.ctrファイルです。もう1つは実際におみくじが保存されているfortune.txtファイルです。プログラムが実行されると、まず、fortune.ctrファイルから行数を読み出します。この行数をもとにランダムな行位置を選び、fortune.txtファイルからおみくじを読み出してフォーム上に表示します。

また、フォームのメニューから［編集（E)］－［おみくじの追加（A）...］を選ぶと、新しいおみくじが追加できるようにします。このときfortune.txtファイルに新しいおみくじを追加するとともに、fortune.ctrファイルに記録されている行数も1増やしておきます。

プログラムのイメージがつかめたら、Fortuneという名前のプロジェクトを作成し、プログラミングに取り組みましょう。

Fortuneプログラムを作成する

　このプログラムでは、これまで使ってきたコントロールのほかに、メニューとステータスバーを使います。実行すべき主な処理は、プログラムが起動されたときにファイルからおみくじを読み出して表示すること、入力された新しいおみくじをファイルに追加することです。さらに、例外処理を加え、プログラムをより堅牢で安定したものにしたり、クリップボードとのやりとりを加え、プログラムをより使いやすいものにします。

フォームをデザインする

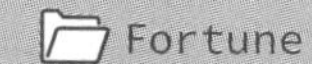

　フォーム上にメニューを表示するには**MenuStripコントロール**を使い、ステータスバーを表示するには**StatusStripコントロール**を使います。ただし、この段階では、MenuStripコントロールとStatusStripコントロールはフォーム上に配置しておくだけにします（画面9-1）。使い慣れたLabelコントロールやButtonコントロールについては、プロパティを設定しておきましょう（表9-1）。

画面 9-1 フォームのデザイン（メニューとステータスバーのデザイン前）

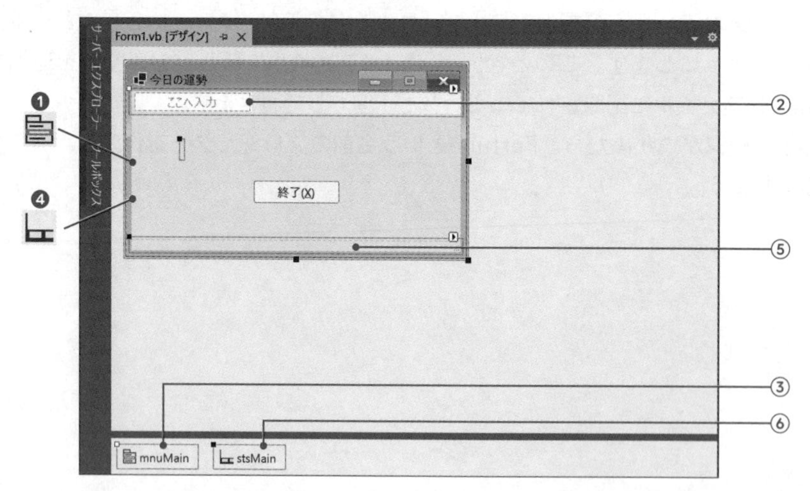

❶ MenuStripコントロールを配置する
② 何も表示されていないメニューが追加される
③ MenuStripコントロールを表すアイコンが表示される
❹ StatusStripコントロールを配置する
⑤ 何も表示されていないステータスバーが追加される
⑥ StatusStripコントロールを表すアイコンが表示される

表9-1 このプログラムで使うコントロールのプロパティ一覧

コントロール	プロパティ	このプログラムでの設定値	備考
Form	Name	Form1	
	FormBorderStyle	FixedSingle	フォームの境界線をサイズ変更のできない一重の枠にする
	MaximizeBox	False	最大化ボタンを表示しない
	CancelButton	btnExit	Escキーを押したときに選択されるボタンはbtnExit
	Text	今日の運勢	
Label	Name	lblFortune	おみくじを表示するためのラベル
Button	Name	btnExit	
	Text	終了（&X）	
MenuStrip	Name	mnuMain	
StatusStrip	Name	stsMain	

MenuStripコントロールとStatusStripコントロールを配置すると、ウィンドウの下のほうにコントロールを表すアイコンが表示されます。ウィンドウ内に表示されないコントロールやプロパティの設定が複雑なコントロールには、このようなアイコンが表示されるものもあります。MenuStripコントロールにはサブメニューがあり、StatusStripコントロールの中にはラベルやボタンが表示できるので、ここからメニュー項目を追加していきます。

では、メニューのデザインに移りましょう。

メニューをデザインする

MenuStripコントロールを配置すると、フォームに空のメニューと、ウィンドウの下のほうにアイコンが表示されます。空のメニューには「ここへ入力」と表示された項目があるので、そこに直接メニュー項目のテキストを入力していきます（画面9-2）。入力した文字列はTextプロパティに設定されます。

画面 9-2 メニュー項目のテキストを入力する

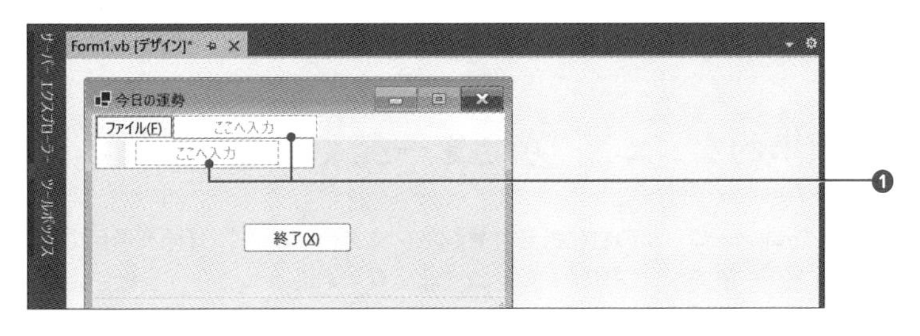

❶「ここへ入力」と表示されている場所にメニュー項目のテキストを入力する

同じようにして、メニューバーの右側にメインメニューの項目を、それらの項目の下にサブメニューの項目を入力していきましょう。項目の区切りを追加するには、項目名として「-」(ハイフン)を入力します。画面9-3が完成例です。

画面 9-3 メニューの完成例

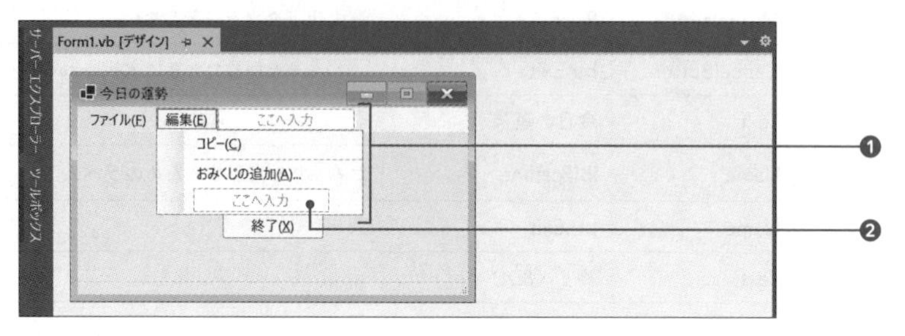

❶ [編集(E)] メニューのサブメニューも定義しておく

❷ 区切り線を入れるには「ここへ入力」と表示されている場所に「-」を入力する

実は、個々のメニュー項目もToolStripMenuItemというコントロールの一種です。コントロールのNameプロパティにはメニュー項目のテキストに指定した文字列をもとに、自動的に名前が付けられます。例えば、「ファイル(&F)」という項目であれば「ファイルFToolStripMenuItem」のようなコントロール名になります。コードの中でこの名前を使うことはあまりないので、そのままにしておいても構いませんが、mnuFなどのように、アクセスキーの文字を使った簡潔な名前にしておいたほうが、取り扱いが楽です(表9-2)。

表9-2 メニュー項目のコントロール名を変更する

項目名	プロパティ	このプログラムで設定する値
ファイル(&F)	Name	mnuF
終了(&X)	Name	mnuFX
編集(&E)	Name	mnuE
コピー(&C)	Name	mnuEC
-	Name	ToolStripMenuItem1(変更しません)
おみくじの追加(&A)...	Name	mnuEA

標準的なメニュー項目を一発で設定するには

MenuStripコントロールの右にある[▶]ボタンをクリックし、[標準項目の挿入]を選択すると、一般的なアプリケーションでよく使われるメニューが自動的に設定されます。

✔ ステータスバーをデザインする

ステータスバーには表示されたおみくじの番号を表示します。そこで、ステータスバー上にラベルを追加し、文字列が表示できるようにしましょう。フォーム上に表示されているStatusStripコントロールをクリックし、[ToolStripStatusLabelの追加] ボタンをクリックします（画面9-4）。すると、ToolStripStatusLabelと呼ばれるコントロールが追加されます。このコントロールの使い方はLabelコントロールとほとんど同じです。

画面 9-4 ステータスバーにラベルを追加する

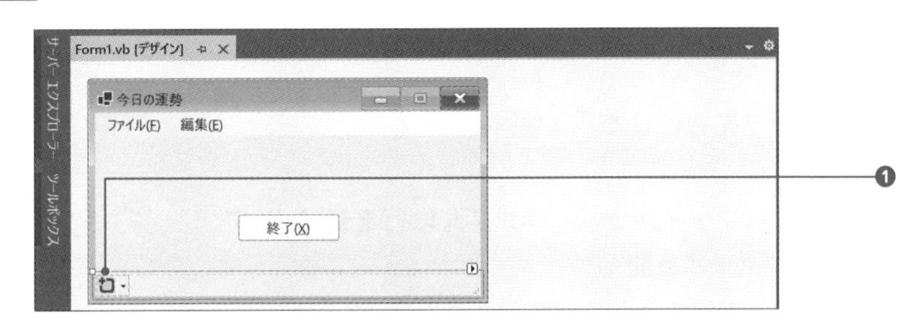

❶ [ToolStripStatusLabelの追加] ボタンをクリックする

プロパティは表9-3のように変更します。最初はラベルに何も表示しないので、Textプロパティの文字列は削除しておきます。

表9-3 ステータスバーに表示するコントロール

コントロール	プロパティ	このプログラムでの設定値	備考
ToolStripStatusLabel	Name	lblNumber	

[▼] をクリックすればステータスバーに表示するコントロールが選択できる

[ToolStripStatusLabelの追加] ボタンの右にある [▼] をクリックすれば、StatusLabelのほか、ProgressBar、DropDownButton、SplitButtonのいずれかのコントロールを選択してステータスバーに追加できます。

Textプロパティの文字列を削除すると、コントロールが見えなくなるので、コントロールが選択できなくなります。そのような場合には、[プロパティ] ウィンドウに表示されている [オブジェクト名] のリストからコントロールを選択します。

おみくじをファイルから読み出して表示する

単におみくじを表示するだけといっても、やるべきことがかなりたくさんあるので、大きな流れを確認しておきます。おおまかにいうと、おみくじの行数が入った設定ファイル（fortune.ctr）から行数を読み出し、その行数を最大値とする乱数をもとに、おみくじファイル（fortune.txt）から目的の行を読み出して表示する、ということになります。

もう少し細かく見ると、次のようになるでしょう。

STEP 1　設定ファイルから行数を読み出す

- fortune.ctrファイルを開く
- 1行読み出す
- 読み出した行を整数にして「行数」に入れる

STEP 2　おみくじファイルから、ランダムに行を読み出す

- fortune.txtファイルを開く
- 0以上「行数」未満の乱数を作成し「読み飛ばす行数」に入れる
- 「読み飛ばす行数」だけ、行を読み飛ばす
- 目的の行を読み出す

STEP 3　読み出した行を表示する

- 読み出した行をラベルに表示する
- 読み出した行の番号をステータスバーのラベルに表示する

ファイルからは1行ずつデータを読み出すので、一度に何行かを読み飛ばすことはできません。そこで、0から「読み飛ばす行数」までの繰り返し処理により、ファイルから1行ずつ読み出します。繰り返し処理が終わった後、次に読み出した行が目的の行となるわけです（図9-2）。

図9-2　ファイルからランダムに行を読み出す

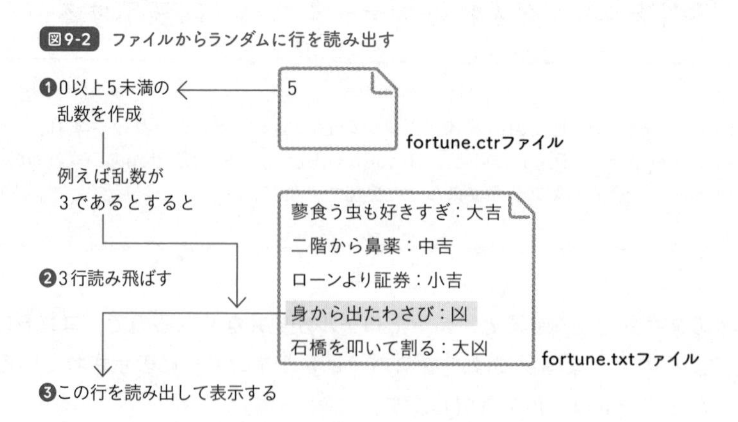

Part2では、新しい知識を学びながら、それらを積み上げてプログラムを作ってきましたが、Part3の各章（Chapter 9 ～10）では、コードが少し長くなる場合もあるので、先に イベントハンドラーなどのひとまとまりのコードを見て、その後、各部分を詳細に見ていくこととします。

✔ フォームのLoadイベントハンドラー

おみくじはプログラムを起動したときに表示すればいいので、フォームのLoadイベントハンドラーに記述します。まず、コードの全体像を見ておきましょう。この段階ではおおまかな流れを追いかけておくだけで構いません（LIST 9-1）。

LIST 9-1 フォームのLoadイベントハンドラー（おみくじを表示する）

```
    Private TotalCount As Integer ' おみくじファイルの行数
    Private Sub InitProc(sender As Object, e As EventArgs) Handles ⇒
MyBase.Load
        Dim OneLine As String ' ファイルから読み出した1行
        Dim sr As System.IO.StreamReader
        Try
            sr = New System.IO.StreamReader("fortune.ctr") ' ファイルを開く
            OneLine = sr.ReadLine() ' 1行読み出す
            TotalCount = Integer.Parse(OneLine) ' 整数に変換する
            sr.Close()

            Dim SkipLine As Integer ' 読み飛ばす行数
            Dim r As Random = New Random()
            SkipLine = r.Next(TotalCount) ' 読み飛ばす行数をランダムに決める
            ' おみくじファイルを開く
            sr = New System.IO.StreamReader("fortune.txt",
                 System.Text.Encoding.GetEncoding("utf-8"))
            Dim i As Integer = 0
            Do While i < SkipLine
                sr.ReadLine() ' 空読みする
                i += 1
            Loop
            OneLine = sr.ReadLine()
            sr.Close()

            lblFortune.Text = OneLine
            lblNumber.Text = (SkipLine + 1).ToString()

        Catch ex As Exception
            MessageBox.Show(ex.Message)
            Application.Exit()
        End Try
    End Sub
```

STEP 1
設定ファイルから行数を読み出す
→P.344

STEP 2
おみくじファイルから、ランダムに行を読み出す
→P.346

STEP 3
読み出した行を表示する
→P.348

構造化例外処理
ファイルが見つからないなどのエラーに対応する
→P.349

✓ STEP 1　設定ファイルから行数を読み出す

ここからコードを詳細に見ていきます。最初は、行数の入った設定ファイル（fortune.ctr）を開いて1行読み出し、それを数値に変換するところまでです。このステップでは、おみくじそのものを読み出すのではなく、おみくじの行数を読み出します。したがって、結果として欲しいものは行数です。そこで、行数を記憶しておくためのInteger型の変数を宣言します。変数名はTotalCountとしています。少し先の話になりますが、TotalCountはファイルに書き込むためのプロシージャでも使うので、フォームレベルで宣言してあることに注意してください。

TotalCountの値を求めるためにfortune.ctrファイルから1行読み出すので、そのデータを記憶するための変数も必要です。ファイルには文字列が入っているので、String型のOneLineという変数を宣言します（LIST 9-2）。

LIST 9-2 行数を読み出すために必要な変数を宣言する

```
Private TotalCount As Integer          ← おみくじファイルの行数
Private Sub InitProc(sender As Object, e As EventArgs) ⇒
Handles MyBase.Load
    Dim OneLine As String              ← ファイルから読み出した1行
```

ファイルから行を読み出すには、**StreamReaderクラス**のオブジェクトを使います。このオブジェクトを参照する変数をsrという名前で宣言しましょう。続いて、オブジェクトを作成し、その参照を代入します。オブジェクトの作成時には、引数にファイル名が指定できます（LIST 9-3）。

LIST 9-3 StreamReaderクラスのオブジェクトを作成する

```
Dim sr As System.IO.StreamReader
sr = New System.IO.StreamReader("fortune.ctr")
```

StreamReaderクラスのフルネームはSystem.IO.StreamReaderなので、上記のようなコードになります。StreamReaderクラスをコードの中でよく使うのであれば、コードの先頭に、

```
Imports System.IO
```

と書いておくといいでしょう[※1]。そうすれば、System.IO.StreamReaderと書く代わりにStreamReaderと略して書けるようになります。

なお、"fortune.ctr"のようにファイル名だけを指定した場合には、実行用プログラムと同じフォルダー（プロジェクトのbin¥Debugフォルダーまたはbin¥Releaseフォルダーの下のnet6.0-windowsフォルダーなど）に「fortune.ctr」があるものと見なされます。あらかじめ、おみくじの行数を入力したテキストファイルを作成しておいてください。もちろん、ファイル名は絶対パス名でも指定できるので、ほかのフォルダーに作成しておいても構いません。

ここまでを図にして表すと、図9-3のような感じになります。

※1　Importとは「取り込む」といった意味です。

図 9-3 StreamReaderクラスのオブジェクトを作成し、ファイルを開く

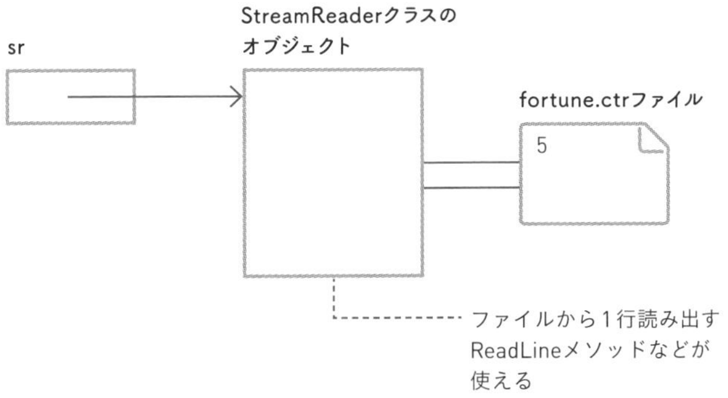

sr

StreamReaderクラスの
オブジェクト

fortune.ctrファイル

5

ファイルから1行読み出す
ReadLineメソッドなどが
使える

これで、fortune.ctrファイルを利用するためのStreamReaderオブジェクトが使えるようになりました。この後、srという変数を使って行を読み出すことができます。

My.Computer.FileSystemオブジェクトも利用できる

My.Computer.FileSystemオブジェクトのOpenTextFileReaderメソッドを利用すれば、StreamReaderオブジェクトが取得できます。したがって、以下のように書くこともできます。なお、P.347と同様に文字コードの指定もできます。

```
Dim sr As System.IO.StreamReader
sr = My.Computer.FileSystem.OpenTextFileReader("fortune.ctr")
```

ファイルから1行読み出すには、StreamReaderクラスの**ReadLineメソッド**を使います。ReadLineメソッドは読み出した行を返すので、それをOneLineに代入します。さらに、OneLineを整数に変換してTotalCountに代入します。ファイルの利用が終わったら**Closeメソッド**を呼び出してファイルを閉じておきます（LIST 9-4）。CloseメソッドからはDisposeメソッドが自動的に呼び出されるので、ここでオブジェクトが破棄されます。

LIST 9-4 ファイルから1行読み出し、整数に変換する

```
OneLine = sr.ReadLine()     ' 1行読み出す
TotalCount = Integer.Parse(OneLine)
sr.Close()
```

これで、fortune.txtに保存されているおみくじの行数が求められます。イベントハンドラーの後半（STEP 2）で必要となるので、TotalCountに行数が代入されることを覚えておいてください。

4.2節や7.5節では、文字列を整数に変換するためにTryParseというメソッドを使いましたが、ここでは**Parseメソッド**を使っています。実際にはTryParseメソッドのほうが効率はいいのですが、Parseメソッドを使うとエラー処理をまとめて書けるからです。どのようにエラー処理をするのか

は少し後の楽しみということにして、イベントハンドラーの続きを見ていきましょう。

✔ STEP 2　おみくじファイルから、ランダムに行を読み出す

後半の処理は、fortune.txtファイルから目的の行を読み出す処理です。この場合もまず必要な変数から考えましょう。当然のことながら、読み出した行を記憶しておく変数が必要です。この変数を新しく用意してもいいのですが、STEP 1で使ったOneLineという変数がそのまま使えます。

次に、目的の行が何行目であるかを表す変数が必要になりそうです。しかし、ここでは目的の行にたどり着くまで何行読み飛ばすかを表す変数を宣言します。例えば、5行目を取り出したいときには4行読み飛ばすので、この変数に4が代入されるようにします。

また、読み飛ばす行数を求めるために乱数を使うので、Randomクラスのオブジェクトを作成する必要もあります（LIST 9-5）。

LIST 9-5　読み飛ばしの行数を記憶する変数を宣言し、Randomオブジェクトを作成する

```
Dim SkipLine As Integer
Dim r As Random = New Random()
```

ファイルの先頭の行を読み出したいときには0行読み飛ばすことになり、ファイルの最後の行を読み出したいときには、ファイルの行数−1行読み飛ばすことになります。したがって、読み飛ばす行数をランダムに決めるには、0行からファイルの行数未満までの乱数を作成すればいいということが分かります。以下のようにRandomクラスのNextメソッドを使い、0からTotalCount未満の値を作成しましょう。

```
SkipLine = r.Next(TotalCount)  ' 読み飛ばす行数を決める
```

ファイルを開く方法は、fortune.ctrファイルの場合と同じです。StreamReaderクラスのオブジェクトを参照するための変数を新たに宣言してもいいのですが、もはやfortune.ctrは使わないので、StreamReaderクラスのオブジェクトを参照するsrをもう一度使いましょう。

```
    sr = New System.IO.StreamReader("fortune.txt", ⇒
System.Text.Encoding.GetEncoding("utf-8"))
```

変数とオブジェクトの関係は図9-4のようになります。

図 9-4 srはfortune.txtファイルを取り扱うStreamReaderオブジェクトを参照する

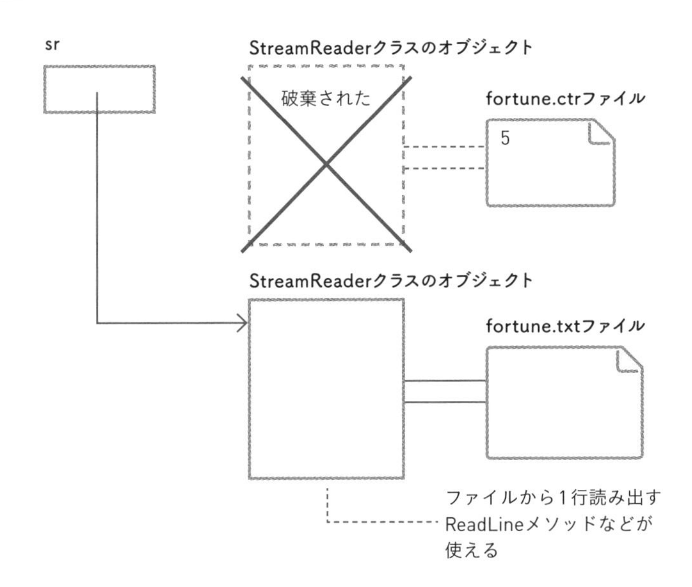

fortune.ctrを指定したときと違って、引数がもう1つ指定されていることに注目してください。2番目の引数は文字コードを指定するためのものです。コード化の方法を表す引数は、見た目は複雑ですが、

```
System.Text.Encoding.GetEncoding()
```

の（）内にコードページと呼ばれる値を指定するだけです。サンプルファイルは、UTF-8でエンコードされたファイルを使っているので、"utf-8"を指定します。なお、Shift-JISコードであれば、"shift_jis"と指定します。実は、文字コードを指定しないとUTF-8と見なされるので、ここでは2番目の引数を指定しなくても大丈夫なのですが、ファイルに記録されているデータの文字コードと異なる文字コードを指定すると、文字化けするので注意が必要です。

コードページの一覧を見るには

.NET API ブラウザーのウェブページにある.NETクラスライブラリの一覧で、System.Textの下のEncodingクラスのリファレンスを表示すれば、そのページの下の方に掲載されています。本書の執筆時点でのURLはhttps://docs.microsoft.com/ja-jp/dotnet/api/system.text.encodingです。

さらに続きを見ていきましょう。

SkipLineの行数だけ行を読み飛ばすには、繰り返し処理が使えます。iの値がSkipLineよりも小さい間、ファイルから1行ずつ読み出す処理を繰り返すといいでしょう（LIST 9-6）。

LIST 9-6 SkipLineで示される行数だけ読み飛ばすためのコード

```
' 取り出す行を選択する
Dim i As Integer = 0
Do While i < SkipLine
    sr.ReadLine()    ' 空読みする
    i += 1
Loop
```

例えば、SkipLineの値が3であれば、iの値が0、1、2のときに繰り返し処理の中にあるReadLineメソッドが実行され、順に行が読み出されます。ただし、これらの行は利用せずに読み飛ばすだけなので、変数に代入していません。

For ... Nextステートメントを使って同じ処理をするには

For ... Nextステートメントを使ってこの繰り返し処理を書くこともできます。

```
For i As Integer = 0 To SkipLine - 1
    sr.ReadLine()
Next
```

終了値から1を引いていることに注意しましょう。10回繰り返すときにはFor i = 0 To 9と書いたのを思い出してください。SkipLine回繰り返すのであれば、終了値はSkipLine - 1になります。

読み飛ばしのための繰り返し処理が終わった後、その次の行がおみくじとして表示したい行です。行を読み出してOneLineに代入します。また、必要なデータが取り出せたので、ファイルを閉じておきます（LIST 9-7）。

LIST 9-7 目的の行を読み出し、ファイルを閉じる

```
OneLine = sr.ReadLine()          ' 目的の行を読み出す
sr.Close()
```

以上で目的の行が取り出せました。あとはこれを表示するだけです。

✔ STEP 3　読み出した行を表示する

読み出した行はOneLineに代入されているので、これをlblFortuneコントロールに表示し、ステータスバーのラベルにもおみくじの番号を表示しておきましょう（LIST 9-8）。

LIST 9-8 読み出した行と行の番号を表示する

```
lblFortune.Text = OneLine
lblNumber.Text = (SkipLine + 1).ToString()
```

以上で、目的の行を表示する処理は終わりです。

なお、このプログラムではファイルから行を読み出し、ラベルに表示するまでを、

```
lblFortune.Text = sr.ReadLine()
```

のようにまとめて書いても構いません。ただし、一般的には、読み出した行をさらに加工することもあるので、いったんOneLineなどの変数に代入しておいたほうがより柔軟な処理ができます。

このプログラムのイベントハンドラーには、ほかにもメニュー項目を選択したときの処理やボタンをクリックしたときの処理があります。しかし、その前に例外処理について見ておきます。

構造化例外処理を書く

例外処理は、エラー処理と考えてもらっても構いません。しかし、「本来の目的とは異なる事態に対処する方法」という広い意味で、例外処理と呼ばれます。例えば、ファイルを利用するときには、開こうとしたファイルがなかったり、データを読み出せないことがあります。これらが例外にあたります。そのような例外に対処するためには、**Try ... Catch ... Finally ... End Try**というステートメントを使います。このステートメントを使った例外処理は構造化例外処理と呼ばれます。

構造化例外処理では、Tryの後に書かれたコードで例外が発生すると、Catchの後に書かれたコードが実行されます。したがって、例外が起こる可能性のあるコードはTryの後に書き、必要な例外処理はCatchの後に書いておきます。このとき、Catchの後に書かれた変数には、例外を表すオブジェクトの参照が自動的に代入されるので、この変数を利用して例外の種類を調べたり、例外の原因を表示したりできます（LIST 9-9）。

LIST 9-9 Try ... Catch ...Finally ... End Tryステートメントの使い方

```
Try
    実行したいコード         ←──── 例外が起こる可能性があるコードをここに書く
Catch 変数名 As 例外の種類を表すクラス名
    例外処理                ←──── 例外に対処するためのコードをここに書く
          :
Finally
    最後に実行したい処理 ←──── いずれの場合にも最後に実行したいコードをここに書く
End Try
```

このステートメントに、fortune.ctrファイルから行数を読み出すためのコードを埋め込んでみましょう。実際には、Tryと入力して Enter キーを押した時点でCatch ex As ExceptionやEnd Tryが自動的に入力されます。コードはLIST 9-10のようになります。

LIST 9-10 furtune.ctrファイルを処理するときの例外に対処する

```
    Private Sub InitProc(sender As Object, e As EventArgs) Handles ⇒
MyBase.Load
        Dim OneLine As String
        Dim sr As System.IO.StreamReader
        ' 設定ファイルから行数を読み出す
        Try
            sr = New System.IO.StreamReader("fortune.ctr")
            OneLine = sr.ReadLine()
            TotalCount = Integer.Parse(OneLine)
            sr.Close()
        Catch ex As Exception
            MessageBox.Show(ex.Message) ' 例外のメッセージを表示する
            Application.Exit()
        End Try
```

例外が発生したときの処理をこの下に書く

exで参照されるオブジェクトのMessageプロパティにエラーメッセージが入れられているので、例外が起こったときにはそれを表示します。このプログラムでは、ファイルからデータが読み込めなかったり、文字列が整数に変換できなかったりしたときには、実行を続けても意味がないので、そのままプログラムを終了させています。

fortune.txtファイルからおみくじを読み出すコードについても同様にTry ... End Tryの中に書いておくといいでしょう。最初に示したLIST 9-1には、そのコードも含まれています。全体像を確認しておいてください。なお、行数を読み出すコードと、おみくじを読み出すコードを別のTry ... End Tryに入れ、個別に例外処理をしても構いません。

このようなコードを書くと、例外が起こったときに画面9-5のようなメッセージが表示されます。

画面 9-5 例外処理によって表示されたメッセージ

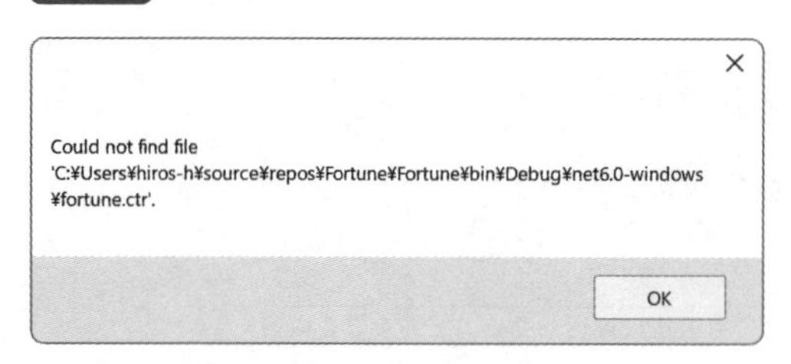

ファイルがなかった場合に表示されるメッセージ

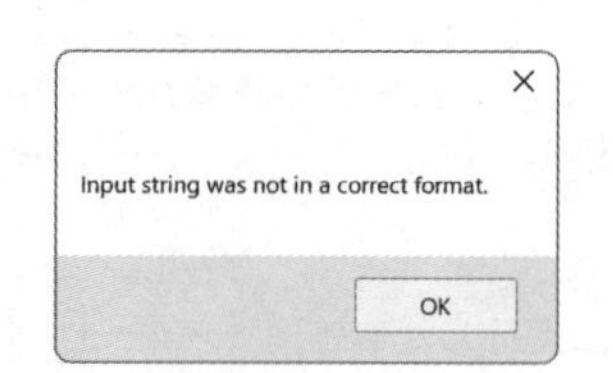

読み出した文字列が整数に変換できなかった場合に表示されるメッセージ

Catchステートメントは複数個書くこともできます。As の後に例外を表すクラスの名前を書けば、例外の種類によって対処方法を変えられるというわけです。例えば、As Exceptionと書くと、すべての例外に対処できますが、As FileNotFoundExceptionと書くと、ファイルが見つからなかったという例外だけに対処するコードが書けます。また、Integer.Parseメソッドは、文字列が整数に変換できないときにFormatExceptionという例外を発生させるので、その場合にはAs FormatExceptionの後に書かれたコードが実行されます（LIST 9-11）。

LIST 9-11 さまざまな例外に対処するためのコード

```
Try
    sr = New System.IO.StreamReader("fortune.ctr")
    OneLine = sr.ReadLine()
    TotalCount = Integer.Parse(OneLine)
    sr.Close()
Catch ex As System.IO.FileNotFoundException
    MessageBox.Show("設定ファイルが見つかりません")
    Application.Exit()
Catch ex As FormatException
    MessageBox.Show("数値の形式が不正です")
    Application.Exit()
End Try
```

例外の種類によって異なる処理ができる

4.2節で使ったInteger.TryParseメソッドは、文字列が整数に変換できたかどうかをBoolean型の戻り値として返します（整数に変換できなくても例外は発生しません）。ここではTry ... Catch ... Finally ... End Tryを使った例外処理を利用するため、整数に変換できないときに例外を発生させるInteger.Parseメソッドを使ったというわけです。

なお、**Throwステートメント**を使って自分で例外を発生させることもできます。例えば、Parseメソッドの代わりにTryParseメソッドを使い、数値に変換できないときに例外を発生させるようにするには、LIST 9-12のようなコードを書きます。ただし、TryParseメソッドは、そもそも例外を発生させずに、戻り値によって変換が成功したかどうかを調べるためのメソッドなので、このコードはあまり適切なものではありません。あくまでも書き方の例として見てください。

LIST 9-12 Throwステートメントを使って例外を発生させる

```
Try
    sr = New System.IO.StreamReader("fortune.ctr")
    OneLine = sr.ReadLine()
    If Integer.TryParse(OneLine, TotalCount) = False Then
        Throw New Exception("数字と見なされません")
    End If
    sr.Close()
Catch ex As Exception
    MessageBox.Show(ex.Message)
    Application.Exit()
End Try
```

例外を発生させる

Throwステートメントには例外を表すオブジェクトへの参照を指定します。ここではExceptionクラスのオブジェクトを作成し、それを指定しています。Exceptionクラスのオブジェクトを作成するときに引数に指定した文字列がMessageプロパティの値になります。Throwは「投げる」という意味です。自分で例外を発生させることを「例外をスローする」ということもあります。

Finallyステートメントについても簡単に見ておきましょう。このプログラムではFinallyステートメントを使っていませんが、例外処理の最後に実行したいことがあれば、Finallyの後にコードを書いておきます。注意しなければならないのはFinallyの後に書かれたコードは例外が起こった場合にも、起こらなかった場合にも実行されるということです。これまでのコードでは、例外が発生した場合にはプログラムを終了させているので、Finallyの後にコードを書いてもあまり意味がありませんが、例えば、ファイルを閉じるためのCloseメソッドなどを書くことがあります（LIST 9-13）。

LIST 9-13 Finallyステートメントに、最後に必ず実行する処理を書く

```
Try
    sr = New System.IO.StreamReader("fortune.ctr")
    OneLine = sr.ReadLine()
    TotalCount = Integer.Parse(OneLine)
Catch ex As Exception
    MessageBox.Show(ex.Message)
Finally                          必ず実行する処理をこの下に書く
    sr.Close()
End Try
```

このコードでは、例外が起こった場合にメッセージを表示するだけで、特に何もしていません。しかし、Finallyの後にCloseメソッドが書かれているので、例外が起こった場合でも起こらなかった場合でも正しくファイルが閉じられます。

✔ 新しいおみくじをファイルに書き込む

このプログラムの便利なところは、単におみくじを表示するだけでなく、自分でおみくじを追加できることです。おみくじを追加するには、メニューから［編集（E)］－［おみくじの追加（A)...］を選びます。したがって、このメニュー項目を選択したときのイベントハンドラーに、おみくじを追加するためのコードを書けばいいということが分かります。

おみくじを追加するための処理は以下のようになります。

✔ STEP 1 新しいおみくじを入力する

- InputBoxを表示しておみくじを入力する
- キャンセルされたり、おみくじが入力されていなければプロシージャを抜ける

STEP 2　おみくじファイルに新しいおみくじを追加する

- fortune.txtファイルを開く
- おみくじを追加する

STEP 3　設定ファイルに新しい行数を書き込む

- 現在の行数に1加える
- 設定ファイルに書き込む

メニュー項目のClickイベントハンドラー

［編集（E)］－［おみくじの追加（A）...］のClickイベントハンドラーは、LIST 9-14のようになります。まずはコードの全体像を眺めておいてください。後で少しずつ詳しく見ていくので、この段階ではおおまかな流れを確認するだけで十分です。

LIST 9-14 ［編集（E)］－［おみくじの追加（A)...］のClickイベントハンドラー（おみくじを追加する）

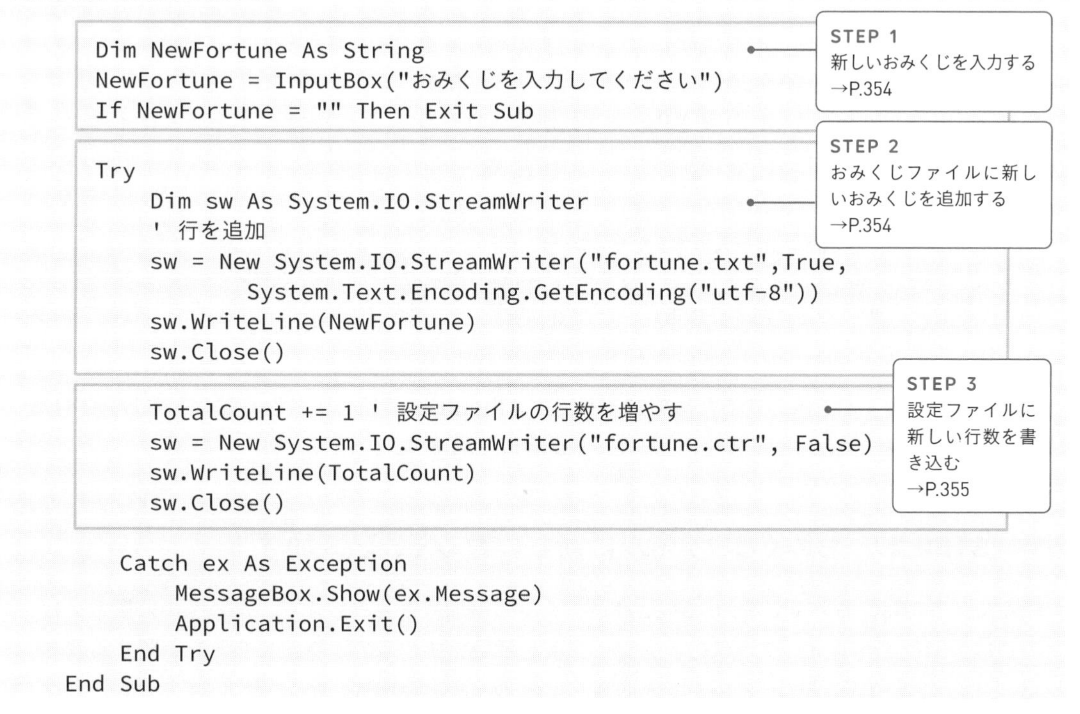

```
Private Sub AddFortune(sender As Object, e As EventArgs) ⇒
Handles mnuEA.Click
    Dim NewFortune As String
    NewFortune = InputBox("おみくじを入力してください")
    If NewFortune = "" Then Exit Sub

    Try
        Dim sw As System.IO.StreamWriter
        ' 行を追加
        sw = New System.IO.StreamWriter("fortune.txt",True,
                System.Text.Encoding.GetEncoding("utf-8"))
        sw.WriteLine(NewFortune)
        sw.Close()

        TotalCount += 1 ' 設定ファイルの行数を増やす
        sw = New System.IO.StreamWriter("fortune.ctr", False)
        sw.WriteLine(TotalCount)
        sw.Close()

    Catch ex As Exception
        MessageBox.Show(ex.Message)
        Application.Exit()
    End Try
End Sub
```

STEP 1
新しいおみくじを入力する
→P.354
STEP 2
おみくじファイルに新しいおみくじを追加する
→P.354
STEP 3
設定ファイルに新しい行数を書き込む
→P.355

STEP 2とSTEP 3では、ファイルにデータを書き込むので、ファイルが見つからなかった場合などのエラーに備えて構造化例外処理を書いてあります。では、各ステップの詳細を見ていきましょう。

✔ STEP 1　新しいおみくじを入力する

LIST 9-14はメニュー項目をクリックしたときのイベントハンドラーです。メニュー項目といっても、イベントハンドラーの追加の方法はほかのコントロールと同じです。フォームに配置されているメニューから［おみくじの追加（A）...］を選択し、プロパティウィンドウのイベント一覧にある［Click］の欄にイベントハンドラー名を入力します。イベントハンドラーの名前をAddFortuneとすると、以下のようなコードが追加されます（LIST 9-15）。

LIST 9-15 メニュー項目のClickイベントハンドラー

```
    Private Sub AddFortune (sender As Object, e As EventArgs) ⇒
Handles mnuEA.Click

    End Sub
```

ここでも、必要な変数から考えていきます。入力されたおみくじをファイルに保存したいので、おみくじを記憶しておくための変数が必要になります。String型で宣言しておくといいでしょう。

```
Dim NewFortune As String
```

とりあえず必要な変数はこれだけなので、コードの続きを書いていきましょう。おみくじを入力するためにはInputBoxを表示します。InputBoxに何も入力されていなかったり、［キャンセル］ボタンがクリックされたときには、長さ0の文字列が返されるので、その場合は何もせずにイベントハンドラーを抜けます（LIST 9-16）。

LIST 9-16 InputBoxを使っておみくじを入力するためのコード

```
NewFortune = InputBox("おみくじを入力してください")
If NewFortune = "" Then Exit Sub
```

ここまでがおみくじを入力するためのコードです。InputBoxで新しいおみくじを入力し［OK］ボタンをクリックすれば、続くSTEP2のコードが実行されます。

✔ STEP 2　おみくじファイルに新しいおみくじを追加する

続くコードでは、おみくじをfortune.txtファイルに追加書き込みします。ファイルに書き込むためには、**StreamWriterクラス**のオブジェクトを使います。このオブジェクトを参照する変数をswという名前で宣言し、ファイルを開きましょう。StreamWriterクラスのフルネームはSystem.IO.StreamWriterです（LIST 9-17）。

LIST 9-17 StreamWriterクラスのオブジェクトを作成する

```
Dim sw As System.IO.StreamWriter
sw = New System.IO.StreamWriter("fortune.txt", True,
       System.Text.Encoding.GetEncoding("utf-8"))
```

StreamWriterクラスをコードの中でよく使うのであれば、コードの先頭に

```
Imports System.IO
```

と書いておくといいでしょう。そうすれば、System.IO.StreamWriterと書く代わりにStreamWriterと略して書けるようになります。

StreamWriterクラスのオブジェクトを作成するときには、引数にファイル名が指定できます。fortune.txtファイルには日本語文字が含まれており、ここでは、UTF-8コードで内容を書き込むことにするので、コードの種類も指定します。

このコードを見て「おや」と思った方もおられるでしょう。StreamReaderクラスの場合とは異なり、2番目の引数にTrueを指定してあります。その後にコードの種類が指定されています。実は、ファイルに書き込むときには、追加書き込みであるか新規書き込みであるかが指定できます。Trueを指定すると追加になるので、入力されたおみくじはfortune.txtファイルのこれまでの内容の末尾に追加されます。一方、Falseを指定すると新規書き込みになり、それまでに保存されていたデータを消して新しくデータを書き込むことになるので注意が必要です。

ファイルに行を書き込むメソッドは、StreamWriterクラスの**WriteLine**です。これは引数に文字列を指定するだけなので簡単です。行を追加書き込みしたら、Closeメソッドを呼び出してファイルを閉じておきます（LIST 9-18）。

LIST 9-18 ファイルにおみくじを書き込んだ後、ファイルを閉じる

```
sw.WriteLine(NewFortune)
sw.Close()
```

✓ STEP 3　設定ファイルに新しい行数を書き込む

最後に、fortune.ctrファイルに保存されている行数を増やします。以前のファイルの内容を書き換えるので、新規書き込みとします（LIST 9-19）。

LIST 9-19 行数を加算し、fortune.ctrファイルに書き込む

```
TotalCount += 1 ' 設定ファイルの行数を増やす
sw = New System.IO.StreamWriter("fortune.ctr", False)
sw.WriteLine(TotalCount)
sw.Close()
```

今度は、StreamWriterクラスのオブジェクトを作成するときに、2番目の引数にFalseを指定していることに注意してください。これは、ファイルに新規書き込みするためです。また、WriteLineメソッドの引数に文字列でなく整数を指定していることにも注目してください。StreamWriterクラスのWriteLineメソッドはさまざまなデータ型の引数を指定できるようにオーバーライドされており、引数がWriteLineメソッドの中で文字列に変換されているからです。したがって、

```
sw.WriteLine(TotalCount.ToString())
```

のようにTotalCountを文字列に変換してから引数に指定する必要はありません。

My.Computer.FileSystemオブジェクトも利用できる

My.Computer.FileSystemオブジェクトのOpenTextFileWriterメソッドを利用すれば、StreamWriterオブジェクトが取得できます。したがって、以下のように書くこともできます。なお、P.355と同様に文字コードの指定もできます。

```
        Dim sw As System.IO.StreamWriter
        sw = My.Computer.FileSystem.OpenTextFileWriter ( ⇒
    "fortune.ctr", False)
```

おみくじをクリップボードにコピーする

このプログラムには、表示されたおみくじをクリップボードにコピーする機能があります。この機能は［編集（E)］－［コピー（C)］を選択したときに実行するので、mnuECコントロールのClickイベントハンドラーに記述します。

クリップボードにデータをコピーするにはClipboardクラスの**SetDataメソッド**を使います。SetDataメソッドは共有メソッド（静的メソッド）なので、Clipboardクラスの新しいオブジェクトを作らなくてもそのまま使えます。引数にはデータの形式とデータを指定します（LIST 9-20)。

LIST 9-20 クリップボードにデータをコピーする

```
    Private Sub CopyProc(sender As Object, e As EventArgs) ⇒
Handles mnuEC.Click
        Clipboard.SetData(DataFormats.Text, lblFortune.Text)
    End Sub
```

データの形式にはDataFormats.Text以外にもさまざまな形式が指定できます。よく使うのは表9-4のような形式です。

表9-4 クリップボードにコピーできるデータの形式

指定内容	意味
DataFormats.Bitmap	Windowsビットマップ形式
DataFormats.EnhancedMetafile	拡張メタファイル形式
DataFormats.Html	HTMLテキスト
DataFormats.Text	ANSIテキスト文字列
DataFormats.UnicodeText	Unicodeテキスト文字列

クリップボードのデータを取り出したいときには、**GetData**メソッドを使います。これも共有メソッドなのでオブジェクトを作成せずにそのまま使えます。GetDataメソッドにデータの形式を指定して呼び出すと、クリップボードから取り出されたデータが返されます。

```
Temp = Clipboard.GetData(DataFormats.Text)
```

なお、テキストデータの場合、クリップボードへのコピーにClipboardクラスのSetTextメソッドが使え、クリックボードからの取り出しにGetTextメソッドが使えます。この場合、テキストはUnicodeテキスト文字列と見なされます。

✔ プログラムを終了させる

最後に［終了（X)］ボタンと［ファイル（F)］－［終了（X)］のClickイベントハンドラーを書きます。いずれを選択してもプログラムを終了させるので、同じイベントハンドラーを使います。btnExitコントロールのClickイベントハンドラーとしてExitProcプロシージャを書いておき、mnuFXのイベントハンドラーとしてもExitProcプロシージャを選択すればいいでしょう。Private Subステートメントの最後にカンマで区切ってmnuFX.Clickという文字列を自分で入力しても構いません。コードは以下のとおりです（LIST 9-21）。

LIST 9-21 プログラムを終了させるためのコード

```
    Private Sub ExitProc(sender As Object, e As EventArgs) ⇒
Handles btnExit.Click, mnuFX.Click
        Application.Exit()
    End Sub
```

✔ プログラムを実行する

コードがすべて入力できたらツールバーに表示されている［Fortune］ボタン（ ▶ ）をクリックして、プログラムを実行します。プログラムが実行されると、おみくじがランダムに表示されます。ステータスバーにおみくじの番号が表示されていることにも注目してください（画面9-6）。

画面 9-6 完成したFortuneプログラムを実行する

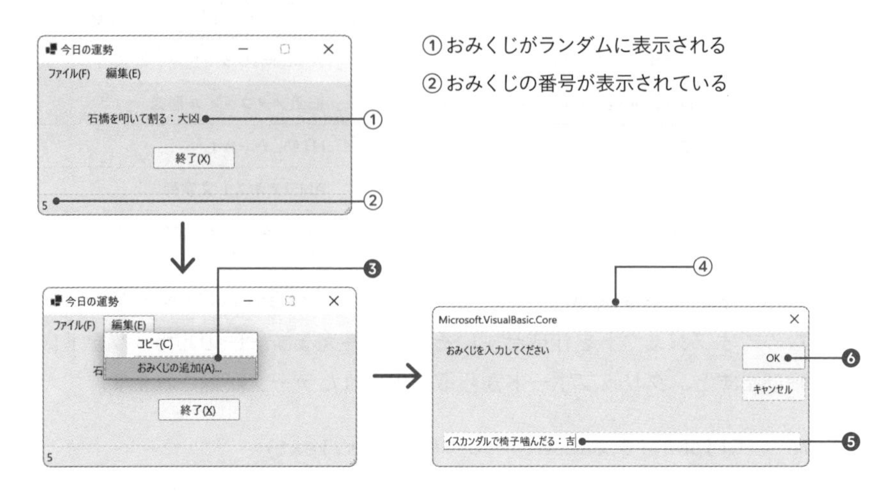

①おみくじがランダムに表示される
②おみくじの番号が表示されている
❸[編集（E）] – [おみくじの追加（A）...] を選択する
④InputBoxが表示される
❺新しいおみくじを入力する
❻[OK] ボタンをクリックする
⑦新しいおみくじがファイルに保存される

表示された格言はクリップボードにコピーして、テキストエディターやワープロソフトの文書に貼り付けることもできます。さらに、さまざまな機能を追加すれば、より便利で役に立つプログラムが作成できるはずです。練習問題に取り組み、プログラムの拡張にぜひチャレンジしてみてください。

Column

カンマ区切りのファイルや固定長フィールドのファイルを取り扱う

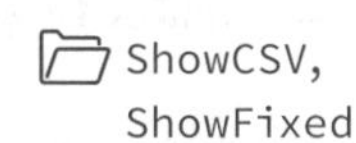

この章のプログラムでは、1行のデータをそのまま読み出しましたが、ファイルには、区切り文字によって1行がいくつかのフィールド（項目）に区切られているものや、フィールドの桁数が決まっているものなどもあります。それらについては、Microsoft.VisualBasic.FileIO.TextFieldParserクラスのオブジェクトを利用して取り扱うことができます。

フィールドの区切り文字はDelimitersプロパティまたはSetDelimtersメソッドに文字列の配列を指定することによって設定します。1行のすべてのフィールドを読み出すにはReadFieldsメソッドが使えます。ReadFieldsメソッドは、各フィールドの内容を文字列の配列として返します。次ページのコードはフィールドが「:」(コロン)または「,」(カンマ）で区切られたファイルから1行ずつ各フィールドを読み出し、出力ウィンドウに表示する例です。

```
Imports Microsoft.VisualBasic.FileIO
Public Class Form1
    Private Sub ShowCSVFile(sender As Object, e As EventArgs)⇒
Handles Button1.Click
        Dim aRow As String()
        Dim tfp As TextFieldParser = New TextFieldParser (
            "sample.txt", System.Text.Encoding.GetEncoding( ⇒
"utf-8"))

        tfp.Delimiters = New String() { ":", ","}
        Do While Not tfp.EndOfData
            aRow = tfp.ReadFields()
            For Each aField As String In aRow
                Debug.WriteLine(aField)
            Next
        Loop
    End Sub
End Class
```

1行に含まれる各フィールドのデータ。文字列の配列

TextFieldParserクラスのオブジェクトを作成する

フィールドの区切りを「:」(コロン)または「,」(カンマ)とする

データがなくなるまで

フィールドを読み出す。文字列の配列として読み出されるので、その参照をaRowに代入

aRowの各フィールドについて

フィールドを表示する

以下に示すのはファイルの内容がどのように読み出され、表示されるかを図にしたものです。

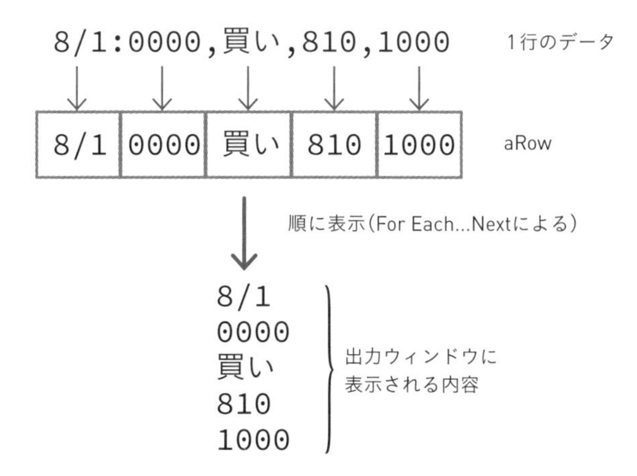

一方、固定長のフィールドの場合は、TextFieldTypeプロパティにFieldType.FixedWidthを指定し、FieldWidthsプロパティに各フィールドの長さを整数の配列として指定します。以下のコードは1行が5文字, 4文字, 4文字, 3文字の各フィールドから成り立っているファイルから1行ずつ各フィールドを読み出し、出力ウィンドウに表示する例です。地色の濃い箇所が、前のコードと異なるコードです。

```
Imports Microsoft.VisualBasic.FileIO
Public Class Form1
    Private Sub ShowFixedFile(sender As Object, e As EventArgs) ⇒
Handles Button1.Click
        Dim aRow As String()
        Dim tfp As TextFieldParser = New TextFieldParser (
            "sample.txt", System.Text.Encoding.GetEncoding( ⇒
("utf-8"))
        tfp.TextFieldType = FieldType.FixedWidth
                                        固定長フィールドであることを指定する
        tfp.FieldWidths = New Integer() {5, 4, 4, 3}
                                        フィールドの長さを整数の配列として指定する
        Do While Not tfp.EndOfData
            aRow = tfp.ReadFields()
            For Each aField As String In aRow
                Debug.WriteLine(aField)
            Next
        Loop
    End Sub
End Class
```

こちらも、ファイルの内容がどのように読み出され、表示されるかを図にしておきます。

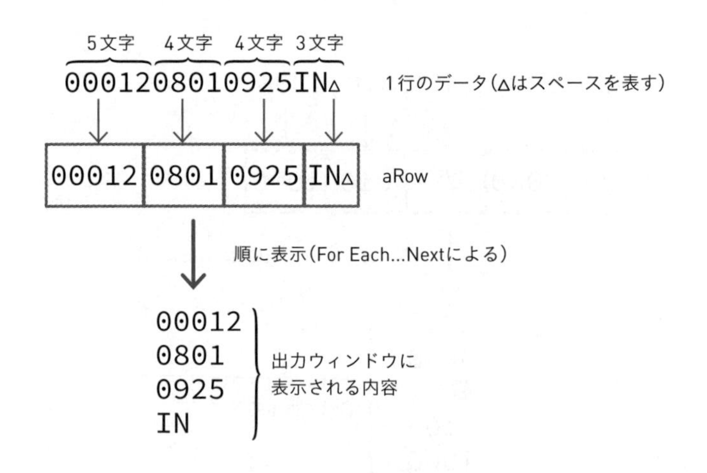

CHAPTER 9 » まとめ

- ✔ ファイルのデータを1行読み出すには、StreamReaderクラスのReadLineメソッドが使えます
- ✔ ファイルにデータを1行書き込むには、StreamWriterクラスのWriteLineメソッドが使えます
- ✔ ファイルにデータを書き込むときには、追加書き込みと新規書き込みの違いに注意する必要があります
- ✔ Try ... Catch ... Finally ... End Tryステートメントを利用すると、構造化例外処理ができます
- ✔ 構造化例外処理では、例外の種類によってきめ細かく対処法を変えることができます
- ✔ Clipboardクラスの共有メソッドを使うと、クリップボードとのデータのやりとりができます

練習問題

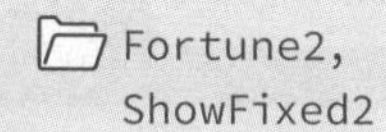

A この章で見たFortuneプログラムは、プログラムを実行したときに（フォームが表示される直前に）おみくじが表示されるものでした。
フォーム上にButtonコントロールを配置し、クリックすれば、
別のおみくじがランダムに表示されるようにしてみましょう。
プロジェクト名はFortune2とします。

B この章の最後のコラムにあるコードには例外処理が書かれていません。
固定長フィールドの行を読み出すコードに
構造化例外処理を適用したコードを書いてみてください。
対処する例外は以下の2つとします。

```
System.IO.FileNotFoundException
Microsoft.VisualBasic.FileIO.MalformedLineException
```

System.IO.FileNotFoundException：ファイルが見つからない

Microsoft.VisualBasic.FileIO.MalformedLineException：フィールドの形式が正しくない（フィールドの桁数が1行の幅よりも短い場合など）

例外が発生した場合は、「ファイルが見つからない」「フィールドの形式が正しくない」といったメッセージを表示し、
プログラムを終了するものとします。プログラムができたら、
データファイルの名前を変えたり、フィールドの幅を変えたりして
例外を発生させ、動作を確認してみてください。
プロジェクト名はShowFixed2とします。
なお、データファイルの正しい名前はsample.txtとし、
実行用プログラムと同じフォルダーに作成しておいてください。

CHAPTER

10» Excelのファイルを取り扱う～データ分析プログラム

これまでに蓄積してきた身近なデータの分析を
Visual Basicで自動化するために
Excelのファイルからデータを読み込み、分析やグラフ作成に
活用するプログラムを見ていきます。
ここでは、NuGetと呼ばれるパッケージ管理機能を利用し、
ClosedXMLと呼ばれるパッケージを使って
Excelで作成された不動産データをプログラムに読み込みます。
また、表データを扱うためのDataTableクラスや、
グラフを作成するためのChartクラスの使い方も紹介します。

これから学ぶこと

- ✔ NuGetパッケージ管理機能を使って、さまざまな開発者が提供しているパッケージを利用する方法を学びます
- ✔ ClosedXMLパッケージを使ってExcelのデータを読み込む方法を学びます
- ✔ DataTableクラスを利用して、表形式のデータを取り扱う方法を学びます
- ✔ DataGridViewコントロールを使って、DataTableクラスのデータを表示する方法を学びます
- ✔ Chartクラスを利用して、グラフ（散布図）を描く方法を学びます

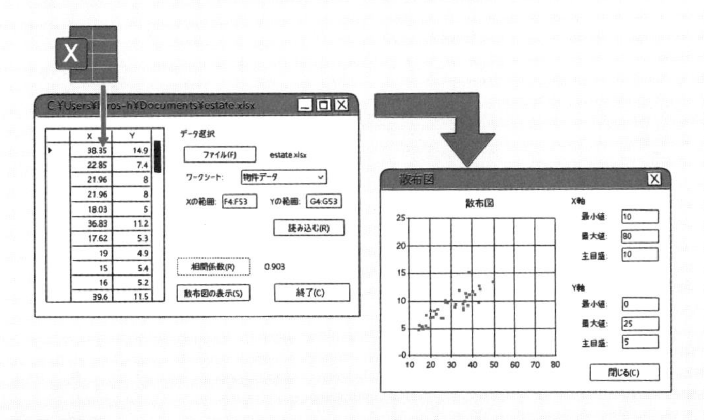

イラスト 10-1 Excelのデータ分析プログラム

この章ではExcelのファイルからデータを読み込んで表示し、相関係数を求めたり、グラフを表示したりするプログラムを作成します。日常のデータを活用し、データの分析や可視化を行うための基本を身に付けます。

Excelのファイルからデータを読み込む

Visual Basicのプログラミングを学ぶ目的の1つは、日常の仕事でよく使うデータを活用できるようにすることです。私たちの身の回りにはExcelのデータがたくさんあると思います。そこで、Visual BasicのプログラムでExcelのデータを活用することを考えてみましょう。それができれば、分析やグラフ化などをより簡単に、より使いやすくするためのツールが作成できます。ここでは、Excelのデータを読み込んで表示するところまでを見ていきます。

フォームをデザインする

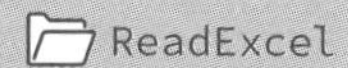

Excelのファイルを利用してデータ分析を行ったり、グラフを描画したりするのがこの章の目標です。具体的には、不動産データに含まれる物件の「面積」と「家賃」の関係を分析するために相関係数を求め、散布図を描きます。ここでのお話はExcelの機能やマクロを使ってもできることですが、Visual BasicのプログラムからExcelのデータが利用できれば、より使いやすく、より高度な分析ツールも作成できます。とはいえ、目標が高すぎるとどこから手を付けていいか途方に暮れてしまうかもしれません。そこで、Excelのファイルからデータを読み込んで表示するだけの簡単なプログラムを作成しましょう。一歩ずつ進めていけば、確実に目標に到達できます。

では、どのような画面にデータを表示したいのかを明らかにするために、フォームのデザインから取り組みます。これなら、今までの知識でできますね。では、ReadExcelという名前のプロジェクトを作成し、以下の手順で進めていきましょう。

画面 10-1 Excelのデータを表示するためにDataGridViewコントロールを配置する

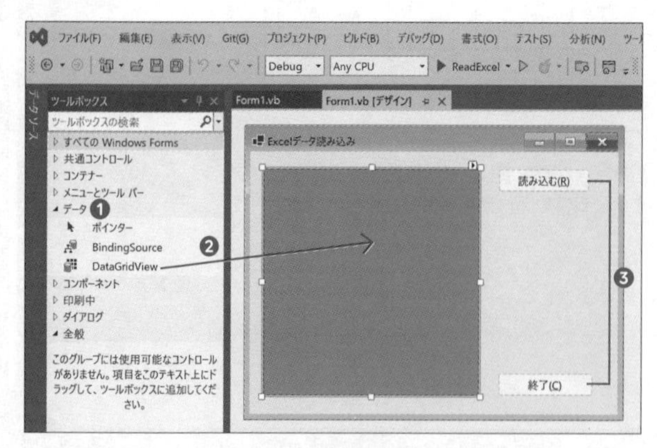

❶ ツールボックスの［データ］を開く
❷［DataGridView］をドラッグしてフォームに配置する
❸ Buttonコントロールを2つフォームに配置しておく

表形式のデータを表示するには**DataGridViewコントロール**を使います。DataGridViewコントロールは、ツールボックスの［すべてのWindows Forms］か、［データ］の下にあります。
プロパティの設定も行っておきましょう。特に新しい設定は登場しません。

表10-1 このプログラムで使うコントロールのプロパティ一覧

コントロール	プロパティ	このプログラムでの設定値	備考
Form	Name	Form1	
	FormBorderStyle	FixedSingle	フォームの境界線をサイズ変更のできない一重の枠にする
	MaximizeBox	False	最大化ボタンを表示しない
	Text	Excelデータ読み込み	
DataGridView	Name	dgvRent	不動産データを表示するために使う
Button	Name	btnRead	このボタンをクリックしたら、Excelのデータを読み込む
	Text	読み込む（&R）	
Button	Name	btnExit	アプリケーション終了のためのボタン
	Text	終了（&X）	

Excelのファイルを読み込むためのパッケージをインストールする

フォームをデザインした時点で、「あとはExcelのデータを読み込んで、表示するだけ」ということが分かったと思います。問題はExcelのデータをどうやって読み込むかですが、そのためのパッケージ（プログラミングのための部品をひとまとめにしたもの）を利用します。Visual Studioでは**NuGet**と呼ばれるパッケージ管理システムにより、さまざまな開発者によって作られたパッケージをプロジェクトに組み込めるようになっています。ここでは、Excelのファイルからデータを読み込んだり、書き込んだりするのに便利な**ClosedXML**を利用してみます。
パッケージを取得して、プロジェクトに組み込む方法は、必要なパッケージを検索し、［インストール］ボタンをクリックするだけです（画面10-2）。

画面 10-2 NuGetを利用してClosedXMLをインストールする

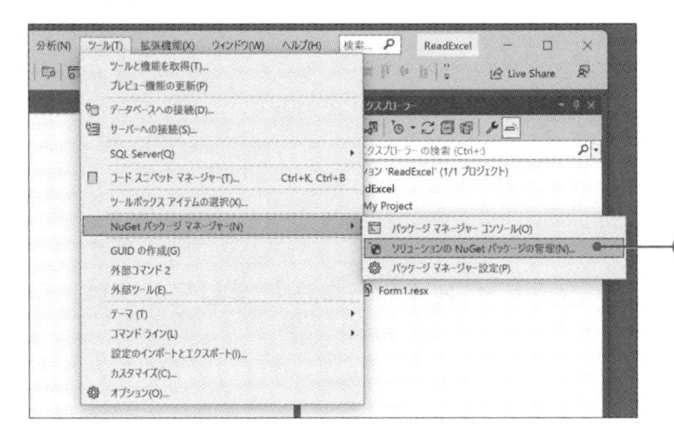

❶メニューから［ツール（T）］-［NuGetパッケージマネージャー（N）］-［ソリューションのNuGetパッケージの管理（N）...］を選択する

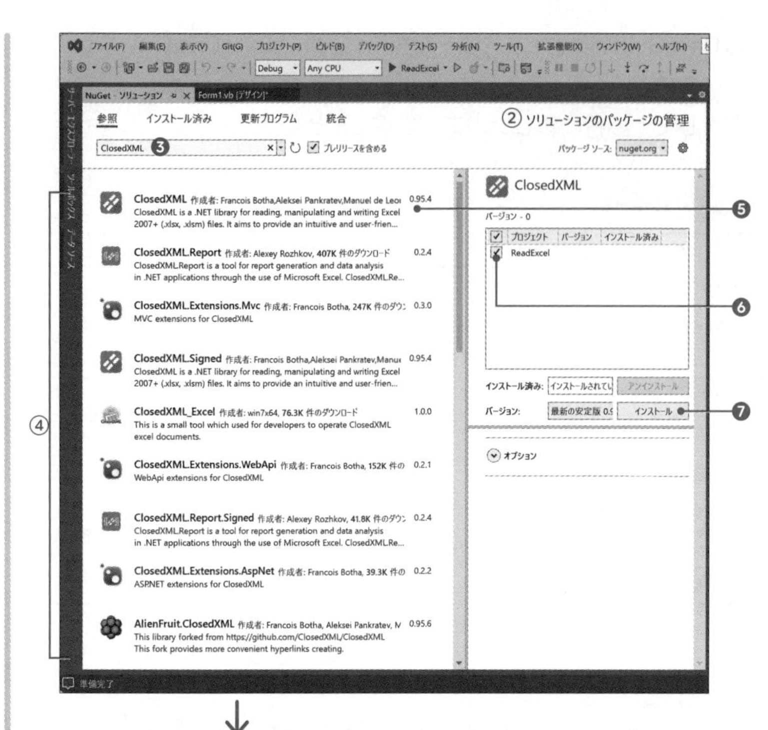

②［ソリューションのパッケージの管理］画面が表示される

❸ 検索ボックスに「ClosedXML」と入力する

④ 検索結果の一覧が表示される

❺［ClosedXML］をクリックする

❻［ReadExcel］（プロジェクト名）にチェックマークを付ける

❼［インストール］をクリックする

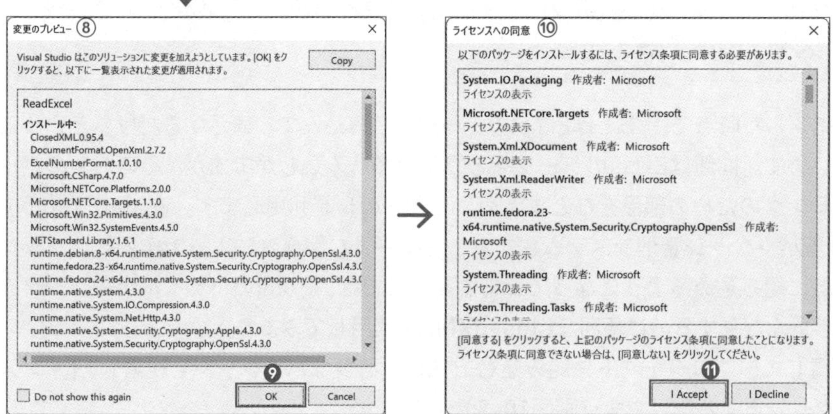

⑧［変更のプレビュー］ダイアログボックスに確認のためのメッセージが表示される

❾［OK］をクリックする

⑩［ライセンスへの同意］ダイアログボックスが表示される

⓫［I Accept］をクリックする

以上でClosedXMLパッケージがこのプロジェクトにインストールされました。次は、いよいよExcelのファイルからデータを読み込みます。

Excelのファイルから読み込んだデータを表示する

ここでは、Excelで作成された不動産データを読み込むことにしましょう。ファイル名はestate.xlsxとします（画面10-3）。画面を見ながら、どのデータを取り扱うのかを確認しておきましょう。

画面 10-3 Excelで作成された不動産データ

① ファイル名はestate.xlsx
② ここでは「物件データ」というワークシートのデータを利用する
③ 物件の面積と家賃の関係を見ることにするので、利用するデータはF4:F53（面積）とG4:G53（家賃）。データの件数は50件。

利用するデータが分かれば、あとはClosedXMLを利用し、そのデータを読み込んで表示するだけです。

［読み込む（R）］ボタン（btnRead）のClickイベントハンドラー（ReadProc）を作成し、以下のようにコードを入力してみましょう。すべてのデータを表示するのはまだハードルが高いので、試しにセルF4の値とセルG4の値だけを表示してみます。

LIST 10-1 試しにセルF4とセルG4の値を出力ウィンドウに表示してみる

```
Imports ClosedXML.Excel ← ClosedXML.Excelをインポートする
Public Class Form1
   Private Sub ReadProc(sender As Object, e As EventArgs) Handles ⇒
btnRead.Click
                                             ファイルのパス名を指定
      Dim fname As String = "C:¥Users¥<ユーザー名>¥Documents¥estate.xlsx"
      Dim wb = New XLWorkbook(fname) ← ファイル名を指定し、ブックを表すオブジェクトを作る
      Dim ws = wb.Worksheet("物件データ") ← ワークシートを取得する
      Dim xdata = ws.Cells("F4:F53") ← F4:F53のセルを取得する
      Dim ydata = ws.Cells("G4:G53") ← G4:G53のセルを取得する
```

```
        Debug.WriteLine(xdata(0).Value) ●─ セル範囲の先頭(0番)の値を表示する
        Debug.WriteLine(ydata(0).Value) ●─ セル範囲の先頭(0番)の値を表示する
    End Sub
End Class
```

ファイルのパス名として、ここでは"C:¥Users¥<ユーザー名>¥Documents¥estate.xlsx"を指定していますが、これは<ユーザー名>のドキュメントフォルダーにあるestate.xlsxファイルという意味です。<ユーザー名>の部分にはみなさんのユーザー名を指定し、estate.xlsxファイルはドキュメントフォルダーにコピーしておいてください（サンプルファイルに含まれています）。

プログラムを実行する前に1つ注意事項があります。同じファイルをExcelとClosedXMLで同時に利用することはできません（実行時にエラーとなります）。Excelでestate.xlsxファイルを開いている場合は、いったん閉じておいてください。ClosedXMLでは、データを読み出すだけでなく、データを書き込んだり、書式を設定したりすることもできるので、同時に更新が起こることによる矛盾を生じさせないようにするためです。

[終了（X）] ボタン（btnExit）のClickイベントハンドラー（ExitProc）はこれまでと同じです。

LIST 10-2 プログラムを終了させるコード

```
    Private Sub ExitProc(sender As Object, e As EventArgs) Handles ⇒
btnExit.Click
        Application.Exit()
    End Sub
```

では、ツールバーに表示されている [ReadExcel] ボタン（▶）をクリックして、プログラムを実行してみましょう。[読み込む（R）] ボタンをクリックすると、[出力] ウィンドウに38.35と14.9という値が表示されるはずです。これは、読み込んだセル範囲の先頭にあるセルの値ですね。

とりあえず、これでExcelのファイルからデータを読み込めることが確認できました。コードの意味はLIST 10-1に記した説明をたどっていけばだいたい分かると思いますが、以下、LIST10-1から重要な部分を抜き出し、改めて流れを確認していきましょう。

最初にClosedXML.Excelをインポートしておきます。次に、Excelのファイル名を指定してXLWorkbookクラスのオブジェクトを作成します（LIST 10-3）。

LIST 10-3 Excelのブックを表すオブジェクトを作成する

```
        Dim wb = New XLWorkbook(fname) ●─ ファイル名を指定し、ブックを表すオブジェクトを作る
```

XLWorkbookクラスは、Excelのブックを表すものです。この例では、XLWorkbookクラスのオブジェクトをwbという名前で参照できるようにしました。

次に、wb.Worksheetにワークシート名を指定し、ワークシートを取得します。ワークシートを表すクラスはXLWorksheetクラスです（正確にはXLWorksheetクラスに実装される

IXLWorksheetインターフェイスです)。

LIST 10-4 Excelのブックからワークシートを表すオブジェクトを取得する

```
Dim ws = wb.Worksheet("物件データ") ←ワークシートを取得する
```

これで、wsという名前で［物件データ］ワークシートが参照されるようになりました。続いて、ws.Cellsにセルアドレスを指定し、セルの参照を取得します（LIST 10-5）。セル参照を表すクラスはXLCellクラスで、ここで取得されるXLCellsクラスのオブジェクトはそのコレクションです（正確にはXLCellsクラスに実装されるIXLCellsインターフェイスです）。

LIST 10-5 ワークシートの（複数の）セルを表すオブジェクトを取得する

```
Dim xdata = ws.Cells("F4:F53") ←F4:F53のセルを取得する
Dim ydata = ws.Cells("G4:G53") ←G4:G53のセルを取得する
```

xdataがセルF4:F53を参照し、ydataがセルG4:G53を参照していることが分かります。最後に、Debug.WriteLineメソッドを使って、xdataの0番目のValue（つまりセルF4の値）と、ydataの0番目のValue（つまりセルG4の値）を出力するというわけです（LIST 10-6）。

LIST 10-6 セルの値を試しに出力してみる

```
Debug.WriteLine(xdata(0).Value) ←セル範囲の先頭(0番)の値を表示する
Debug.WriteLine(ydata(0).Value) ←セル範囲の先頭(0番)の値を表示する
```

これで、セルF4の値とセルG4の値が出力ウィンドウに表示されるようになりました。

ExcelのファイルからDataTableにデータを読み込む

では、いよいよすべてのデータを表示するコードを書いてみます。読み込んだデータはDataGridViewコントロールに直接表示することもできるのですが、ここでは、DataTableというクッションを1つ入れることにします。

図10-1 DataTableを使うと、表形式のデータを操作したり計算したりできる

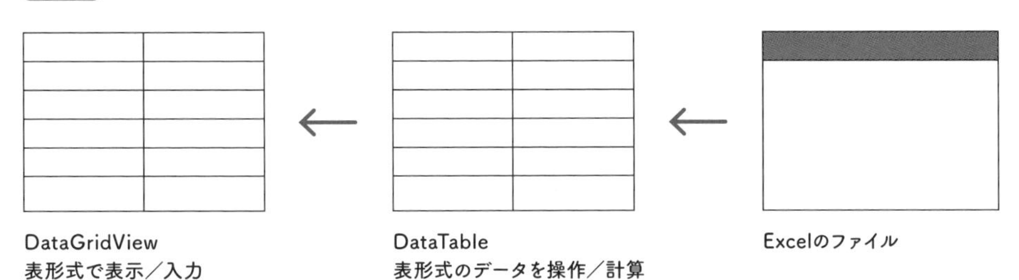

DataTableを利用すると、行や列を操作したり、計算したりすることが簡単にできます（このプログラムでは特に何もせず、そのままDataGridViewコントロールに表示するだけですが、後でグラフを表示するときに活用します）。したがって、ClosedXMLで読み込んだデータを、いったんDataTableクラスのオブジェクトに入れます。LIST10-1のDebug.WriteLineメソッドを削除して、以下のようにコードを追加しましょう。

LIST 10-7 Excelから読み込んだデータをDataTableに入れ、DataGridViewに表示する

```
Imports ClosedXML.Excel
Public Class Form1
    Private Sub ReadProc(sender As Object, e As EventArgs) Handles ⇒
btnRead.Click
        Dim fname As String = "C:¥Users<ユーザー名>¥Documents¥estate.xlsx"
        Dim wb = New XLWorkbook(fname)
        Dim ws = wb.Worksheet("物件データ")
        Dim xdata = ws.Cells("F4:F53")
        Dim ydata = ws.Cells("G4:G53")
        ' データテーブルに入れる ← ここから追加するコード
        Dim datatable1 = New DataTable() ← DataTableオブジェクトを作成する
        ' 列の設定
        datatable1.Columns.Add("X", Type.GetType("System.Double"))
                                    └ 列を追加する。名前はX、データ型は倍精度浮動小数点数
        datatable1.Columns.Add("Y", Type.GetType("System.Double"))
                                    └ 列を追加する。名前はY、データ型は倍精度浮動小数点数
        ' データを入れる
        Dim datarow1 As DataRow ← データテーブルで取り扱う「行」を参照する変数を用意する
        For Each item In xdata.Zip(ydata) ← xdataとydataをまとめ、順にitemに入れながら繰り返す
            datarow1 = datatable1.NewRow() ← 行のデータを作成する
            datarow1("X") = item.First.Value ← itemの先頭(xdata)の値をX列に入れる
            datarow1("Y") = item.Second.Value ← itemの次(ydata)の値をY列に入れる
            datatable1.Rows.Add(datarow1) ← データテーブルに行を追加する
        Next
        ' DataGridViewにバインドする
        dgvRent.RowTemplate.Height = dgvRent.Height * 0.1
        dgvRent.DataSource = datatable1 ← DataGridViewコントロールのDataSourceプロパティにデータテーブルを指定するだけで値が表示される
        ' DataGridの形式を整える ← これ以降はDataGridViewの字詰めを変えたり、列幅を変えたりするためのコードなので、ここではそれほど重要ではない
        dgvRent.RowHeadersWidth = dgvRent.Columns(0).Width * 0.4
        With dgvRent.Columns(0) ← 0列目について
            .HeaderCell.Style.Alignment = DataGridViewContentAlignment. ⇒
MiddleCenter ← 見出しは垂直、水平位置とも中央揃え
            .DefaultCellStyle.Alignment = DataGridViewContentAlignment. ⇒
MiddleRight ← 通常のセルは垂直位置は中央揃え、水平位置は右揃え
            .Width = dgvRent.Width * 0.375 ← 列幅を変える
        End With
        With dgvRent.Columns(1)
            .HeaderCell.Style.Alignment = DataGridViewContentAlignment. ⇒
MiddleCenter
            .DefaultCellStyle.Alignment = DataGridViewContentAlignment. ⇒
```

```
MiddleRight
            .Width = dgvRent.Width * 0.375
        End With
    End Sub
End Class
```

LIST 10-7の枠で囲んだ部分が、Excelのデータをデータテーブルに読み込み、さらにDataGridViewコントロールに表示する処理です。この部分については、図解と合わせてコードを確認していきましょう。まず、図10-2のようにしてDataTableオブジェクトを作成します。

図10-2 データテーブルを作成する

```
Dim datatable1 = New DataTable()
```

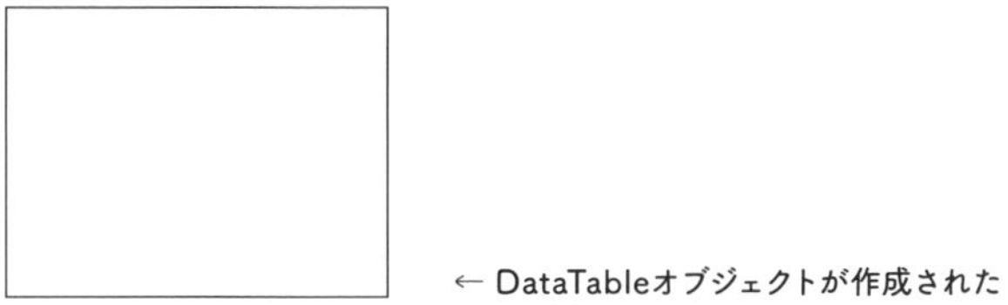

← DataTableオブジェクトが作成された

次に、データテーブルのColumns（列）のAddメソッドを使ってX列とY列を追加します。このとき、データ型の指定もできます。ここでは、いずれも倍精度浮動小数点数とします。データ型にはType.GetTypeメソッドを使って取得した、データ型を表すTypeオブジェクトを指定します。データ型を表す文字列としては、System.Int32（32ビット整数）やSystem.Double（倍精度浮動小数点数）、System.String（文字列）なども指定できます。

図10-3 データテーブルに列を追加する

```
datatable1.Columns.Add("X", Type.GetType("System.Double"))
datatable1.Columns.Add("Y", Type.GetType("System.Double"))
```

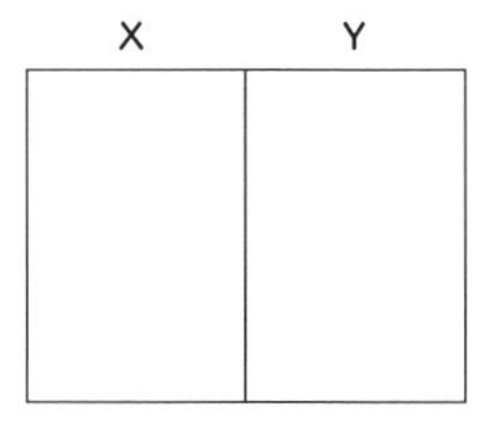

← データテーブルにX列とY列が作成された

続いて、Excelから読み込んだデータ（xdataとydata）をデータテーブルに入れていきます。そのために、データテーブルの行を表す作業用のデータを作成します。xdataの値とydataの値を作業用の「行」に入れ、それをデータテーブルに追加していこうというわけです。作業用の「行」として、データテーブルの行を表すDataRowクラスのオブジェクトを作成します（図10-4）。

図10-4 作業用の行を用意する

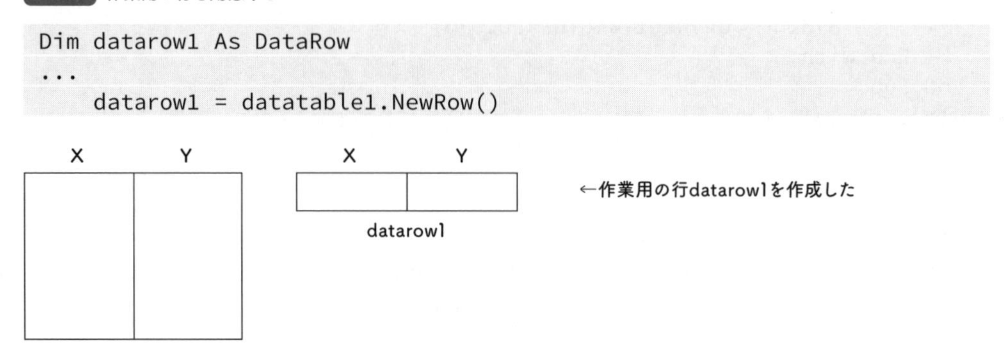

ここからは、図10-4で作成したdatarow 1に、xdataの値とydataの値を1つずつ入れていきます。その準備として、**Zipメソッド**を使ってxdataにydataをくっつけます。そして、For Each文を使って各行をitemに入れながら繰り返し処理を行います。Zipメソッドは複数のコレクションをひとまとめにするのに使われます。これにより、繰り返し処理が簡潔に書けるようになります。

図10-5 xdataとydataをまとめて繰り返し処理を行う

```
For Each item In xdata.Zip(ydata)
```

xdataとydataをまとめ、順にitemに入れながら繰り返す

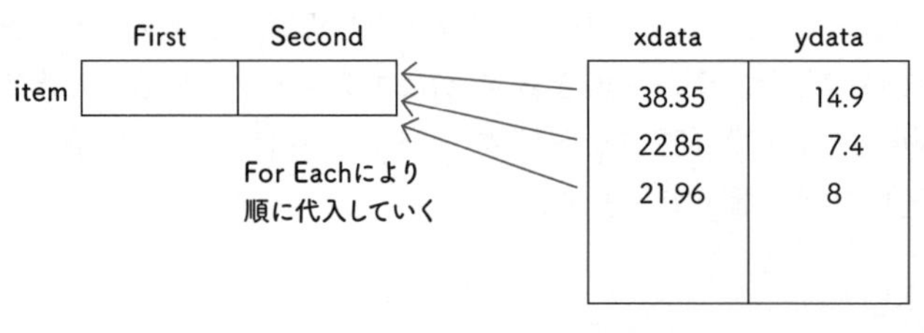

繰り返し処理では、itemという変数にxdataの0番目とydataの0番目が代入され、次にxdataの1番目とydataの1番目が代入され、というように処理が進みます。Zipメソッドでくっつけたコレクションの最初の要素がFirstで、次の要素がSecondで表されることに注目してください。

繰り返し処理の中身は図10-6のとおりです。itemにはxdataとydataのペアが1つずつ入るので、それらをデータテーブルの行を表す作業用のデータdatarow 1に入れ、datarow 1をデータテーブルに追加すれば、次々とデータテーブルに値が入れられていきます。

図 10-6 xdataとydataを1つずつdatarow1に入れ、それをデータテーブルに追加する

```
For Each item In xdata.Zip(ydata) •── 図10-5で見たコード
    datarow1("X") = item.First.Value •── itemの先頭(xdata)の値をX列に入れる①
    datarow1("Y") = item.Second.Value•── itemの次(ydata)の値をY列に入れる②
    datatable1.Rows.Add(datarow1)•── データテーブルに行を追加する③
Next
```

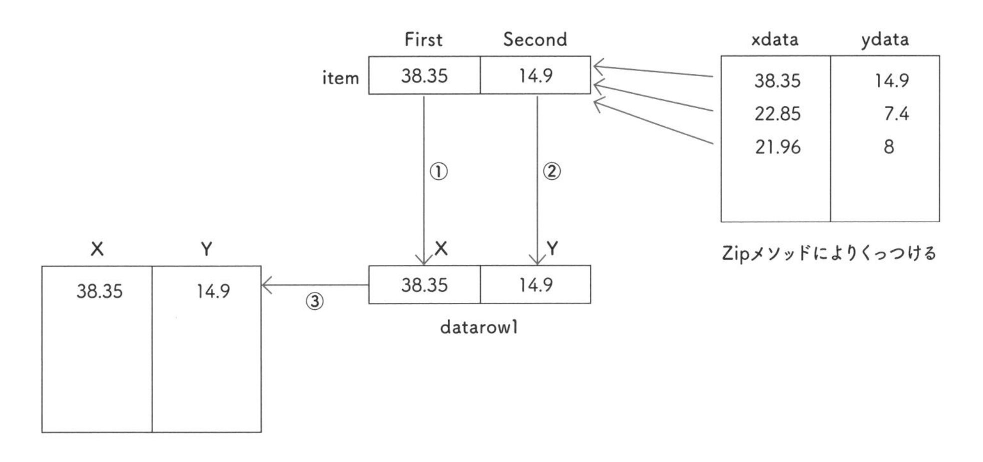

この段階では、Excelのファイルから読み込んだデータがデータテーブルに入れられただけなので、まだDataGridViewコントロールには表示されていません。ですが、表示は簡単です。DataGridViewコントロールのDataSourceプロパティにデータテーブルを指定するだけで、自動的にその内容が表示されるようになっています。以下のコードがそのための記述です。

LIST 10-8 DataTableの内容をDataGridViewに表示する

```
dgvRent.DataSource = datatable1 •── DataGridViewコントロールのDataSourceプロパティにデータテーブルを指定するだけで値が表示される
```

長々と見てきましたが、これでめでたくDataGridViewコントロールにExcelのデータが表示されるようになりました。

Zipメソッドでは値を返す方法を指定できる

.NETでは図10-5に示したようなZipメソッドでxdataとydataをまとめて1行ずつ取り出していくことができます。しかし、.NET Frameworkで作成したプロジェクトでは、エラーとなってしまいます。その場合は、以下のように、値を返す関数を引数として指定します。

```
    For Each item In xdata.Zip(ydata, Function(first, ⇒
second) (first, second))
```

引数として指定した関数には名前が付けられていませんが、このように式の中に直接記述できる名前のない関数のことをラムダ式と呼びます。この例では、Function(first, second) が関数の定義で、引数はfirstとsecondです。その後の(first, second)は関数が返す値の指定です。つまり、firstとsecondのタプルをそのまま返すということになります。必要に応じて返す値が変えられるので、例えば、以下のようにするとfirstの値とsecondの値の積を順にitemに入れながら繰り返し処理を行うこともできます。

```
    For Each item In xdata.Zip(ydata, Function(first,⇒
second) first.Value * second.Value)
        Debug.WriteLine(item)
    Next
```

LIST 10-7の残りのコードは、DataGridViewの体裁を整えるための記述です。これついては、With...End Withという構文を使っているところに注目しましょう。With...End With文では、Withの後にオブジェクト名を指定しておけば、その範囲内ではオブジェクト名を省略し「.プロパティ名」や「.メソッド名」と記述することができます。

例えば、以下の2つのコードは同じ意味となります。

LIST 10-9 With...End With文を使って同じオブジェクトの設定をまとめる

```
    With dgvRent.Columns(0)
        .HeaderCell.Style.Alignment = DataGridViewContentAlignment.⇒
MiddleCenter
        .DefaultCellStyle.Alignment = DataGridViewContentAlignment.⇒
MiddleRight
        .Width = dgvRent.Width * 0.375
    End With
```

↑
↓

```
    dgvRent.Columns(0).HeaderCell.Style.Alignment = ⇒
DataGridViewContentAlignment.MiddleCenter
    dgvRent.Columns(0).DefaultCellStyle.Alignment = ⇒
DataGridViewContentAlignment.MiddleRight
    dgvRent.Columns(0).Width = dgvRent.Width * 0.375
```

With...End With上の書き方では、同じオブジェクトに対する設定であるということが簡潔に表せますね。それ以外の設定については難しいところはないので、LIST 10-7の中に記した説明をご覧ください。

続いて、読み込むファイルやワークシート、範囲を指定できるようにし、プログラムの汎用性を高めることにしましょう。

ファイルを選択するためのダイアログボックスを表示する

ReadExcel1

これまでのプログラムでは、ファイルやワークシート、範囲は決まったものが指定されていました。実用的なプログラムにするには、それらを自由に指定できるようにしたいですね。そのための準備として、フォームに以下のコントロールを追加しましょう。この段階ではまだ使わないボタンもありますが、最終的な形のフォームをここで作っておきます。

画面 10-4 フォームにコントロールを追加する

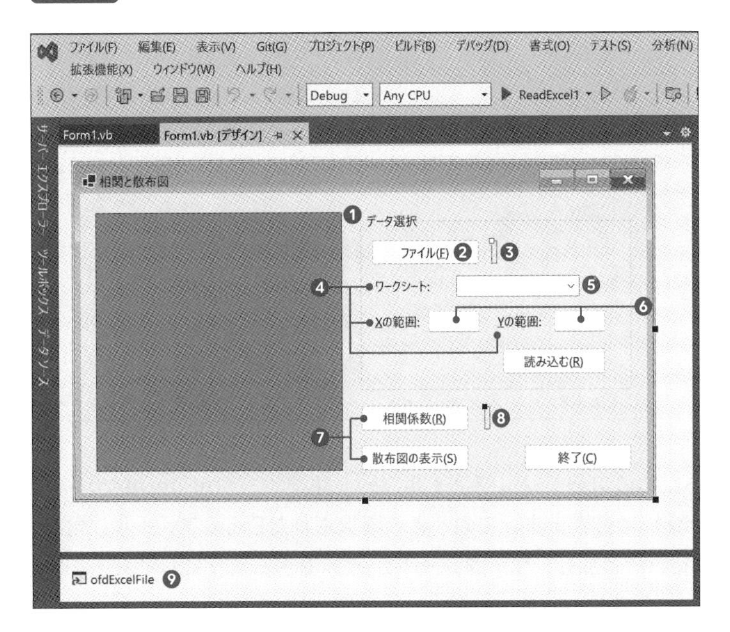

❶ GroupBoxコントロールを配置する
❷ Buttonコントロールを配置する
❸ Labelコントロールを配置する
❹ Labelコントロールを3つ配置する
❺ ComboBoxコントロールを配置する
❻ TextBoxコントロールを2つ配置する
❼ Buttonコントロールを2つ配置する（ここでは使わない。次の節以降で使う）
❽ Labelコントロールを配置する（ここでは使わない。次の節以降で使う）
❾ OpenFileDialogコントロールを配置する

追加したコントロールのプロパティを以下のように指定してください。アミカケの部分はここでは使わない（次の節以降で使う）コントロールです。

表10-2 このプログラムで追加したコントロールのプロパティ一覧

コントロール	プロパティ	このプログラムでの設定値	備考（番号は画面10-4の数字に対応）
GroupBox	Name	GroupBox1	❶
Button	Name	btnFileOpen	❷
	Text	ファイル（&F）	
Label	Name	lblFileName	❸
Label	Name	Label1	❹
	Text	ワークシート:	
Label	Name	Label2	❹
	Text	Xの範囲:	
Label	Name	Label3	❹
	Text	Yの範囲:	
ComboBox	Name	cboSheet	❺ワークシートを選択するために使う
TextBox	Name	txtX	❻Xの範囲を入力するために使う
TextBox	Name	txtY	❻Yの範囲を入力するために使う
Button	Name	btnCorrel	❼相関係数を求めるためのボタン（ここではまだ使わない）
	Text	相関係数（&R）	
Button	Name	btnChart	❼散布図を表示するためのボタン（ここではまだ使わない）
	Text	散布図の表示（&S）	
Label	Name	lblCorrel	❽相関係数の値を表示するためのラベル
OpenFileDialog	Name	dlgExcelFile	❾ファイルを選択するために使う
	Filter	Excelファイル（*.xlsx）|*.xlsx	ダイアログボックスに表示されるファイルの種類

ファイルを選択するためのコードは［ファイル（F)］ボタン（btnFileOpen）のClickイベントハンドラー（OpenProc）に書きます。このとき、選択されたExcelファイルに含まれるワークシート名をすべてcboSheetに追加し、ワークシートが選択できるようにしておきます。Xの範囲とYの範囲は自分で入力し、［読み込む（R)］ボタン（btnRead）がクリックされたら、データを読み込むようにします。

コードが少し長いので、少しずつ順を追って見ていきます。全体像をざっと眺めてみてください。あとで詳しく見ていくので、この段階では細かいところは分からなくても大丈夫です。枠で囲んだ部分がこれまでのコードに追加する部分です。

- OpenProc：ファイル名を選択するためのプロシージャ（btnFileOpenのClickイベントハンドラーを作成する）
- SetFileName：与えられたファイルに含まれるすべてのワークシートの名前をコンボボックスに入れるためのプロシージャ（ユーザー定義プロシージャ）
- ReadProc：ワークシートからデータを読み込んで表示するためのプロシージャ（btnReadのClickイベントハンドラー、すでに作成したものを書き換える）

LIST 10-10 ［開く］ダイアログボックスを表示して、ファイルを選択するためのコード

```
Imports ClosedXML.Excel
Imports System.Text.RegularExpressions ①
Public Class Form1
    Dim wb As XLWorkbook ②
    ' ファイルを開く ③
    Private Sub OpenProc(sender As Object, e As EventArgs) Handles ⇒
btnFileOpen.Click
        If ofdExcelFile.ShowDialog() = DialogResult.OK Then
                        [開く] ダイアログボックスを表示し、[OK]ボタンがクリックされたら
            SetFileName(ofdExcelFile.FileName)
        End If          ファイル名をSetFileNameプロシージャに渡す
    End Sub
    ' ファイルの内容を読み込むための共通処理 ④
    Private Sub SetFileName(fname As String)
        wb = New XLWorkbook(fname)
        cboSheet.Items.Clear()
        For Each sheet In wb.Worksheets ←すべてのワークシートについて
            cboSheet.Items.Add(sheet.Name) ←ワークシート名をコンボボックスに入れる
        Next
        cboSheet.SelectedIndex = 0
        Me.Text = fname ←タイトルバーにフルパス名を表示
        lblFileName.Text = System.IO.Path.GetFileName(fname)
    End Sub                                     ラベルにはファイル名だけを表示

    Private Sub ReadProc(sender As Object, e As EventArgs) Handles ⇒ ⑤
btnRead.Click
        If Me.Text = "Excelデータ読み込み" Then ←タイトルが変わっていない場合はファイル
                                                   が選択されていないものとみなす
            MessageBox.Show("ファイルを選択してください")
            Exit Sub
        ElseIf txtX.Text = "" OrElse Regex.Match(txtX.Text, "[A-Za-z]+⇒
[0-9]+:[A-Za-z]+[0-9]+") Is Match.Empty Then ←入力された文字列がセル範囲の指定になって
                                                 いない場合
            MessageBox.Show("Xの範囲を正しく指定してください")
            txtX.Focus()
            txtX.SelectAll()
            Exit Sub                              入力された文字列がセル範囲の指定になって
                                                  いない場合
        ElseIf txtY.Text = "" OrElse Regex.Match(txtY.Text, "[A-Za-z]+⇒
[0-9]+:[A-Za-z]+[0-9]+") Is Match.Empty Then
            MessageBox.Show("Yの範囲を正しく指定してください")
            txtY.Focus()
            Exit Sub
        End If
        Dim ws = wb.Worksheet(cboSheet.SelectedItem.ToString())
        ' 範囲の指定が正しくなかった場合などについては、とりあえず考慮しない
        Dim xdata = ws.Cells(txtX.Text)
        Dim ydata = ws.Cells(txtY.Text)
        ' データテーブルに入れる
        Dim datatable1 = New DataTable()
        ' 列の設定
```

```
        datatable1.Columns.Add("X", Type.GetType("System.Double"))
        datatable1.Columns.Add("Y", Type.GetType("System.Double"))
        ' データを入れる
        Try
            Dim datarow1 As DataRow
            For Each item In xdata.Zip(ydata)
                datarow1 = datatable1.NewRow()
                datarow1("X") = item.First.Value
                datarow1("Y") = item.Second.Value
                datatable1.Rows.Add(datarow1)
            Next
            ' DataGridViewにバインドする
            dgvRent.RowTemplate.Height = dgvRent.Height * 0.1
            dgvRent.DataSource = datatable1
            ' DataGridの形式を整える
            dgvRent.RowHeadersWidth = dgvRent.Columns(0).Width * 0.4
            With dgvRent.Columns(0)
                .HeaderCell.Style.Alignment = DataGridViewContent⇒
Alignment.MiddleCenter
                .DefaultCellStyle.Alignment = DataGridViewContent⇒
Alignment.MiddleRight
                .Width = dgvRent.Width * 0.375
            End With
            With dgvRent.Columns(1)
                .HeaderCell.Style.Alignment = DataGridViewContent⇒
Alignment.MiddleCenter
                .DefaultCellStyle.Alignment = DataGridViewContent⇒
Alignment.MiddleRight
                .Width = dgvRent.Width * 0.375
            End With
        Catch ex As Exception
            datatable1.Columns.Remove("X")
            datatable1.Columns.Remove("Y")
            MessageBox.Show(ex.Message)
        End Try
    End Sub

    Private Sub ExitProc(sender As Object, e As EventArgs) Handles ⇒
btnExit.Click
        Application.Exit()
    End Sub
End Class
```

では、1つずつ見ていきましょう。LIST10-11をご覧ください。まず、①の記述です。これは指定した範囲が正しい形式になっているかどうかをチェックするために**正規表現**と呼ばれる機能**(Regexクラス)**を使うのですが、それを利用するための記述です（詳細は後述します）。

②はExcelのブックを参照するための変数wbの宣言です。この変数はすでに登場していますが、複数のプロシージャで使うことになるので、フォームレベルで宣言しておきました。

LIST 10-11 Regexクラスを利用するためのImports文とブックを参照する変数の宣言

```
Imports System.Text.RegularExpressions ←① Regexクラスを利用するために必要
Public Class Form1
    Dim wb As XLWorkbook ←② フォームレベルでの宣言とする
```

LIST 10-10の③の部分はファイル名を選択するためのためのコードです。[ファイル (F)] ボタン (btnFileOpen) のClickイベントハンドラー (OpenProc) を作成し、以下のコードを記述してください (LIST 10-12)。

LIST 10-12 [開く] ダイアログボックスを表示し、ファイル名を取得する

```
        If ofdExcelFile.ShowDialog() = DialogResult.OK Then
                ↑[開く] ダイアログボックスを表示し、[OK]ボタンがクリックされたら
            SetFileName(ofdExcelFile.FileName) ←ファイル名をSetFileNameプロシージャに渡す
        End If
```

ここでは、ofdExcelFileコントロールの**ShowDialog**メソッドを呼び出しているだけです。これで [ファイルを開く] ダイアログボックスが表示されます。簡単ですね。

実行時にファイルを選択し、[開く] ボタンをクリックすると、**DialogResult.OK**という値が返されます。このとき、ファイル名 (ファイルのフルパス名) はofdExcelFileコントロールのFileNameプロパティに設定されています。これで選択したファイル名が取得できます。

そのまま続けてワークシートを選択する処理などを書いてもいいのですが、ここでは、SetFileNameというSubプロシージャにファイル名を渡して、そちらで続きの処理を行うことにします。次のステップで、ドラッグアンドドロップでファイルを選択できるようにするので、複数のイベントハンドラーからこの処理を呼び出せるようにしておこうというわけです。

④のSetFileNameプロシージャはユーザー定義プロシージャです (LIST 10-13)。

LIST 10-13 指定されたファイルに含まれるワークシートの一覧を作成する

```
    ' ファイルの内容を読み込むための共通処理
    Private Sub SetFileName(fname As String)
        wb = New XLWorkbook(fname)
        cboSheet.Items.Clear()
        For Each sheet In wb.Worksheets ←すべてのワークシートについて
            cboSheet.Items.Add(sheet.Name) ←ワークシート名をコンボボックスに入れる
        Next
        cboSheet.SelectedIndex = 0
        Me.Text = fname ←タイトルバーにフルパス名を表示
        lblFileName.Text = System.IO.Path.GetFileName(fname) ←ラベルにはファイル名だけを表示
    End Sub
```

引数として渡されたファイル名を指定して、ブックを表すオブジェクトを作成し、wbという名前で参照できるようにします。cboSheetというコンボボックスをクリアした後、wb.Worksheetsで参照されるブック内のすべてのワークシートについて、そのNameプロパティ（ワークシート名）をコンボボックスに追加していきます。Addメソッドは5章でListBoxに項目を追加したときに使ったものと同じですね。これで、利用するワークシート名がコンボボックスで選択できるようになります。

⑤では、txtXに入力されたXの範囲と、txtYに入力されたYの範囲が正しい形式になっているかをチェックしています。範囲をチェックする方法は同じなので、txtXのほうで見ていきましょう（LIST 10-14）。

LIST 10-14 指定されたセル範囲が正しい形式になっているかを調べる

```
    Private Sub ReadProc(sender As Object, e As EventArgs) Handles ⇒
btnRead.Click
        If Me.Text = "Excelデータ読み込み" Then  ' タイトルが変わっていない
            MessageBox.Show("ファイルを選択してください")
            Exit Sub
        ElseIf txtX.Text = "" OrElse Regex.Match(txtX.Text, "[A-Za-z]+ ⇒
[0-9]+:[A-Za-z]+[0-9]+") Is Match.Empty Then
            MessageBox.Show("Xの範囲を正しく指定してください")
            txtX.Focus()
            txtX.SelectAll()
            Exit Sub
        :
```

入力された文字列がセル範囲の指定になっていない場合

Xの範囲やYの範囲は、「F4:F53」や「G4:G53」といった形式でないといけませんね。つまり、「アルファベットが1文字以上あり、次に数字が1文字以上あり、コロンがあり、アルファベットが1文字以上あり、次に数字が1文字以上ある」という形式になっていればいい、というわけです。

そのようなパターンに一致する文字列を取り出したり、ある文字列がパターンに一致しているかどうかを調べたりするのに「正規表現」という特殊な書き方が使えます。正規表現は、文字列のパターンを表すもので、以下のような特殊文字を使って記述します。

* …… 直前の文字の0回以上の繰り返し
+ …… 直前の文字の1回以上の繰り返し
[-] …… 文字の範囲。例えば、[A-Z]であれば、A～Zのいずれか1文字

ほかにもさまざまな正規表現が使えますが、ここでは上の指定方法だけを知っていればコードが理解できます。コードから抜き出した以下の部分を見てください。RegexクラスのMatchメソッドを使うと、文字列が正規表現に一致しているかどうかが分かります。

```
Regex.Match(txtX.Text, "[A-Za-z]+[0-9]+:[A-Za-z]+[0-9]+") Is Match.Empty
```

この部分では、txtX.TextやtxtY.Textが、以下のパターンに一致しているかどうかを調べています。

```
"[A-Za-z]+[0-9]+:[A-Za-z]+[0-9]+"
```

は「アルファベットが1文字以上あり、次に数字が1文字以上あり、コロンがあり、アルファベットが1文字以上あり、次に数字が1文字以上ある」ということを表していますね。

Matchメソッドでは文字列が正規表現に一致すれば、一致した情報を表すMatchオブジェクトを返しますが、一致しなければ、Match.Emptyを返すので、その場合は正しい形式で範囲が指定されていないものとみなし、再入力できるようにします。txtYのチェック方法もまったく同じです。

⑤の枠で囲んだ部分の最後（LIST 10-15）は、これまでに見たものと同じで、指定されたファイルから、選択されたワークシートの、指定された範囲のデータを読み込んでいるだけです。利用するワークシートは、コンボボックスで選択されたものですね。

LIST 10-15 指定されたセル範囲をxdataとydataで参照できるようにする

```
Dim ws = wb.Worksheet(cboSheet.SelectedItem.ToString())
                                     コンボボックスで選択されたワークシート
' 範囲の指定が正しくなかった場合などについては、とりあえず考慮しない
Dim xdata = ws.Cells(txtX.Text)
Dim ydata = ws.Cells(txtY.Text)
```

LIST 10-10の最後の枠で囲まれていない部分はxdataとydataをデータテーブルに入れ、DataGridViewコントロールに表示するコードです。少し長いですが、これまでに見たものと同じです。ただし、正しくデータを読み込めなかったときの例外処理（Try...Catch...End Try文）を加えてあります。正規表現を使ってセル範囲を指定するための文字列が正しい形式になっているかどうかはチェックしましたが、正しいデータが含まれているかどうかはチェックしていません。データテーブルに入れるデータは倍精度浮動小数点数でなければならないのですが、もし文字列が読み込まれたとすると正しく計算することができません。そのようなチェックを行っているというわけです。

✔ ドラッグアンドドロップでファイルを選択できるようにする

ReadExcel1

Excelのデータを使った分析とは直接関係する話ではありませんが、プログラムを使いやすくするために、ファイル名をダイアログボックスから選択するだけでなく、エクスプローラーからのドラッグアンドドロップで選択できるようにしてみましょう。[ファイル（F）] ボタンにドラッグしたファイル名が取得できるようにします。そのために、以下のような2つのイベントハンドラーを作成してください（LIST 10-16）。

LIST 10-16 ドラッグアンドドロップでファイル名が指定できるようにする

```
Public Class Form1
    :
    ' ドラッグ操作でファイルを開く
    Private Sub GetFileNameEnter(sender As Object, e As DragEventArgs) ⇒
Handles btnFileOpen.DragEnter
        e.Effect = DragDropEffects.Copy
    End Sub

    Private Sub GetFileName(sender As Object, e As DragEventArgs) Handles ⇒
btnFileOpen.DragDrop
        If e.Data.GetDataPresent(DataFormats.FileDrop) Then
            SetFileName(e.Data.GetData(DataFormats.FileDrop)(0))
        End If
    End Sub
```

ボタンのDragEnterイベントハンドラーは、ドラッグが開始されたときに呼び出されます。ここでは、コピーが開始されたことを表すDragDropEffects.Copyという値（実際の値は1です）を、e.Effectに代入するだけです。

一方、DragDropイベントハンドラーは、ドラッグ操作が終わったときに呼び出されます。ここでは、e.Data.GetDataPresentメソッドを使って、DataFormats.FileDrop形式のデータ（ファイルがドロップされたというデータ）が存在すれば、e.Data.GetDataメソッドでファイル名を取得し、その0番目をSetFileNameプロシージャに渡しています。ドロップされるファイルは複数個の場合もあるので、インデックスを使って先頭のファイル名のみを指定したというわけです。SetFileNameプロシージャはさきほどの節で見たとおりです。これで、ドラッグアンドドロップでもファイルが選択できるようになりました。

✔ プログラムを実行する

コードがすべて入力できたら、ツールバーに表示されている［ReadExcel1］ボタン（▶）をクリックして、画面10-5のようにプログラムを実行してみましょう。

画面 10-5 Excelのデータを表示するためのプログラムを実行する

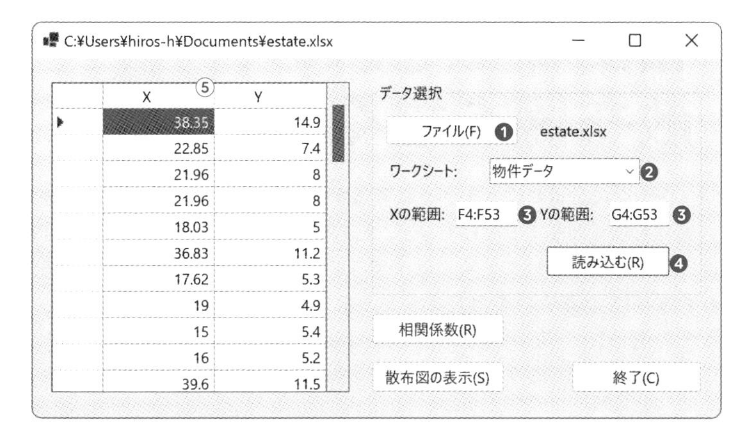

❶［ファイル（F)］ボタンをクリックして、［開く］ダイアログボックスからestate.xlsxファイルを選択する。エクスプローラーからestate.xlsxファイルを［ファイル（F)］ボタンにドラッグアンドドロップしてもよい

❷コンボボックスに表示されているワークシートの一覧から「物件データ」を選択する

❸Xの範囲とYの範囲を入力する

❹［読み込む（R)］ボタンをクリックする

⑤DataGridViewコントロールに面積と家賃のデータが表示される

これで、Excelの任意のファイルの、任意のワークシートから、任意の範囲のデータが読み込めるようになりました。次の節では読み込んだデータを分析する方法を見ていきます。

相関係数を求め、散布図を描く

データの分析にはさまざまな方法がありますが、単に平均値を求めたり、標準偏差を求めたりするだけでなく、複数の要因の関係を知ることができれば、より深い分析につなげていくことができます。また、グラフ化により、データを可視化すれば、数値だけでは見えなかった全体像や特徴が把握できます。ここでは、その例として、前節で読み込んだExcelのデータをもとに相関係数を求めたり、散布図を作成したりします。

相関係数を求める

Excelのデータが読み込めるようになったので、データの分析に取り組みましょう。ここでは、2つの変数の関係の強さを表す相関係数を求めます。先に実行例を見ておくとともに、相関係数の計算方法や意味を確認しておきましょう。

画面 10-6 面積と家賃の相関係数を求める

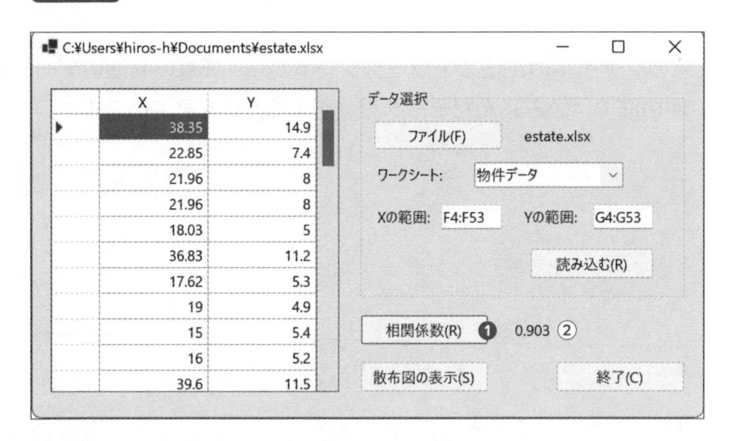

❶［相関係数（R)］ボタンをクリックする

②面積（X）と家賃（Y）の相関係数が表示される

相関係数とは2つの変数の関係の強さを表す値で、-1～1の範囲の値を取ります。相関係数の値は以下のように解釈されます。

1に近い値 …… 正の相関：一方が増えれば、他方も増える
0に近い値 …… 無相関：一方の増減と他方の増減の関係はない
-1に近い値 …… 負の相関：一方が増えれば、他方は減る

例えば、気温が上がればビールの売上も増えます。その場合、相関係数は1に近い値（**正の相関**）になります。逆に、気温が上がれば携帯カイロの売上は減ります。その場合、相関係数は-1に近い値（**負の相関**）になるというわけです。ただし、このような相関関係は必ずしも因果関係とは限らないことに注意してください（気温と売上の場合は、気温が原因で売上が結果と言えそうですが）。

相関係数を求めるための式は、以下のとおりです。

$$\frac{\sum(x_i-\bar{x})(y_i-\bar{y})}{\sqrt{\sum(x_i-\bar{x})^2}\sqrt{\sum(y_i-\bar{y})^2}}$$

一見、複雑な数式のようですが、ざっくりと見れば簡単に意味が分かります。x_iはXの各データ、$\bar{x}$はXの平均で、y_iはYの各データ、$\bar{y}$はYの平均です。Σは総合計を求める記号でしたね。まず、分母は無視してもらってけっこうです。これは、相関係数が-1～1の範囲に収まるように調整しているだけです。重要なのは分子です。分子は、（Xの各データとXの平均値の差）と（Yの各データとYの平均値の差）を掛けて、その合計を求めています。これはどういうことか、以下の図で見てみましょう。

図 10-7 相関係数のしくみ

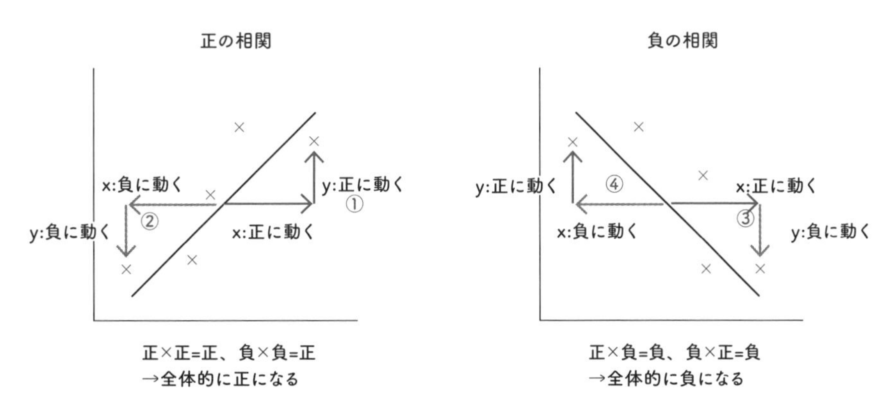

図の左側は、正の相関の場合です。つまり、Xの値が増えればYの値が増える場合です。このとき、以下のようなことが分かります。

① x_iが平均値$\bar{x}$より大きいときは、その差は正になる。その場合にはy_iも平均値$\bar{y}$より大きいので、その差は正。それらを掛けると正になる。
② x_iが平均値$\bar{x}$より小さいときは、その差は負になる。その場合にはy_iも平均値$\bar{y}$より小さいので、その差は負。それらを掛けると、負×負なので、正になる。

①や②の合計を求めるので、相関係数が全体的に正になるというわけです。
図の右側は、負の相関の場合です。つまり、Xの値が増えればYの値が減る場合です。こちらは以下のようになっています。

③ x_iが平均値$\bar{x}$より大きいときは、その差は正になる。その場合にはy_iは平均値$\bar{y}$より小さいので、その差は負。それらを掛けると正×負なので負になる。
② x_iが平均値$\bar{x}$より小さいときは、その差は負になる。その場合にはy_iは平均値$\bar{y}$より大きいので、その差は正。それらを掛けると、負×正なので、負になる。

③や④の合計を求めるので、相関係数が全体的に負になるというわけです。
なお、ここで見た式を使うと、平均値を求めるためにすべての値を合計する繰り返し処理を行った後、それぞれの値から平均値を引くという繰り返し処理を行う必要があるので、繰り返し処理を2つ書かなくてはなりません。そこで、相関係数を求める式を、以下のように変形しておきます。変形の方法は省略しますが、以下の式を使うと、平均値を求める必要がないので、繰り返し処理が1つで済みます。というわけで、以下の式を使ってプログラムを書いてみることにします。nはデータの個数を表します。

$$\frac{n\sum x_i y_i - \sum x_i \sum y_i}{\sqrt{n\sum x_i^2 - \left(\sum x_i\right)^2}\sqrt{n\sum y_i^2 - \left(\sum y_i\right)^2}}$$

フォームのデザインは、ReadExcel1と同じです。サンプルプログラムではプロジェクト名をCorrelに変えてありますが、ReadExcel1にコードを追加して進めてもらって構いません。では、始めましょう。
最初にちょっとした準備です。このプログラムでは、ReadProcプロシージャで読み込んだデータテーブル（datatable1）の値を、CalcCorrelプロシージャの中で使って相関係数を計算します。したがって、datatable1が複数のプロシージャで利用できるようにしておく必要がありますね。ここでは、Dimで宣言してもいいのですが、次のステップでさらに別のフォームでdatatable1を使うことになるので、Publicで宣言してあります。
準備が整ったら、[相関係数（R）]ボタン（btnCorrel）のClickイベントハンドラー（CalcCorrel）を作成し、LIST 10-17のようにコードを入力してください。

LIST 10-17 相関係数を求めるためのコード

```
Public Class Form1
    Dim wb As XLWorkbook
    Public datatable1 As DataTable ←datatable1を複数のプロシージャで使うのでここで宣言する
      :
    Private Sub CalcCorrel(sender As Object, e As EventArgs) Handles ⇒
btnCorrel.Click
        ' DataTableに入っている値を使って計算する
        Dim sxy As Double = 0 ←x*yの合計を求めるための変数
        Dim sx As Double = 0 ←xの合計を求めるための変数
        Dim sy As Double = 0 ←yの合計を求めるための変数
        Dim ssx As Double = 0 ←x^2の合計を求めるための変数
        Dim ssy As Double = 0 ←y^2の合計を求めるための変数
        Dim n As Integer = datatable1.Rows.Count()←データの件数nを求める
        Dim x As Double, y As Double
        For Each aRow In datatable1.Rows ←データテーブル行を1行ずつ処理する
            x = aRow("X") : y = aRow("Y") ←Xの値をxに代入し、Yの値をyに代入する
            sxy += x * y ←xとyの積を足していく
            sx += x : sy += y ←xの値を足していく、yの値を足していく
            ssx += x ^ 2 : ssy += y ^ 2 ←x²の値を足していく、y²の値を足していく
        Next
        lblCorrel.Text = ((n * sxy - sx * sy) / (Math.Sqrt((n * ssx - sx ^⇒
  2) * (n * ssy - sy ^ 2)))).ToString("F3")
    End Sub
```

最初に変数の値を初期化しているコードが何行かあります。それらは合計を求めるための変数なので、初期値として0を与え、繰り返し処理の中で値を足していくというわけです。相関係数の式と対応させると以下のとおりになります。

sxy …… $\sum x_i y_i$ (XとYの積の和なので「積和」と呼ばれる)

sx …… $\sum x_i$ (Xの総和)

sy …… $\sum y_i$ (Yの総和)

ssx …… $\sum x_i^2$ (Xの二乗和)

ssy …… $\sum y_i^2$ (Yの二乗和)

For Each ... Next文で、これらの値を求めていきます（LIST 10-18）。

LIST 10-18 XとYの積和や総和、二乗和を求めるためのコード

```
        Dim n As Integer = datatable1.Rows.Count() ← データの件数nを求める
        Dim x As Double, y As Double
        For Each aRow In datatable1.Rows ← データテーブル行を1行ずつ処理する
            x = aRow("X") : y = aRow("Y") ← Xの値をxに代入し、Yの値をyに代入する
            sxy += x * y ← xとyの積を足していく
            sx += x : sy += y ← xの値を足していく、yの値を足していく
            ssx += x ^ 2 : ssy += y ^ 2 ← x²の値を足していく、y²の値を足していく
        Next
```

データの件数nを求めた後、繰り返し処理を行い、データテーブルのすべての行（datatable1.Rows）から1行ずつ取り出し、Xの値をxに、Yの値をyに代入していますね。それらの値を使って、sxyにxとyの積を加算、sxにxの値を加算、syにyの値を加算、ssxにx^2の値を加算、ssyにy^2の値を加算していき、合計を求めます。

合計が求められたら、それらの値を相関係数の式に当てはめて、ラベル（lblCorrel）に表示するだけです（LIST 10-19）。

LIST 10-19 相関係数を求め、ラベルに表示する

```
        lblCorrel.Text = ((n * sxy - sx * sy) / (Math.Sqrt((n * ssx - sx ^⇒
 2) * (n * ssy - sy ^ 2)))).ToString("F3")
```

なお、データが存在しないときには、[相関係数（R）] ボタンや [散布図の表示（S）] ボタンをクリックできないようにするため、フォームのLoadイベントハンドラー（InitProc）を作成し、以下のコードを入力しておきます（LIST 10-20）。

LIST 10-20 最初は［相関係数（R）］ボタンなどを無効にしておく

```
    Private Sub InitProc(sender As Object, e As EventArgs) Handles MyBase.⇒
 Load
        btnCorrel.Enabled = False ← [相関係数(R)]ボタンを無効にする
        btnChart.Enabled = False ← [散布図の表示(S)]ボタンを無効にする
    End Sub
```

[読み込み（R）] ボタンがクリックされ、Excelのデータがデータテーブルに正しく読み込まれたら [相関係数（R）] ボタンや [散布図の表示（S）] ボタンを有効にします。そのためのコードを [読み込み（R）] ボタン（btnRead）のイベントハンドラー（ReadProc）に追加しておきましょう（LIST 10-21）。

ここで注意です。ReadProcでは重要な修正点があります。これまでReadProc内で宣言されていたdatatable1を、Form1内でPublic宣言したので、データテーブルを作成するときにはDimを付けません（Dimを付けると、プロシージャ内で使われる別の変数になってしまい、相関係数が計算できません）。マーカーを付けた部分が追加または修正すべきコードです。

LIST 10-21 データが読み込まれたら［相関係数（R）］ボタンなどを有効にする

```
Private Sub ReadProc(sender As Object, e As EventArgs) Handles⇒
btnRead.Click
    :
        ' データテーブルに入れる
        datatable1 = New DataTable()  …… データテーブルを作成する
        ' 列の設定
        datatable1.Columns.Add("X", Type.GetType("System.Double"))
        datatable1.Columns.Add("Y", Type.GetType("System.Double"))
        ' データを入れる
        Try
      :  ●―― データテーブルに各行の値を入れる処理
            btnCorrel.Enabled = True  …… [相関係数(R)]ボタンを有効にする
            btnChart.Enabled = True  …… [散布図の表示(S)]ボタンを有効にする
        Catch ex As Exception ●―― 例外発生時
            datatable1.Columns.Remove("X") ●―― X列を削除しておく
            datatable1.Columns.Remove("Y") ●―― Y列を削除しておく
            btnCorrel.Enabled = False  …… [相関係数(R)]ボタンを無効にする
            btnChart.Enabled = False  …… [散布図の表示(S)]ボタンを無効にする
            MessageBox.Show(ex.Message)
        End Try
    End Sub
```

コードがすべて入力できたら、ツールバーに表示されている［Correl］ボタン（▶）をクリックしていったんプログラムを実行してみましょう。P.386で見たように、0.903という値が表示されるはずです。

散布図を表示する

Correl1

不動産物件の面積と家賃には強い正の相関があることが分かりました。ここでは分かりやすい例を使ったので、当然のことなのですが、そういった関係をより直感的に表現するにはグラフ化が欠かせません。グラフは規模を見たり、割合を見たり、変化を見たり、とさまざまな目的に使われますが、2つの変数の関係を可視化するには散布図が便利です。さきほどのプログラムをさらに発展させ、散布図を描いてみます。

最初に、グラフを作成するための準備をしておきます。実は、.NET Frameworkでは、Chartコントロールをフォームに配置するだけでグラフが利用できる※1のですが、本書の執筆時点では.NETにChartコントロールが用意されていません。したがって、自分でChartクラスを利用するコードを書く必要があります。そのための準備として、メニューから［ツール（T）］-［NuGetパッケージマネージャー（N）］-［ソリューションのNuGetパッケージの管理（N）...］を選択し、以下のようにSystem.Windows.Forms.DataVisualizationをインストールしておいてください。また、

※1 .NET Frameworkを利用し、Chartコントロールを配置した例はダウンロード用のサンプルプログラムに含まれています。なお、ChartコントロールではDataSourceプロパティにデータテーブルを指定することができるので、コードが多少簡潔に書けます。

自分で書くコードから利用するわけではありませんが、System.Data.SqlClientのインストールも必要になります。

画面 10-7 グラフ作成に必要なパッケージをインストールする

［ツール（T）］-［NuGetパッケージマネージャー（N）］-［ソリューションのNuGetパッケージの管理（N）...］

↓

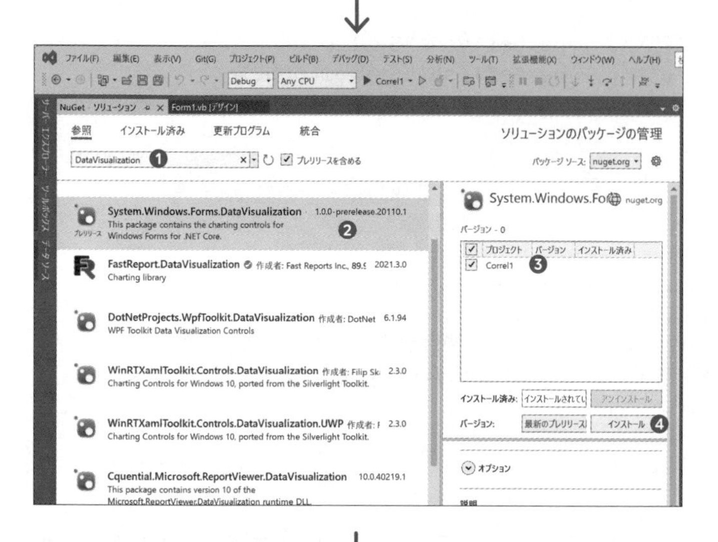

❶ 検索ボックスに「DataVisualization」と入力する

❷ 一覧の中から「System.Windows.Forms.DataVisualization」を選択する

❸［Correl1］(このプロジェクト）にチェックマークを付ける

❹［インストール］をクリックする

↓

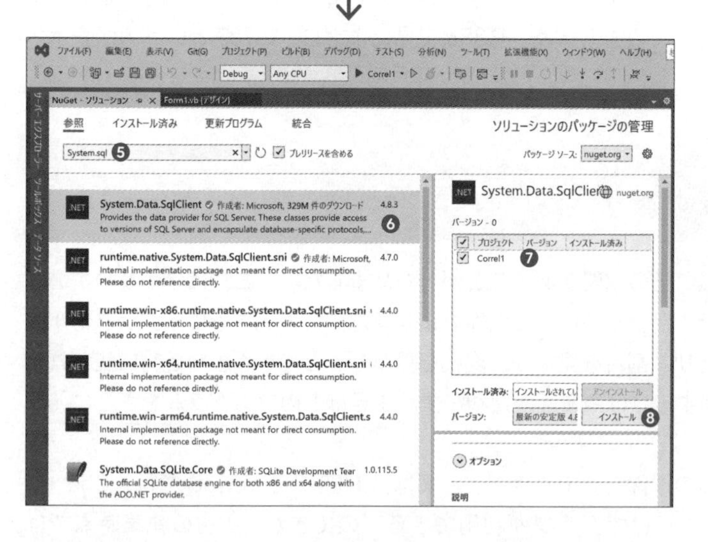

❺ 同様にして、検索ボックスに「System.sql」と入力する

❻ 一覧の中から「System.Data.SqlClient」を選択する

❼［Correl1］(このプロジェクト）にチェックマークを付ける

❽［インストール］をクリックする

準備が整ったら、プログラムの作成に取りかかりましょう。ここでは、［散布図を表示（S)］ボタンをクリックしたら、新しいフォームが表示され、そこにグラフが描かれるようにします。というわけで、フォームの追加が必要になります。

メニューから［プロジェクト（P)］-［フォームの追加（Windowsフォーム）(F)...］を選択すると、［新しい項目の追加］ダイアログボックスが表示されます（画面10-8)。

画面 10-8 ［新しい項目の追加］ダイアログボックス

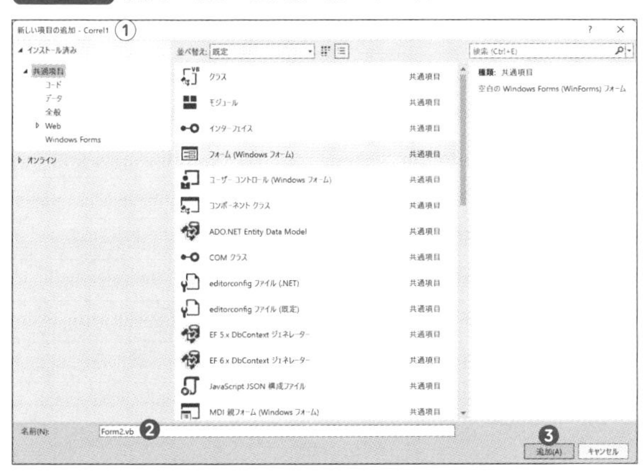

① ［新しい項目の追加］ダイアログボックスが表示される
❷ ファイル名を入力する（ここではForm2.vbのままとする）
❸ ［追加（A）］ボタンをクリックする

フォームのファイル名を指定し、［追加（A）］ボタンをクリックすれば、新しいフォームが追加され、フォームデザイナーに表示されます。

次にやるべきことは、追加したフォームをデザインすることと、［散布図を表示（S）］ボタンをクリックしたら、そのフォームを表示することです。というわけで、追加したフォームのデザインから取り組みましょう。といっても、グラフを表示するための場所を空けておき、右側にラベルやテキストボックス、ボタンなどを配置するだけです（画面10-9、表10-3）。

画面 10-9 追加したフォームのデザイン

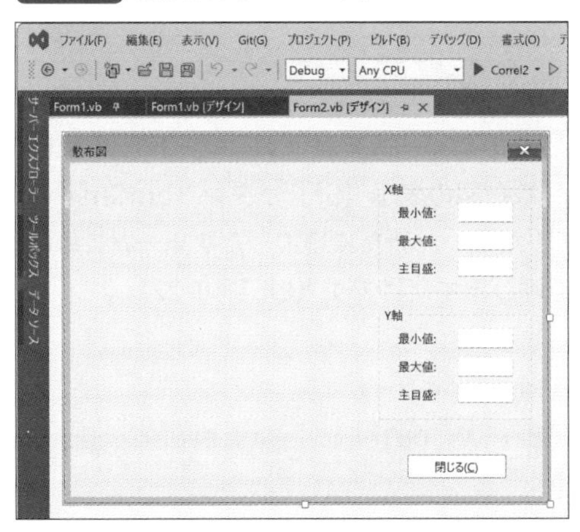

表10-3 追加されたフォームとそこに配置するコントロールのプロパティ一覧

コントロール	プロパティ	このプログラムでの設定値	備考
Form	Name	frmChart	
	FormBorderStyle	FixedDialog	固定サイズのダイアログボックスとする
	Text	散布図	
GroupBox	Name	GroupBox1	X軸の設定をまとめるために使う
	Text	X軸	

コントロール	プロパティ	このプログラムでの設定値	備考
GroupBox	Name	GroupBox2	Y軸の設定をまとめるために使う
	Text	Y軸	
Label	Name	Label1	
	Text	最小値:	
Label	Name	Label2	
	Text	最大値:	
Label	Name	Label3	
	Text	主目盛:	
Label	Name	Label4	
	Text	最小値:	
Label	Name	Label5	
	Text	最大値:	
Label	Name	Label6	
	Text	主目盛:	
TextBox	Name	txtXmin	X軸の最小値を入力するために使う
TextBox	Name	txtXmax	X軸の最大値を入力するために使う
TextBox	Name	txtXunit	X軸の主目盛を入力するために使う
TextBox	Name	txtYmin	Y軸の最小値を入力するために使う
TextBox	Name	txtYmax	Y軸の最大値を入力するために使う
TextBox	Name	txtYunit	Y軸の主目盛を入力するために使う
Button	Name	btnClose	ダイアログボックスを閉じるためのボタン
	Text	閉じる（&C）	

フォームのデザインができたら、このフォームを表示するコードを書きましょう。フォームデザイナーでForm1のほうを表示し、[散布図の表示（S)］ボタン（btnChart）のClickイベントハンドラー（showChart）を追加してください。新たに追加したフォームにはfrmChartという名前を付けたので、そのShowメソッドを呼び出すだけです（LIST 10-22)。

LIST 10-22 新たに追加したフォームを表示するためのコード

```
    Private Sub showChart(sender As Object, e As EventArgs) Handles ⇒
btnChart.Click
        frmChart.Show()
    End Sub
```

簡単でしたね。続けて、グラフを描画するためのコードを書きましょう。追加したほうのフォームを表示してください（フォーム名はfrmChartに変えましたが、ファイル名はForm2.vbのままなので、タブにはForm2.vbと表示されています)。このフォームが読み込まれた時点でグラフを表示すればいいので、frmChartのLoadイベントハンドラー（ShowScatterChart）を作成し、グラフを描画するためのコードを書きます（LIST 10-23)。

LIST 10-23 散布図を表示するためのコード

```
Imports System.Windows.Forms.DataVisualization.Charting ← グラフ関係のクラスを使うための記述
Public Class frmChart
    Private Sub ShowScatterChart(sender As Object, e As EventArgs) Handles⇒
MyBase.Load
        Dim chart1 = New Chart() ← ❶Chartオブジェクトを作成する
        Dim chartArea1 = New ChartArea() ← ❷ChartArea(描画領域)オブジェクトを作成する
        Dim series1 = New Series() ← ❸Series(系列)オブジェクトを作成する

        chart1.ChartAreas.Add(chartArea1) ← ❹Chartオブジェクトに描画領域を追加する
        chart1.Series.Add(series1) ← ❺系列を追加する
        chart1.Visible = True ← グラフを表示する

        ' 散布図を作る
        series1.ChartType = SeriesChartType.Point ← 系列のグラフの種類をポイントグラフ(散布図)とする
        For Each aRow In Form1.datatable1.Rows ← データテーブルのすべての行について
            series1.Points.AddXY(aRow("X"), aRow("Y")) ← ❻散布図に点を追加する
        Next

        ' グラフ全体の設定
        chart1.Titles.Add("散布図") ← タイトルを追加する
        chart1.Location = New Point(20, 20) ← グラフの表示位置を指定する
        chart1.Size = New Size(Me.Width * 0.6, Me.Height * 0.8) ← グラフのサイズを指定する

        ' X軸の目盛
        Dim xmin = Form1.datatable1.Compute("Min(X)", vbNullString) ← Xの最小値を得る
        Dim xmax = Form1.datatable1.Compute("Max(X)", vbNullString) ← Xの最大値を得る
        xmin = Math.Floor(xmin) ← 最小値を切り下げてキリのいい数値にする
        xmax = Math.Ceiling(xmax) ← 最大値を切り上げてキリのいい数値にする

        chartArea1.AxisX.Minimum = xmin ← X軸の最小値を指定する
        chartArea1.AxisX.Maximum = xmax ← X軸の最大値を指定する
        chartArea1.AxisX.Interval = (xmax - xmin) / 10 ← X軸の主目盛の間隔を指定する

        txtXmin.Text = xmin.ToString() ← 最小値を表示しておく
        txtXmax.Text = xmax.ToString() ← 最大値を表示しておく
        txtXunit.Text = ((xmax - xmin) / 10).ToString() ← 主目盛の間隔を表示しておく

        ' Y軸の目盛
        Dim ymin = Form1.datatable1.Compute("Min(Y)", vbNullString)
        Dim ymax = Form1.datatable1.Compute("Max(Y)", vbNullString)
        ymin = Math.Floor(ymin)
        ymax = Math.Ceiling(ymax)

        chartArea1.AxisY.Minimum = ymin
        chartArea1.AxisY.Maximum = ymax
        chartArea1.AxisY.Interval = (ymax - ymin) / 10

        txtYmin.Text = ymin.ToString()
        txtYmax.Text = ymax.ToString()
```

```
        txtYunit.Text = ((ymax - ymin) / 10).ToString()

        Me.Controls.Add(chart1) ←フォームにchart1のオブジェクトを追加
    End Sub
End Class
```

グラフはChartコントロールを使って表示するのですが、すでにお話ししたように、.NETでは[ツールボックス］の一覧にChartコントロールが含まれていません。そのため、コードを記述してChartコントロール（Chartオブジェクト）を作成します。枠で囲んだ部分を中心に見ていきましょう。

まず、グラフに関するクラスを利用するために、以下のImports文をコードの先頭に記述しておきます（LIST 10-24）。

LIST 10-24 Chartコントロールを利用するために必要なImports文

```
Imports System.Windows.Forms.DataVisualization.Charting
```
グラフ関係のクラスを使うための記述

グラフにはさまざまな要素が含まれるので、それらの設定のためにコードを1つずつ書く必要があります。個々のコードは単純ですが、道のりが長いので、やるべきことを図解で確認しながら確実に進めていきましょう。図中の丸数字は、コード中の丸数字と対応しています。まず、グラフの作成に必要なオブジェクトの作成について見ていきます。

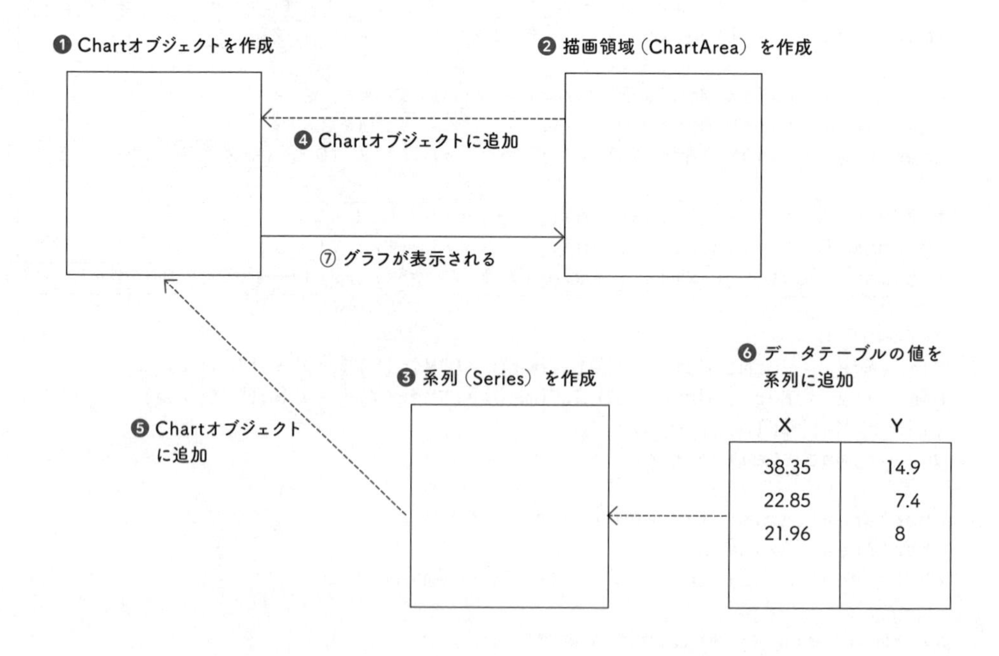

グラフを作成するには、グラフ全体を表すChartオブジェクト、その中の描画領域を表すChartAreaオブジェクト、グラフの系列を表すSeriesオブジェクトが必要になります。それらの作成については、もはやコードを見るだけで理解できるでしょう（LIST 10-25）。

LIST 10-25 グラフの描画に必要なオブジェクトを作成する

```
Dim chart1 = New Chart() ←❶Chartオブジェクトを作成する
Dim chartArea1 = New ChartArea() ←❷ChartArea(描画領域)オブジェクトを作成する
Dim series1 = New Series() ←❸Series(系列)オブジェクトを作成する
```

ここでは、chart1がグラフ全体を表すChartオブジェクトを参照します。この段階では、描画領域（chartArea1）や系列（series1）で参照されるオブジェクトは単に作成しただけなので、chart1とは別々に存在するだけです。そこで、chart1にchartArea1やseries1を追加し、描画領域や系列を利用できるようにします（LIST 10-26）。

LIST 10-26 Chartオブジェクトに描画領域と系列を追加する

```
chart1.ChartAreas.Add(chartArea1) ←❹Chartオブジェクトに描画領域を追加する
chart1.Series.Add(series1) ←❺Chartオブジェクトに系列を追加する
chart1.Visible = True ←グラフを表示する
```

ChartオブジェクトのVisibleプロパティはFalseが既定値なので、Trueに変更してグラフが表示されるようにしました。

次に、系列のグラフの種類を散布図（SeriesChartType.Point）とし、系列にデータを入れます（LIST 10-27）。

LIST 10-27 グラフの系列（Seriesオブジェクト）にデータを入れる

```
series1.ChartType = SeriesChartType.Point ←系列のグラフの種類をポイントグラフ(散布図)とする
For Each aRow In Form1.datatable1.Rows ←データテーブルのすべての行について
    series1.Points.AddXY(aRow("X"), aRow("Y")) ←❻散布図に点を追加する
Next
```

散布図の系列に「点」を追加するには、系列のPoints.AddXYメソッドを使います。データテーブルの行を1行ずつ処理する方法は相関係数を求めるときに見たとおりですね。繰り返し処理の中で、各行のXの値とYの値を1つずつ「点」として追加していきます。データテーブルはForm1でPublic宣言されているので、このフォーム（frmChart）でも使えます。

グラフ作成に必要なオブジェクトやデータの指定はここまでです。残りはグラフの位置やサイズ、X軸の目盛とY軸の目盛の設定です。それらのこまごまとした記述はコード内の説明を見ていただくだけで分かると思いますが、データテーブルの最小値や最大値を求める処理が新しく登場しました。5章で見た繰り返し処理を使って最大値や最小値を求めてもいいのですが、データテーブルに

は計算のためのメソッドが備わっているので、それを利用しましょう。これ以降のコードはLIST 10-23の後半の枠で囲んだ部分に記述されています。少しずつ見ていきます。

LIST 10-28 データテーブルの最小値と最大値を求める

```
Dim xmin = Form1.datatable1.Compute("Min(X)", vbNullString)
Dim xmax = Form1.datatable1.Compute("Max(X)", vbNullString)
```

Xの最小値を得る
Xの最大値を得る

データテーブルの計算にはComputeメソッドが便利です。Computeメソッドの引数には「集計関数」と「利用するデータ」を文字列として指定します。「集計関数」としては合計を求めるためのSum、個数を求めるためのCountなどが使えます。ここでは、最小値を求めるMin関数と最大値を求めるMax関数を使いました。「利用するデータ」については空の文字列を表すvbNullStringを指定していますが、その場合はすべてのデータが計算の対象となります。例えば、LIST 10-29に示したようなコードを追加しておくと、Xの値が20以上のデータの個数を出力ウィンドウに表示できます（結果は40となります）。

LIST 10-29 Xの値のうち、20以上のものの個数を出力する

```
Debug.WriteLine(Form1.datatable1.Compute("Count(X)", "X>=20"))
```

話を元に戻しましょう。あとは、X軸を表すAxisXのMinimumプロパティに最小値を、Maximumプロパティに最大値を指定し、Intervalプロパティに主目盛の幅を指定するだけです。主目盛の幅は最小値から最大値の幅を10に分割した値としています（LIST 10-30）。

LIST 10-30 X軸の目盛を設定する

```
chartArea1.AxisX.Minimum = xmin
chartArea1.AxisX.Maximum = xmax
chartArea1.AxisX.Interval = (xmax - xmin) / 10
```

X軸の最小値を指定する
X軸の最大値を指定する
X軸の主目盛の間隔を指定する

このプログラムでは、最小値、最大値、主目盛の間隔をテキストボックスに表示していますが、変更できるようにはしていません。そのため、別の値を入力しても目盛は変更されません。それについては、練習問題で取り組むことにしましょう。

Y軸についてもまったく同じ処理を行えばいいので、特に説明はしません。コードを参照しておいてください。ただし、最後にとても重要なコードがあるので、注目してください（LIST 10-31）。

LIST 10-31 フォームにChartオブジェクトを追加する

```
Me.Controls.Add(chart1)
```

フォームにChartオブジェクトを追加

Chartオブジェクト（chart1）を使ってグラフを表示できるようにしましたが、単にオブジェクトを作って設定を行っただけなので、どのコンテナー上に配置されるかが決まっていません。そこで、Me.ControlsのAddメソッドを使って、chart1をフォームのコントロール一覧の中に追加します。Meは自分自身、つまりfrmChartを表します。これでchart1がフォームに配置されるというわけです。

散布図のフォームを閉じる

最後に、散布図のフォームを閉じるコードを書いておきます。[閉じる (C)] ボタン (btnClose) のClickイベントハンドラー（CloseProc）を作成し、以下のコードを入力しておいてください。

LIST 10-32 散布図のフォームを閉じるためのコード

```
    Private Sub CloseProc(sender As Object, e As EventArgs) Handles ⇒
btnClose.Click
        Me.Close()
    End Sub
```

プログラムを実行する

コードが書けたら、ツールバーに表示されている ［Correl1］ボタン（▶）をクリックしてプログラムを実行してみてください。前の節で見たのと同じようにExcelのファイルからデータを読み込んだのち、画面10-10のように操作します。

画面 10-10 Excelのデータを表示するためのプログラムを実行する

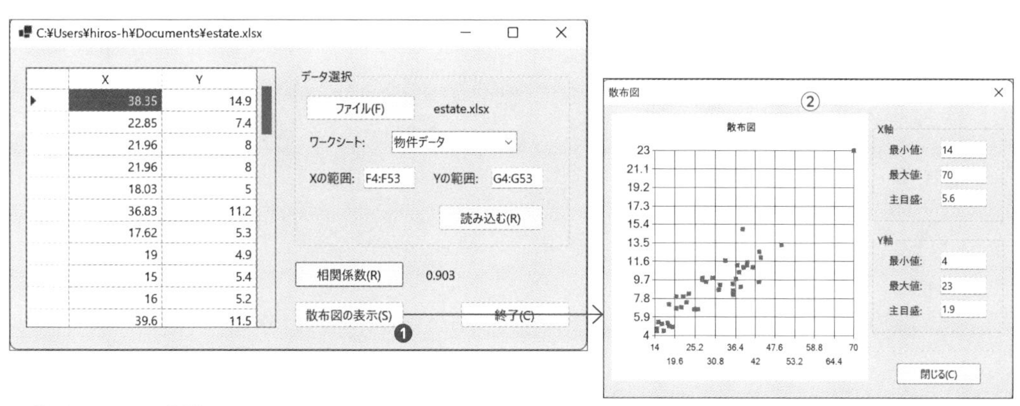

❶［散布図の表示（S)］をクリックする

② 散布図が描画され、X軸とY軸の目盛の設定が表示される

CHAPTER 10 » まとめ

- Visual Studioでは、NuGetと呼ばれるパッケージ管理機能により、さまざまな働きを持つパッケージ（プログラミングのための部品）が利用できます
- ClosedXMLと呼ばれるパッケージでは、Excelのファイルからデータを読み出したり、Excelのファイルにデータを書き込んだりすることができます（書式の設定などもできる）
- データテーブル（DataTableクラスのオブジェクト）には、表形式のデータを格納できます。さらに、計算なども簡単にできます
- DataGridViewコントロールのDataSourceプロパティにデータテーブルを指定すると、表形式のデータがコントロールに表示されます
- Chartコントロールを利用するとさまざまなグラフが描画できます

練習問題

Correl2、
ColumnChart

A Correl1では、軸の最小値、最大値、主目盛の間隔は表示されますが、変更はできません。そこで、それぞれのテキストボックスに入力すると、軸の最小値、最大値、主目盛の間隔が変更され、グラフの表示も変わるようにしてみてください。コードはテキストボックスのTextChangedイベントハンドラーに書くといいでしょう。なお、最小値が最大値よりも大きい場合はエラーとなるので、その場合の対処も必要です。

B 以下のような降水量のデータがExcelのファイルとして用意されているものとします。これを縦棒グラフで表してみましょう。ファイル名はrain.xlsx、ワークシート名は「降水量」です。XにあたるデータはセルA2:A10、YにあたるデータはセルB2:B10に入力されています。ここでは、ファイル名やワークシート名は決められた値を使って構いません（10-1のReadExcelプロジェクトを参考にしてください）。縦棒グラフの場合、系列のCharTypeプロパティにはSeriesChartType.Columnを指定します。目盛については特に設定しなくてもよいものとします。

	A	B	C
1	地点	2021年7月	
2	八王子	273.0	
3	東京	310.0	
4	大島	434.5	
5	三宅島	408.5	
6	八丈島	229.0	
7	青梅	248.5	
8	練馬	269.5	
9	新島	466.5	
10	神津島	445.0	

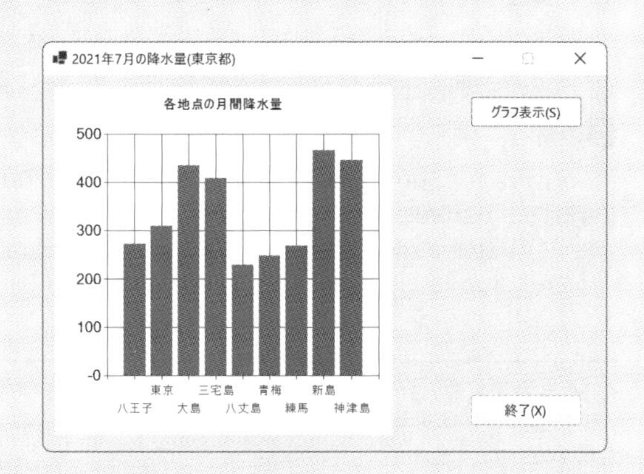

出典：気象庁ホームページ（https://www.data.jma.go.jp/obd/stats/etrn/view/monthly_h1.php?prec_no=44&block_no=00&year=2021&month=8&day=&view=)

Appendix » 確認・練習問題の解答

CHAPTER 1

［練習問題（P32）］

Ⓐの解答

順に、×、○、○、×

Ⓑの解答

1－（C） 2－（A） 3－（E） 4－（B） 5－（D）

CHAPTER 2

［練習問題（P70）］

Ⓐの解答

（あ）－（D） （い）－（B） （う）－（E） （え）－（C） （お）－（A）

Ⓑの解答

（1）ア－（d） イ－（c） ウ－（a） エ－（b） オ－（e）

（2）左から右、上から下への順に、×、○、×、×、×

Ⓒの解答（例）

```
   Private Sub ShowMessage(sender As Object, e As EventArgs) ⇒
Handles btnMessage.Click
      lblMessage.Text = "こんにちは Visual Basic!"
   End Sub
```

CHAPTER 3

［確認問題（P82）］

❶の解答

（あ）－（C） （い）－（E） （う）－（D） （え）－（A）

❷の解答

順に、整数型（Integerでも可） 文字列型（Stringでも可）

倍精度浮動小数点型（Doubleでも可） 文字列型（Stringでも可）

❸の解答

順に、○、×、×、○

[確認問題(P97)]

❶の解答

順に、○、×、○、×、×、○

❷の解答

順に、Integer　Double　Const　Private　Integer

❸の解答

順に、×、○、○、×、×

[確認問題(P110)]

❶の解答

順に、○、×、×、○、×

❷の解答

(1) 7　(2) 28　(3) 2.5　(4) "123456"　(5) False

❸の解答

(1) Dim WeekNumber As Integer = 0

(2) WeekNumber = CurrentDay / 7

(3) DayOfWeek = StartOffset + CurrentDay Mod 7

[練習問題(P120)]

Ⓐの解答

```
Option Strict On
Public Class Form1
    Private Sub DoCalc(sender As Object, e As EventArgs) ⇒
Handles btnCalc.Click
        Dim Payment As Integer
        Dim WorkingTime As Double
        Dim PayPerHour, WorkingHour, WorkingMinute As Integer
        ' 入力された文字列を数値に変換する
        PayPerHour = CInt(txtPayPerHour.Text)
        WorkingHour = CInt(txtHour.Text)
        WorkingMinute = CInt(txtMinute.Text)
        ' 時間の計算をする
        WorkingTime = WorkingHour + WorkingMinute / 60
        ' 時給を計算する（時給の小数以下は切り上げとする）
        Payment = CInt(Math.Ceiling(WorkingTime * PayPerHour))
        ' 時給を表示する
        lblPayment.Text = Payment.ToString()
    End Sub
    Private Sub ExitProc(sender As Object, e As EventArgs) ⇒
Handles btnExit.Click
        Application.Exit()
    End Sub
End Class
```

Ⓑの解答

```
Option Strict On
Public Class Form1
    Private Sub DivideValue(sender As Object, e As EventArgs) ⇒
Handles btnDivide.Click
        Dim a, b As Double
        Dim OriginalValue As Double
        OriginalValue = CDbl(txtValue.Text)
        a = OriginalValue / ((1 + (1 + Math.Sqrt(5)) / 2))
        b = a * ((1 + Math.Sqrt(5)) / 2)
        lblA.Text = a.ToString()
        lblB.Text = b.ToString()
    End Sub
    Private Sub ExitProc(sender As Object, e As EventArgs) ⇒
Handles btnExit.Click
        Application.Exit()
    End Sub
End Class
```

CHAPTER 4

［確認問題（P126）］

❶の解答

順に、×、×、○、×

［確認問題（P137）］

❶の解答

順に、○、○、×、○

❷の解答

（1）apX > 100

（2）順に、OptionFlag = True（OptionFlagだけでも可）　Else

（3）Or（OrElseでも可）

［確認問題（P147）］

❶の解答

（1）順に、ElseIf　ElseIf　Else

（2）順に、Focus()　SelectAll()　ElseIf　Focus()　SelectAll()　Else

❷の解答

Ifステートメントを以下のように書き換える

```
If Integer.TryParse(txtHour.Text, WorkingHour) = False OrElse ⇒
WorkingHour >= 24 Then
        :
ElseIf Integer.TryParse(txtMinute.Text, WorkingMinute) = ⇒
False OrElse WorkingMinute >= 60 Then
        :
Else
        :
End If
```

［確認問題（P153）］

❶の解答

順に、○、×、○、○

❷の解答

（1）順に、Select　Case　Else　Select　（2）順に、0,5　Is < 5

［練習問題（P167）］

Ⓐの解答

```
Option Strict On
Public Class Form1
    Private Sub ReCalc(sender As Object, e As EventArgs) ⇒
Handles btnRecalc.Click
        Dim SalesPrice As Integer ' 販売価格
        Dim StandardPrice As Integer     ' 標準価格
        If Integer.TryParse(txtStandardPrice.Text, ⇒
StandardPrice) = False Then
            MessageBox.Show("標準価格に正しい値を入力してください")
            txtStandardPrice.Focus()
            txtStandardPrice.SelectAll()
        Else
            If rbNone.Checked = True Then
                SalesPrice = StandardPrice
            ElseIf rbStudent.Checked = True Then
                SalesPrice = CInt(Int(StandardPrice * 0.9))
            Else
                SalesPrice = CInt(Int(StandardPrice * 0.85))
            End If
            lblSalesPrice.Text = SalesPrice.ToString("#,##0円")
        End If
    End Sub
    Private Sub ExitProc(sender As Object, e As EventArgs) ⇒
Handles btnExit.Click
        Application.Exit()
    End Sub
End Class
```

Ⓑの解答

```
Public Class Form1
    Private Sub DoEvaluate(sender As Object, e As EventArgs) ⇒
Handles btnShow.Click
        Dim Score As Integer
        Dim Grade As String
        If Integer.TryParse(txtScore.Text, Score) = False _
            OrElse Score < 0 OrElse Score > 100 Then
            MessageBox.Show("成績を正しく入力してください")
            txtScore.Focus()
            txtScore.SelectAll()
        Else
            Select Case Score
                Case Is < 60
                    Grade = "不可"
                Case Is < 70
                    Grade = "可"
                Case Is < 80
                    Grade = "良"
                Case Else
                    Grade = "優"
            End Select
            lblGrade.Text = Grade
        End If
    End Sub
    Private Sub ExitProc(sender As Object, e As EventArgs) ⇒
Handles btnExit.Click
        Application.Exit()
    End Sub
End Class
```

CHAPTER 5

［確認問題（P184）］

❶の解答

順に、×、〇、〇、×

❷の解答

（1）順に、Until　+=　（2）順に、While　<

［確認問題（P188）］

❶の解答

順に、〇、×、×

❷の解答

（1）順に、To　Step　（2）順に、Integer　2　InputNumber

［確認問題（P194）］

❶の解答

順に、×、○、×

❷の解答

（1）順に、For　MyCollection　Next　（2）順に、Each　In

［確認問題（P201）］

❶の解答

順に、×、×、○

［練習問題（P210）］

Ⓐの解答

```
Option Strict On
Public Class Form1
    Private Sub InitProc(sender As Object, e As EventArgs) ⇒
Handles MyBase.Load
        Dim r As Random = New Random()
        lstScore.Items.Clear()
        For i = 0 To 9
            lstScore.Items.Add(r.Next(101))
        Next
    End Sub
    Private Sub SearchMinValue(sender As Object, e As ⇒
EventArgs)
Handles btnMinValue.Click
        Dim MinScore As Integer
        MinScore = Integer.MaxValue
        For Each Score As Integer In lstScore.Items
            If Score < MinScore Then
                MinScore = Score
            End If
        Next
        MessageBox.Show("最低点は" & MinScore & "です")
    End Sub
    Private Sub ExitProc(sender As Object, e As EventArgs) ⇒
Handles btnExit.Click
        Application.Exit()
    End Sub
End Class
```

Ⓑの解答

```
Option Strict On
Public Class Form1
    Private Sub InitProc(sender As Object, e As EventArgs) ⇒
Handles MyBase.Load
```

```
        Dim r As Random = New Random()
        lstScore.Items.Clear()
        For i = 0 To 9
            lstScore.Items.Add(r.Next(101))
        Next
    End Sub
    Private Sub CountProc(sender As Object, e As EventArgs) ⇒
Handles btnPassCount.Click
        Dim PassCount As Integer = 0
        For Each Score As Integer In lstScore.Items
            If Score >= 60 Then
                PassCount += 1
            End If
        Next
        MessageBox.Show("合格者数は" & PassCount & "人です")
    End Sub
    Private Sub ExitProc(sender As Object, e As EventArgs) ⇒
Handles btnExit.Click
        Application.Exit()
    End Sub
End Class
```

CHAPTER 6

［確認問題（P215）］

❶の解答

順に、×、○、×、○、×

［確認問題（P224）］

❶の解答

（あ）－（E）（い）－（F）（う）－（C）（え）－（B）（お）－（A）

❷の解答

順に、5　5　5　10　11　エラー

［確認問題（P229）］

❶の解答

（1）順に、99　For　99　FREE　If　Mod　VIPONLY

（2）順に、99　Boolean　For　99　idx　For　9　HIT

（3）順に、j　i

［練習問題（P238）］

Ⓐの解答

```
Option Strict On
Public Class Form1
    Private Sales() As Integer = {1230, 890, 1450, 1520, ⇒
1380, 1090}
    Private Sub InitProc(sender As Object, e As EventArgs) ⇒
Handles MyBase.Load
        For i As Integer = 0 To UBound(Sales)
            lstSales.Items.Add(Sales(i))
        Next
    End Sub
    Private Sub DoCalc(sender As Object, e As EventArgs) ⇒
Handles btnCalc.Click
        Dim Sum As Integer = 0
        Dim Average As Double, SD As Double
        For i As Integer = 0 To UBound(Sales)
            Sum += Sales(i)
        Next
        Average = Sum / Sales.Length
        Dim SSE As Double = 0
        For i As Integer = 0 To UBound(Sales)
            SSE += (Sales(i) - Average) ^ 2
        Next
        SD = Math.Sqrt(SSE / Sales.Length)
        lblSum.Text = Sum.ToString()
        lblAverage.Text = Average.ToString("F1")
        lblSD.Text = SD.ToString("F2")
    End Sub
    Private Sub ExitProc(sender As Object, e As EventArgs) ⇒
Handles btnExit.Click
        Application.Exit()
    End Sub
End Class
```

Ⓑの解答

```
Option Strict On
Public Class Form1
    Private Sales() As Integer = {1230, 890, 1450, 1520, ⇒
1380, 1090}
    Private Sub DoCalc(sender As Object, e As EventArgs) ⇒
Handles btnCalc.Click
        Dim Sum As Integer = 0
        Dim Average As Double, SD As Double
        For i As Integer = 0 To UBound(Sales)
            Sum += Sales(i)
        Next
        Average = Sum / Sales.Length
        Dim SSE As Double = 0
```

```
        For i As Integer = 0 To UBound(Sales)
            SSE += (Sales(i) - Average) ^ 2
        Next
        SD = Math.Sqrt(SSE / Sales.Length)
        lblSum.Text = Sum.ToString()
        lblAverage.Text = Average.ToString("F1")
        lblSD.Text = SD.ToString("F2")
        Dim SS As Double
        lstSalesSD.Items.Clear()
        For i As Integer = 0 To UBound(Sales)
            SS = (Sales(i) - Average) / SD * 10 + 50
            lstSalesSD.Items.Add(SS.ToString("F1"))
        Next
    End Sub
    Private Sub ExitProc(sender As Object, e As EventArgs) ⇒
Handles btnExit.Click
        Application.Exit()
    End Sub
End Class
```

Cの解答

```
Option Strict On
Public Class Form1
    Private Sub DoCalc(sender As Object, e As EventArgs) ⇒
Handles btnCalc.Click
        Dim Sum As Integer = 0
        Dim Average As Double, SD As Double
        Dim SS As Double = 0     ' 各データの2乗の総合計
        Dim Sales() As Integer = {1230, 890, 1450, 1520, 1380,⇒
1090}
        For i As Integer = 0 To UBound(Sales)
            Sum += Sales(i)
            SS += Sales(i) ^ 2
        Next
        Average = Sum / Sales.Length
        SD = Math.Sqrt((Sales.Length * SS - Sum ^ 2) / ⇒
Sales.Length ^ 2)
        lblSum.Text = Sum.ToString()
        lblAverage.Text = Average.ToString("F1")
        lblSD.Text = SD.ToString("F2")
    End Sub
    Private Sub ExitProc(sender As Object, e As EventArgs) ⇒
Handles btnExit.Click
        Application.Exit()
    End Sub
End Class
```

CHAPTER 7

[確認問題(P244)]

❶の解答

順に、○、×、○、○、×

[確認問題(P251)]

❶の解答

(あ) ― (D) (い) ― (E) (う) ― (A) (え) ― (C)

❷の解答

(1) 順に、Multiply2　Private　Sub　Sub

(2) 順に、Private　Sub　String　String　End　Sub

[確認問題(P256)]

❶の解答

(あ) ― (B) (い) ― (C) (う) ― (F) (え) ― (A) (お) ― (D)

❷の解答

(1) 順に、Add2　Private　Function　Double　Return (Add2 =でも可)　Function

(2) 順に、Private　Function　GetBMI　Double　Double　Double　Return　Return (GetBMI =でも可)　End　Function

[確認問題(P269)]

❶の解答

(1) 3.14　(2) 6.28　(3) 今日の日付：　(4) 秋

[練習問題(P282)]

Ⓐの解答

```
    Private Function Limit0To255(value As Integer) As Integer
        Return Math.Max(0, Math.Min(255, value))
    End Function
```

Ⓑの解答

```
    Private Sub ChangeTrackBar(txtSource As TextBox, ⇒
trbTarget As TrackBar)
        Dim ColorValue As Integer
        If Integer.TryParse(txtSource.Text, ColorValue) Then
            trbTarget.Value = Limit0To255(ColorValue)
        Else
            MessageBox.Show("0～255の整数を入力してください")
```

```
            txtSource.Focus()
            txtSource.SelectAll()
        End If
    End Sub
```

CHAPTER 8

［確認問題（P288）］

❶の解答

順に、○、×、○、×、○

［確認問題（P294）］

❶の解答

（1）順に、New　LoadXml　InnerText

（2）順に、SetText　Clipboard

［確認問題（P308）］

❶の解答

（あ）－（C）（い）－（B）（う）－（D）（え）－（E）（お）－（A）

❷の解答

順に、String　Property　mName　value

❸の解答

順に、Sub　Eat　+=　value

［確認問題（P316）］

❶の解答

順に、×、○、○、×、○

❷の解答

順に、Rogue　Rogue　Protected　Inherits　Implements　mHitPoint　Implements　IMagic.Mp　Interface　Interface

［練習問題（P331）］

Ⓐの解答

```
Public Class Insectroid
    Private apX As Integer
    Private apY As Integer
    Private r As Random = New Random()
    Sub New()
        apX = 10
        apY = 10
```

```
    End Sub
    Public Property X() As Integer
        Get
            Return apX
        End Get
        Set(ByVal value As Integer)
            apX = value
        End Set
    End Property
    Public Property Y() As Integer
        Get
            Return apY
        End Get
        Set(ByVal value As Integer)
            apY = value
        End Set
    End Property
    Public Sub RandomWalk()
        apX += r.Next(-1, 2)
        apY += r.Next(-1, 2)
    End Sub
End Class
```

Ⓑの解答

```
Option Strict On
Public Class Form1
    Private anInsect As Insectroid
    Private Sub InitProc(sender As Object, e As EventArgs) ⇒
Handles MyBase.Load
        anInsect = New Insectroid()
    End Sub
    Private Sub RandomWalk(sender As Object, e As EventArgs) ⇒
Handles btnWalk.Click
        anInsect.RandomWalk()
        lblPosition.Text = "X:" & anInsect.X.ToString() & ⇒
"-Y:" & anInsect.Y.ToString()
    End Sub
    Private Sub ExitProc(sender As Object, e As EventArgs) ⇒
Handles btnExit.Click
        Application.Exit()
    End Sub
End Class
```

CHAPTER 9

[練習問題(P362)]

Ⓐの解答

[次 (N)] ボタンをフォームに配置し、フォームのLoadイベントハンドラーを以下のように変える。[次 (N)] ボタンのコントロール名はbtnNextとする。

```
    Private Sub InitProc(sender As Object, e As EventArgs) ⇒
Handles MyBase.Load, btnNext.Click
        :
（これ以降はまったく同じ）
```

Ⓑの解答

```
Imports Microsoft.VisualBasic.FileIO
Public Class Form1
    Private Sub ShowFixedFile(sender As Object, e As EventArgs)⇒
Handles Button1.Click
        Dim aRow As String()
        Try
            Dim tfp As TextFieldParser = New TextFieldParser( ⇒
"sample.txt", System.Text.Encoding.GetEncoding("shift_jis"))
            tfp.TextFieldType = FieldType.FixedWidth
            tfp.FieldWidths = New Integer() {5, 4, 4, 3}
            Do While Not tfp.EndOfData
                aRow = tfp.ReadFields()
                For Each aField As String In aRow
                    Debug.WriteLine(aField)
                Next
            Loop
        Catch ex As System.IO.FileNotFoundException
            MessageBox.Show("ファイルが見つかりません")
            Application.Exit()
        Catch ex As MalformedLineException
            MessageBox.Show("フィールドの形式が正しくありません")
            Application.Exit()
        End Try
    End Sub
End Class
```

CHAPTER 10

[練習問題(P401)]

Ⓐの解答

まず、Form2.vbのShowScatterChartプロシージャの中で定義されているchart1とchartArea1をフォームレベルで定義し、以下のように書き換える。

```
    Dim chart1 = New Chart()
    Dim chartArea1 = New ChartArea()
    Private Sub ShowScatterChart(sender As Object, e As  ⇒
 EventArgs) Handles MyBase.Load
        Dim series1 = New Series()
        :
        (これ以降は同じ)
        :
    End Sub
```

次に、txtXmin、txtXmax、txtXunit、txtYmin、txtYmax、txtYunitのイベントハンドラーを以下のように作成する。

```
    Private Sub EditXmin(sender As Object, e As EventArgs)  ⇒
Handles txtXmin.TextChanged
        Dim temp As Double
        Double.TryParse(txtXmin.Text, temp)
        If temp < chartArea1.AxisX.Maximum Then
            chartArea1.AxisX.Minimum = temp
        End If
    End Sub
    Private Sub EditXmax(sender As Object, e As EventArgs)  ⇒
Handles txtXmax.TextChanged
        Dim temp As Double
        Double.TryParse(txtXmax.Text, temp)
        If temp > chartArea1.AxisX.Minimum Then
            chartArea1.AxisX.Maximum = temp
        End If
    End Sub
    Private Sub EditXunit(sender As Object, e As EventArgs)  ⇒
Handles txtXunit.TextChanged
        Double.TryParse(txtXunit.Text, chartArea1.AxisX.Interval)
    End Sub
    Private Sub EditYmin(sender As Object, e As EventArgs)  ⇒
Handles txtYmin.TextChanged
        Dim temp As Double
        Double.TryParse(txtYmin.Text, temp)
        If temp < chartArea1.AxisY.Maximum Then
            chartArea1.AxisY.Minimum = temp
        End If
    End Sub
    Private Sub EditYMax(sender As Object, e As EventArgs)  ⇒
Handles txtYmax.TextChanged
        Dim temp As Double
        Double.TryParse(txtYmax.Text, temp)
        If temp > chartArea1.AxisY.Minimum Then
            chartArea1.AxisY.Maximum = temp
        End If
    End Sub
    Private Sub EditYunit(sender As Object, e As EventArgs)  ⇒
```

```
Handles txtYunit.TextChanged
        Double.TryParse(txtYunit.Text, chartArea1.AxisY.Interval)
    End Sub
```

Bの解答

Form1の左側にグラフを表示する場所を空けておき、右側にボタンを2つ配置する（btnShow、btnExitという名前にする）。続いて、以下のようにコードを書く。

```
Imports ClosedXML.Excel
Imports System.Windows.Forms.DataVisualization.Charting

Public Class Form1
    Private Sub showChart(sender As Object, e As EventArgs) ⇒
 Handles btnShow.Click
        Dim fname As String = "C:\Users\<ユーザー名>\Documents\ ⇒
rain.xlsx"
        Dim wb = New XLWorkbook(fname)
        Dim ws = wb.Worksheet("降水量")
        Dim xdata = ws.Cells("A2:A10")
        Dim seriesdata = ws.Cells("B2:B10")
        Dim datatable1 = New DataTable()
        ' 列の設定
        datatable1.Columns.Add("地点", Type.GetType("System. ⇒
String"))
        datatable1.Columns.Add("月間降水量", Type.GetType ⇒
("System.Double"))
        ' データを入れる
        Dim datarow1 As DataRow
        For Each item In xdata.Zip(seriesdata)
            datarow1 = datatable1.NewRow()
            datarow1("地点") = item.First.Value
            datarow1("月間降水量") = item.Second.Value
            datatable1.Rows.Add(datarow1)
        Next

        Dim chart1 = New Chart()
        Dim chartArea1 = New ChartArea()
        Dim series1 = New Series()

        chart1.ChartAreas.Add(chartArea1)
        chart1.Series.Add(series1)
        chart1.Visible = True

        series1.ChartType = SeriesChartType.Column
        For Each aRow In datatable1.Rows
            series1.Points.AddXY(aRow("地点"), aRow("月間降水量"))
        Next
        ' グラフ全体の設定
```

```
        chart1.Titles.Add("各地点の月間降水量")
        chart1.Location = New Point(20, 20)
        chart1.Size = New Size(600, 600)

        Me.Controls.Add(chart1)

    End Sub

    Private Sub ExitProc(sender As Object, e As EventArgs)
Handles btnExit.Click
        Application.Exit()
    End Sub

End Class
```

Index 索引

S

T

U

V

W

X／Z

あ

ま

や

ら

わ

■ 著者

羽山 博（はやま ひろし）

1961年大阪生まれ。京都大学文学部哲学科（心理学専攻）卒業後、日本電気株式会社でコンピューターのユーザー教育や社内要員教育を担当。1991年にライターとして独立し、ソフトウェアの基本からプログラミング、統計学、認知科学まで幅広く執筆。Visual Basicとのつきあいは『ビギナーズVisual Basic』『アドバンスドVisual Basic』（いずれも1994年、インプレス）の執筆から。当時のバージョンはまだ2.0であった。2006年には東京大学大学院学際情報学府博士課程を単位取得後退学。現在、有限会社ローグ・インターナショナル代表取締役、東京大学、一橋大学、日本大学講師。最近の趣味は献血と書道。独学で始めたピアノは一向に上達せず。リターンライダーを目指し、大型二輪免許を取得するも、資金難でペーパーライダー街道まっしぐら。熱烈なトレッキー（スタートレックのファン）でもある。

著書には『できる大事典 Windows 10 Home/Pro/Enterprise 対応』『やさしく学ぶ データ分析に必要な統計の教科書（できるビジネス）』、『できるポケット 時短の王道 Excel関数全事典 改訂版 Office 365 & Excel 2019/2016/2013/2010対応』（以上インプレス）、『WSHクイックリファレンス』（オライリー / オーム社）、『プログラミングの基礎』（マイナビ出版）などがある。

STAFF

カバーデザイン　米倉英弘（株式会社細山田デザイン事務所）
本文デザイン　木寺 梓（株式会社細山田デザイン事務所）
カバー・本文イラスト　芦野公平
本文DTP　柏倉真理子

編集　石橋克隆

■商品に関する問い合わせ先
このたびは弊社商品をご購入いただきありがとうございます。本書の内容などに関するお問い合わせは、下記のURLまたはQRコードにある問い合わせフォームからお送りください。

https://book.impress.co.jp/info/

上記フォームがご利用頂けない場合のメールでの問い合わせ先
info@impress.co.jp

※お問い合わせの際は、書名、ISBN、お名前、お電話番号、メールアドレス に加えて、「該当するページ」と「具体的なご質問内容」「お使いの動作環境」を必ずご明記ください。なお、本書の範囲を超えるご質問にはお答えできないのでご了承ください。

- 電話やFAXでのご質問には対応しておりません。また、封書でのお問い合わせは回答までに日数をいただく場合があります。あらかじめご了承ください。
- インプレスブックスの本書情報ページ https://book.impress.co.jp/books/1121101112 では、本書のサポート情報や正誤表・訂正情報などを提供しています。あわせてご確認ください。
- 本書の奥付に記載されている初版発行日から 3 年が経過した場合、もしくは本書で紹介している製品やサービスについて提供会社によるサポートが終了した場合はご質問にお答えできない場合があります。

■落丁・乱丁本などの問い合わせ先
FAX 03-6837-5023
service@impress.co.jp
※古書店で購入された商品はお取り替えできません。

基礎 Visual Basic 2022

2022年6月21日　初版第1刷発行

著者　羽山 博（はやまひろし）

発行人　小川 亨

編集人　高橋隆志

発行所　株式会社インプレス
〒101-0051　東京都千代田区神田神保町一丁目105番地
https://book.impress.co.jp/

印刷所　シナノ書籍印刷株式会社
ISBN978-4-295-01432-4 C3055
Printed in Japan